군사사 이해
(軍事史 理解)

안운호 저

도서출판 진 영 사

군사사 이해

안 운 호

2021년 02월 28일 초판 인쇄
2021년 02월 28일 초판 발행
발행인 박 진 영

발행처 도서출판 진영사
인천광역시 부평구 갈산동 185번지 풍진빌딩 303호
전화 : 032)505-4207
팩스 : 032)505-4206
E-mail : 0183734207@hanmail.net
등록 : 122-91-77317

ISBN 978-89-6541-524-4 93390
값 18,000원

서 언

2020년 2월말 지난 31년간 충성을 다했던 해병대를 명예롭게 전역하면서 인생 후반전을 대학교에서 학생들을 대상으로 군사사를 가르치는 것으로 시작하였습니다. 군 생활 동안 합참대학, 해군대학, 해병대 교육훈련단 등에서 교관 생활을 하면서, 군사분야에 대해 어느 정도 알고 있다고 생각했는데, 일반 대학생들을 대상으로 강의를 해 보니, 쉽지가 않았습니다.

아마도 군사사에 대한 전문적인 지식과 강의에 대한 열정이 부족했기 때문일 것입니다. 이점을 반성하면서 군사사에 대한 올바른 이해를 하고자 책을 집필하기로 결심을 했습니다.

군사사를 연구하기에 앞서 군사사(軍事史)란 무엇인가에 대한 이해가 선행되어야 본격적으로 이를 진행할 수 있으리라 생각합니다. 많은 사람들이 군사사(軍事史)와 군사역사(軍事歷史, 약칭 軍史)를 동일하게 인식하고 있는 경우를 보아왔습니다. 이와 관련 다양한 논문이나 문헌들이 있으나, 이에 대한 명확한 구분없이 혼재되어 있는 것이 현실입니다.

그 이유는 여러 가지가 있을 수 있으나, 이를 명확하게 구분하는 것이 어려운 것 또한 사실이기 때문입니다. 그리고 이를 구분했을 경우, 과연 얼마나 많은 사람들이 이를 이해할 수 있을까 하는 문제 역시 대두될 것이기 때문입니다.

군사사(Military Affairs History , 軍事)의 의미를 생각해 보면, 군 관련 제반 사항들이기 때문에 그 속에 군사(軍史, 軍事歷史)가 반드시 포함되고, 군사사에서 군사(軍史, 軍事歷史)를 제외했을 경우에는 사실, 별로 쓸 것이 없거나, 핵심적인 내용을 누락 할 수 밖에 없기 때문일 것입니다.

또한 대부분의 군 관련 서술의 경우 서양 군사위주로 기술되어 있고, 동양의 경우에는 중국 위주로 기술되어 있어서 향후 우리의 주 전장이 될 동아시아의 군사에 대한 올바른 이해가 제한되었던 것도 사실입니다.

우리나라의 경우에는 고대의 군사에 대한 자료의 부족과 일부 현대 자료들의 경우에는 군 조직의 특성을 부각하거나, 군 발전 과정에서의 민간 역할에 대한 제대로 된 평가가 미흡했던 것도 사실입니다. 그 결과 군에 대한 과도한 자부심, 서구(미국, 독일)나 중국을 따라만 하면 된다는 사고가 한국 군인들의 의식 속에 자리를 잡았는지도 모릅니다.

그리하여 이 책에서는 군사사(Military Affairs History, 軍事)에 대하여 어떠한 인식을 가지는 것이 필요하고, 이를 이해하고 연구하는 데 있어서 어느 분야에 중점을 두는 것이 좋을 것인가를 제시하였다는 데 큰 의의가 있다고 생각합니다.

물론 저자와 다른 생각을 가진 분들도 많이 있으리라 생각하지만, 이는 전적으로 저의 책임이며, 너그럽게 양해해 주시기를 바랍니다.

인생후반전 첫 해, 여러모로 미흡한 강의에도 불구하고, 적극적으로 호응해 주신 대학생들 덕분에 용기를 잃지 않고, 새로운 마음으로 강의를 할 수 있는 자신감을 찾을 수 있었습니다.

전역 후 남편, 아빠의 선택을 누구보다 존중해 준 아내 권순희, 딸 희운이와 태평양과 인도양을 항해하고 있는 아들 태범이에게 고마움을 전합니다. 그리고 능력이 부족한 저에게 물심양면으로 응원해 주신 지인들, 아낌없는 조언과 격려를 해 주신 단국대학교 해병대 군사학과, 영남이공대학교 부사관과, 대구과학대학교 국방기술행정학과 학과장님 및 교수님들께 진심으로 감사드립니다.

마지막으로 이 책이 출간되기까지 어려운 여건 하에서도 출판을 흔쾌히 수락하여 주신 도서출판 진영사 박진영 사장님과 깔끔하게 편집해 주신 편집장님, 그리고 직원 여러분들에게 감사한 마음을 전합니다.

지금 이 시간 충북 보은군 산속에 있는 '보은의 집'에서 자식들의 무탈과 성공을 기원하고 계신 어머님께 못난 아들이 이 글을 올립니다.

두식 연구소에서 2021년 2월25일

저자 안운호

목 차

제1장 군사사 개관

제2장 전쟁사

제3장 군사제도

제4장 군사사상사

제5장 군사 조직

제6장 민군관계

제7장 역사자료학

제1장

군사사 개관

1. 군사사 개념
2. 군사사 범위
3. 군사학 연구방법
4. 군사사 연구의 고려요소

제1장 군사사(軍事史) 개관

1. 군사사 개념

군사사를 연구하기에 앞서 군사사(軍事史)란 무엇인가?에 대한 이해가 선행되어야 본격적으로 이를 진행할 수 있으리라 생각한다. 많은 사람들이 군사사(軍事史)와 군사역사(軍事歷史, 약칭 軍史)를 동일하게 인식하고 있는 경우를 보아왔다. 이와 관련 다양한 논문이나 문헌들이 있으나, 이에 대한 명확한 구분없이 혼재되어 있는 것이 현실이다.

그 이유는 여러 가지가 있을 수 있으니, 이를 명확하게 구분하는 것이 어려운 것 또한 사실이기 때문이다. 그리고 이를 구분했을 경우, 과연 얼마나 많은 사람이 이를 이해할 수 있을까 하는 문제 역시 대두될 것이기 때문이다.

군사사(Military Affairs History, 軍事)의 의미를 생각해 보면, 군 관련 제반 사항들이기 때문에 그 속에 군사(軍史, 軍事歷史)가 반드시 포함되고, 군사사에서 군사(軍史, 軍事歷史)를 제외했을 경우에는 사실, 별로 쓸 것이 없거나, 핵심적인 내용을 누락 할 수 밖에 없기 때문일 것이다.

그리하여 이 책에서는 군사사(Military Affairs History, 軍事)에 대하여 어떠한 인식을 가지는 것이 필요하고, 이를 이해하고 연구하는 데 있어서 어느 분야에 중점을 두는 것이 좋을 것인가를 제시하였다는 데 큰 의의가 있다고 생각한다. 물론 저자와 다른 생각을 가진 분들도 많이 있으리라 생각하지만, 너그럽게 양해해 주시기를 바란다.

군사(軍事, military affairs)란 민사(民事, civil affairs)에 대별되는 용어로서 역사 문화적 전통에 의하면 '병(兵)'이나 '군(軍)'이라는 용어로 표현하는 것이 일반적인데, 그 어의(語義)는 군대조직(military organization), 전쟁(war), 군사소요(military requirements, 무기, 장비, 전투원, 군사이론과 기술 등)를 포함하는 개념을 가지고 있다.[1]

1) 국방군사연구소, 『중국 군사사상가』(서울 : 국방군사연구소, 1996), pp.12-13.

군사사(Military Affairs History)란 군사(Military Affairs)[2]와 역사(History)의 합성어이다. 먼저, 군사란 군과 관련된 제반 사실들로서 광의적 의미의 기능적 요소와 협의적 의미의 가치적 요소로 구분 할 수 있다.[3] 기능적 요소란 외교, 재정, 경제, 교육 등 각 각 국가의 행정기능으로서의 지위에 있는 법적 개념이며, 그 실태는 군대의 관리, 운영에 관한 것을 의미하는 것으로 볼 수 있다. 가치적 요소란 전쟁에 임하여 보유하고 있는 군사력을 어떻게 행사할 것인가 하는 임무를 지니고 있다.

그러므로 군사란 "전쟁수행을 위한 군사력 운용에 관하여 이를 준비하고 운영하는 제반 사실(또는 활동)"로 이해할 수 있다. 그리고 여기에는 병력의 조직, 훈련 및 작전, 무기 및 장비의 연구와 제작, 생산과 사용, 전략전술의 연구와 운용, 전쟁물자의 비축과 보급, 국방설비의 계획과 건설, 예비군 및 민방위의 조직과 동원 등이 포함된다.

즉, 군사의 경우 전쟁을 떠나서는 이를 생각할 수 없는 것이다.[4] 이를 달리 표현하면 기능적 의미의 군사는 군정의 속성을 가치적 의미의 군사는 군령의 속성을 지니고 있다고 볼 수 있다.

다음으로, 역사란 인간사회의 변천 및 발전의 과정을 엮은 것을 의미한다. 영국의 카(E. H. Carr)[5]는 "역사란 무엇인가?"에서 "역사란 역사가와 사실 사이의 상호작용의 계속적

---

2) Affairs의 경우 사건, 사실, 일, 직무 등으로 번역이 가능하나, 단순한 일이나 직무의 경우 연구할 가치가 그 필요성이 적다고 볼 수 있는 바, 사실 또는 사건으로 번역하는 것이 보다 합리적이라고 본다. 그래서 저자는 Military Affairs를 군사 또는 군사적 사실(줄여서 군사)으로 서술하였다. 물론 이에 대해서는 다양한 시각이 있을 수 있다.

3) 이러한 구분 중 가치적 요소 대신에 목적측면으로 군사를 보는 시각도 있다. 즉, 군사를 "전쟁에 임하여 국가가 가지고 있는 무력(武力)을 어떻게 준비하고, 사용하여 국가목표를 달성할 것인가"하는 군사적 임무수행을 그 목적으로 한다"라고 보는 것이다.(육군사관학교, 『군사학길라잡이』(2004), p.81.

4) 이종학, 『한국군사사 연구』(대전 : 충남대학교 출판부, 2010), p.21.

5) 에드워드 핼릿 "테드" 카(영어: Edward Hallett Ted Carr, CE, 1892년 6월 28일~1982년 11월 3일)는 영국의 정치학자 · 역사가이다. 케임브리지 대학을 졸업하였으며 1916년부터 20년간 외교관 으로 활약하였다. 1936년 웨일스 대학교 교수로서 국제 정치학을 강의하다가 1947년에 물러났다. 1941년부터 1946년까지는 《타임스》지 부편집인을 지냈다. 그 후 국제 연합의 세계 인권 선언의 기초 위원회 위원장으로 활약하였다. 저서로 『20년간의 위기』, 『역사란 무엇인가』, 『평화의 조건』, 『러시아 혁명사』 등이 있다. 그의 저작 『20년간의 위기』는 양차대전 사이의 1919~ 39년 사이 전쟁의 원인을 분석한 글이다. 이책을 통해 그의 가진자들의 기득권을 위한 허상에 불과한 이상주의의 근거 없는 낙관주의가 실제로 정치를 더 혼란스럽게 함으로써 전쟁의 원인이 되었다고 피력하고 있다. 그는 또한 현실주의의 지나친 비관성과 권력정치 정당화에 대해 비판하는데 그로인해 그는 양비론자 또는 절충론자로 불린다. 그는 이론의 변증법적 통합을 주장했지만 엄연히 현실주의의 기본 전제를 인정하는 입장을 보임으로 현실주의자라 불린다.

과정이요, 현재와 과거 사이의 끊임없는 대화이다"라고 했다. 독일의 대표적인 사학자 베른하임(Ernst Bernheim) "역사학은 공동체를 이루는 존재로서 여러 가지 활동을 하는 인간의 공간적, 시간적 발전의 여러 사실을 그때그때의 공동체에서 본 가치에 관련지어, 심리적 · 물질적인 인과관계에 대하여 규명하고 또한 서술하는 과학이다"로 정의하고 있다.

그러므로 역사란 "인류 역사에서 발생한 여러 가지 일들의 인과관계 진실을 밝히고, 그것으로 현실을 이해하는 자료로 삼으며, 이를 후세에 넘겨주어 교훈으로 삼게 함으로써 삶을 유익하게 하는 학문"으로 설명할 수 있다.

이를 종합하면, 군사사란 "전쟁 수행을 위한 군사력 운용에 관하여 이를 준비하고 운영하는 제반 사실(事實)에 관한 역사(군사적 경험의 일반화)"로 이해할 수 있다.

(1) 군사사 정의

군사사에 대한 정의는 미국, 영국, 프랑스, 한국 등 민주주의 국가에서는 찾아보기 힘들며, 소련의 『기초 군사용어사건』에 명확하게 나타나 있다.

역사학의 한 분과요, 마찬가지로 군사학의 한 분과인 군사사는 현대 군사학의 발전근원의 하나로서 작용하는 과거의 군사경험의 일반화이다. 전쟁의 지배하는 객관적 법칙을 연구함에 있어서, 소련 군사사는 마르크스-레닌주의자의 철학을 기본주의로 삼는다. 군사사의 주요 과학분야는 전쟁사, 병술사(兵術史) 그리고 근무 부대사를 포함한다.[6)]

이렇게 정의된 소련의 군사사를 분석해 보면 다음과 같다. 첫째, 군사사의 족보를 따진다면 그것은 역사학의 한 분과이며 또한 군사학(Military Science)의 한 분과이다. 둘째, 군사사는 현대 군사학의 발전 근원의 하나로서 작용하는 과거의 군사경험의 체계적 지식이다. 셋째, 소련 군사사는 마르크스-레닌주의자의 철학을 기본주의로 삼고 있다. 넷째, 군사사의 주요 구성분과는 전쟁사, 병술사(兵術史, 전법 또는 전략, 작전술, 전술의 역사를

6) Dictionary of Basic Military Terms(A Soviet View), Published under the auspices of the United States, Washington : U.S. Government printing office, 1976, p.37. 이종학, 『한국군사사 연구』(대전 : 충남대학교 출판부, 2010), p.22.

의미) 그리고 근무부대사로 성립되어 있다

결론적으로 군사사란 "전쟁수행을 위한 군사력 운용에 관하여 이를 준비하고 운영하는 제반 사실에 관한 역사"로 이해할 수 있다.

(2) 군사학에서의 군사사 위치

군사사는 역사의 한 특수분야로 이해할 수 있지만, 군사사를 역사의 특수분야로 볼 경우, 너무 협소하다고 볼 수 있는 바, 군사학(군사학, military science)의 한 분야로 보는 것이 더 일반적이다. 군사학에 대한 정의는 이종학 교수의 정의가 대표적이다. 이종학 교수는 군사학을 "전쟁의 본질과 성격 및 무력전(武力戰)의 준비와 수행에 관한 통일된 지식체계"로 정의하고 있다.[7] 군사학은 여러 학문 분야의 복합체가 아니라, 통일되고 선후(先後)·주종(主從)관계에 바탕을 둔 종합과학이며, 통일된 지식체계이다. 그래서 군사학에 있어서는 전쟁학의 이론이 지배적 의의를 가지며, 다른 분야는 이 핵심분야에 대해 봉사하거나 지원을 하는 입장이며, 이를 도식하면 다음의 〈도표 1-1〉군사학의 범위와 군사사학의 위치와 같다.

군사학의 범위와 군사사학의 위치를 보면, 군사사와 전쟁철학, 군사지리학, 군사보조학문 등이 상호 대등한 관계로 보여지고 있다. 이는 군사학의 일반적 개념 측면에서 볼 경우, 그 범위를 너무 좁게 해석한 것으로 볼 수 있는 바, 이의 보완을 필요로 한다.

이 경우 문제는 군사학과 군사사학이 거의 동일하다는 결론에 도달하게 되는 바, 이는 학문적 특성을 고려할 경우 군사학이 보다 포괄적인 의미를 지니고 있다고 해석하는 것이 일반적으로 타당할 것이다.

---

7) 이종학, "군사학의 이론체계", 『국방학술세미나 논문집』(서울 : 국방대학원, 1980), p.1-28.

<table>
<tr><th>구 분</th><th colspan="2">주 요 분 야</th></tr>
<tr><td rowspan="12">군사학</td><td colspan="2">전쟁철학(戰爭哲學)</td></tr>
<tr><td rowspan="7">군사사학
(軍事史學)</td><td>전쟁사</td></tr>
<tr><td>군사제도</td></tr>
<tr><td>군사사상사</td></tr>
<tr><td>군사조직</td></tr>
<tr><td>민군관계</td></tr>
<tr><td>국방사, 군대사</td></tr>
<tr><td>군사적 역사자료 편찬</td></tr>
<tr><td>군사역사학(軍事歷史學)</td><td>전쟁사, 국방사, 군대사[8)]</td></tr>
<tr><td colspan="2">군사지리학(軍事地理學)</td></tr>
<tr><td colspan="2">군사보조학(국방경제, 군법, 위생학 등)</td></tr>
</table>

〈도표 1-1〉 군사학의 범위와 군사사학의 위치[9)]

〈출처 : 다양한 문헌, 인터넷 자료 등을 참고하여 연구자 작성〉

2. 군사사 범위

현대 전쟁이란 국가의 모든 인적, 물적 자원을 총 동원한 전면전이므로 군사사가 연구해야 할 범위는 광범위하다고 볼 수 있다. 일반적으로 군사사 연구범위는 다음의 〈도표 1-2〉 군사사 연구범위와 같다.

---

8) 전쟁사, 국방사, 군대사의 경우, 군사사학과 군사역사학에서 있어서 중복될 여지가 있으나, 연구하고자하는 접근방법에 따라 이를 구분하면 큰 무리는 없다고 본다. 군사사에서는 개괄적으로 다루고, 군사역사학에서는 이를 집중적으로 다루면 되리라 본다.

9) 군사학의 범위와 군사사학의 위치에 대해서는 아직 명확하게 구분할 수 없는 것이 현실이다. 일반적으로 군사사가 군사의 전반적인 현상들을 다루고 있음으로 군사학의 하위분야의 하나로 볼 수는 있으나, 다른 분야와 동일하게 취급하는 것은 유의해야 할 것이다.

구 분	주 요 내 용	
군사사	전쟁사	전쟁의 개념 및 정의, 전쟁의 원인, 전쟁의 유형, 현대전쟁의 특징, 전쟁사 범주 등
	군사제도	군사제도 개념, 군사제도 근원, 군사제도 설정 근본원리, 군사제도 범주, 우리나라 군사제도사 등
	군사사상사	군사사상사 정의, 군사사상 범주, 군사사상 변천, 우리나라 군사사상 등
	군사조직	군사조직 정의와 특성, 군사조직이 가치, 세계군사조직의역사, 한국 군사조직 역사, 한국군 지휘구조, 군대조직 문화, 합동성과 합동작전[10] 등
	민군관계	민군관계 개념, 직업주의와 군대, 우리나라 민군관계 역사 등
	국방사	국방조직 변천, 국방정책 변천, 군대사 등
	역사자료학	역사자료학, 역사자료비판, 역사자료종합 등

〈도표 1-2〉 군사사 연구범위

〈출처 : 다양한 문헌, 인터넷 자료 등을 참고하여 연구자 작성〉

3. 군사학 연구방법

(1) 개괄적 방법과 집중적 방법

군사사 연구방법에 있어서 자주 논의의 대상이 되는 것은 개괄적 방법(extensive method)과 집중적 방법(intensive method)이다. 개괄적 방법은 전쟁의 무대를 고대에서부터 현대에 이르기까지 넓게 연구해야 한다는 것이며, 집중적 방법은 몇 개의 주제에 대

10) 현대작전의 경우 합동성이 모든 작전의 근간을 이루고 있으므로 포함.

해 좁게 그리고 깊게 연구한다는 것이다.

이러한 두 가지 방법 가운데 어느 방법이 적합한가에 대해서는 논란이 있지만, 영국의 대표적인 군사전략가인 리델 하트[11](Sir Basil Henry Liddel Hart)는 "전쟁을 광범위하게 조사하는 객관적 가치는 새롭거나 진실한 교리연구에 제한하는 것이 아니다. 만약 광범위한 조사가 어떤 전쟁이론에 있어 불가결한 기초라고 한다면 자산의 시야와 판단력을 개발하려고 하는 보통 군사연구자에 있어서도 동일하게 필요하다. 그렇지 않다면 그의 전쟁에 관한 지식은 뾰족한 첨탑 위에 거꾸로 서 있는 피라미드와 같이 균형을 잃어버린 위험물이 되고 말 것이다[12]"라고 했다. 그는 개괄적 방법을 권장하는 입장을 취했으며, 특히 전쟁이론을 연구하고 개발하려는 군사연구자들에게는 더욱 필요불가결한 연구방법이라고 주장했다.

이러한 방법을 적용하여 군사사를 연구할 경우 다음과 같은 방법을 사용하면 무난할 것이다. 첫째, 연구하고자 하는 군사사가 고대, 중세, 현대 중 어디에 해당되는지 연대순으로 전체적인 형태와 모습을 그려본다. 둘째, 해당 군사사 주제별로 전쟁원칙, 군사전략, 작전술, 전술, 리더십, 무기체계, 교리적 측면에서 깊이 있게 분석한다. 셋째, 이러한 분석결과가 미래에 어떠한 영향을 미칠 것인지를 예측한다.

(2) 양적방법과 질적방법

군사사 연구에 있어서 또 다른 방법으로는 양적방법(quantitative method)과 질적방법(qualitative method)이 있다[13].

양적방법이란 연구대상을 수량화할 수 있다는 전제하에서 출발하는 연구이다. 이러한 양적방법에는 게임이론(Game Theory), OR(Operation Research), 체계분석(System

---

11) 바실 헨리 리델 하트 경(Sir Basil Henry Liddell Hart, 1895년 10월 31일 ~ 1970년 1월 29일)는 잉글랜드의 군인, 군사역사학자, 군사이론가이다. 기갑전의 발달에 큰 영향을 미쳤다는 것이 통설이나, 최근의 연구에서는 제2차 세계 대전 개전 이전 독일 국방군에 리델 하트가 미친 영향에 대해서는 또 다른 평가들이 나오고 있다.

12) B.H. Liddel Hart, Strategy, second revised edition(New York : Frederic A. Prager, 1968), p,26.

13) Morton H. Halperin, Contemporary Military Strategy(Boston : Little Brown and Company, 1967), pp.3-42.

analysis), 비용대 효과분석(Cost effectiveness Comparative analysis) 등이 있다. 만약 대상을 수량화할 수 없다면, 이러한 양적방법을 적용할 없을 뿐만 아니라 이상한 결과가 나타날 수 있다.

군사사에 대한 양적방법으로 미국의 듀피 대령14)이 주관하는 역사평가연구소(Historical Evaluation and Research Organization)에서 개발한 '계량적 판단모형(Quantified Judgement Method)'을 이용하여 현대전례에 기초하여 검퓨터전술교육체계를 연구발전시킨 것을 하나의 예로 들 수 있다.

당시 역사평가연구소에서 시행한 주요 군사사 연구제목은 아래와 같다.

- 무기살상력의 역사적 추세(1964)
- 전사에 비친 대량인명살상의 군사 · 정치 · 심리적 의의 연구(1965)
- 현대 중국 전략사상의 분석적 연구(1965)
- 게릴라의 고립화 연구(1966)
- 국가전략 구상과 현대전의 성격변화 연구(1966)
- 군사력의 본질과 이의 미래적 적용연구(1967)
- 전술항공작전 대 지상전의 상관성 연구(1971)
- 중동전의 분석적 연구(1974)
- 현대전쟁에서의 신속한 승리 연구(1975)
- 돌파작전의 연구(1976)

질적방법이란 계산 및 측정의 방법을 취하지 않는 것으로 개인의 논리, 평가, 직관, 통찰력 및 능력 등에 의해 이루어진다. 특히, 역사적 연구방법이 이에 해당된다.

4. 군사사 연구의 고려요소

인간의 역사란 수많은 인간들의 사상과 행위로 구성되어 있는 하나의 복잡적인 과정이

14) William Eugene DePuy(/dɛ'pjuː/ deh-PEW;[1] October 1, 1919 – September 9, 1992) was a United States Army general and the first commander of theUnited States Army Training and Doctrine Command. He is widely regarded as one of the principal architects of the restructuring of United States Army doctrine after the American withdrawal from Vietnam. https://en.wikipedia.org/wiki/William_E._DePuy, 인터넷 검색일 2020년 12월 10일

라 볼 수 있다. 그렇기 때문에 군사사를 완전히 간결한 형태로 분석하기는 대단히 어려운 문제로 볼 수 있다. 하지만 수많은 요인들 가운데 가장 현저하게 영향을 미치는 요인들을 열거하면 아래와 같다.[15]

- 정치적 요인
- 산업기술적 요인
- 군사 이론적 요인
- 통솔적 요인
- 전략적 요인
- 사회적 요인
- 조직 및 관리적 요인
- 군사 교리적 요인
- 사기적 요인

이러한 요인들은 그 자체가 결심을 바르게 하기 위한 지침으로서 지휘관에 의해 채택될 수 있는 소위, 전쟁의 원칙과 같은 것은 아니다. 그러나 각 요인은 그 자체가 역사상 시대에 따라 광범위하게 발전과정을 겪는 응용과 관련된 하나의 복합적인 요인이라 볼 수 있다. 이들 요인들의 상관관계는 결코 단순한 것은 아니다. 이들 요인들은 모두 군사사의 기본적 성분을 구성하고 있으므로, 현대의 군사문제를 이해하는 데 도움이 될 뿐만 아니라, 그것이 시대와 상황 그리고 국가 등의 여건에 따라 중요성과 관련성이 변동된다는 것을 인식하게 될 것이다.

(1) 정치적 요인

클라우제비츠(Carl Von Clausewitz)[16]는 전쟁은 정치의 한 도구 내지 수단에 불과하다며, 이러한 전쟁의 개시, 수행, 종결도 정치에 의해 주도되어야 한다고 주장했다. 그러나 보불전쟁(1870~1871, 프랑스와 프러시아 전쟁)을 수행한 몰트케(Helmuth von Moltke)[17]는 클라우제비츠의 사상과는 달리 전쟁수행 중에는 정치가 개입해서는 안 된다

15) 이종학, 『한국군사사 연구』(대전 : 충남대학교 출판부, 2010), p.45.

16) 카를 필리프 고틀리프 폰 클라우제비츠(독일어: Carl Phillip Gottlieb von Clausewitz, 1780년 7월 1일 ~ 1831년 11월 16일)는 프로이센 왕국의 군인이자 군사 사상가이다. 『전쟁론』의 저자로 유명하다. 『전쟁론』은 전문가들에 의해 끊임없이 인용되면서 군사이론서의 고전이 된 책이다.

17) 헬무트 카를 베른하르트 그라프 폰 몰트케 백작(독일어: Helmuth Karl Bernhard Graf von Moltke, 1800년 10월 26일 ~ 1891년 4월 24일)는 프로이센 및 독일의 육군 원수이다. 30년간 프로이센 육군의 참모총

는 입장이었다.

즉, 통수권의 독립과 적국의 격멸을 목표로하는 절대전쟁이 결합하면 군국주의(militarism)로 타락하게 되고, 결국 국가의 멸망을 자초하는 결과가 되었음을 제2차세계대전 이전의 독일군과 몰트케의 참모본부 제도·운영 뿐만 아니라 사상을 수용한 일본 육군의 사례를 통해 알 수 있다.

1950년 10월 중공군의 군사개입으로 한반도의 군사정세가 위태로웠으나, 중공군의 수차례에 걸친 공세가 저지되고, 전선이 교착상태에 빠지자 미국의 트루먼 대통령은 1951년 4월 11일 맥아더(Douglas MacArthur)[18] 원수를 유엔군 총사령관에세서 해임시켰다. 그 이유는 대통령이 명확하게 전달한 정책에 대해서 현지 군사령관이 공공연하게 이를 거부하는 성명을 발표했기 때문이며, 이는 미국의 헌법상으로나 군사이론상으로 합법적인 조치로 볼 수 있다.

당시 미국 대통령의 군에 부여된 임무는 “침략을 격퇴하고, 그 지역에서 국제평화를 회복한다”는 것으로, 대체로 6.25전쟁 이전의 상태로 복귀하는 것으로 군사목표는 제한되어 있었다. 그러나 맥아더의 성명을 보면 ① 압록강으로 진격할 뿐만 아니라, 만주의 공군기지와 공업지대의 파괴, ② 공산주의 중국의 연안봉쇄, ③ 중국의 공업중심지 파괴, ④ 중화민국 장개석의 대륙침공에 필요한 모든 지원, ⑤ 한국에 파견된 미군 지상군의 강화를 위해 국민당 정부군의 한반도 출병이 포함되어 있었다.

즉, 미국 정부의 방침과 맥아더사령관의 군사적 목표가 상이함을 알 수 있고, 이러한 요인이 맥아더 해임의 결정적 요인이 되었던 것이다.

월남전쟁에 있어서 미군의 연간 100만 여명에 가까운 병력을 월남에 수송하고, 군수면에 있어서 작전지속에 지장이 없을 정도로 충분히 공급했다. 그리고 전장에서 미군은 베

장을 지낸 몰트케는 1800년대 후기의 거대한 전술가들 중의 하나와 전장에서 육군들을 지휘하는 새롭고 더욱 현대식 방법의 창조자로 여겨진다.

18) 더글러스 맥아더(Douglas MacArthur, 1880년 1월 26일~ 1964년 4월 5일) 제1차 세계 대전과 제2차 세계 대전, 6.25전쟁에서 미국군과 연합군의 지휘관으로 활동하였다. 필리핀 식민지의 통치자였으며, 1945년 제2차세계대전 종전 이후에는 극동군의 지휘관을 지냈다. 또한 재조선미육군사령부군정청 역시 그의 관리 대상이었다. 1937년 퇴역하고 필리핀 명예 육군 대장으로 추대되었다가, 1941년 미국 육군대장으로 복귀한 후1944년 미국 육군 원수 계급을 받아 진급하였다. 제2차세계 대전의 종결과 일본의 항복이 있은 후 일본에 주둔하다가 6.25전쟁을 지휘하였다. 6.25전쟁 당시 미국군사령관으로 참전하였으며, 조선민주주의인민공화국의 인민군이 대구까지 밀고 내려왔으나, 인천상륙작전을 성공시켜 인민군들을 남북으로 양분시켰다.

트콩과 월맹군을 패배시켜 도주시켰다. 미군의 경우 대부분의 전투에서 승리했으나, 마지막 결과는 비참한 패배로 끝이 났다고 볼 수 있다. 그 원인은 무엇일까? 여러 가지 요인이 복합적으로 작용했지만, 주요 원인의 하나는 국민의 지지없이 군 단독으로 작전을 수행한다는 것은 불가능하다는 것을 깨닫게 된 것이다.

즉, 정치적 요인(국민의 지지)가 군사작전의 성공에 중요한 요인으로 작용하고 있음을 알 수 있다.

(2) 사회적 요인

전쟁의 성격은 모든 시대에 따라 끊임없는 변화의 과정을 거쳤다고 볼 수 있다. 전쟁에 대해 해당 국가가 접근하는 방법은 그 국가 특유의 역사, 문화 그리고 지리를 반영한다. 그리고 실제 전쟁 도구 즉, 무기와 장비 등은 그 사회의 산업기술의 표현이다.

정예상비군을 지원하고 유지하기 위한 사회 구성원들의 적극적인 태도는 전쟁을 위한 준비와 수행을 명백하게 지원한다. 이러한 사회적 태도는 사기와 호전적인 전통에 깊은 영향을 미친다. 즉, 군사전문가들에 대한 높은 지위와 존경하는 사회분위기는 전쟁수행능력을 강화하게 마련이다. 반면에, 군사전문가를 천시하는 사회는 결코 외침을 방지할 수 있는 능력을 갖추기가 어려울 것이다.

(3) 산업기술적 요인

전쟁을 수행함에 있어서 등자, 칼, 활, 말, 화약, 거북선, 소총, 전차, 전함, 레이더, 항공기, 항공모함 등의 새로운 무기체계의 등장은 전쟁의 성격을 변화시켰으며, 승리의 주 요인으로 작용하였다. 이는 해당 국가의 산업기술력이 군의 전투수행에 적합한 무기체계를 지속적으로 공급할 수 있는 능력이 있었기 때문에 승리를 가능케 한 요인으로 작용했다.

임진왜란 때 이순신 함대의 혁혁한 전승에는 탁월한 지휘통솔력과 아울러 신묘한 용병술이 있었던 것도 사실이나, 이러한 능력을 발휘할 수 있는 무기와 장비를 갖추고 있었기 때문에 가능했다.

제2차세계대전 당시 일본의 해군은 세계최고 수준을 지니고 있었지만, 레이더의 발명은 이를 반전시켰다. 미 해군은 레이더를 활용한 사격술을 개발하여 어두운 밤에도 일본 군함을 식별하여 사격을 가함으로써 일본 해군의 특기인 야간전법을 무력화시켰다. 그리하여 일본 구축함은 미국의 잠수함을 잡는 것이 아니라 잠수함의 밥이 되었던 것이다.[19]

현대전의 수행은 산업기술의 중요성을 더욱 부각시켰다. 무기체계의 경쟁은 기록된 역사보다 더 오래 되었을 뿐만 아니라, 현대에 와서 산업기술의 혁신이 너무 빠르고 계속적으로 이루어져야 하기 때문에 과학자도 정치가나 장병들과 마찬가지로 전쟁에서 중요하게 되었다.

(4) 조직관리적 요인

전쟁이 그 범위와 복잡성이 커짐에 따라 군대는 전장에서 기동과 융통성을 충분히 발휘할 수 있도록 하기 위하여 자급할 수 있는 전술부대[20]를 편성하게 되었다. 단 한사람의 견해로 부대의 모든 활동을 통솔하는 것은 불가능하게 되었다. 지휘관이 직면하는 여러 가지 난문제를 해결하기 위해 각 전문분야 내에서 지휘관을 보좌하고, 부대 내의 제반 시책의 관리를 감독하는 참모조직이 필수적이었다.

나폴레옹의 경우 짧은 생애 중에서 전쟁의 규모가 거대해졌고, 복잡해졌기 때문에 초기의 그의 성공적이었던 조직의 편제가 몇 년이 지나지 않아 대단히 부적당한 것으로 증명되었던 것이다. 군사사에 있어서 조직적 요인에 관한 연구는 근대적인 지휘와 참모의 배치에 대한 발전을 추구하게 된다.

19세기와 20세기에는 전 인류가 직접 또는 간접적으로 전쟁에 휘말리게 되었다. 전쟁은 이에 참여하는 군인들만의 업무가 아니라 전 국민의 참여가 절실하게 되었다. 그리하여 전쟁은 점차 전면전으로 확대되었고, 이에 대처하기 위해 정부에서는 인구와 경제적 자원을 조직하여 점진적으로 능률화된 무장국가로 발전하게 되는데, 그 계기는 바로 조직적 요인의 공헌에서 비롯된 것이다.[21]

이러한 조직적 요인은 고대 군사사에서도 강조되었다. 말등에 올라탄 무장 기사의 우월

---

19) 이종학, 『한국군사사 연구』(대전 : 충남대학교 출판부, 2010), p.52.
20) 지상군의 경우, 일반적으로 육군은 군단급 이하 제대, 해병대는 사단급 이하 제대가 이에 해당.
21) 이종학, 『한국군사사 연구』(대전 : 충남대학교 출판부, 2010), p.54.

성에 종지부를 찍는 데 역할을 했던 스위스의 군사조직은 하나의 대단히 효율적인 조직의 승리였다. 중세 말기의 상비군의 발전은 영주 중심의 용병들에 의한 봉건적인 전투의 종말을 고하게 만들었다.

군사관리는 작전부대에 대하여 장비를 갖추고, 유지하고 보급하는 문제와 관련을 지니고 있다. 현대전의 발전에 따라 작전지속을 지원할 수 있는 부대가 개발되었다. 이러한 병참부대가 전투부대보다 숫자가 많아지는 경향은 미군이 대표적이지만, 전투부대의 중요성을 간과해서는 안 될 것이다.

전쟁의 행정, 병참적 측면의 발전은 전쟁을 위한 국가자원을 조직하는 국가능력의 다른 일면(一面)일 뿐만 아니라 조직적 요인의 특별한 부분을 구성하는 것으로 생각할 수 있다.

(5) 군사이론적 요인

군사이론이란 군사적 경험의 축적에서 비롯한 군사지식의 개념적 체계화인데, 이것은 결코 하루아침에 형성되는 것이 아니고, 긴 인류의 역사 속에서 서서히 발달하여 왔다. 이러한 군사이론을 만들고 이해하는 데는 두 가지 목적이 있다. 첫째는 군사현상을 바르게 이해할 수 있게 하기 위한 것이다. 둘째는 군사현상을 이해하여 미래를 예측해서 이에 대한 대책을 세우는 데 있다고 볼 수 있다.

군사이론가는 군사직업분야에 종사하는 많은 사람들에 앞서 전쟁의 성격 가운데 제반 변화를 해석하고, 새로운 무기체계나 군사제도에 함축된 것을 마음속에 구상화하는 데 주의를 기울인다.

15세기 이탈리아 피렌체의 마키아벨리(Niccolo Machiavelli)[22]는 군대의 구성을 용병 대신 시민에 의한 시민군을 만들 것을 제창했다. 그의 시민군에 대한 구상으로 프랑스 혁명의 위대한 군사사상의 혁신인 일반징병을 예언한 근대전쟁의 예언자로서 또한 최초의 근대 군사사상가로 불려지는 데 커다란 역할을 했다. 이는 그가 군사문제에 대해 논의한 최초의 인물이라는 뜻이 아니라 군사에 관한 논의를 새로운 수준까지 높였으며, 전쟁과

22) 니콜로 마키아벨리(Niccolò Machiavelli, 1469년 5월 3일 ~ 1527년 6월 21일)는 르네상스시대의 이탈리아사상가, 정치철학자이다. 그는 레오나르도 다 빈치와 함께 르네상스인의 전형으로 알려져 있다.

군사문제에 대한 지적 이해와 그 이론적 분석을 진보시키는 원리를 탐구했다는 점에서 다른 이론가들과 상이하다.

또한 이탈리아의 두헤(Giulio Douhet)[23)]나 미국의 미첼(William Billy Mitchell)[24)]은 항공세력의 결정적인 미래 역할에 관하여 얘기했는데, 현대의 항공공학이 이러한 그들의 구상을 현실적 가능성으로 전환시켰다. 이러한 이론가들의 저서는 때때로 전문적 군인들 가운데 논쟁을 불러일으키기도 하지만, 공식적 교리와 사상에 대해 중요한 영향을 미치기도 한다.[25)]

어떠한 군사 이론가는 전쟁 철학자로서 중요한 위치를 차지하게 되었고, 그의 이론은 대대로 전승되면서 연구되었다. 이러한 사상학파는 19세기 클라우제비츠의 저서『전쟁론(1832)』으로부터 비롯되었다.

군사이론은 사상(이념, 철학)이 인류 전 역사의 형성에 많은 영향을 미쳐왔듯이 전쟁사에 있어서도 중요한 요인으로 작용하였다.

(6) 군사교리적 요인

군사교리(Military Doctrine)란 군사학, 전쟁의 원칙 및 그 국가가 놓여져 있는 여건을

---

23) 1920년대 초 이탈리아의 장군 기울리오 두헤(Giulio Douhet)는 일정 시간 내에 일정 공역의 통제권을 탈취하여 스스로의 작전행동을 보장하고 적 항공병의 위협을 회피하거나 감소시켜 아군을 보호하는 것을 제공권의 개념으로 제시하였다. 폴 케네디는 제2차세계대전 당시 연합국의 승리 요인으로 전투기 양산 능력을 앞세운 제공권의 확보를 꼽으면서, 제공권의 확보는 육군과 해군의 작전 성공과 적 전시경제의 타격을 위한 중요한 전력이라고 언급하였다. 현대전에서 제공권은 전통적인 의미의 전투 중 공역 확보 이외에도 비행금지구역의 설정과 같은 평시 공중력 억제, 육군과 해군의 작전에 대한 보조를 넘어 직접 전쟁 승리를 달성하는 수단 등으로 의미가 확보되고 있다

24) 윌리암 "빌리" 미첼(William Billy Mitchell)은 그를 반대하는 사람에게는 허깨비를 쫓는 이단자였지만 그를 칭송하는 사람에게는 공군의 독립 사상을 통하여 미국의 국가안보에 크게 기여한 총명한 이론가였다. 사실상 미첼의 본 모습은 이 두 가지 극단적인 견해 중간에 있다. 미국 공군의 발전에 미첼이 기여한 것 중에서 가장 오래 남아있는 공헌은 공군의 독립이라는 개념을, 항공력은 육·해군에 대해서 단순히 지원만 하는 것이 아니라 전략폭격처럼 독립적 전과의 달성을 목표로 하는 "독자적인" 항공작전의 수행이라고 하는 진취적인 관점으로 이끌어갔다는 점이다. 그는 폭격기들이 적군의 전쟁수행 능력과 의지를 분쇄시킴으로써 전쟁에서 승리할 수 있고 이를 통해서 지상군을 통한 승리보다도 희생이 작고 더 빠르게 승리를 얻어낼 수 있다고 강력히 주장하였다. 항공력을 통해서 승리를 쟁취하는 열쇠는 지상군 지휘관의 통제로부터 자유로우며, 특수한 전문지식을 갖춘 조종사가 지휘하는 자체적인 공군을 만드는 것이었다.

25) 이종학, 『한국군사사 연구』(대전 : 충남대학교 출판부, 2010), p.54.

바탕으로 하여 국가목표를 달성하기 위한 군사행동의 방침을 공식적으로 승인한 체계이다. 따라서 군사교리는 실질적으로 그 나라 군의 군사행동을 지배하는 철학이며, 지침이자 원리로 볼 수 있다.

소련은 군사교리에 대하여 "군사교리란 미래전의 정치적 평가, 전쟁에 대한 국가의 태도, 전쟁의 성격, 국가로 하여금 전쟁을 위해 경제적 및 정신적으로 준비시키는 데 필요한 여러 방책 및 군대를 편성하여 준비시키는 것, 전쟁수행을 위한 여러방법에 포함된 문제에 관해 국가에서 채택된 견해의 표현이다. 따라서 군사교리는 전쟁의 근본적 여러 문제에 관한 개념의 공식적으로 승인된 체계이다[26]"라고 정의하고 있다.

미국은 군사교리에 대하여 "군 부대가 국가목표달성을 지원하기 위한 행동 지침을 제공하지만, 당시의 상황을 고려하여 적용 여부를 결정해야 하는 기본원칙이다"라고 정의하고 있다.

한국은 군사교리에 대하여 "군사력으로 국가목표를 달성하기 위하여 승인된 군사행동의 기본 원칙과 지침으로서 권위는 있으나 적용 시에는 판단이 요구된다"라고 라고 정의하고 있다.

즉, 군사학이나 전쟁의 원칙 등은 객관적 · 과학적 이론 내지, 지식에 속하지만, 군사교리란 용병 당국자가 가장 적절하다고 생각한 용병에 관한 능력의 구현이며, 술책(또는 전법)의 표현으로 볼 수 있다.

(7) 통솔적 요인

통솔력이란 여러 사람들에게 복종, 신뢰, 존경 그리고 성실한 협조심을 불러일으킴으로써 그들을 선정된 목표로 인도하는 기술이다.

과거의 위대한 명장들은 그들의 정열, 재능 및 용기에 의해 전쟁 수행에 있어서 개인적인 영향력을 발휘할 수 있었다. 전쟁수행의 모든 요인은 지휘관의 모습을 엮어냈다. 장수의 기지와 용기 그리고 부하들의 충성에 대한 명예심은 군대에 있어서 결속력을 유지함에 있어서 가장 중요한 요인이었다. 즉, 한니발, 스키피오, 시저, 양만춘, 이순신, 나폴레옹 등

26) V.D. Sokolovskii, ed., Soviet Military Strategy, trans. Herbert S.Dinerstein etal.(Englewood Cliffs, New Jersey : Prentice-Hall, Inc. 1963), p.30.

은 특출한 명장의 모습을 전장에서 나타냈다.

나폴레옹의 초기 전투 때만 하여도 지휘관은 대체로 전 병력의 전투상황을 직접 보면서 전투를 수행했으나, 후기부터는 전쟁양상의 규모가 커지고 복잡해짐에 따라 지휘관은 전선 후방에 위치하여 참모들을 도움을 받아 작전을 지휘하였다. 그리하여 중세이전처럼 장수의 활동이 표면적이고 행동적으로 잘 표출되지는 않지만, 그러나 전투의 승패는 지휘관의 통솔력이 크게 작용하고 있음을 알 수 있다.[27)]

(8) 사기적 요인

전쟁에서 승리하려는 의지, 필승의 신념, 괴로움을 참는 의지와 희생정신, 모든 어려움을 극복하는 인내심 등은 장병들의 정식적 요인에서 중요한 위치를 차지한다. 나폴레옹은 전쟁에 있어서 정신력과 물질력의 비율을 3대 1이라고 했는데, 이는 전쟁을 수행함에 있어서 사기의 중요성을 대단히 높이 평가하였다.

사기와 전쟁술(작전, 전술)의 관계에 대하여 클라우제비츠는 “병력의 현격한 차이가 있음에도 전투를 해야 하는 군대에 있어서 병력의 부족이 많을수록, 따라서 그 위험에 대항하는 장병의 정신적 긴장, 즉 군의 사기도 더욱 더 왕성해야 한다. 만약 이와 반대로 한다면, 이 어려움을 타개하려는 필사적인 영웅적 용기보다는 오히려 의기소침한 절망상태가 생겨, 이미 어떠한 전쟁술이라 할지라도 쓸모없는 것이다”라고 했다.[28)]

물론 사기만 있으면 전투에서 승리할 수 있다고 주장하는 것도 일리는 있지만, 군사과학기술의 놀라운 발달로 물질적 우세만으로도 전투에서 승리할 수 있다고 주장하는 사람들이 존재하는 한, 프랑스 포슈 장군의 패전이란 “자기자신이 패하였다고 생각하는 전투가 곧 패전이다. 왜냐하면 물질적으로 패전이란 있을 수 없기 때문이다. 그러므로 패전이란 사기 상으로 있을 수 있다. 그리고 전승한다는 것도 사기 상으로만 존재하는 것이다. 그러므로 우리는 이 격언을 더욱 연장해서 전투에서의 승리한 자기 자신이 패전하였다고 말하지 않는 전투이다”라는 주장은 아직도 상당한 교훈과 의의를 가진다고 볼 수 있다.

---

27) 이종학, 『한국군사사 연구』(대전 : 충남대학교 출판부, 2010), p.57.

28) Carl Von Clausewitz, *On War,* trans. O.J.Matthijs Jolles(New York : The Modern Library, 1943), p.236.

(9) 전략적 요인

사령관(장수, 지휘관)들은 가장 유리한 결과를 획득하기 위하여 많은 고려 요소를 분석·평가하여 가장 최선의 행동방책을 결정한다. 즉, 시간과 공간 요소, 우군부대 병력 현황, 적의 능력과 의도, 그가 구상한 행동에 대한 국내 외의 반응 등을 고려하게 되니, 이러한 것들을 종합한 전략의 수립에는 너무나 많은 불확실성과 불투명성이 내재하고 있다. 따라서 전략가의 술(術)은 계획적 모험의 술이라고 할 수 있다. 더욱이 전쟁터에서 전투를 하게되면 너무나 많은 가변적 요소가 개입됨으로 인하여 많은 계획을 수정하지 않을 수 없다.

이를 통해서 볼 때 전쟁을 체험한 많은 사령관(장수)들은 폭풍우가 휘몰아치는 바다에서 그의 길을 인도해 주는 등대처럼 또 전장의 아수라장에서 어렵고 복잡한 임무를 수행하는 지휘관에게 지침이 되는 나침반의 역할을 하는 것은 없을까 하고 전략원칙에 대한 탐구를 지속하고 있다.

영국의 군사전략가인 리델하트는 전략원칙 8가지를 제시한 바, 이를 간략히 소개하면 다음과 같다. 첫째, 목적을 수단에 조정시켜라. 목표를 결정하는 데 있어서는 명백한 통찰과 냉정한 평가가 절대적으로 필요하다. 능력에 넘치는 목적을 달성하려는 것 보다 더 어리석은 것은 없다. 군사적 지혜의 제일보(第一步)는 가능한 것에 대한 식별력에서 시작된다.

둘째, 계획을 환경에 적응시키면서 항상 목표를 명심하라. 목표를 달성하는 데는 여러 가지 방법이 있다는 것을 알아야 하고, 또 여러 목표는 한 목적으로 향하도록 주의하여야 한다. 앞으로 가능한 검토를 하는 데 있어서 목표가 달성된 후에 그 목적에 얼마나 노움이 되었는지를 고려해야 한다.

셋째, 적의 의표(意表)로 나아가라. 적의 입장에서 항상 생각하고, 적의 가장 예기지 않으며 저지하지 못하는 방책을 강구하라.

넷째, 가장 적은 적의 저항선에서 전과를 확대하라. 우리의 기본 목적에 도움이 되는 목표를 달성할 수 있다면, 적의 저항이 가장 약한 곳에서 성공의 전과를 확대시킨다. 이는 전술의 경우에는 예비대 사용을 의미하며, 전략의 경우에는 전술적인 성공의 전과를 확대하는 것을 의미한다.

다섯째, 예비목표를 가질 수 있는 작전선[29]을 선택하라. 이렇게 함으로써 적을 진퇴양난(進退兩難)에 빠트릴 수 있다. 이리하여 적이 가장 소홀히 하고 있는 목표 하나를 쉽게 획득할 수 있게 되며, 나아가 다음에 오는 목표 하나를 달성할 수 있게 할 것이다.

여섯째, 여러 가지 환경에 적응할 수 있도록 계획과 배치에 있어서 융통성을 가져라. 전쟁(작전) 계획은 성공이나 실패, 그렇지 않으면 부분적인 성공일 경우, 다음 단계를 위하여 예비되고 또 준비되어야 한다.

일곱째, 적이 경계태세를 취하고 있는 동안에는 공격하지 말라. 역사적인 경험은 적이 지나치게 무기력(無氣力)할 때를 제외하고는 적의 저항이나 도피하는 능력이 마비되기 전에 적을 효과적으로 강타할 수 없다는 것을 알려주고 있다. 따라서 사령관(지휘관)은 적의 전투력이 만족할 정도로 마비되기 전에 진지에 있는 적을 정면으로 공격하지 말아야 한다.

여덟째, 공격이 한번 실패한 후에 동일한 방식의 재공격을 시도하지 말라. 단순한 병력의 증강은 전국(戰局)을 변화시킬 수 없다. 왜냐하면, 적이 그동안 병력을 증강할 수 있기 때문이다. 뿐만 아니라 적이 우리를 격퇴하는 데 성공하였다는 사실은 적으로 하여금 사기를 더욱 왕성케 만들어주기 때문이다.

이상과 같이 군사사 연구시 고려요소는 다양하므로 실제 연구시에는 연구자의 관점이 가장 중요하며, 모든 고려요소를 적용하여 연구하거나, 적절하다고 생각되는 고려요소를 선정하여 연구를 하면 될 것이다.

---

29) 작선선(LOO, Line Of Operations)이란 적 또는 목표와 관련하여 시간, 공간 및 목적 면에서 부대가 지향할 방향을 개시하는 선. 작전개시부터 종결까지의 전체적인 작전의 진행을 가시화하는 수단이며, 결정적 지점들이 어떻게 작전목표와 연계되는 지를 보여주는 개념적인 선.

제2장

전 쟁 사

1. 전쟁의 개념 및 정의
2. 전쟁의 원인
3. 전쟁의 유형
4. 현대전쟁의 특징
5. 전쟁사 범주

제2장 전쟁사

1. 전쟁의 개념 및 정의

전쟁은 인류의 탄생과 더불어 여러 요인들에 의해 발생했으며, 시대의 변화에 따라 이에 그 수행 방식이 점점 다양해지고, 진화되어 왔다고 볼 수 있다.

전쟁의 역사는 장구한 데다가 흥미를 유발하는 데, 서로 갈등 관계에 있는 집단들이 상호 간의 분쟁을 폭력으로써 해결하려고 했던 순간부터 나타난 인류 생존방식이 두드러진 특성으로 볼 수 있다.

그동안 나타난 많은 사례들을 보면, 한 민족의 역사는 그들이 경험했던 전쟁의 역사로 볼 수 있다.

어떠한 사회현상 또는 개념을 이해하기 위해서는 그 정의를 살펴보는 것이 가장 기초적인 접근방법 중의 하나이다. 그러나 인간사회에서 가장 격렬하고 복잡한 현상인 '전쟁'이 과연 무엇인가를 간명하게 규명한다는 것은 그리 간단한 일이 아니다. 실로 다양한 개념 규정과 연구들이 전쟁과 연관되어 전개되어 왔기 때문에, 때때로 정의 자체가 전쟁현상을 더욱 이해하기 어려운 대상으로 만들고 있는 것인지도 모른다.

전쟁을 뜻하는 영어 단어 'war'의 경우 그 어원(語源)이 'werra'인데, 이것은 프랑크-게르만(Frankish-German) 인이로부터 온 것으로 그 원래 뜻은 "혼란, 분열하, 다툼"이다 그리스어로는 전쟁은 'polemos'인데, 그 뜻은 "공격적인 논쟁"이며, 여기에는 폭력, 살상의 의미가 내포되어 있다.

한편, 전쟁을 뜻하는 라틴어는 'bellum'인데, 여기서 파생된 영어 단어 'belligerent'가 교전 당사자라는 의미를 가지고 있는 것처럼 'bellum'에는 서로 싸우고 있는 양쪽 편'이라는 뜻을 함축함으로써 전쟁이 쌍방 간에 '조직적'으로 이루어지고 있음도 암시한다.[1]

1) 허남성, 『전쟁과 문명』(서울 : 플래닛 미디어, 2015), p.60.

전쟁은 국가 간에 있어서 서로 자기 국가의 의사를 상대국에 강요하기 위해서 수행되는 조직적인 무력투쟁의 상태로 알려져 있다.[2]클라우제비츠는 "전쟁이란 적을 굴복시켜 자기의 의지를 강요하기 위해 사용되는 일종의 폭력행위"라고 정의했다. 전쟁의 규모와 양상이 다양하고 복잡해짐에 따라 전쟁의 주체가 국가만으로 한정될 수 없고, 한 국가 속에 두 개 이상의 정치적 권력집단 사이의 무력투쟁도 존재하게 되었으며 국가이외의 전쟁의 주체가 국제법상으로 인정될 때 이것을 교전단체(交戰團體)라고 말하고 있다.

또한 전쟁은 군사적 측면의 무력투쟁 뿐만 아니라 비군사적 측면인 정치, 외교, 경제, 사회, 사상 및 과학기술 등도 무력수단과 마찬가지로 전력(戰力, Military Power)으로서 중요한 위치를 차지하게 되었다. 이런 관점에서 전쟁은 정치적 권력집단뿐만 아니라, 최근에는 테러집단도 조직적인 정치, 경제, 사상 및 무력 등을 사용하여 자기의 의사를 상대편에게 강요하는 투쟁행위라는 일부 견해가 있을 수 있으나, 일부 테러집단과의 정규군과의 전투를 전쟁으로 볼 수는 없다. 그 이유는 테러의 종류가 다양하고, 그 대상이 국가가 아닌 특정 개인을 지향할 경우 그리고 테러 분자들이 포로가 되었을 경우의 처리 문제가 일반 전쟁 포로의 경우와는 달리 적용해야 하기 때문이다.

전쟁의 개념과 정의는 시대와 관점에 따라 그 견해를 달리하지만, 전쟁의 특징은 다음과 같다. 첫째, 전쟁은 국가의 존망과 국민의 생사의 문제이다. 둘째, 패자는 승자의 의지 앞에 치욕적인 굴복을 당한다. 셋째, 전쟁은 약속이나 계약에 의해 발발하는 것이 아니라 전쟁을 하고자 하는 자의 의지(意志)에 의하여 시작된다. 넷째, 민족이나 국가 사이의 분쟁은 조정기관에 의해 해결된 일은 거의 없고 유일한 해결수단으로 전쟁을 선택했다. 다섯째, 전쟁은 지금까지 인류생존의 기본요소가 되어 왔고, 또 인간의 천성이 변하지 않는 한 전쟁양상을 달리하면서 계속 존속한다는 것이다.

따라서 국가와 민족의 생존권을 확보하고 독립과 번영 그리고 평화를 지속적으로 누리기 위해서는 전쟁을 이해하고 연구하여 외부로부터의 다양한 위협에 적극적이고, 공세적으로 대비해야 할 것이다.

2) 이종학, 『한국군사사 연구』(대전 : 충남대학교 출판부, 2010), p.78.

2. 전쟁의 원인

(1) 전쟁 원인론

전쟁원인론은 전쟁에 왜 일어났는지 그 이유를 알고자 하는 노력으로 볼 수 있다. 전쟁의 원인은 "다양한 전쟁의 수 만큼 많다"[3] 고 볼 수 있다. 이는 전쟁의 원인에 대한 여러 학설과 주장이 많이 있다는 것을 의미한다.

일반적인 전쟁의 원인으로서 학문적 원인으로는 철학적, 생물학적, 심리학적, 사회학적, 경제학적, 정치학적, 인류학적 원인 등이 있고, 특정 원인으로는 이데올로기, 지도자 인성, 국가이익 등이 있으며, 종교적 원인으로는 기독교, 불교, 이슬람교, 기타 종교 등이 있다. 이외 에도 다양한 원인을 들 수 있으며, 이 글에서는 기독교 윤리관적 시각, 현실주의적 시각, 신평화주의적 시각에서 본 전쟁 원인론을 간단히 언급하였다.

(가) 기독교 윤리관적 시각

기독교 윤리관적 시각(christian ethical view)은 전쟁을 윤리·도덕 또는 종교적 잣대로 보는 관점이다. 이것은 한마디로 원죄론적 입장이기도 하고, 동양의 성악설(性惡說)과도 통한다.

기독교 윤리관, 특히 고대의 아우구스티누스(St. Augustinus)나 현대 미국의 저명한 개신교 신학자인 니버(Reinhold Niebuhr) 등 소위 '기독교 비관주의자(Christian Pessimist)'에 의하면 인간은 애초 죄에 물들어 있는 채 태어나는 원죄론적 존재이다. 그래서 인간은 선(善)을 추구하기보다는 개인적인 이해관계(욕심)를 추구하게 마련이다. 사도 바울(St Paul) 조차도 자기 마음속에 또 하나의 자기가 있어서 올바르게 가려는 자기에 거역하면서 죄의 굴레로 향하게 만든다고 고백할 정도로 인간의 원죄는 숙명적으로 타고 난다는 것이다.[4]

전쟁은 바로 이러한 인간이 원죄론적 본성에서 유래되기 때문에 인간 사회에서 피할

3) 영국의 작가, Robert J. Lieber

4) 『신약성서』, 로마서, 7:18-23.

수 없는 숙명적 현상이라고 기독교 윤리주의자들은 주장한다. 이러한 기독교 윤리주의의 범주에는 속하지 않지만, 홉스, 칸트, 마키아벨리 등도 인간 본성이 원래 욕심과 이기심에 젖어 있으며 그로 인해 전쟁이 불가피하다고 보았다.

이러한 기독교 윤리주의자들은 전쟁의 숙명론에서 한발 더 나아가, 전쟁은 질병이나 자연적 재앙(지진, 홍수 등)과 마찬가지로 인간의 죄악을 단죄하고 징벌하기 위해 하느님이 보낸 '채찍(whip of God)'이라고 생각했다. 즉 죄악을 예방하기 위해서, 그리고 죄악을 징법하기 위해서 벌이는 전쟁은 정의롭다는 것이다. 이것이 바로 십자군 전쟁이 배경이 되었던 것이다.

기독교 윤리관에 따르면 모든 전쟁은 정의(justice)라는 잣대에 의해 정의로운 전쟁과 정의롭지 못한 전쟁으로 구분한다.[5)]

(나) 현실주의적 시각

현실주의적 시각(realistic views)은 전쟁을 윤리적 시각이 아니라 과학적 현실로 받아들이는 관점이라고 할 수 있다. 사회과학자들, 사회학자들, 또는 사회심리학자들이 주로 이 범주에 속한다. 이들은 전쟁을 현실 그 자체로 파악할 뿐이며, 정의나 부정의 또는 명분의 문제는 도외시한다.

이러한 현실주의적 시각은 19세기 전반기에 나온 것으로서 사회와 문명의 발전에 있어서 전쟁이 어떠한 역할과 기능이 있고, 어떤 의미를 띠는가 하는 점에 있어서 '운명론적 비관주의(pessimism 또는 fatalism)'와 '자유주의적 낙관주의(liberal optimism)'로 구분된다.[6)]

운명론 또는 비관론 학파는 전쟁이 인간사회에서 피할 수 없는 운명적 현상이라고 보는 점에서 비관주의라는 뜻이다. 그리고 이 관점은 소위 '사회진화론(Social Dawinism)'적 논리를 따른다고 할 수 있다.

이 주장에 의하면 전쟁은 국가 간의 적자생존 법칙의 표출이며, 자연생태계에서 적자생존·약육강식이 당연한 법칙인 것처럼, 인간사회에서도 강한 종족이나 강한 국가가 우위

---

5) 허남성, 『전쟁과 문명』, p.79.
6) 허남성, 『전쟁과 문명』, p.81.

를 차지하고, 열등한 종족 · 국가를 지배하는 것은 당연하다는 것이다. 이 점에서 사회진화론은 서양의 제국주의를 합리화시키는 도구로 사용되기도 했다.

한편, 자유주의적 낙관주의는 이성을 신봉하는 계몽주의 철학의 전통을 이어받은 관점으로써, 대표적인 인물은 사회학의 비조(鼻祖, 시조)로 일컬어지는 콩트(Auguste Comte)[7]와 스펜서(Herbert Spencer)[8] 등이다.

이들은 비관주의자들과는 달리, 인간의 이성은 본성적으로 평화적이며, 전쟁은 일시적 '탈선현상'일 뿐이라고 주장한다. 따라서 전쟁이 비록 한때 사회적 필요에 의해 현실적으로 존재해왔지만, 문명이 발달하고, 이성이 고양됨에 따라 점차 시대착오적인 존재로 전락하고 마침내는 소멸될 것이라고 보았다.

전쟁이 어떤 필요에 의해서든 없어지지 않을 것이라고 본 비관주의자들이나, 또는 이성의 발달에 따라 전쟁이 결국은 소멸할 것이라고 본 낙관주의자들은 모두 전쟁현상을 과학적 논리로 접근하여 설명하려 했다는 점에서 현실주의적 관점의 소유자들이라고 볼 수 있다. 그들에게 있어서 윤리의 잣대는 엄존하는 전쟁현상을 이해하고 설명하는 데 별다른 의미가 없었다.

(다) 신평화주의적 시각

신평화주의적 관점은 제2차세계대전의 종전과 더불어 개막된, 핵무기의 등장이라는 시대적 상황에서 대두되었다. 이 관점은 윤리적 시각의 재현이라고 할 수 도 있으나, 전통적 기독교 윤리관과는 확연이 그 궤를 달리한다.

신평화주의는 일종의 '상식(common sense)'에 바탕을 둔 윤리관이라고 볼 수 있다.[9] 그 상식이란 핵무기가 등장해서 지구의 종말을 가져올 수도 있으니, 인류 절멸을 가져올 가능성이 있는 (핵무기)전쟁을 막아야 한다는 인식이다.

실로 핵무기는 전쟁의 본질을 새로운 차원으로 재해석해야할 만큼의 혁명을 가져왔다.

---

7) 콩트(Auguste Comte: 1798년 ~ 1857년)는 프랑스 철학자 · 수학자. 사회학의 개조 · 실증주의의 시조 · 인도교(人道教)의 창시자

8) 스펜서(Herbert Spencer: 1820년 ~ 1903년)는 영국의 철학자 · 사회학자.

9) 허남성, 『전쟁과 문명』, p.88.

그것은 인류의 존망을 좌우할 수도 있는 '절대무기(absolute weapon)'이다. 클라우제비츠가 '종이 위의 전쟁'이라고 불렀던 '절대전쟁', 즉 무제한의 폭력이 동원되는 전쟁이 이론상으로서가 아니라 현실로 눈앞에 다가온 것이다.

신평화주의자들은 보다 실용적 캠페인을 통해서 더욱 평화로운 세계를 지향하려고 한다. 이들은 전쟁이 더 이상 정치의 도구로서 유용성이 없음을 강조하고, 정치적 분쟁이나 위기를 평화적 수단과 방법으로 해결하여 전쟁을 방지하자고 주장한다.

(2) 수준별 전쟁 원인

(가) 개인적 수준 : 인간의 공격성

개인적 수준은 개개의 정치가, 특히 최고 정책결정자의 행위에 초점을 맞춤으로써 전쟁의 원인을 밝히려는 것으로서 이는 국가가 전쟁 행위를 한다고 할 때 실제로는 "정책결정자가 국가의 이름을 빌어 자신의 목적을 규정하며, 행동노선을 선택하고, 목적 달성을 위해 능력을 사용한다"라는 전제에 근거한다.[10)]

인간의 공격성이 전쟁의 원인이라고 주장하는 대표적인 사상가로 아우구스티누스(Aurelius Augustinus)는 원조로 인한 이성과 의지의 불완전, 그리고 이에서 연유하는 인간의 갈망 · 언쟁 · 절도에서 살인과 전쟁이 원인을 찾았다. 모겐소(Hans Joachim Morgenthau)[11)]는 인간으로 하여금 권력을 갈망하게 하는 인간의 행위 속에 내재해 있는 사악함에서, 스피노자(Baruch de Spinoza)[12)]는 이성과 열성 사이에서 탐지해 낸 갈등, 그리고 그 갈등에서 연유되는 인간의 공격성을 전쟁의 원인으로 보았다.

이외에도 라스웰(Harold D Lasswell)의 '공포 · 질투 · 권력욕 추구 이론', 맥두갈(William Mcdougall)의 '본능이론', 프로이드(Sigmund Freud)의 '죽음본능이론', 프롬(Erich Fromm)의 '공격성 이론'등이 이에 해당한다.

---

10) 이강언 등, 『신편군사학 개론』(서울 : 양서각, 2007), p.38.

11) 모겐소(Hans Joachim Morgenthau : 1904년~1980년)는 미국의 국제정치학의 저명한 학자로 현실주의 학파의 대부이며 고전적 현실주의 이론의 거장이다.

12) 스피노자(Baruch de Spinoza : 1632년 ~ 1677년)는 네덜란드의 철학자. 유럽철학사상 최대의 형이상학 체계의 창시자.

(나) 국가적 수준 : 국가의 정권형태

국가적 수준은 정책결정에 영향을 미치는 국내상황에 중점을 두고, 전쟁의 원인을 설명하려는 것으로서 이는 전쟁을 비롯한 모든 외교정책이 국내의 정치적 압력, 국가이데올로기, 여론, 경제 및 사회적 요구에서 비롯된다는 전에게 근거한다.[13]

대표적인 사상가로는 칸트(Immanuel Kant)는 공화제 국가이외의 모든 국가를 잠재적 침략자로 규정하였고, 마르크스(Karl Marx)는 자본주의 국가형태를 제국주의 전쟁의 원인으로 지적하였으며, 윌슨(Woodrow Wilson)은 권위주의 정권형태를 전쟁의 원인으로 규정하고, 민족자결의 원칙에서 수립된 민주주의를 평화적 정권형태로 정의하였다.

또한 특정한 국가형태가 전쟁의 원인이 된다는 대표적인 이론으로는 19세기 자유주의자들의 국가조직 특성이론, 럼멜(Rudolph J. Rummel)의 자유주의 이론, 홉슨(John Atkinson Hobson)의 제국주의 전쟁이론, 레닌(Vladimir Ilich Lenin)의 제국주의 전쟁이론, 로제나우(James N. Rosenau)의 연계이론 등이 있다.

(다) 국제 체제적 수준 : 국제무대의 특성

국제 체제적 수준은 전쟁이 정치지도자의 공격성과 국가의 국내적 상황이 아니라 국제체제의 특성에 의해 발발한다는 전제에 근거한다.

대표적인 사상가인 루소(John Jacques Rousseau)는 국제무대를 개별적 행동단위인 국가들로 구성된 무정부상태로 간주하며, 여기서 국가들은 자신에게 유리한 순간에 전쟁을 시작하여 상대국을 제압하려고 시도하게 된다고 보았다. 즉, 전쟁은 국가들의 특수한 의지로부터 기인되는 갈등을 방지하고, 조정해 줄 상위기관이 없기 때문에 발생한다는 것이다.

이러한 주장의 대표적인 학자들의 이론으로는 오간스키(A.F.K. Organski)의 '힘의 변화(전이)이론', 라고스(Gustav Lagos) · 갈퉁(Johan Galtung) · 럼멜(R.J. Rummel)의 '계층 · 위계이론', 모겐소(Hans Joachim Morgenthau)의 '세력균현이론', 카플란(Morton A. Kaplan)의 '체제이론', 월러스타인(Immanuel Wallerstein)과 모델스키(George Modelski)의 '세계체제론', 길핀(Robert G. Gilpin)의 '패권전쟁론' 등이 있다.

---

13) 이강언 등, 『신편군사학 개론』(서울 : 양서각, 2007), p.40.

(3) 기타 전쟁원인

전쟁이 일어나는 원인은 단일적인 것이 아니라 여러 가지 원인이 복합적으로 작용하여 일어나는 것이 일반적이다. 조미니(Antoine Henri Jomini)[14]는 정부가 전쟁을 하는 원인을 여섯 가지로 분류했다.

- 권리의 회복 및 보호
- 국가이익의 보호 및 유지(상업, 제조업 또는 농업)
- 세력 균형의 유지
- 정치적 혹은 종교적 이념의 전파, 말살 또는 보호
- 영토의 획득에 의한 국가의 영향력 및 세력의 증대
- 정복욕의 충족

한편, 전쟁의 원인을 네 가지의 중요한 범주, 즉, 정치적, 경계적, 심리적 및 전략적 원인으로 분류하면 다음과 같다.

- 정치적 원인 : 군주적, 국내적, 민족주의적, 제국주의적, 외교적, 이데올로기적 등
- 경제적 원인 : 과잉인구, 산업정책, 외국 투자, 배상 등
- 심리적 원인 : 종교적, 종족적, 문화적, 광신적, 애국주의적, 공포 등
- 전략적 원인 : 영토, 군축, 군비, 세계지위, 사활적 이익 등

전쟁은 반드시 원인과 동기에 의해서 발발하는 것이다. 원인이란 가스가 충만하는 작용이며, 동기는 점화의 작용이다. 원인은 예외없이 장기간에 걸쳐 전쟁 결의와는 별도로 교전국 쌍방간에 만들어지는 것이며, 동기 즉, 점화는 많은 경우 미묘하고 교활하게 하여 개전 책임을 상대편에게 전가시키기 위해 감추어져서 식별하기 어렵지만 일방이 먼저 침공하는 것만은 사실이다.[15]

이상에서 살펴본 바와 같이 전쟁은 다양한 원인들로 인하여 발생하므로, 특정한 어 느 한 요인에 의해서 전쟁이 발생했다고 보는 것은 바람직하지 않다고 볼 수 있다.

14) 앙투안 앙리 조미니(Antoine Henri Jomini, 1779년 3월 6일 ~ 1869년 3월 24일)는 프랑스-스위스의 장군이다. 19세기 위대한 군사 사상가들 중의 한 명으로 손꼽힌다. 프랑스와 전 유럽을 뒤흔든 1789년 프랑스 대혁명 이후에 등장해 이후 서양 군사사에 커다란 족적을 남겼던 군사 천재 나폴레옹, 군사 사상의 황제 클라우제비츠 등과 어깨를 겨루며 동시대에 활동했다.

15) 이종학, 『한국군사사 연구』(대전 : 충남대학교 출판부, 2010), pp.78-79.

3. 전쟁의 유형

전쟁의 유형으로는 제국주의 전쟁, 민족주의 전쟁, 종교전쟁 등이 예부터 존재해왔으나, 근대에 와서는 국민전쟁, 독립전쟁, 혁명전쟁, 경제전쟁, 냉전 등 다양하게 존재하고 있다.

클라우제비츠는 절대전쟁(absolute war)과 현실전쟁(real war)으로 구분했고, 조미니는 공세전쟁, 수세전쟁, 간섭전쟁, 종교전쟁으로 분류하였다.

전쟁이 실시되는 지역적 관점에서는 세계전쟁, 국지전쟁, 주변전쟁, 우주전쟁 등으로 구분이 가능하고, 동기의 관점에서는 제국주의 전쟁, 민족주의 전쟁, 혁명전쟁, 독립전쟁, 식민지 쟁탈전쟁 등으로 구분 가능하다. 그리고 전쟁술의 관점에서는 침략전쟁, 방위전쟁, 경제전쟁, 간접전쟁, 심리전쟁 등으로 구분 가능하며, 성격의 관점에서는 절대(무제한)전쟁, 현실(제한)전쟁, 총력전쟁 등으로 구분 가능하다.

현대 전쟁에서 많이 사용되고 있는 전쟁의 유형은 주로 전쟁의 목적과 형태, 수단, 시·공간적 요소 등에 의해 구분이 가능하다.[16]

(1) 목적에 의한 분류 : 침략전쟁, 방위전쟁

침략전쟁은 자국의 목적을 달성하기 위하여 타국을 무력으로 공격하는 것으로서 국제법상 위법적인 전쟁이다.

방위전쟁은 타국의 침략전쟁에 대응해서 자위적인 목적으로 수행하는 전쟁으로 국제법상 합법적인 전쟁이다.[17]

(2) 형태에 의한 분류 : 총력전쟁, 제한전쟁

총력전쟁은 교전국가들이 국가의 존망을 걸고 모든 수단과 자원을 동원하여 사용하는 전쟁이다. 총력전쟁은 제한이 없다는 것이 특징이며, 만약 강대국 간에 총력전쟁이 발생한다면 핵무기 및 화생무기의 사용도 고려요소가 될 것이다.

---

16) 이러한 전쟁 형태의 구분과 관련하여서는 보는 시각에 따라 다양한 의견이 있을 수 있다.

17) 예방전쟁은 방위전쟁과 유사하나, 적으로부터 침략을 당하기 전에 먼저 개전을 하는 전쟁이라는 측면에서 본질적으로 차이가 있음

제한전쟁은 양측이 제한된 목표를 가지고, 제한된 자원을 쓰며 제한된 지역 내에서 행해지는 강대국 간의 혹은 약소국 간의 전쟁이다.

(3) 수단에 의한 분류 : 핵전쟁, 재래전쟁

핵전쟁은 전술핵인 전략핵 등의 핵무기를 사용하는 전쟁이다.

재래식 전쟁은 핵무기를 제외한 기타 재래식 무기를 사용하는 전쟁으로 화학무기 · 생물학 무기[18] 등의 사용도 포함된다.

(4) 기간에 의한 분류 : 장기전쟁, 단기전쟁

비교적 장기간(1개월 이상)에 걸쳐 행해지는 전쟁과 1967년 이스라엘과 아랍연합국들과의 6일 전쟁처럼 단기간에 걸쳐 행해지는 국지전쟁이 있다.

(5) 공간에 의한 분류 : 전면전쟁, 국지전쟁

전쟁 당사국의 입장에서 전 국토(지역)에서 행해지는 전면전쟁과 제한된 지역에서 국가정책과 국가목적을 달성하기 위해 행해지는 국지전쟁이다.[19]

(6) 수행주체에 의한 분류 : 정규전, 비정규전

합법적으로 인정된 군대 간의 무력전쟁인 정규전과 혁명전쟁[20]이나 게릴라전[21]과 같은 비합법적으로 조직된 군사 및 준군사활동인 비정규전이다.

---

18) 화학무기와 생물학 무기는 국제법적으로 사용 금지.

19) 6,25전쟁의 경우, 한국 입장에서는 전면전이었으나, 미국과 중국의 입장에서는 국지전이었다.

20) 정부와 비정부 집단 사이의 전쟁이며, 여기에서 정부는 한정된 혹은 가능한 모든 수단을 써서 비정부 집단의 붕괴를 기도하고, 비정부 집단은 가능한 모든 수단을 사용하여 영토의 전부 혹은 일부에 걸쳐 새로운 정부를 세우려는 전쟁이다.

21) 적 지역 또는 적이 점령한 지역 내에서 현지 주민들에 의해 생성 발전된 유격작전부대가 적의 전투력과 산업시설 및 적의 사기를 감소시키기 위해 공개적으로 수행하는 군사적 또는 준군사적 전투(작전)를 의미한다.

(7) 무력사용 여부에 의한 분류

무력이 사용되는 실질적인 전쟁인 열전(hot war)과 무력이 사용되지는 않지만, 기타 국가기능을 동원하여 수행되는 적대상황을 의미하는 냉전(cold war)이 있다.

(8) 기타 : 대리전(Proxy War), 테러리즘

대리전이란 한 국가가 직접 전쟁을 하지 않고 그의 우방국 또는 기타의 국가로 하여금 대신하여 타 진영이나 기타 국가와 싸우게 하는 전쟁[22]이다.

테러리즘이란 개인 혹은 단체가 기존의 정부에 대항하거나 혹은 대항하기 위해서는 직접적인 희생자들보다 더욱 광범위한 대중들에게 심리적 충격 또는 위협을 가함으로써 정치적 목적을 달성하기 위해 폭력의 사용에 대하여 협박을 행하는 것을 의미한다.

4. 현대전쟁의 특징

무력투쟁의 일반적 형식은 선전포고에서 시작하여 강화조약으로 끝을 맺는 것으로 생각되어 왔으니, 제2차세계대전 이후로는 선전포고도 없고, 휴전협정은 있으나, 강화조약은 고려하기 어려운 실정이다. 더욱이 전쟁의 당사자가 명확하게 나타나지 않기 때문에 대리전쟁이 출현하게 되었고, 또 승패의 개념도 모호하게 되었으며, 관심이 적어졌다.[23]

현대전쟁은 정치와 군사가 밀접하게 융합되어 있으며, 특히 공산주의 국가에서는 더욱 그러한 경향이 강하다. 클라우제비츠는 "전쟁은 다른 수단에 의한 정치의 계속이다"라고 했는데, 이것은 정치적 목적을 달성하기 위한 수단이 전쟁임을 의미한다.

전면전쟁에 있어서는 교전국 간의 외교관계는 단절되고, 군사행동이 그것 스스로의 법칙에 따라 전개되었으나, 제한전쟁에 있어서는 외교교섭은 전쟁 중이라 해도 어떤 형태로든 유지되는 것이 보통이며, 전쟁과 정치의 수단적 구별마저 어렵게 만들고 있다. 따라서

22) 대표적인 전쟁으로는 6.25전쟁시 중공군의 개입, 쿠바군의 아프리카 분쟁 개입, 베트남의 캄보디아 침공 등은 소련의 대리전쟁으로 볼 수 있다.

23) 이종학, 『한국군사사 연구』(대전 : 충남대학교 출판부, 2010), p.82.

정치가는 군사문제에 대해 깊은 이해가 필요하고 군인은 군사문제에 대한 전문가일 뿐만 아니라 정치적인 식견도 구비해야 한다.

현대전쟁은 다만 이익이나 세력의 쟁탈이 아니라, 민주주의 대 공산주의처럼 체제의 투쟁, 이데올로기의 특징으로도 인식되고 있다. 따라서 19세기의 전쟁이 최소의 희생으로 최대의 정치적 이익을 지향한 데 반하여 현대전쟁은 희생을 불문에 부치고 상대국의 무조건 항복 혹은 그 나라를 지탱하는 체제나 이데올로기를 말살하는 데 지향되는 경향을 보였다. 적대국가의 도의적 · 가치적 · 체제적 열등성을 강조하는 반면, 성전(聖戰) 혹은 자위전(自衛戰), 해방전, 이데올로기에 의해 자신들의 전쟁 정당성, 도덕성을 고취하고자 했다.

5. 전쟁사 범주

(1) 전쟁의 수준

(가) 전쟁수준 개념

전쟁의 수준은 전쟁을 수행하는 주체별로 담당 영역과 수행해야 할 과업을 용병술체계(用兵術體系, military art system)[24]에 따라 전략적, 작전적, 전술적 수준으로 구분한 것이다. 이러한 전쟁의 수준은 지휘수준이나 부대의 규모 또는 유형에 따라 구분되는 것이 아니라, 국가전략목표 달성을 지원하기 위해 어떤 역할과 행동을 해야 하는가에 따라 구분된다.

전쟁의 수준을 구분하는 것은 국가전략[25]을 구체화시키고, 수준별 활동을 연계시키며, 각종 기획 및 작전계획의 수립을 보다 용이하게 함으로써 전쟁을 효과적으로 수행하기 위

24) 국가목표를 달성하기 위하여 국군통수권자로부터 전투부대에 이르기까지 군사력을 운용하는 군사전략, 작전술, 전술의 계층적 연관체계.

25) 국가전략이란, "국가목표를 달성하기 위하여 국력의 제 수단(정치, 외교, 경제, 군사 등)을 발전시키고, 운용, 조정하는 술과 과학"이다. 국가목표란, "한 국가가 국가이익을 보호하고, 증진하기 위하여 국가정책과 전략이 지향되고, 국가의 모든 노력과 자원이 집중되어야 할 대상(목표)"이다. 국가이익(national interest)이란, "한 국가의 최고정책결정과정을 통하여 표현되는 국민의 정치적, 경제적 및 문화적 욕구와 갈망"이다. 구영록, 『한국의 국가이익』(서울: 법문사, 1995), p.25.

한 것이다. 이와 같이 전쟁의 수준별 구분은 지휘관들이 임무의 논리적 배열을 가시화하고 자원을 할당하는 데 도움을 준다.

지휘관은 전쟁의 수준이 많은 부분에서 상호 중첩되거나 구분이 제한될 뿐만 아니라 수준별 활동이 연계됨을 인식하여, 이들의 상호관계와 군사작전에 관한 전반적인 흐름을 명확하게 이해하고, 효율적인 군사력 운용방안을 강구해야 한다.

(나) 전쟁의 전략적 수준

전쟁의 전략적 수준은 국가전략목표 달성을 지원하기 위하여 국가적 차원의 전쟁을 기획하고 지도하며 자원과 수단을 준비하는 활동으로서, 국가전략적 수준과 군사전략적 수준으로 구분하여 수행된다.

국가전략적 수준의 활동은 전쟁수행 및 지도기구가 주관이 되어 전쟁의 목적을 설정하고, 전쟁수행개념을 구상하여 전쟁수행을 지도하며, 국제협력과 군사동원을 보장하는 것이다. 또한 정부 각 부처와 기관에 과업을 부여하고, 정부부처와 기관의 모든 노력이 전쟁목적 달성에 기여할 수 있도록 조정, 통제하는 것이다.

군사전략적 활동은 국방부장관과 합동참모의장(합참의장)이 군사력 운용을 위한 전략지침[26]과 군사전략목표[27]를 하달하고, 군사력 운용을 지도한다.

(다) 전쟁의 작전적 수준

전쟁의 작전적 수준은 전략목표 달성을 지원하기 위하여 군사작전을 계획, 시행, 유지함으로써 전략지침을 군사작전으로 전환하고, 전술부대에 내안 행징 및 군수를 제공하는 등 전술활동을 조직하고 지도함으로써 전략적 수준과 작전적 수준을 연계시키는 활동이

26) 국가전략 목표를 달성하기 위한 군사력 운용에 관한 일반적 지침. 전략지침은 국가전략목표와 전쟁종결조건, 군사전략목표, 가용자원, 제한사항 등을 포함하며, 합참과 각 군 그리고 타 정부부처 및 국가기관의 모든 활동을 통합하고 동조하기 위한 공통적인 기준임.

27) 군사전략목표는 "명시적으로 표현된 국가전략목표를 달성하기 위하여 군사력으로 무엇을 달성해야 하는가를 군사적 언어로 제시한 것으로서 직접적인 무력의 사용을 통한 과업뿐만 아니라, 국가전략적 수준에서 도출한 군사분야의 모든 과업이 성공적으로 완수된 이후의 최종상태"를 말하며, 군사작전을 실시해야 하는 이유이자 목적이다.

포함된다.

작전적 수준은 통한 합참의장이 주관하여 합동작전과 연합작전, 민·관·군·경 통합방위작전 등을 계획하고 수행하는 활동이다. 그러나 특별한 경우에는 전략지침(戰略指針, strategic guidance) 또는 전략지시(戰略指示, strategic directives)[28]에 따라 임무를 수행하는 부대가 군사작전을 계획하고 실시하는 활동도 포함된다.

작전적 수준에서는 작전술을 적용하여 전역[29] 또는 주요작전[30]을 계획하고 수행하는 데 중점을 둔다. 작전술을 지휘관과 참모들이 군사전략목표를 달성할 수 있도록 전역·주요작전을 구상하고, 군사력을 조직하고 운용하기 위해 자신들의 숙련된 능력이나 지식 또는 경험을 창의적으로 적용하는 것이다.

(라) 전쟁의 전술적 수준

전쟁의 전술적 수준은 작전목표 달성을 지원하기 위하여 전술부대가 전투나 교전 또는 기타 활동을 계획하고 수행하며 평가하는 활동이다. 전술적 수준에서는 목표를 달성하기 위하여 적 또는 아군 부대의 상황에 따라 전투력을 질서있게 배치하고 기동하는 데 중점을 둔다.

교전(engagement)은 적과의 접촉상태에서 이루어지는 공격행동 또는 적대행위로서, 소부대가 참가하는 비교적 단기간의 전투이다. 전투(combat)는 일련의 연계된 교전으로 이루어진다. 따라서 교전보다 장기간 지속되고 대규모 부대가 투입되며, 통상 전역과 주요작전의 진행에 영향을 미친다. 그러므로 지휘관과 참모는 교전을 포함한 전투가 전역과 주요작전에 직간접적으로 기여할 수 있도록 교전과 교전, 교전과 전투, 전투와 또 다른 전투 간에 상호 연계성을 유지하도록 해야 한다.

전술적 수준의 지휘관은 작전목표 달성을 지원하기 위하여 다양한 전술을 구사한다. 그

---

28) 합참의장이 군령권 행사 및 국가전쟁지도의 주요 기능 수행을 위해 전략상황평가 및 판단결과를 기초로 전략지침을 지시화한(내린) 것. 합참의장은 대통령과 국방장관의 승인 하에 연합사에 전략지시를 하달함.

29) 전역(campaign)이란 전략목표 또는 작전목표를 달성하기 위해 실시하는 일련의 연관된 주요작전을 말한다.

30) 주요작전(major operations)이란 단일 군 또는 2개 군 이상의 전투부대가 부여된 작전지역 내에서 전략 및 작전목표를 달성하기 위해 실시하는 일련의 전투 및 교전으로서, 1주 이상 또는 1개월 이상의 장기간에 걸쳐 이루어진다. 주요작전은 군사력뿐만 아니라 국력의 다른 수단과도 긴밀히 연계되어야 한다.

러므로 전술적 수준에서 이루어지는 모든 활동은 반드시 작전목표 달성에 기여할 수 있어야 한다. 특히, 오늘날과 같이 다양한 언론매체의 발달, 인터넷을 통한 적대세력들의 다양한 위협 및 선전활동 등은 전술적 수준의 계획과 행동결과가 작전 또는 전략수행에 엄청난 영향을 미칠 수도 있다. 예를 들면, 전장의 특정 병사에 의해 이루어지는 전술적 수준의 행동 하나가 작전적 또는 전략적 수준의 계획 또는 결과에 심각한 문제를 초래할 수도 있다.

그러므로 모든 제대의 지휘관과 참모는 자신들의 계획과 작전 및 행동들이 다른 수준(상급제대 또는 하급제대 수준)에 어떠한 영향을 미치게 되는지를 항상 예측하려는 노력을 지속해야 한다.

(2) 전쟁원칙

(가) 전쟁원칙 개념

전쟁원칙은 "전쟁수행을 지배하는 기본적인 원리"이며, 이는 전쟁의 법칙과 원리에 기초를 두고 있으나, 경험요소에 의하여 산출된 것으로서 전쟁원칙의 적절한 적용은 지휘권 행사와 군사작전을 성공적으로 수행하는데 대단히 중요하다. 또한 이러한 원칙들은 상호 밀접한 관계를 갖고 있으며, 상황에 따라서 상호 보강되기도 하고 또는 상충되기도 한다.

전쟁원칙은 어느 특정인에 의해서라기보다 수많은 전쟁의 역사를 연구 분석하여 다듬어진 최선의 공약수로서 시대의 고금을 막론하고 공통적으로 적용될 수 있을 뿐 아니라 장차 예상되는 어떤 형태의 전쟁에서도 본질적인 변화는 없지만 각 국가는 자기 나라의 지리, 문화, 사회, 과학 및 국민성 등 고유의 특성에 부합되게 전쟁원칙을 채택하고 있다. 그러나 근본사상이나 본질은 공통점을 갖고 있음을 알 수 있다.[31]

(나) 전쟁원칙의 존재성

전쟁원칙은 전쟁수행을 지배하는 기본적인 원리라고 할 수 있는데, 과연 불확실성이 지

31) 김용현 · 이진호 · 고성진, 『군사학 개론』(인천 : 진영사, 2020), p.235.

배하는 전쟁분야에 원리 및 원칙이 존재할 수 있는지에 대해서는 다양한 견해들이 있을 수 있는 바, 대표적인 전략(전쟁)사상가 들의 견해는 다음과 같다.[32]

첫째, 손자(孫子)의 견해이다. 손자가 손자병법(孫子兵法)에서 제시한 전쟁원리는 오늘날에도 그 가치를 인정받고 있다. 손자병법은 기정일체(奇正一體), 정동일원(靜動一元)의 전(全)의 사상을 담고 있다.[33]

기정일체는 전쟁에서 원칙과 변칙을 동시에 사용하는 것이다. 정동일원은 전쟁에서 정을 주체로 하고, 동을 그것의 종속으로 하지만, 결국은 정동을 하나로 보는 원리이다. 전의 사상은 적과 싸우지 않고 적을 굴복시키는 것을 최상으로 하는 부전승(不戰勝)의 사상이다. 손자는 이러한 사상을 바탕으로 다음과 같은 원칙을 제시하였다.

시계(始計)편에서는 전쟁을 결정하기 전 군주가 판단할 기준인 5사(五事) 7계(七計)를 제시[34]하였다. 작전(作戰)편에서는 전쟁을 수행하는 동안 군사력을 동원하기 어렵기 때문에 속전속결의 단기전을 강조하였다. 모공(謀攻)편에서는 적과 싸우지 않고 정치적 목적을 달성하는 것이 최선이지만 전쟁이 불가피한 경우에 적용할 전략과 전술적인 원리를 제시하였다. 군형(軍形)편에서는 군사력을 준비하는 것을 설명하였고, 병세(兵勢)편에서는 부대를 운용하는 개념을 강조하였다. 허실(虛實)편에서는 적의 약점을 자신의 강점으로 공격하고, 항상 주도권을 장악하여 적을 조종하는 작전술 차원에서의 원리를 설명하였다. 군쟁(軍爭), 구변(九變), 행군(行軍), 지형(地形), 구지(九地), 화공(火攻), 용간(用間)편에서는 전쟁의 원칙은 있으나, 그것을 적용하는 것은 군주와 장수의 지혜에 달려 있음을 제시하였다. 즉, 손자는 전쟁에 원칙은 있지만 그것을 초월하여 그것에서 자유로워야 한다고 주장한 것이다.

둘째, 나폴레옹의 견해이다. 나폴레옹은 전쟁에서 다섯 가지의 작전원칙을 구사하였다. ① 단일작전선[35] 원칙이다. 나폴레옹은 항상 주력을 결정적인 지점[36]으로 판단되는 1개

---

32) 최용성, 『전쟁원칙과 승패』(서울 : 양서각, 2013), p.8.

33) 노병천, 『도해손자병법』(서울 : 가나출판사, 1992), p.14.

34) 손자가 제시한, 부국강병의 기본 원리라고 볼 수 있으며, 5사(五事)에는 도(道), 천(天), 지(地), 장(將), 법(法)이며, 7계(七計)는 주숙유도(主孰有道), 장숙유능(將孰有能), 천지숙득(天地孰得), 법령숙행(法令孰行), 병중숙강(兵衆孰强), 사졸숙련(士卒孰鍊), 상벌숙명(賞罰孰明)이다.

35) 작전선(Line Of Operations)이란, 적 또는 목표와 관련하여 시간, 공간 및 목적면에서 부대가 지향할 방향을 제시하는 선이며, 작전개시부터 작전종결까지 전체적인 작전의 진행을 가시화하는 수단이며, 결정적 지점들이 어떻게 작전목표와 연계되는 지는 보여주는 개념적인 선이다.

방향에 집중하였다. 그 이유는 여러 개의 방향에 주력을 지향할 경우에는 적의 주력에게 각개격파를 당할 우려가 있기 때문이다. ② 적의 주력으로 공격목표를 선정하는 원칙이다. ③ 주력으로 적의 병참선을 차단하는 원칙이다. ④ 우회의 원칙이다. 이것은 적의 병참선을 차단할 수 있는 측면으로 주력을 기동시키는 것이다. ⑤ 병참선을 유지하는 원칙이다. 이것은 자신의 병참선을 먼저 보호한 후 적을 격파하는 것이다.

나폴레옹은 이러한 원칙 이외에 15가지 (작전)원칙을 선정하여 전쟁상황에 따라 적절하게 적용하였다. 예를 들면, “전투는 총으로 하는 것이 아니라 병사들의 다리로 한다”고 하여 기동의 원칙을 강조하였다. 그래서 행군속도를 분당 70보에서 120보로 배가시켰다. 또한 “2인의 양(良, 우수한) 장(장수, 지휘관) 보다 1인의 우(愚, 우둔한, 어리석은)장이 낫다”고 주장하여 지휘통일의 원칙을 강조하였다.

셋째, 클라우제비츠의 견해이다. 클라우제비츠는 나폴레옹이 수행하는 전쟁을 관찰하면서 전쟁원칙의 유용성을 인정하였지만, 그것을 절대적으로 신봉하지는 않았다. 전쟁의 본질은 우연성과 개연성이고 그 영역이 마찰의 영역이기 때문에 전쟁의 상황은 불확실한 것이다. 마치 안개나 달빛 속에서 사물을 보는 것처럼 전쟁의 형체는 보이지만, 그것의 본질은 통찰하기가 매우 어려운 것이다.

따라서 그는 전쟁에서 특정한 원칙을 적용하기가 곤란하다고 보았다. 그러나 그는 “어떤 활동이 반복되고, 또 언제나 동일한 목적과 수단을 대상으로 한다면 다소 무리가 있어도 이론적 대상이 될 수 있다”고 하였다. 즉, 그는 전쟁을 완전하게 이론화하거나 체계화할 수 없으나, 부분적으로는 가능하다고 주장하였다.[37]

넷째, 조미니의 견해이다. 조미니는 군사지식을 체계화하여 이론화할 수 있다고 주장하였다. 그는 “새로운 과학기술의 발전은 군대의 조직, 무기 및 장비, 전술 등에 많은 변화를 가져왔다. 그러나 전쟁원칙은 어느 시대를 막론하고 전쟁에서 승패를 좌우하는 원칙이 존재했으며, 그것은 무기의 종류, 역사적 시간과 장소에 관계없이 전쟁의 승패를 좌우하는 결정적 요인이다”라고 주장하였다.

36) 결정적 지점(Decisive point)이란, 적을 상대로 뚜렷한 이점을 얻거나 승리를 달성하기 위해 기여하는 지리적 장소, 주요사태, 핵심요소 및 기능을 의미한다.

37) 최용성, 『전쟁원칙과 승패』, p.10.

조미니는 고대로부터 발발한 전쟁을 연구한 결과 일정한 승리의 규칙이 있다는 것을 알았다. 그래서 그는 전쟁에서 승리를 결정짓는 '불변의 진리'를 찾으려고 하였다. 그의 이러한 시도는 18세기 계몽주의 사상의 발전과 그에 따른 합리주의의 산물이라고 볼 수 있다. 그는 시공과 무기체계의 변화를 초월하여 불변하는 전쟁의 원리들을 도출하고 이것의 체계화를 시도했다는 측면에서 근대 군사이론의 창시자 중 한 사람으로 평가할 수 있다.

다섯째, 리델하트의 견해이다. 리델하트는 과거에 일어난 전쟁을 보면 그 속에 원칙이라고 할 수 있는 보편적 진리가 있다고 주장하였다. 하지만, 그것들은 원칙이라기 보다는 (군사)행동의 지침의 성격이 강하다. 예를 들면, 리델하트가 주장하는 원칙은 아군이 적의 취약점을 발견하여 그곳에 집중하는 것과 적에게 우리의 집중에 대응하지 못하도록 시간적 여유를 주지 않는 것 등이다.[38)]

결국 리델하트가 전략을 "국가정책 목표 달성을 위해 군사적인 제(諸) 수단을 배분하고 운용하는 술(術)"이라고 주장한 것처럼, 그는 전쟁원칙이 지휘관의 생각과 판단 그리고 결심하는데 있어서 준거의 틀로 활용되기를 기대하였다.

클라우제비츠가 독일적 관념주의에 바탕을 두고 전쟁을 이념적 및 철학적으로 설명하려고 했다면, 리델하트는 영국적 경험주의에 입각하여 전쟁을 과학적으로 이해하고자 했던 것이다.

위에서 얘기한 군사이론가들의 전쟁원칙을 정리해 보면, 다음의〈도표 2-1〉군사이론가들의 전쟁원칙과 같다.

(다) 전쟁원칙의 기능성

전쟁의 불확실한 상황에서 전쟁원칙을 어떻게 적용할 것이가? 전쟁사를 연구하는 목적은 전쟁의 본질과 그 양상을 이해할 수 있고 특정불변의 전쟁원칙 적용방법을 이해하고, 미래전쟁에 활용할 수 있는 능력을 구비하는 데 있다고 볼 수 있다.

이에 대해 맥아더 장군은 전쟁방법과 기술보다는 과거에 성공한 원칙과 그것이 어떻게 결합되고 적용되었는지를 알기 위함이라고 하였다. 또 브리안 본드(Brian Bond)[39)]는 간

38) 최용성, 『전쟁원칙과 승패』, p.10.
39) 영국 역사가 및 King's College 군사역사학 교수

접경험을 습득하고 승리할 수 있는 원칙을 알 수 있고 본능적으로 옳은 원칙을 적용할 수 있는 능력을 구비하기 위함이라고 하였다. 그러면 과거 승리한 특정한 전쟁사례에서 적용된 특정전술 및 원칙을 미래전에 그대로 운용하면 승리할 수 있을 것인가에 대해서는 신중한 판단이 요구된다.

구 분	손자	클라우제비츠	나폴레옹	조미니	리델하트
공격	○	○	○	○	
집중	○	○	○	○	
병력절약					○
기동	○	○	○	○	○
목표	○	○	○	○	○
간명성					
경계			○	○	
기습	○	○	○	○	○
협동(지휘통일)	○			○	
사기				○	
강한 적 회피					○
전과확대					○
융통성					○
예비대 보유				○	
실패 증원(허용) 금지					○
여론		○			
추격		○		○	

〈도표 2-1〉 군사이론가들의 전쟁원칙

공통시대이전(BCE)[40] 204년에 유방의 명령을 수령한 한신(韓信)은 수 만명의 병력으로 조나라를 침공하여 진여가 이끄는 조군을 물리치고 조나라를 정복하였다. 이때 한신이 적용한 전술이 그 유명한 배수진(背水陣)이다. 한신은 당시 배수진이라는 전술을 금기시 하

40) BCE(Before Common Era, 공통시대이전)의 경우, 최근 학계에서는 기존의 BC(Before Christ, 기원전)가 특정 종교적인 색채가 있으므로 이를 보완하는 차원에서 표기함.

였는데도 승리한 것을 궁금해하는 장수들에게 "사지에 몰아 넣은 후에야 살게 되고, 망할 지경이 되어야 존재하게 된다"고 강조하였다. 그 대표적인 예가 임진왜란때 조선의 장군인 신립(申砬)의 배수진이다. 왜 한신은 전쟁에서 배수진을 적용하여 승리했는데, 신립은 패했을까?

한진의 배수진은 전체의 공격전술 중 공격의 주력부대인 주공을 도와주는 조공의 유인전술이라고 할 수 있다. 즉, 조공은 주공이 적의 진지를 점령할 때까지 시간을 획득하고 적 주력이 아군의 주력방향으로 전환하지 못하도록 한곳에 붙잡아 놓는 역할을 하여 적을 고착(固着, fix lock on)[41]시키고 견제(牽制, containment)[42]를 하면서 유인하는 양동작전을 실시하였다.

한신은 조공부대가 "조나라 군의 주력부대를 유인하는 동안에 주력부대로 하여금 조나라 군의 진지와 주력부대의 측면 및 후방을 공격하게 하여 격멸하는 기만전술을 사용하여 승리"하였다. 이 전투에서 한신은 먼저 2,000명의 정예병을 선발하여 주공부대를 편성하고, 그들을 매복시킨 후에 적 본진을 공격하여 점령하라고 지시하였다. 그 후 그는 조공이 강을 건너 배수진을 치게 하고 조공부대를 지휘하여 조(나라) 군의 주력부대가 있는 곳으로 기동한 후 공격하여 적의 관심을 끌게 하고 적이 강력히 대응하자, 신속히 퇴각하였다. 이에 조군은 퇴각하는 한(나라) 군을 추격하였다. 이 때 매복하고 있던 한군의 주공부대가 조군의 본진을 공격하여 점령하였다. 이러한 상황을 모르는 조군의 주력 부대는 한군의 본진을 향해 공격했지만, 한군의 병사들은 배수진지에서 생존욕구가 발휘되어 결사적으로 방어하여 조군은 퇴각하였다.

조군의 입장에서 보면 조군은 아군 지역에서 보급지원이 원활하며, 병력도 상대적으로 우세하므로 적극적인 공격이 필요하지 않았을 것이다. 그러나 조군이 후방으로 철수한 후 상황을 살펴보니, 그들의 본진에 한나라의 붉은 깃발이 솟아있자, 조군은 크게 동요하였다. 또 "조나라는 이미 한군에게 정복되어 왕은 죽고 나라는 망했다"는 유언비어가 병사

41) 적이 어느 한 지역에서 부대의 전부 혹은 일부를 다른 지역에 운용할 목적으로 전환하는 것을 방지하는 (아군의)전술적 행동.

42) 적 부대를 아군의 주력 방향 이외의 불필요한 지역에 고착시키거나, 포위하는 전술적 행동 또는 적의 활동이나 관심을 가치가 적은 특정지역 및 상황에 집중하도록 강요하여 부대의 전부 혹은 일부를 결정적인 시간과 장소에 전환하지 못하도록 하는 전술적 행동.

들 사이에 만연된 상황에서 한군이 전후방 양쪽에서 공격하자 병사들은 도망가고 조군의 지휘체계는 붕괴되었던 것이다.

결국 한신은 주공부대 2,000명을 적의 본진 근처에 매복시켰고 조공을 배수진지를 점령케 하여 적 주력을 유인 고착하는 상황에서 한군 주공이 적 본진을 공격하여 점령하였다. 한신은 조공이 배수 진지를 점령하는 유인 공격전술로 단시간에 적의 공격을 차단하여 승리하였다.43)

한편, 신립은 다음의 〈도표 2-2〉신립의 탄금대 전투와 같이 방어에 유리한 지형인 조령에서의 방어를 포기하고 충주 탄금대에서 배수진을 편성하여 방어하였다. 신립이 조령 방어를 포기한 이유는 여러 가지가 있지만 그 중에 가장 설득력이 있는 이유는 방어가 목적이 아니라 적 격멸(擊滅)이 목적이었기 때문일 것이다. 왜냐하면 신립은 과거에 공격위주의 전술을 신조로 무장된 장수였기 때뮤이다.

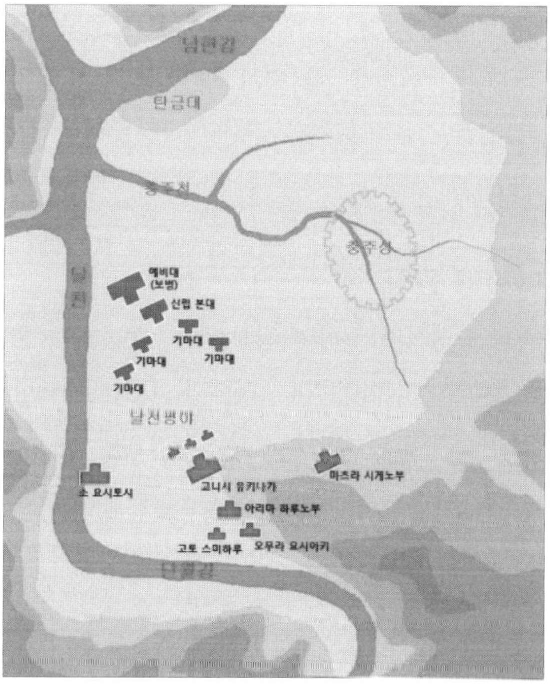

〈도표 2-2〉 신립의 탄금대 전투44)

43) 최용성, 『전쟁의 원칙과 승패』, p.13.

그는 과거 함경도에서 여진족을 공격하여 토벌하였지, 방어하지 않았다. 이러한 배경을 볼 때 그의 전술관은 공격이다. 신립이 왕의 명령을 받고 충주에 도착해보니, 병력은 부족하였고, 훈련상태도 미숙하였다. 또 자신은 방어전 경험도 없이 기병돌격으로 적을 격멸하려고 했을 것이다. 이에 이일(李鎰)[45]은 적과 정면대결은 무의미하니, 방어에 유리한 조령에서 방어할 것을 건의했으나 묵살당했다.

결국 신립은 탄금대에서 배수진지를 편성한 상황에서 왜군을 향해 기병돌격을 감행했지만 왜군은 이를 저지하면서 반격하였다. 이때 왜군은 강을 따라서 내려와 조선군의 후방을 공격했고, 따라서 전후방 양쪽으로 포위당한 조선군은 후방에 있는 강 때문에 도망갈 수도 없어 거의 전멸하였고, 신립은 강에 투신하였다. 만약에 신립이 조령에서 지연전을 수행했다면 대패하지는 않았을 것이며, 최소한 왜군의 진격을 지연했을 수도 있을 것이다.

한신의 배수진은 그 당시 금기시 한 전술이었는데도 그것을 사용하여 승리하였다. 부하 장수들은 승리한 이유를 몰랐다. 후에 임진왜란 당시의 신립은 한신의 배수진을 적용하였다. 그런데 일본군에게 패하였다. 그 이유는 무엇일까? 결과는 동일하더라도 그 과정마저 동일할 수 없다는 전투의 기본원리를 간과했기 때문일 것이다.

(라) 주요 전쟁원칙[46]

1) 목표(objective)의 원칙

목표란 작전의 목적을 달성하기 위하여 확보 또는 달성해야 할 대상으로서, 전투력 운용의 지향점이며 작전원칙의 구심점이 되는 가장 중요한 원칙이다. 적합한 목표의 선정이 전쟁원칙 적용의 시작이며, 가장 중요하고 어려운 단계이다. 목표가 없이는 다른 원칙들은 무의미한 것이다.

작전의 궁극적 목적은 적의 능력과 전투의지를 파괴하는 데 있다. 그러므로 작전목표는

---

44) https://www.bing.com/images/search?view

45) 조선중기의 문신. 1583년(선조 16) 여진족의 이탕개(尼湯介)가 경원과 종성에 침입하자 이를 격퇴했고, 임진왜란 당시에는 순변사(巡邊使)로 상주, 충주전투에서 왜군과 싸워 패했다. 그 후 명나라 원병과 함께 평양을 수복했다. 한양 탈환 후 훈련도감이 설치되자 좌지사로 군대를 훈련시켰다.

46) 다양한 문헌에서 제시된 전쟁원칙을 종합하여 정리함.

작전의 목적에 신속하게 직접적·경제적으로 기여해야 한다. 이를 위해 작전 시 각급 제대의 목표는 상급제대 또는 기관의 목적에 기여해야 하고, 명확하며, 결정적이고, 달성 가능해야 한다.

작전목표를 선정할 때에는 임무, 적, 지형 및 기상, 가용능력, 가용시간 그리고 민간요소를 고려하여야 한다. 지휘관은 임무에 기초를 두고 제한된 시간과 능력 범위 내에서 최소의 희생으로 최대의 성과를 달성할 수 있는 목표를 선정하여 모든 관심과 노력을 집중하여야 한다.

정치지도자에 의해서 국가안보목표가 수정되거나 상황 자체가 변할 경우에는 작전 수행 중에 군사목표가 변경될 수도 있다. 합동작전부대 지휘관은 군사목표의 변경이 필요한 정치적 목표의 변경을 예측하여야 한다. 정치적 목표의 변경에 따라 군사목표가 적절치 변경되지 않으면, 군사작전은 정치적 목표를 지원할 수 없으며, 합법성이 손상되고 부대의 안전이 위태롭게 될 것이다.

2) 공세(offensiive)의 원칙

공세란 아군의 의지를 적에게 강요하는 능동적이며, 적극적인 작전활동이다. 공세행동의 목적은 작전의 주도권을 탈취, 유지, 활용하여 목표를 효과적으로 달성하는 것이다.

지휘관이 목표를 달성하기 위해서는 주도권을 확보하여 부대의 행동의 자유를 유지하고, 자신의 의지대로 전투를 이끌어 가야 한다. 방어가 더욱 강력한 전투태세이지만 공세행동은 주도권을 탈취, 확보하는 수단이며 아군에게는 승리의 확신을 갖게 한다. 공세행동은 명확히 한정된 목표를 달성할 수 있는 가장 효과적이고 결정적인 방법이다. 공세행동의 중요성은 전쟁의 모든 수준에서 동일하다.

적의 약점에 대한 지속적인 공세행동은 적의 균형을 와해시키고 과오[47]를 확대하며, 동시에 아군의 취약점을 보호하는 수단이 된다. 공세적인 작전활동은 적의 약점을 이용함으로써 급변하는 상황과 예기치 않은 상태에 신속히 대처할 수 있으며, 결정적인 성과를 달성하는 최선의 방법이다.

지휘관은 상황에 따라 방어를 할 경우에도, 조기에 주도권을 탈취하여 공세로 전환할

47) 적이 특정한 전술적 행동을 취할 때 발생하는 취약점으로 부대밀집, 공격대형 신장, 측방 노출 등이 있음. 아군은 적의 이러한 '과오'를 최대한 활용해야 함.

수 있는 모든 기회를 추구해야 한다. 방어는 공세를 위한 일시적인 방편이며, 방어작전 중에도 주도권을 장악하기 위한 공세행동이 필요하다.

3) 집중(massive)의 원칙

집중이란 지휘관이 원하는 장소와 시간에 전투력의 상대적 우세를 유지하는 것이다. 집중의 목적은 결정적 성과를 달성하기 위해 가장 유리한 장소와 시간에 전투력을 끌어모아 목표를 효과적으로 달성하기 위한 것이다.

집중은 '전투의 승패는 전투력의 상대적 크기에 따라 결정된다'는 간단한 논리이며, 절약을 전제로 한다. 전체적으로 우세한 전투력을 보유하더라도 모든 전장에서 압도적인 전투력을 유지하는 것은 불가능하고 경제적이지 않다. 집중은 피아간의 상대적인 개념으로서 결정적인 시간과 장소에서는 압도적인 우세를 달성하고, 다른 지역에서는 노력을 절약하여야 한다.

무기체계의 파괴력과 운용범위가 확대됨에 따라 분산된 상태에서도 전투력의 효과를 집중할 수 있으며, 전투력의 물리적 집중은 대량피해를 유발할 수도 있다. 전투력의 물리적 집중보다는 전투력의 효과를 집중하면 수적으로 열세한 부대도 결정적인 성과를 달성할 수 있고, 인적 손실과 자원 낭비를 최소화할 수 있다.

집중을 달성하기 위해서는 단기간에 결정적 효과를 거둘 수 있는 곳에 합동군 능력을 적절하게 통합[48]시켜야 한다. 이를 위해 아군은 부차적 과업에 최소의 계산된 전투력을 할당하여 절약하고, 적 전투력의 분산을 강요하는 작전활동을 병행해야 한다.

집중은 요망하는 결과를 얻을 때까지 지속되어야 한다. 어느 한 곳에 대한 집중은 다른 곳에서는 적에게 상대적 열세로 적의 집중효과를 초래할 수 있다. 따라서 지휘관은 계산된 모험을 감수하면서 적보다 빠른 속도로 요망하는 결과를 얻을 수 있도록 집중을 연속적으로 조직화하여야 한다.

4) 절약(economy of force)의 원칙

절약은 부대를 분별 있게 운용하고 분배하여 임무 수행에 반드시 필요한 만큼의 전투력을 운용하는 것이다. 절약의 목적은 최적의 전투력을 운용하고 자원의 소모를 최소화하

48) 단일의 전투력을 창출하기 위하여 다수의 군사력과 이들의 군사활동을 배열하는 것.

는 것이다. 이를 위해 모든 작전에 적절한 규모의 전투력을 운용함으로써 작전목적을 가장 효율적으로 달성하고, 인적 · 물적 자원의 소모를 최소로 하여야 한다.

주 노력(main effort, 主攻部隊)[49]에 가능한 한 최대의 전투력을 할당하기 위해서 보조 노력(助攻部隊)[50]에는 최소의 필수 전투력을 소모하여야 한다. 결정적인 장소와 시간에 집중을 달성하기 위해서는 제한된 공격, 방어, 지연, 기만 또는 후퇴작전과 같은 보조 과업에 가용한 전투력에서 최소의 계산된 전투력을 할당하여야 한다.

현대전에서 보다 중요한 것은 전투력의 손실을 최소로 하는 방책을 추구하여야 한다는 점이다. 현대의 첨단무기는 손실될 경우 전투력의 저하가 극심하다. 뿐만 아니라 보충에 많은 예산과 시간이 소요되기 때문에 작전지속능력을 유지하기가 어렵다. 따라서 최소의 인적, 물적 희생으로 승리할 수 있도록 자원의 소모를 최소화하여야 한다.

5) 기동(maneuvering)의 원칙

기동(機動)이란 적보다 상대적으로 유리한 위치로 병력, 화력, 물자 등을 이동시키는 것이다.[51] 기동의 목적은 적에게 지리적으로 불리한 위치에 놓이도록 강요하여 적의 약점에 아군의 전투력을 집중하여 전투(작전)에서 승리하는 데 있다.

기동은 통상 기동하는 부대의 직 · 간접 화력을 발사하거나 발사 위협에 유리한 장소를 확보하기 위하여 실시한다. 효과적인 기동은 적에게 지속적으로 새로운 문제를 일으킴으로써 적이 균형을 잃고 취약점을 드러내게 한다. 기동은 그 자체가 적을 마비[52]시키는 수단이다. 아군은 기동을 통하여 주도권을 유지하고 성공을 확대하며, 아군의 취약점을 줄이고, 행동의 자유를 보장한다. 기동은 전투력을 증진하는 제일의 요소이다. 기동을 통해서만 결정적인 시간과 장소에 집중할 수 있도록 할 수 있기 때문이다.

성공적인 기동은 적의 약점을 향해 적의 반응시간보다 빠르게 대응하는 속도가 생명이

49) 주공부대란, 결정적 작전(목표)에 대부분의 공격역량을 집중 · 지향하는 전술집단, 부대 임무수행에 최대로 기여하는 목표확보에 지향되는 공격에 투입되는 부대.

50) 공격작전 시 주공의 임무수행에 기여할 수 있도록 운용되는 부대로서, 상황 및 여건에 따라 주공으로 전환 가능.

51) 차후작전에 유리한 상황을 조성하기 위해, 적보다 유리한 위치로 병력, 장비, 물자 등을 이동 시키는 것. 단순하게 어느 지점에서 다른 지점으로 병력, 물자, 장비 등을 옮기는 이동(移動)과는 구별됨.

52) 대치하고 있는 적대국 중, 어느 일방의 행위로 인하여 사고 또는 행동의 자유가 상실된 상태.

다. 이를 위해서는 기동성, 적에 관한 지식, 효과적인 지휘통제, 균형된 편성과 적절한 군수지원이 필수이다. 지휘관은 과감한 기동을 통하여 적의 반응시간보다 빠르게 대응하고, 달성된 성과를 더욱 확대하여야 한다.

6) 기습(surprise)의 원칙

기습이란 예상하지 않은 시간, 장소, 방법으로 적을 타격하는 것이다. 기습의 목적은 최소의 희생으로 최대의 성과를 달성하는 것이다.

기습은 약한 것으로 강한 것을 이길 수 있는 가장 좋은 방법이다. 피·아 전투력의 균형을 결정적으로 전환 가능하게 하여 투입한 노력 이상의 성공을 달성할 수 있도록 한다.

기습 달성을 위해서는 적이 모르도록 하는 것보다도 너무 늦게 알아서 효과적으로 대응할 수 없도록 하는 것이 더욱 중요하다. 기습 달성요소에는 의사결정의 속도, 정보의 공유, 부대이동, 효과적인 정보, 기만, 예기치 못한 전투력 운용, 작전보안, 전술 및 작전방법의 변화 등이 포함된다.

현대전은 인공위성 등 고도로 발달된 감시수단 및 기술로 인해 대규모 부대의 은밀한 기동을 어렵게 하기 때문에 전략적 수준에서의 기습달성은 점점 더 어려워지고 있다. 그러나 장기간에 걸친 심리작전(心理作戰, psychological operations)[53]과 기만(欺瞞, deception)[54] 등을 통해 전략적 수준의 기습도 가능하다.

7) 지휘통일(unity of command)의 원칙

지휘통일은 모든 부대가 지휘권한을 가진 단일 지휘관 예하에서 공동의 목적을 추구하여 작전을 수행하는 것을 의미한다. 지휘통일의 목적은 목표 달성 책임이 있는 단일 지휘관에게 노력의 통일을 보장하는 것이다.

노력의 통일은 동일한 지휘구조 하에 있지 않은 많은 부대가 공동의 목표를 달성하기 위해 부대 상호 간에 협조와 조정을 하는 것이다. 연합작전이나 유관기관 협조에 있어서

53) 지휘관이 부여된 임무를 수행하기 위하여 주최 측의 모든 국가나 집단의 견해, 감정, 태도, 행동 등을 주최 측에 유리하게 유도하는 선전 및 기타 모든 행동의 조직적이고 체계적인 활동을 말함.

54) 상대방의 상황인식에 영향을 줌으로써 상대방이 어떤 행동을 하거나 하지 못하게 하는 것으로, 조작, 왜곡, 징후의 변조를 통하여 상대방에게 해로운 방향으로 반응토록 유도함으로써 상대방이 판단을 잘못하게 유도하도록 고안된 수단.

지휘통일은 가능하지 않을 수도 있지만 노력의 통일은 협동과 공동 이익을 통한 조정으로 달성되며, 지휘통일의 필수적 보완사항이다.

8) 보안(security)의 원칙

보안[55]은 적의 위협으로부터 부대의 안전 및 행동의 자유를 유지하고 전투력을 보존하는 것이다. 보안의 목적은 적으로 하여금 예기치 않은 이점을 획득하지 못하게 하는 것이다. 보안은 적대행동, 영향력, 기습에 대한 우군 부대의 취약성을 줄임으로써 행동의 자유를 증대시킨다.

보안은 적으로부터 아군 부대를 방호하기 위한 지휘관의 노력에서부터 출발하여 참모의 계획수립과 적의 전략·전술·교리에 대한 이해가 보안의 효과를 증진시킨다.

모든 작전은 항상 위험성을 내포하고 있다. 그러므로 지휘관이 보안의 원칙을 적용할 때에는 과도한 주의가 아니라, 신중하게 위험을 관리하여야 한다. 왜냐하면 보안을 통해 부대를 방호함으로써 우군의 전투력을 증가시킬 수 있으며, 행동의 자유를 유지할 수 있기 때문이다.

지휘관은 특수작전부대 또는 화력 등을 활용하여 적 위협의 근원을 제거하거나 전장감시와 조기경보체제 및 경계태세 유지 그리고 전자전, 소산, 기만, 위장 등을 작전보안 활동을 포함하여 다양한 보안 대책을 강구하여야 한다.

9) 간명(simplicity)의 원칙

간명이란 군사작전의 계획이나 명령을 간단명료하게 수립하여 시행하는 것이다. 간명함의 목적은 완벽한 이해를 보장하기 위하여 명확하고 복잡하지 않은 계획과 간결한 명령을 준비하는 것이다.

간명은 성공적인 작전에 기여한다. 명확하고 간결한 계획과 명령은 예하제대의 오해와 혼란을 최소화함으로써 작전의 성공에 기여한다. 다른 요소들이 동등할 때 가장 간명한 계획이 더 바람직하며, 간명한 계획은 모든 제대에서 이해와 시행을 용이하게 한다.

---

55) 유사용어로 작전보안(operation security)이란 아군의 부대활동과 기도를 적이 탐지하지 못하게 하는 제반수단으로, 아군의 부대활동 통제, 방첩, 기만 등이 포함됨. 정보보호(information security)란 정보의 수집, 가공, 저장, 검색, 송신, 수신 중에 정보의 훼손, 변조, 유출 등을 방지하기 위하여 관리적, 기술적 수단을 강구하는 것을 말함.

지휘관(상급제대)의 간단하고 명확한 표현은 스트레스와 피로, 그리고 복잡한 작전상황 하에서의 임무수행을 용이하게 함으로써, 합동작전이나 연합작전의 성공적인 수행을 보장하기 위해 특히 중요하다.

10) 절제(restraint)의 원칙

절제란 군사력의 부수적인 손실을 방지하고, 불필요한 사용을 예방하기 위한 군사력 사용의 한계설정(제한)[56]을 의미한다. 절제의 목적은 군사력의 불필요한 사용을 예방하고, 부수적인 피해를 방지하는 것이다.

군사상황이 실시간으로 중계되는 상황에서 소부대의 단일 행동이 중대한 군사 및 정치적 결과를 야기할 수 있기 때문에 분별있는 전력운용이 필요하다. 절제는 안보의 필요성과 군사작전 수행 및 국가의 전략적 최종상태 간의 잘 조율된 균형유지를 요구한다. 예를 들면, 전쟁포로 심문과 같은 정보수집활동의 노출은 심대한 정치적 및 군사적 반향을 초래할 수 있으므로 건전한 판단으로 적법하게 수행되어야 한다. 또한 합리적으로 필요 이상의 과중한 전력을 사용하여 과도한 살상이나 파기를 하지 않아야 한다. 과도한 전력의 사용은 모든 관련 당사자들의 반감을 사고, 이로 인해 부대를 사용하는 아군의 합법성을 손상시키는 반면에, 상대방의 합법성과 정당성을 향상시키는 계기가 된다.

모든 지휘관은 부대원들이 교전규칙의 내용을 숙지할 수 있도록 사전에 충분한 교육과 훈련을 시켜야 한다. 교전규칙을 이해하고 준수하지 않을 경우, 아군 간의 피해는 물론, 부여된 임무수행이 곤란할 뿐만 아니라 국가적으로도 곤란한 결과를 초래할 수 있기 때문이다. 교전규칙은 항상 고유의 자위권과 일관성이 있어야 하며, 필요시 수정해야 한다. 연합작전이나 평화작전[57]에 참여하는 지휘관은 연합군이나 다국적군의 교전규칙 또는 파병국의 관련 법령을 충분히 숙지하여 군사력 운용에 신중을 기하여야 한다.

---

56) 제한사항이란, 국가의 정치, 경제적 상황, 외교협정 및 자원협정 등과 같이 지휘관의 행동의 자유를 제한하는 사항으로 여기에는 준수사항과 금지사항이 있음. 준수사항이란, 군사작전 시 반드시 수행해야 하는 특정행동을 말하며, 금지사항이란, 군사작전 시 해서는 안되는 특정행동을 말함.

57) 평화작전(PO, Peace Operation)이란, 유엔(UN) 등 국제사회와 협력하여, 국외에서 발생한 위기상황이나 분쟁을 억제하고, 정착시키며, 재건지원과 합법정부로의 작전이양을 보장할 수 있는 안정된 환경을 구축하기 위해 수행하는 작전으로, 그 종류에는 평화유지작전(PKO, Peace Keeping Operation), 평화강제작전(PEO, Peace Enforcement Operation), 평화구축(PB, Peace Building), 인도적 지원(HA, Humanitarian Assistance)이 있다.

11) 합법성(legitimacy)의 원칙

합법성은 군사력 운용과정과 결과의 적법성, 도덕성, 공정성을 말한다. 합법성의 목적은 국가전략 최종상태를 달성하는 데 필요한 의지를 발전시키고, 유지하기 위한 것이다.

합법성은 종종 결정적 요소가 되며, 합동작전 참가부대, 합동작전 지역의 주민, 관련 국가 등이 대상이 된다. 절제된 군사력 운용, 운용될 부대형태의 편성, 작전에 참가하는 부대의 엄정한 군기유지 등은 합법성을 강화할 수 있는 요소이다. 특히, 인도주의적 지원과 전면전 시 수행하는 효율적인 안정화작전은[58] 작전 참가 부대는 물론이며 피지원 정부의 합법성을 높이는 데 중요한 수단이 될 수 있다.

작전에 참가하는 모든 부대는 전쟁법규를 준수하여 합동작전의 합법성을 유지하여야 하고, 평화작전에 참가하는 부대는 연합군 / 다국적군 및 주둔국 정부의 법률을 준수해야 한다. 보안활동은 합법성 관련 사항과 조화를 이루어야 하며, 합동작전 지역의 주민과 민간단체를 다루는 데 있어서 공정성을 유지해야 한다. 합법성은 국제사회가 군사력 운용과정과 결과가 상황에 적합하고 공정하다고 지지할 경우에도 유지될 수 있다.

12) 창의(creativity)의 원칙

창의란 새로운 상황에 대처방안과 전투수행 기법을 스스로 찾아내는 사고력이다.

전쟁에서 승리하기 위해서는 예상하거나 예상하지 못한 각종 상황변화에 따라, 작전수행과 각종 전투수단의 운용을 적절히 발휘할 수 있는 사고력과 풍부한 예상력을 구사할 수 있고, 적을 기만하여 조종하며, 항상 새로운 전투기법으로 적과 대처할 수 있는 창의성이 있어야 한다.

전투력을 결정적인 시간과 장소에 집중하기 위해서 지휘관은 융통성을 발휘할 수 있는 창의력이 있어야 한다. 전쟁의 준비와 실시에 있어서 통상적이고, 모방된 기법을 지휘관은 물론 전 장병이 창의력을 발휘하여야 전투력의 극대화를 이룩할 수 있다.

58) 안정화작전이란, 전시 자유화지역에서 안정된 환경을 조성하고, 통치질서를 확립하기 위해 군이 정부 및 민간 분야와 협력하여 인도적 지원과 기반시설 복구, 민간의 안전 및 통제체계를 구축하는 제반 군사활동을 말한다.

13) 사기(morale)의 원칙

사기란 전투력의 무형적 요소로서 어떠한 악조건 하에서도 개인 또는 부대가 부여된 임무를 완수하고자 하는 내재적 정신상태이다. 사기는 지휘관을 중심으로 확고한 사명감을 견지하고, 생사를 초월하여 임무를 완수하려는 전투의지로 나타난다.

사기를 높이기 위해서는 실전적인 교육훈련으로 전술전기를 숙달함으로써 전투원이 승리에 대한 자신감을 갖도록 해야 한다. 지휘관의 현장지휘는 전투원에게 신뢰감을 조성시켜 주며, 전투원은 전우애로 전투에 대한 정신적·심리적인 불안감을 감소시켜야 한다.

사기는 전투력의 효과를 극대화시켜 전승에 기여하는 필수적인 요소로서 전장상황의 불확실성과 우연성, 생명의 위협에 대한 공포, 육체적인 피로 등으로 인해 야기되는 전장에서의 갈등요인을 극복하고, 필승의 신념과 전투의지를 고양시켜 전투력 발휘 효과를 극대화할 수 있도록 개인과 부대는 높은 사기를 유지해야 한다.

14) 협력(cooperate)의 원칙

협력은 다양한 양상의 현대전을 효과적으로 수행하기 위해서, 타국군, 타군, 정부기관 및 민간기구 등과 힘을 합하는 것을 의미한다. 현대전을 수행하기 위해서는 타국 및 타군, 정부기관 및 다양한 민간기구와의 협력이 필요하며, 더 나아가서는 이들의 능력을 통합하는 것이 가장 이상적이다.

협력은 합동·연합연습과 훈련을 통해 개발될 수 있으며, 서로에 대한 깊은 이해와 신뢰가 구축될수록 더욱 효율적으로 이루어질 수 있다.

15) 인내(perseverance)의 원칙

인내의 목적은 국가의 전략적 최종상태에 도달하는 데 필요한 책임을 보장하기 위한 것이다.

인내는 군사작전의 신중하고, 장기간에 걸친 준비를 포함한다. 어떤 합동작전들은 종결기준에 도달하는 데 수년이 걸릴 수도 있다. 위기의 근원이 되는 이유는 포착하기가 어려워서 결정적인 해결을 어렵게 만들 수 있다. 때로는 인내심 있고, 결연하며, 꾸준하게 국가 목적 및 목표를 추구하는 것이 성공의 필수적이다. 이는 종종 군사 노력을 보완하기 위한 외교 경제 및 정보수단을 필요로 할 것이다.

이와 같이 다양한 전쟁원칙은 전쟁을 지도함에 있어서 적용할 수 있으며, 차후 전쟁을 분석함에 있어서도 적용가능할 것이다. 여기서 유념해야 할 사항으로는 전쟁원칙 모두를 무리하게 적용하기 보다는 그 당시의 상황과 여건에 부합되게 사용하는 것이 보다 타당할 것이다.

(3) 국가전략(National Strategy) : 전쟁수행(지도)

(가) 국가전략 정의

국가전략이란 평·전시를 막론하고 국가목표를 달성하기 위하여 한 국가의 정치적, 경제적, 사회적, 심리적 및 군사적 제 역량을 총체적으로 발선시키고 이를 효과적으로 운용하는 술과 과학(방책)이다. 국가전략은 대전략이나 총체전략과 거의 같은 개념으로 사용되고 있으며, 국가마다 선호하는 용어가 조금씩 다를 뿐이다.59)

(나) 전략의 어원 및 의미

전략에 대한 용어 정의는 무수히 많다. 때와 장소에 따라 변하고 이론가의 강조점에 따라 상이하다. 이 용어의 이론적 사용의 예를 보면, 여러 가지 조잡한 표현도 발견된다. 그 이유는 단순히 행위의 과정 또는 전술을 의미하기도 하고, 기획을 의미하기도 하며, 전체를 포괄하기도 하기 때문이다.

동양 및 서양에서 사용하고 있는 전략의 어원에 대하여 알아보면 다음과 같다. 먼저 동양에서의 전략(戰略)은 싸울 전 "戰"자와 꾀 "略"자가 합쳐진 용어로 "싸움에서 이기기 위한 꾀"라는 의미를 지닌 선시의 군사력 운용개념이었다.60)

이 말은 고대 중국 주나라 시대의 병서인 '육도(六韜)', '위료자(尉繚子)' 등에서 사용된 전권(戰權), 전도(戰道), 병법(兵法), 병도(兵道)라는 용어가 발전한 것이다.

전략이라는 말은 춘추시대 이전의 주 왕조 초기에는 순수한 무인의 행동 소관에 속한

59) 국방대학교, 『안보관계용어집』(서울 : 국방대학교, 2005), p.93.
60) 육군교육사령부, 『군사이론연구』(대전 : 육군교육사령부, 1987), p.145.

것으로 순수한 군사전략의 의미로 사용되었다. 그러나 도시국가의 연합체가 형성된 춘추시대에 접어들면서 무력과 권모를 동시에 구사하여 정치를 행한 소위 패권에 의한 정치수단으로 변모됨으로써 순수한 군사개념 이외에 정치, 경제, 사회, 심리적인 개념이 포함된 복합적인 개념으로 발전되었다.

다음으로 서양에서 전략을 의미하는 단어인 "Strategy"는 고대 그리스어인 'Strategos' 또는 'Strategia'에서 유래하였다. 이 'Strategos'라는 말은 고대 아테네에서 10개의 부족단체로부터 차출된 10개 연대(Taxi)를 총 지휘했던 장군의 명칭이었다. 이 아테네 장군 명칭인 'Strategos'가 구사하는 용병술을 'Stratgia'라고 했는데, 이것은 '장군의 지휘술' 또는 '장군의 술'을 뜻하는 말이다. 이와 같은 말들이 발전되어 오늘날의 "Strategy"라는 용어가 되었다.

그런데 공통시대 이전 4세기경부터는 'Strategos'의 역할이 순수한 군사분야뿐만 아니라 정치분야까지 영향력을 행사하게 되었다. 알렉산더 대왕과 같은 장군들은 대내외적인 정복전쟁 과정에서 'Strategi'를 대부분의 도시국가나 연방제의 최고장관으로 임명하였고, 당시의 집정관은 교대로 야전군 사령관을 겸직하게 되었다. 즉, 정부의 제일 중요한 정책결정권자가 전쟁에 관한 결정을 하고, 직접 군대를 지휘하였던 것이다.

이와 같이 동서양을 막론하고 전략이라는 용어는 처음에는 순수한 군사적 의미로 사용되었으나, 후기에 이르러서는 오늘날의 전략개념과 비슷한 군사 이외의 정치분야까지 포함된 포괄적인 개념으로 변했다.

이 전통은 오늘날 통수권이 국가원수에게 집중되어 있는 것과 원리적으로 동일하며, 이런 측면에서 클라우제비츠는 정책결정권자와 군사령관이 동일인이 되는 것이 가장 이상적인 지휘방식이라고 주장하였다.

(다) 국가전략 의미

국가전략은 전시나 평시를 막론하고 적용되며, 국가목표를 달성하기 위하여 국가정책에 바탕을 두고 군사력을 위시한 국가의 모든 자원 즉, 정치, 외교, 경제, 심리 및 군사력 등의 국력을 운용하는 기술이며 과학이라고 말할 수 있다.

이와 같이 국가전략은 국력을 운용하는 술과 과학이기 때문에 국가의 모든 자원이 국가전략의 수단이 된다고 볼 수 있다. 이들 수단을 포괄적인 범주에 넣어보면, 정치, 경제, 심리 및 군사적 수단으로 분류할 수 있다. 그러나 이들은 국가정책이나 국가전략의 관점에서는 수단이 되지만, 수단 그 자체가 어떻게 국가목표를 달성할 것인가 하는 관점에서 생각한다면, 그 각각은 정치전략, 경제전략, 심리전략 그리고 군사전략으로 분류될 수 있다. 다시말하면 이들 전략은 국가전략의 수단인 동시에 각각의 목표와 수단을 가진다.

정치전략은 국가목표를 달성하기 위한 국가정책(외교정책 등)에 바탕을 두고 계획된 전반적인 정치방책이며, 그것은 행정적, 입법적 그리고 외교적 실천방법을 통하여 구체적으로 표현된다. 정치전략의 수단으로는 외교, 동맹, 및 조약 그리고 외국 정부에 대한 승인 또는 불승인 정책 등이 있다.[61]

경제전략은 국가목표를 달성하기 위하여 국가정책(경제정책)에 바탕을 두고 계획된 전반적인 경제방책이다. 경제전략의 수단으로는 관세, 수출입 금지 또는 통제, 원조 및 차관, 무역협정, 전략물자와 일반재화의 예방구매, 무기대여 등이 있다.

심리전략은 국가목표를 달성하기 위하여 국가정책(심리정책)에 바탕을 두고 계획된 전반적인 심리방책이다. 심리전략의 수단에는 선전(백색, 흑색 및 회색 선전) 및 기만 등이 있다.

군사전략은 국가목표를 달성하기 위하여 국가정책(군사정책)에 바탕을 두고 계획된 전반적인 군사방책이다. 다시 말하면, 이러한 국가정책이 군사적 수단은 한 국가의 전체적인 군사능력 즉, 군사력뿐만 아니라 그것의 공업적 및 산업기술적 능력도 포함된다.

(4) 국가인보진략

국가안보전략이란 국내·외의 각종 군사·비군사 위협으로부터 국가를 보위하는 사활적 국가이익인 안전보장과 관련된 전략이다. 따라서 전쟁에서의 승리를 포함하여 국가의 생존을 유지 및 증진시키기 위하여 국가안보목표를 설정하고, 그 목표를 달성하기 위하여 군사력을 핵심 수단으로 하여 국가 제 분야의 노력을 통합 및 조정한다.

---

61) 이종학, 『現代戰略論』(서울 : 박영사, 1990), p.112.

국가안보전략은 국가와 군사분야를 유기적으로 연결하고, 통제하며, 필요한 기준과 지침을 제공하여 군사전략의 범위를 적절한 수준에서 제한함으로써 군사력의 효율적 운용을 보장한다.

(5) 군사전략

(가) 군사전략 정의

군사전략이란 "국가목표를 달성하기 위하여 군사력을 건설하고 운용하는 기술이며 과학"이다.

(나) 군사전략 의미

군사전략은 국가안보전략의 지침 하에 평시에는 전쟁을 대비하고, 억제하며, 유사시에는 전쟁에서 승리할 수 있도록 전체 군사력을 효율적으로 운용한다. 군사전략은 작전술과 전술 등 하위 용병술에 필요한 지침을 하달하고, 국가안보전략에 대하여 군사적 입장에서 필요한 건의를 한다.

역사 속의 군사전략은 대부분 전시의 전면전을 가정한 전략이다.62) 그러나 군사전략이 반드시 전시의 전면전만을 상정한 것이 아닌 이유는 평시에 전면전이나 국지도발을 억제하기 위한 전략도 있기 때문이다. 전면전을 가장한 전시의 군사전략을 방위전략이라고 한다면, 전면전이나 국지도발을 억제하기 위한 평시의 군사전략은 억제전략이라고 할 수 있다.

먼저 전시의 군사전략인 방위전략이다, 방위전략에는 공세적 방위전략, 수세적 방위전략, 수세 · 공세적 방위전략으로 구분할 수 있다.63) 공세적 방위전략이란 적의 침략이 임박했을 때 선제공격을 하거나 또는 현재는 위협이 되지 않지만 미래 위협이 될 수 있다고 판단될 때는 예방공격을 하여 자국의 안보를 보장하는 군사전략이다. 이 전략의 핵심은 자국의 국경선 밖에서 또는 국경선 주변지역을 주전장화하여 자국의 인적 및 물적 손실을

62) 김열수 · 김경구, 『한국안보』(서울 : 법문사, 2019), p.219.

63) 조영갑, "한국군 군사전략의 역사적 변천과정과 전략적 특징의 정립", 『군사논단 제54호』(서울 : 한국군사학회, 2008), pp.63-64.

최소화하는 전략이다.

수세적 방위전략이란 적으로부터 침략을 받았을 경우 국가를 방위하기 위하여 영토 내부에서 전쟁을 수행하는 전략이다. 이 전략은 침략을 받게 되면, 상대방(적) 지역이 아니라 자국 지역 내에서 전쟁을 수행하는 전략이다.

수세·공세적 방위전략이란 공세적 방위전략을 기본으로 하되, 침략국가의 기습공격을 전제로 일단 수세를 취하다가 즉시 공세로 이전하여 반격하는 전략이다. 이 전략은 상대방의 기습공격을 받은 후 일정지역까지 후퇴를 하였다가 전열을 정비하여 다시 상대방(적) 지역으로 공격하는 전략이다.

다음으로 평시의 군사전략인 억제전략이다. 억제전략은 상대방이 도발이나 전면전을 일으킬 경우 도발이나 전면전으로부터 얻는 이익보다 손실이 훨씬 더 크다는 것을 평시부터 인식시킴으로써 도발이나 전면전을 일으키지 못하도록 하는 전략이다.

억제의 방식으로는 방위적 억제(defense deterrence) 또는 거부적 억제(deterrence by denial)와 보복적 억제(deterrence by retaliation)로 구분할 수 있다. 방위적 억제/거부적 억제란 방자가 보유한 군사력이 공자의 군사력보다 더 우월하여 오히려 공자가 패배당할 수 있음을 공자에게 인식시킴으로써 공자의 도발이나 침략행위를 억제하는 것을 말한다.

보복적 억제란 상대방의 공격행위에 대한 보복으로 상대방이 귀중하게 여기고 있는 목표를 파괴할 수 있음을 공자에게 인식시킴으로써 공자의 도발이나 침략행위를 억제하는 것을 말한다.

(6) 전략의 유형

(가) 직집전략(direct strategty)과 간접선략(indirect strategy)

직접전략이란 국가전략(또는 총력전략)의 능동적인 측면으로서 군사력의 사용이 우선하는 전략을 말한다. 즉, 직접전략에 있어서 군사력이 주요 수단이 되며, 승리 또는 억제라는 목표는 군사력의 사용이나 그 유지에 의해 달성된다.[64]

---

64) Andre Beaufre, *Strategy of Action*(New York : Frederick A. Praeger, 1963), pp.102-103.

간접전략65)이란 핵 억제력 또는 정치적 억제력에 의해서 무력행사가 제한되어 있는 경우에 군사력을 제2차적으로 사용하고, 주로 심리적, 외교적, 정치적 및 경제적 등 비군사적 방법을 사용하여 소망의 정치적 목표를 달성하려는 국가전략의 한 형태이다. 이러한 간접전략은 외부책략(exterior maneuver)과 내부책략(interior maneuver)으로 구성되어 있다.

외부책략은 국가전략을 수행하는 차원에서 분쟁지역의 문제를 범세계적인 여론에 호소하여 분쟁지역에 영향을 미치게 하는 전략이다. 이 전략은 심리적 수단을 우선으로 하여 정치, 경제, 외교 및 군사적 제반조치를 동일 목적에 지향시켜 자신의 행동의 자유(freedom of action) 영역을 최대한 보장하는 동시에 적을 강력히 억제함으로써 무력화시키는 전략이다.

내부책략은 외부책략에서 조성된 행동의 자유 영역을 바탕으로 분쟁지역내에서 이루어지는 책략이다. 이는 월등히 우세한 군사력으로 중간목표를 신속히 탈취하여 기정사실화하는 일련을 작전을 사용하는 단편적 방법(piecemeal method)과 공산주의자들이 주로 사용하는 게릴라전 방식의 침식방법(erosion method)을 사용하는 전략이다.

(나) 연속전략(sequential strategty)과 누적전략(cumulative strategy)

연속전략이란 일련의 분리된 단계 또는 작전의 연속적인 결과가 전쟁의 전체결과를 결정한다는 전략이다. 즉, 중간목표를 달성하는 연속된 단계를 통해 최종목표를 달성하는 전략이라고 볼 수 있다.66)

연속전략은 통상적으로 전쟁을 일련의 분리된 단계 또는 작전으로 분석하여, 각각 분리된 일련의 단계 또는 작전(a series of discrete or actions)은 그 이전 단계의 결과에 따라 좌우되며, 또 다음 단계의 작전을 계획할 수 있다고 본 것이다. 즉, 어느 한 단계가 다른 결과로 진행된다면, 그 이후의 단계도 다른 양상으로 진행되고, 그 결과는 중단되거

65) 이는 리델하트의 간접접근전략과 혼동하는 경우가 있는데, 두 전략의 차이를 보면, 리델하트의 간접접근전략은 적이 예기치 않은 불의의 방향으로부터 접근하여 적을 기습하고, 교란시켜 균형을 잃게 한 다음 공격한다는 것이다. 이는 군사적 승리를 위한 간접적인 사전 기동으로 볼 수 있는 바, '직접전략'에 해당한다.

66) J. C. Wylie, *Military Strategy : A General Theory of Power Control(Annapolis* : Naval Institute Press, 1989), p.117.

나 변경되어야 한다는 것이다. 제2차세계대전 당시의 유럽지역 노르망디 전역과 태평양 전역이라는 양정면 접근을 들 수 있다.

누적전략은 개별적이며 사소한 작전(lessor action)의 누적된 결과가 결국 전체의 결과에 중대한 영향을 발휘한다는 전략이다. 심리전과 경제전이 좋은 예이며, 제2차세계대전 당시의 대서양과 태평양에서 수행된 잠수함전이 대표적인 누적전략의 예이다.

이러한 연속전략과 누적전략은 서로 반대되거나 배태적인 것이 아니며, 그 전략적 결과에 있어서는 상호 관련성을 지니고 있다. 따라서 미래의 전략적 성공은 가장 효과적이고 경제적인 목표를 달성할 수 있도록 연속적 노력과 누적적 노력을 균형있게 운용할 수 있는 기술에 의해 크게 좌우되며, 두 전략의 상호보완과 이용을 발전시킬 필요가 있다.

(다) 공세전략(offensive strategty)과 수세전략(defensive strategy)

공세란 전진하여 적을 격파하는 적극적인 교전상태이며, 수세란 공자의 진격을 대기하였다가 저지하거나 분쇄하는 교전상태이다. 즉, 공세작전이란 적을 찾아서 이를 공격, 격파하는 적극적이고 주도적인 작전을 의미하며, 수세작전이란 적의 공격을 파쇄하는 수동적인 작전을 의미한다.67)

이에 전략적인 목적까지 부가하여 전략적 공세 또는 전략적 수세라고 사용하는 경향도 있다. 이러한 경우 전략적 공세란, 적을 격파하는 목적을 가지고 적극적이고 능동적으로 행동하는 작전을 말한다. 전략적 수세란, 전략적으로 시간의 여유를 획득하고자 하는 작전을 말한다.

(라) 섬멸전략(annihilation strategy)과 소모전략(attrition strategy)

섬멸전략은 적 군사력의 완전한 파괴를 목적으로 하는 전략을 말한다. 섬멸전은 적의 병력과 장비를 완전히 사살, 파괴 또는 포획하여 영구히 그 저항의 근원을 말살하는 전쟁 유형을 말한다.68)

---

67) 국방대학교, 『안보관계용어집』, p.165.
68) 해군대학, 『군사전략 개론』(대전 : 해군대학, 2009), p.49.

이러한 섬멸전의 경우, 적을 완전히 전멸시키는 것으로 볼 수 있지만 이는 불가능 한바, 적의 과반수를 격멸했거나 포획한 경우를 섬멸전으로 칭하고 있다. 클라우제비츠의 경우 적의 전투력을 물리적으로 완전히 파괴하는 것이 아니라, 적이 전투를 계속할 수 없도록 적의 전투력을 감소시키는 것을 섬멸로 보았다.

소모전략은 교전국 한 편 또는 양 편에서 상대방의 전투력을 불가피하게 소모시켜 보충할 수 없는 손실을 가함으로써 승리를 획득하고자 하는 전략이다. 이러한 전략은 공세적으로나 수세적으로 모두 사용할 수 있다.

일반적으로 소모는 인원과 물자의 손실로 인한 군사력의 효율성이 감소하는 것을 말한다. 전쟁에서 소모는 적의 군사력을 약화, 고갈 또는 파괴하기 위하여 지속적인 압력을 가함으로써 적에게 손실을 주는 과정이며, 통상 시간적으로 장기간이 소요되며, 상대방의 자원(병력, 물자 등)을 보충할 수 없게 한다.

(마) 전투전략(combative strategy)과 억제전략(deterrence strategy)

전투전략이란 전쟁이 개시되면 이를 수행하는 데 주안을 둔 전략이며, 전격전, 총력전 등으로 표현되는 전쟁을 수행하는 개념으로서 전쟁의 규모 및 치열도 그리고 수단 및 방법이 전승에 연결되어 적용된다.

억제전략이란 한 국가가 침략을 하려고 할 경우, 그 침략에 의해서 얻을 수 있는 이익 이상의 견디기 힘든 손해를 받게 될 것이라는 것을 그 국가에 인식시켜서 침략을 미연에 방지하기 위하여 또는 전쟁이 발발할 경우에 그 전쟁의 규모 및 치열도가 확대할 위험성을 제한하기 위하여 사용되는 국가전략을 말한다.[69]

(바) 대량보복전략(massive retaliation strategy)과 유연반응전략(flexible response strategy)

대량보복전략이란 어떠한 형태의 도발행위에 대해서도 응징수단으로 강력한 전략핵무기로 보복하겠다는 전략이다. 즉, 최소의 적의 도발에 대해서도 최고 최대수준의 응징보복을

69) 해군대학, 『군사전략 개론』, p.52.

단행하겠다는 전략이다.

대량보복전략은 1954년 1월 미국의 아이젠하워(Dwight D. Eisenhower) 대통령 당시 국무장관이었던 덜레스(John F. Dulles)에 의해 천명되었으나[70], 제한적인 침략에 직면하였을 경우에 대량보복을 하거나 아니면 아무런 조치도 취하지 않는 대안밖에 없었기 때문에, 대규모 전쟁을 제외한 소규모 전쟁을 억제하는 데에는 효과가 없는 취약점을 지니고 있었다.

유연반응전략이란 전면적인 핵전쟁에서부터 소규모 게릴라 분쟁에 이르기까지 다양한 적의 도전에 대하여 가장 적절하고 효과적으로 대처할 수 있는 능력을 보유하여 적의 도전에 유연하게 반응할 수 있도록 하는 전략이다. 이는 신축대응전략과 같은 개념이다. 이러한 유연반응전략은 케네디(John F. Kennedy) 행정부 이래 미국의 전략기조로서 사실상 냉전시대 말기인 레이건(Ronald W. Reagan) 행정부때까시 계승되었다.[71]

(사) 대군사 전략(counter force strategy)과 대가치 전략(counter value strategy)

무력파괴전략이란, 적국의 전략핵 공격력을 구성하는 전략무기와 그에 관련된 군사시설을 보복 목표로 정하고 적의 한정적 핵공격을 받게 될 경우 그 군사목표에 대하여 핵무기로 통제된 보복을 가하는 전략이다. 이 전략은 무력파괴전략 또는 대병력반격전략이라고도 한다.[72]

대군사(counter force, 對軍事)란 전쟁이 발발할지도 모르는 환경 속에서 선정된 군사적 역량을 파괴 또는 무력화하기 위하여 전략공군과 미사일 부대를 사용하는 것을 말한다.

대가치전략이란 공격을 받을 경우 적국의 도시 및 공업중심지를 공격목표로 정하고 일기에 최대한의 타격을 가하는 전략이다. 이 전략은 대도시 전략이라고도 한다.

대가치(counter value)란 공격을 받을 경우에 중심지, 산업시설과 고가치 지역에 대하여 감당할 수 없는 손실을 주기 위하여 공격하는 개념을 말한다.

---

70) Jay M. Shafritz, Words on War,(New York : Prentice Hall, 1990), p.347.
71) 해군대학, 『군사전략 개론』, p.55.
72) 해군대학, 『군사전략 개론』, p.56.

(7) 작전술

(가) 작전술 정의

작전술이란 "작전적 수준의 지휘관과 참모들이 군사전략목표를 달성할 수 있도록 전역 또는 주요작전을 구상하고 군사력을 조직하여 운용하기 위한 술과 과학"이다. 즉, 작전술이란 전쟁의 작전적 수준에서 주로 적용되며, 적용 결과는 상위목표인 군사전략목표 달성에 기여할 수 있어야 한다.

(나) 작전술 의미(역할)

작전술의 기본적인 역할은 전략과 전술을 연계시키는 것이다. 작전술은 전략지침에 대한 명확한 이해를 기초로 전역 및 주요작전을 계획하고 시행함으로써 전략지침을 실제 행동 가능한 군사작전으로 전환할 수 있어야 한다. 또한 전술적 수준의 제 전투들이 전략목표 달성에 기여할 수 있도록 연속적 · 동시적으로 조직하고, 전술적 활동을 위한 유리한 여건을 조성하며, 전술적 성과를 작전적, 전략적 성과로 확대할 수 있도록 전술을 지도해야 한다.

작전술은 지휘관과 참모들이 전역 또는 주요작전을 계획 및 준비할 때 단순히 군사적인 것뿐만 아니라, 외교, 정치, 경제, 사회, 종교 그리고 주어진 상황 내에서 다른 관점을 완전하게 고려해야 할 필요성을 강조하고 있다.

걸프전73)에서 보듯이 현대전에서 현대전에서는 전쟁을 수행하는 지역의 국가에 대한 문화와 종교뿐만 아니라 민족성에 대한 이해를 포함하여 다양한 군 및 타국 군대와 적절하게 연계되고 통합된 활동없이는 작전적 또는 전략적 목표를 달성할 수 없다는 것을 보여주고 있다. 이는 작전적 수준의 지휘관 및 참모들에게 국력의 제 요소뿐만 아니라 동맹군과의 가장 밀접한 협조 즉, 가장 높은 수준의 연합 및 합동이 필요하다는 것을 보여주고 있다.

---

73) 1990년 8월 2일 이라크가 쿠웨이트를 침공하자, 미국, 영국, 프랑스 등 34개국의 다국적군이 이라크를 상대로 이라크, 쿠웨이트를 무대로 전개된 전쟁(1990.8.2.~1991.2.28.).

작전술은 지휘관이 전략적 목표를 달성하는 데 충분하고 효과적으로 자원을 사용하는 것을 지원한다. 이것은 지휘관에게 전역과 주요작전을 계획할 때 그들의 생각을 명령화하는 틀을 제공해 준다. 작전술이 없다면, 전쟁은 성공 또는 실패의 유일한 수단인 마찰, 즉 일련의 교전이 전략목표와 단절된 상태가 될 것이다. 따라서 작전술은 일련의 전투와 교전을 잘 연결하고 조직하여 부여된 군사전략목표를 달성하는 데 직접적으로 기여해야 한다.

(8) 전술

(가) 전술의 정의

전술이란 "전투 시 부대 또는 전투력의 운용"을 말한다. 이때의 전술은 제대 규모와 수준에 관계없이 적용할 수 있으며 용병술 체계상의 전술[74]의 의미와는 구별된다.[75]

(나) 전술의 의미

용병술 체계상에서의 전술의 의미는 "전투에서 승리하기 위하여 전투력을 조직하고 운용하는 술과 과학"이다. 전투력을 조직한다는 의미는 전투력의 여러 가지 구성요소와 발휘요소를 통합하여 특정 목적 달성에 적합하도록 배열하거나 목적 달성에 적합하도록 최적의 편성체를 만드는 것을 의미한다. 이는 행위를 예측할 수 있도록 만드는 부대 및 자원의 합리적인 구조와 배열을 포함한다.

전투력을 운용한다는 의미에는 "전투력을 결정적 성과로 전환시키기 위해 적과 지형 등의 상관관계를 고려하면서 부대들을 질서있게 배열하고 기동시키는 것"이 내포되어 있다.

전술의 역할은 전투에 관한 군사행동을 계획하고 시행하여 작전적 목표 달성에 직·간접적으로 기여하는 것이다. 그러므로 전술을 올바로 구사하기 위해서는 각급제대 지휘관과 참모는 전투에서 어떻게 싸워 이길 것인가에 대해 작전을 구상하고, 작전수행방법을

74) 기존에는 전술을 군단급 이하 제대의 전술제대에서 적용하는 것으로 한정하였으나, 전술제대는 따로 존재하는 것이 아니며, 전술적 수준에서 운용하면 전술제대가 되는 것이다. 그러므로 군단도 작전술제대가 될 수 있다.

75) '전술적 통제수단', '전술적 과업', '전술집단'에서의 전술은 일반적 의미의 전술로서 제대를 한정하는 표현이 아니며, 작전술을 적용하는 제대에서도 사용할 수 있다.

구체화하여 적용할 수 있는 능력을 갖추어야 한다.

이를 위해 작전을 계획하고 시행함에 있어 무엇을 위해, 어떤 수단을 가지고 어떻게 운용할 것인가에 대한 방법을 논리적이고 합리적으로 결정하는 데 필요한 원리, 전기 및 절차, 군사용어 및 전술적 통제수단[76] 등 공통적인 의사소통의 도구 등에 대한 지식을 갖추는 것이 필요하다.

(9) 작전과 전투력

전쟁과 전투를 수행함에 있어 각급 부대는 적과 아군의 상황, 지형과 기상 등 작전환경과 상급지휘관의 의도에 따라 다양한 작전을 수행하고 적과 싸워 이길 수 있는 역량을 갖추어야 한다.

(가) 작전

일반적으로 "군사적 목적을 달성하기 위해 군 조직이 수행하는 제반 활동"이 작전이고, 작전수행을 위한 '수단'은 전투력이며, 전투력을 어떻게 조직하고 운용할 것인가에 대한 '방법'은 '전술'이라고 할 수 있다.

작전에는 공격, 방어, 전투수행기능 운용, 훈련, 행정 등과 관련하여 군 조직이 군사적 목적을 달성하기 위해 수행하는 제반 활동을 의미한다. 즉, 작전은 전·평시 전쟁과 전투를 준비하고 시행하는 활동을 망라하고 있으며, 전투지원부대[77]와 전투근무지원부대[78], 작전지속 기능[79] 등에서 수행하는 활동, 군사역사(軍史歷史)[80]에 관한 활동 등을 포함한다.

---

76) 모든 작전에 공통적으로 적용할 수 있는 의사소통의 주요 도구로서, 예하부대의 협조를 증진시키고, 행동을 통제하기 위하여 계획수립시 사용하는 도식부호를 말함.

77) 전투지원부대란, 전투부대의 전투력을 증강하기 위해 작전면에서 지원하는 부대로서, 수행하는 기능에 따라 전투지원 기능만을 수행하는 부대와 전투지원 및 전투근무지원 기능을 동시에 수행하는 부대가 있다. 이에는 포병, 공병, 정보통신, 화학, 군사경찰대 등이 있다.

78) 전투근무지원부대란 전투부대, 전투지원부대, 전투근무지원부대의 전투력을 지속적으로 유지하기 위하여 인사, 군수, 민사 및 기타 행정을 지원하는 부대를 말한다.

79) 작전지속기능이란, 군사적 목표 달성을 위한 전투활동을 위해 전 작전기간 동안 요망되는 수준의 전투력 집중과 작전템포를 유지해 주는 능력으로, 군사작전을 지원하기 위해 필요한 부대(병력), 물자 및 소모품 등을 제공하고 유지하는 기능이다.

80) 군사역사(military history)는 부대 또는 군 조직의 제반 군사활동에 대해 수집한 역사적 기록이나 기념물을

작전에 정의된 군사(軍事)는 "군대, 군비 및 전쟁 등에 관한 일"로서 일반적으로 비군사(非軍事)[81]와 구분할 때 사용하는 표현이다. 따라서 군사작전은 작전과 같은 의미이다.

(나) 전투력

전투력이란 각급부대가 작전을 수행함에 있어 적과 싸워서 나의 의지를 실현할 수 있는 직접적인 수단으로 '전투력과 작전'은 '수단과 활동'의 관계이다.

작전수행 간에는 모든 시간과 장소에서 전투력의 절대적인 우세를 달성하는 것은 제한되므로 결정적인 시간과 장소에서 상대적 우세를 유지하는 것이 중요하다. 또한 작전유형과 작전형태, 작전목적에 맞도록 정적(靜的)인 전투력과 동적(動的)인 전투력을 적절히 병용해야 한다.

정적인 전투력은 준비된 진지에 배치하여 운용하는 부동적인 전투력이다. 적의 직사 및 곡사화력 등으로부터 최대한 보호를 받으면서 지형이 이점을 활용하여 적을 저지·격퇴·지연시키거나 지역확보, 고수방어(固守防禦)[82], 매복(埋伏)[83] 등의 전술적 과업에 운용되며, 필요시 동적인 전투력으로 전환하여 운용할 수 있다.

동적인 전투력은 진지에 배치되지 않은 유동적인 타격력을 말한다. 통상 기동과 타격수단으로 운용하거나 수색정찰, 침투, 습격, 공격 등의 전술적 과업에 운용되며, 정적인 전투력을 작전실시간 동적인 전투력으로 적시에 운용하려면 사전에 계획되고 준비되어야 효과적이다.

(11) 지속지원

지속지원은 작전활동에 소요되는 전투력 수준을 작전기간 동안 지속적으로 유지할 수

말하며 군사(軍史)는 군사역사(軍史歷史)와 동일한 의미이다.

81) 비군사란 군사활동이 아닌 '선거', 지방자치단체 주관 체육행사 참관, 휴가 등 군사적 목적없이 이루어지는 군 활동이다.

82) 강력한 방어편성과 결전의 의지를 기초로 방어지역의 상실을 최대한 억제하면서 적의 공격을 저지, 격멸하는 방어작전 개념.

83) 이동중이거나 일시적으로 정지한 적에 대하여 예기치 않은 은폐된 진지에서 기습공격을 하려고 잠복대기하고 있는 행동.

있도록 군수 및 인사지원을 제공하는 기능이다. 이러한 지속지원은 지휘관에게 행동의 자유와 지구성을 증진하는 수단 및 작전범위를 확대할 수 있는 능력을 제공한다.

지속지원이 효과적으로 이루어지면 지휘관은 주도권을 확보·유지·활용할 수 있고, 결정적 작전을 수행할 수 있는 작전범위(종심)을 확대할 수 있다. 지속지원의 궁극적인 목표는 군수와 인사관계관들이 실행가능하고, 지원가능하며, 효율적인 군수와 인사 지원개념을 개발하게 하는 것이다.

전략적 수준의 지속지원은 국가차원의 전쟁지속능력을 토대로 작전지속을 위해 필요한 소요를 판단하여 국방부의 동원 및 조달계획에 반영해야 한다. 이를 통해 적절한 수준의 인원과 장비 및 물자를 지속적으로 확보하고, 합동성·통합성·동시성에 기초하여 작전지속을 보장할 수 있는 지원체계를 구축하여야 한다.

작전적 수준의 지속지원은 전략적 수준에서 획득된 인적, 물적 자원을 확보 및 관리하고, 작전부대가 요구하는 적시·적소에 지속적으로 지원할 수 있는 능력을 구비하야 한다.

효율적인 지속지원을 위해서는 작전활동에 필요한 인원, 장비 및 물자, 탄약, 수송 등의 지원현황을 정확하게 파악하여야 하며, 이를 위해 지휘통제체계의 활용을 물론 관련 기관 및 부대와 긴밀한 정보를 공유해야 한다.

(12) 리더십

(가) 군 리더십

리더십이란 "리더(leader)가 조직의 목표를 달성하기 위하여 구성원들과 함께 상호작용하면서, 영향력을 미치는 과정"으로 정의할 수 있다. 여기서 구성원이란 조직을 구성하고 있는 리더(나)를 포함한 상관, 부하, 동료 등이며, 상호작용이란 구성원들이 조직의 목표를 달성하기 위하여 서로 영향을 주고받는 것을 의미하며, 영향력이란 구성원들의 행동과 사고, 가치관, 신념 등에 효과적인 변화를 가져오게 하는 힘과 행동을 의미한다.

군 리더십은 "군사작전의 목표를 달성할 수 있도록 계획을 수립하고 준비하며, 리더의 의도와 정해진 행동노선에 따라 대상 인물이 협력하도록 이끄는 기술"로 정의할 수 있다.[84]이러한 군 리더십 정의는 목표, 상황, 공생적 관계의 공통점을 포함하는 동시에, 군사교리에서 제시된 군사작전시 적용되는 용병술의 내용을 함축하고 있다.

이와 같은 정의는 군에서의 제도적 영역과 대면적 영역의 두 가지 범주로 구성되어 있다. 제도적 영역은 국군의 이념과 사명을 통해서 법규화된 비전과 목표를 달성할 계획과 준비 그리고 작전실시의 임무에 초점을 둔 리더의 활동이다. 특히, 작전실시는 제도적 리더십과 대면적 리더십이 융합되는 영역이다.

대면적 영역은 리더의 의도와 정해진 행동 노선에 따라 부하를 포함하여 다양한 대상 인물을 협력하도록 이끄는 리더의 활동을 포함한다.

(나) 군 리더십과 지휘통솔

군에서 지휘통솔의 개념은 지휘법과 통솔법의 경험에 경영학의 전통적인 관리기법이 접목되어 발전되어 왔다고 볼 수 있다.[85]

관리와 리더십의 관계에서 리더십은 관리능력을 혁신한 리더의 능력이라고 설명하고 있다. 이것은 리더가 수행할 임무가 관리자의 임무와 동일하지만 그 임무를 완수하는 방법이 질적으로 다르다는 것을 뜻하며, 그 맥락에서 군 리더십은 전통적인 지휘통솔 기법의 혁신을 의미한다고 볼 수 있다.

그동안 군에서는 관례적으로 지휘통솔의 책임이 있는 사람을 '지휘통솔자'라고 불러왔으며, 대개의 경우 각급 지휘관에 초점을 두었다. 군 리더십의 개념이 도입되면서 리더십을 발휘하는 '리더'를 군에서 어떠한 호칭으로 부를 것인지 뚜렷하게 정립하지 못하였다.

이러한 문제는 '리더(leader)'라는 독음을 그대로 차용하여 '군 리더'라고 할 것인지 '지휘통솔자'로 부를 것인지, 아니면 '지휘관' 또는 '지휘자'라고 호칭할 것인지 논의되어 오다가 '리더'라는 용어로 정리되었다.

리더라는 용어는 전통적으로 지휘통솔의 법적 권한을 행사하는 지휘관과 일반적인 활동의 지휘자 및 소단위 집단의 반장과 팀장을 포괄하는 범주적 의미를 지니고 있다.

군에서 강조되는 리더십의 영역은 '임무중심 리더십'과 '인간중심 리더십'이다. 임무중심 리더십은 부여된 다양한 임무를 수행하기 위해 리더가 발휘하는 리더십이며, 인간중심 리

84) 국방대학교, 『군리더십 이해』(서울 : 국방대학교, 2009), p.27.
85) 국방대학교, 『군리더십 이해』(서울 : 국방대학교, 2009), p.57.

더십은 부하를 포함하여 다양한 대상 인물을 협력하도록 이끌기 위하여 리더가 발휘하는 리더십이다.

리더의 스타일과 성격에 따라서 임무중심의 리더십에 능한 사람이 있고, 인간중심의 리더십 발휘에 유능한 사람이 있을 수 있지만, 두 가지 역량은 리더십 현상에서 한 쪽이 많아지면, 다른 한 쪽이 줄어드는 상호 배타적인 관계의 개념이 아니라 유효한 리더십을 개발하기 위해서 함께 강화되고 융화되어야 할 고성과(high performance) · 고관계(high realtion)의 리더십 요소이다.

군 리더십은 임무달성을 최우선의 목적으로 대상인물을 이끄는 것이기 때문에 계획과 준비에 내포된 리더의 의도에 따라 대상인물을 이끄는 모든 활동을 리더십 역할의 기능으로 볼 수 있으며, 대표적인 기능은 다음과 같다.86)

첫째, 군 리더십의 기능은 임무완수를 위한 리더의 의도를 전달한다. 리더의 의도는 리더십의 다양한 환경과 상황에서 임무를 달성하기 위해 선택한 최종적인 행동방책으로써 창조성을 내포하고 있어야 하며, 가장 중요한 요체로 볼 수 있다. 임무와 과업을 성취하는 과정은 수많은 명령과 지시의 연속이며, 그 결과는 예술가가 예술적 능력을 발휘하여 작품을 만드는 것이 비유되는 것처럼, 리더는 그의 계획에 따라 구성원을 이끌 뿐만 아니라 자신의 의도대로 조직 내외의 대상인물들의 활동을 결정하고, 합목적적인 그들의 활동과 결과에 책임을 져야 한다.

둘째, 군 리더십의 기능은 군사작전의 임무수행에 부합해야 한다. 군가사본교리에 의하며, 용병술은 국가전략 개념 하에서 전쟁을 준비하고 수행하는 활동으로서 국가목표를 달성하기 위한 군사전략, 작전술 및 전술전기를 망라한 이론과 실제라고 정의되어 있다.

이론이란 목표를 달성하기 위한 법규화한 원칙으로서 군수해야 할 법규와 군사작전의 원칙과 같은 것을 말하며, 실제란 그러한 원칙을 현장에 적용하는 활동을 뜻한다. 그래서 실제란 가용한 군사력을 운용하고 계획되고 체계화된 군사행동의 기술(skills)을 실천하는 과정이다.

따라서 군 리더십 기능은 이와 같은 군사작전을 성공시키기 위한 리더의 활동에 초점

86) 국방대학교, 『군리더십 이해』(서울 : 국방대학교, 2009), p.30.

을 두는 것이다.

셋째, 군 리더십의 기능은 군사작전의 원칙에 일치한다. 용병술을 통해서 적용해야 할 군사작전의 원칙87)은 군사기본교리에 의하면, 군사작전의 계획과 준비에 따라 실시간 적용해야 할 지배적인 원리로 규정되어 있다. 이러한 원칙들은 상호 밀접한 관계를 가지고 있는 동시에, 불확실성과 상대성 및 유동성이 지배하는 역동적인 상황 하에서 끊임없이 호기와 가능성을 포착하여 이를 적용하기 위하여 무한한 창의성이 요구된다고 명시되어 있다.

리더는 이러한 작전의 원칙을 지상·해상·공중과 특수한 지역에서 전투와 비전투의 안정화 및 평화작전을 수행하는 부대의 구성원을 이끌어야 한다. 군사작전의 원칙인 모든 리더가 다양한 리더십 현장에서 창조적으로 적용해야 할 임무완수의 준칙인 것이다.

따라서 군 리더십은 군사작전의 목표를 달성하기 위하여 군사작전의 원칙을 각급 제대의 리더인 지휘관(자)들이 현장에 창조적으로 적용할 뿐만 아니라 작전에 영향을 미치는 대상 인물인 구성원들을 협력하도록 이끄는 것으로 볼 수 있다.

87) 전쟁의 원칙과 동일한 의미로 이해하면 된다.

제3장

군사제도

1. 군사제도 개념
2. 군사제도의 근원
3. 군사제도 설정의 기본원칙
4. 군사제도사 범주
5. 우리나라 군사제도사

제3장 군사제도

1. 군사제도 개념

(1) 군사제도 정의

군사제도(軍事制度, military system)에서 군사(軍事, military affairs)란 민사(civil affairs)와 대비되는 말로서, 군대조직, 훈련 및 작전, 무기 및 장비의 연구, 및 제작, 생산과 사용, 전략·전술의 연구와 운용, 전쟁물자의 비축과 보급, 국방시설의 계획과 건설, 예비군 및 민방위의 조직과 동원 등 전쟁준비와 수행 및 이와 관련된 제반 활동을 포함한다.[1]

제도(system)[2]란 한 집단이 공동생활을 영위 함에 있어서 그 집단의 운영과 발전을 위해, 필요로 하는 규율을 말한다.

따라서 군사제도(약칭으로는 軍制)란 국가의 군대가 창설되어 유효하게 활용될 수 있게끔 유지하여 국가가 지니고 있는 실제 및 잠재적인 군사역량을 어떻게 발전·지원·통제할 것인가 하는 방법을 제시해 주는 제반 규정을 말한다.[3] 즉, '군사업무에 관하여 규정한 규율 또는 법제'라고 단순하게 정의할 수 있다.

군사제도에 대한 또 다른 정의를 보면, 이희승의 『국어대사전』에는 '국가제도의 일부로서 군의 건설, 유지, 관리, 운용에 관한 제도의 총칭'으로, 국방대학교의『안전보장이론』에는 '한 국가의 군대를 건립 및 발전시킴에 있어서 이를 조직, 편성, 유지하는 유효활동을 체계화하고, 현존하거나 잠재적인 군사역량을 관리, 운용 및 통제하는 여러 방법을 규정화한 것'으로, 한용원의 『군사발전론』에는 '국가의 군사적 안전보장을 주 임무로 하는 일종

1) 군사학연구회, 『군사학 개론』(서울 : 플래닛 미디어, 2014), p.456.

2) system의 경우 제도로 번역할 경우와 체제로 번역할 경우에는 그 내용 자체가 상당히 다르므로, 이를 적절히 의역해서 사용하는 것이 바람직하다.

3) 이종학, 『한국군사사 연구』(대전 : 충남대학교 출판부, 2010), p.347.

의 사회제도로서 사회와는 유기적 관련성을 가지며, 합법적인 권위가 군정권과 군령권을 가지고 군을 조직 및 편성, 충원 및 은퇴, 교육 및 훈련, 작전 및 관리하는 법도'로 정의하고 있다.

이러한 정의가 지니는 공통점과 군대의 특성을 고려해 볼 때, 군사제도는 '한 나라의 안전보장을 위해 국가의 합법적인 권위로 만든 사회제도의 일종으로 군의 조직 · 편성 · 유지 · 관리 및 운용에 관련된 제도의 총칭'이다. 즉, 성공적인 임무수행을 위해 군대를 조직 · 편성하고, 관리 · 유지하며, 누가 어떻게 운용할 것인가에 관한 제도라고 할 수 있다.

(2) 군사제도의 의의와 중요성

인간은 조직을 만들기 전에 구성원들의 공동목적에 부합하는 제도를 먼저 결정하기 마련이다. 인간사회에서 제도가 확고하지 못하거나 비합리적일 경우 기율이 문란하게 되어 조직을 와해시킨다. 또한 아무리 좋은 제도를 만들었다 하더라도 구성원들의 정신이 이완될 경우 제도는 무위화(無爲化) 될 수도 있다.

따라서 현대국가에서 번영과 발전을 위한 초석이라 할 수 있다. 그 중에서도 군사제도는 중요한 위치를 차지하고 있다. 국가의 안위와 존망에 영향을 미치는 국가안보 문제와 직결되기 때문이다.

국가가 전쟁수행을 위하여 준비하는 제반설비를 군비(軍備)하고 하며, 군비에 관해서 상세히 규정하는 제반제도를 군사제도라 하기도 한다. 군사제도는 군사를 다루는 일체의 제도를 말하며 군사는 국가를 운영하는데 필요한 4가지 요소인 정치, 경제, 군사, 외교 중의 하나이다. 그 가운데 군사는 대단히 중요한 위치를 차지하고 있다.

전쟁은 정치의 연장이라고 하나, 사실상 정치의 마지막 수단인 것이다. 그러므로 이 수단(병력 및 장비)의 우열이 국가의 강약, 민생의 화복, 국민의 생사 그리고 국가의 존망 등에 미치는 영향은 실로 심각한 것이다.[4]

군사제도의 중요성을 일깨워 주는 사례는 무수히 많다. 대표적인 예로 조선시대의 방군수포(放軍收布)를 들 수 있다. 조선은 건국 초기부터 세조 때에 이르기까지 사대교린(事大

4) 이종학, 『한국군사사 연구』, p.347.

交隣)정책을 통해서 외침을 방지한 가운데 왕권을 강화하는 과정에서 군사제도를 정비했다.[5)]

세조 때 개편된 중앙군 5위는 그 임무의 성격상 국방군이라기보다는 왕권 유지와 수도 치안을 위한 친위대라고 할 수 있으며, 이러한 측면에서 볼 때 조선초기 국방에서는 중앙군보다 지방군이 더 중요한 역할을 담당했다.

세조 3년(1457년)에는 중앙군 개편과 함께 지방군 조직을 진관체제(鎭管體制)로 일원화했다. 진관체제는 국토 전체를 독립된 통수권과 작전권을 보유하는 '진관' 단위로 편성하여 거진(巨鎭), 주진(主鎭), 제진(諸鎭)을 두고 진관 밑에 무수한 방어거점을 둔 지역방어체제였다.[6)]

조선초기의 병역제도는 평시에는 농사에 종사하면서 군사훈련을 하다가 전시가 되면 징집하는 민병제로서, 16세로부터 60세에 이르기까지 거의 평생 군역의 의무를 수행해야만 했다. 하지만 사대교린 정책으로 장기간 평화가 지속된 가운데 국방의식이 해이해짐에 따라 성종 때부터 이러한 원칙이 점차 무너지기 시작했다.

당시 조선의 군사제도는 장정이 현역병으로 복무하는 가정은 농사를 위한 노동력이 부족하게 되는 문제점을 안고 있었다. 따라서 일정기간 번상(番上)하는 정병(正兵, 육군 3개월 징집)과 수병(水兵, 해군, 6개월 징집)의 가족에 대한 생계비 조달을 위해 보인제도를 시행하게 되었다.[7)]그러나 보인의 수가 점차 감소함에 따라 성종 이후부터는 2필의 포를 관에 납부하면 군역을 면제하거나 타인이 병역을 대신하게 하는 방군수포(放軍收布)를 실시하게 되었다.

---

5) 고려말 이성계가 병권을 장악하기 위해 설치한 삼군총제부(三軍摠制府)를 1393년(태조 2년)에 의흥삼군부(義興三軍府)로 개칭하여 그 예하에 종래의 십위군(十衛軍)을 중·좌·우군의 3군으로 나누어 귀속시킴으로써 강력한 중앙군사체제를 갖추게 되었다. 1457년(세조 3년)에 이러한 3군부 제제를 5위(중·좌·우·전·후)로 개편하고, 이를 통제할 의흥삼군부를 오위총독부로 개편했다. 이는 부대편제와 지휘통제, 교육훈련체계를 연계함으로써 군사력을 향상시키려는 조치였다. 장학근 『조선시대 군사전략』(서울: 국방부 군사편찬연구소, 2006), p.39.

6) 전국을 도 단위로 구분해서 주진(主鎭)을 설치하고, 군인을 배치하며, 각 도의 중요한 도시를 선정하여 참사를 배치하고, 그곳을 거진(巨鎭)이라 했다. 그리고 군·현을 거진에 예속시켜 방어임무를 담당케 했다. 또한 각 도마다 국방상 중요도에 따라 병영(兵營)과 수영(水營)을 두고 병마절도사(兵馬節度使)와 수군절도사(水軍節度使)가 육군과 수군을 지휘했다. 장학근 『조선시대 군사전략』, p.48.

7) 징병으로서 실역을 서거나 보인(保人)으로서 실역 복무에 소요되는 제반 경비를 부담하는 두 가지 중의 하나를 선택하는 제도를 말한다.

방군수포의 폐단으로 인해 국가의 정치, 경제, 사회, 군사 면에서 부정부패가 극에 달했으며, 지방군의 각 진은 병력부족으로 진관체제를 더는 유지할 수 없었다. 이로써 백여 년 동안 지속해온 진관체제는 을묘왜변(1555)을 전후로 제승방략(制勝方略) 체제로 전환되었다.[8)]

방군수포로 인해 부족한 병력을 해결하기 위해 임시방편으로 시행한 제승방략은 적이 소규모로 침투해오는 국지전에서는 효과적이지만, 대규모의 적이 공격해올 경우 어느 한 곳의 전선이 무너지면 그 후방은 무방비 상태가 되는 취약점을 안고 있었다. 결국 임진왜란(1592) 때는 다대포 및 부산진이 무너지자 20일 만에 수도 한양을 왜군에게 탈취당하는 비운을 겪게 된 것이다.

우리나라의 수천 년의 역사를 통한 흥망성쇠의 발자취를 돌이켜볼 때 가장 중요한 사실은 정치제도가 충실했을 때, 군사제도 역시 충실하였고, 국가는 자주 독립의 부강과 평화를 누렸다는 사실이다. 즉, 군사는 정치체제의 영향을 받으며, 군사제도는 군사의 핵심이다.

(3) 군사제도의 기원

수메르로부터 페르시아에 이르기까지 군사제도의 변모를 더듬어 본다면 의미 있는 사실이 많다. 수메르[9)] 군대의 장비, 바빌로니아 군대의 충원제도, 이집트 군대의 강제노동과 시민 상비군, 아시리아 군대의 군사 사상과 페르시아 군대의 전사계급이 그것이다.

B.C. 4000년경부터 존재했다고 보는 수메르 군대는 단창을 갖고, 원추형의 구리 헬멧을 쓰고 두터운 망토로써 몸을 보호했다고 하는데, 특히 이 군대는 나무바퀴를 가진 전차를 소유하고 있었으며, 이 전차는 나귀가 끌었기 때문에 대단히 느렸다고 한다.

바빌로니아의 경우 함무라비 법전[10)]에 충원임무를 규정하고 있었는데, 이에 의하면 정

---

8) 제승방략은 전쟁이 발발하면 각 진영에 배치되어 있던 군사들이 전략적 요충지 한 곳으로 집결한 후 조정에서 파견된 장수의 지휘를 받는 형태이다. 이장희, “조선전기 사대교린 관계와 국방정책”, 『군사』제34호(계룡: 육군 군사연구소, 1997), p.48.

9) 고대 메소포타미아 수메르 왕국은 메소포타미아 남쪽 (이라크 남부 지역)에 BCE 5500년전부터 발흥해 고대 바빌로니아에 멸망한 기원전 2천년까지 번성한 고대 국가다.

10) 함무라비 법전은 고대 바빌로니아 제1왕조의 제6대 왕인 함무라비왕(재위 BCE 1792~BCE 1750)이 그의

규군은 왕이 토지세습권을 허가한 무사계급에서 충원하였고, 이 무사계급은 사회의 1등 계급으로서 엄격한 훈련을 받게 되어 있었다. 그러나 상업과 수산업에 종사하는 2등 계급인 중류계층은 경장비를 갖춘 사수가 되었는데 이들의 군대복무는 매매가 가능했다.

이집트에서는 군대를 외적과 싸우는데도 사용했지만, 약탈이나 노예포획을 하는데도 이용했고, 누비안족으로 구성된 군대가 대기념물을 제작하는데 강제노동을 제공했다는 것이다. 힉소스족을 격퇴시킨 아마시스 1세는 자유민인 중류계급으로 2개 사단 정도의 상비군을 창설하고 이를 "시민의 군대"라고 불렀으며, 람세스 2세(BCE 1292~1225) 때에는 전쟁을 계기로 상비군을 증대시켰으며, 전사계급은 강제적으로 복무해야만 했다. 용병에게는 봉토를 주어 정착까지 시켰는데 헤로토투스에 의하면 누비안족, 리브얀족과 그리스인의 용병은 40만 명을 초과했다고 한다.[11)]

또한 동양에서는 손자병법(孫子兵法)에서 군사제도를 구체적으로 언급하고 있다. 손자는 전쟁의 성격과 본질을 논한 "時計"편에서 "전쟁은 국가의 중대사이므로 국민의 생사와 직결되고 국가의 존망이 달려 있으므로 신중하게 고찰하지 않으면 안 된다."라고 하였으며, 이와 같이 "전쟁이 국가의 중대사이므로 국내적으로는 다섯 항목에 대해 충분히 측량하고, 외적으로는 일곱 가지 사항을 잘 계산하여 쌍방의 비교, 검토를 상세하게 해서 그 우열을 알아야 한다."라고 강조하였다. 여기서 오사(五事)란 바로 道, 天, 地, 將, 法을 나타내는 것으로 이 중 법이 곧 군사제도를 나타내고 있다. 이와 같이 군사제도는 동·서양을 막론하고 인류역사와 함께 발전되어 왔다고 볼 수 있다.

2. 군사제도의 근원

(1) 헌법

헌법은 군사제도를 산출하는 기본적인 원리이며, 불변의 요소로서 군사제도가 갖추어야

만년인 BCE 1750년경의 성문법으로 함무라비 법전에는 '눈에는 눈, 이에는 이'라는 동해복수법에 기초한 형벌법이 들어 있다.

11) 김용현 · 이진호 · 고성진, 『군사학 개론』(인천 : 진영사, 2020), p.21.

할 지속성과 강제성을 부여해 주고 있다. 또한 군사제도를 구성하는 내용이 헌법에 위배되면 그 효력을 상실한다.

현재 우리나라 헌법 조문 가운데 군사제도와 관련되어 있는 내용을 살펴보면 다음과 같다. 제5조 ② 국군은 국가의 안전보장과 국토방위의 신성한 의무를 수행함을 사명으로 하며, 그 정치적 중립성은 준수된다. 제39조 ① 모든 국민은 법률이 정하는 바에 의하여 국방의 의무를 진다. ② 누구든지 병역의무의 이행으로 인하여 불이익한 처우를 받지 아니한다. 제 74조 ① 대통령은 헌법과 법률이 정하는 바에 의하여 국군을 통수한다. ② 국군의 조직과 편성은 법률로 정한다. 제89조 다음 사항은 국무회의의 심의를 거쳐야 한다. 6. 군사에 관한 주요사항이 바로 헌법에 명시되어 있다.

(2) 국가전략

국가전략이란 국가가 국가목표를 달성하기 위하여 국력이 제 수단인 정치, 경제, 군사, 외교를 발전시키고 운용, 조정하는 술(art)과 과학(science)을 의미한다. 국가전략의 목적은 유리하게 조성된 상황을 이용하여 전력을 발휘, 성공의 확률을 증대시키고 승리의 결과를 획득 또는 확장시키는 데 있다.

국가전략 가운데 군사전략에 부과된 구상(지침?)은 군사정책의 모체가 되며, 군사정책은 군사제도의 기초가 되는 것으로 국가전략은 곧 군사제도의 근원이 되는 것이다. 국가이익이 새로운 영향을 받거나 국가목표가 새로운 장애에 직면했을 때 국가전략은 전반적으로 새로운 검토와 수정이 가해져야 하며, 군사전략과 군사정책도 새로이 변경되어야 하므로 군사제도 역시 변경되어야 한다.

즉, 국가전략은 군사제도를 창설·수정하는 데 있어서 중요한 근거가 되는 것이며, 융통성과 적응성을 갖춘 군사제도라야만 건군(建軍) 및 전쟁준비 등의 업무 면에서 항상 새로운 상황에 부합되고 적용될 수 있다.

(3) 군사정책과 군사전략

군사정책이란 '국가의 평화와 독립을 유지하기 위하여 군사력의 유지, 조성 및 운용을 도모하는 군사에 관한 각종 정책'을 말한다. 즉, 군사력을 건설 · 정비 · 유지 및 관리하여 군사력의 기반을 배양하고, 대내적으로 또는 내외적으로 군사력 운용의 환경과 조건을 조성하는 정책적 기능을 의미한다. 이러한 군사정책은 군사력의 임무를 정치적 목적에 적합 · 구체화하고 군사력 운용의 방침을 확인하며 군사전략의 요구에 따라 군사력 정비의 요령을 구체적으로 정한다.

군사전략은 '국가목표 또는 국방목표를 달성하기 위하여 군사력을 건설하고 운용하는 술과 과학'을 말한다. 즉, 군사전략은 준비된 군사력을 운용하여 주어진 군사목표를 달성하는 작전 · 용병의 기능을 의미한다. 따라서 군사전략은 군사운용을 구체화하고 소요(所要) 군사력을 요청하기도 한다. 그러면 국가이익과 목표에 의하여 군사정책은 병력량의 증감과 군사력의 성격을 규제하게 된다.

3. 군사제도 설정의 기본원칙

현대국가에서 적용되는 모든 제도는 그 조직이 지향하는 목적을 달성함에 있어 효율성은 물론 합리성, 민주성, 공정성 등이 조화롭게 보장되어야 한다. 그러나 일사불란한 명령체계로 이루어진 군 조직에서는 군사제도를 제정하는 과정에서 특정 개인의 주관적 의사가 반영되기 쉽다.

군사제도가 바라는 그 기능을 유지하기 위해서는 그것을 설정함에 있어서 몇 가지 원칙이 있으며, 이 원칙에 위배되는 제도는 좋은 성과를 나타내기 어려울 것이다. 군 조직이 국방업무를 효율적으로 수행할 수 있도록 합리적이고 객관적인 군사제도를 제정하는 기본원칙은 다음과 같다.

(1) 전력의 발휘

군대는 전투를 위주로 하고 전투는 승리를 요구하는 것이다. 그러므로 군사제도를 설정하는 첫째 원칙은 전투역량을 건립 · 유지하고 증강시켜, 적의 전력을 격멸시킬 수 있도록 해야 한다. 건군을 하는 데는 반드시 전투와 전력발휘에 적응할 수 있어야 한다는 점을

우선적으로 착안해야 한다.[12)]

스스로 단결하고 종합전력을 발휘하고 낭비를 절제하고, 전의와 전력을 고취하되 불필요할 때에는 발휘하지 않고, 필요한 시기에는 가용 전력이 준비되어야 한다. 모든 인원·물자·시간 및 공간의 배합은 적을 유효하게 격멸하기 위한 것이며, 이것이 가장 중요한 요건이다. 따라서 부대를 직접 전투에 참가시키려고 계획할 때에는 전력의 특성을 발휘할 수 있도록 편성해야 한다.

한편, 군사교육 및 훈련기구는 전투원을 양성하기 위해 있는 것이며, 군수물자 기구는 전투력을 유지 및 증강하기 위해 존재하고, 군수공장 및 창고는 전쟁물자를 제조하고 보관하기 위해 존재하는 것이다. 이들 기구가 비록 전투에 참가하지는 않지만, 기구 자체의 사명은 전투임무를 달성하기 위한 전체 체계의 일부를 달성하는 관계로, 편제 운영상 반드시 전력발휘와 적군의 격멸이라는 요구에 적합하도록 갖추어져야 한다.

인원과 물자의 준비에 있어서는 그들의 성질 및 수량의 결정이나 동원의 시기 및 위치의 선정 등 모두 미래의 전쟁에서 승리할 수 있도록 착안해야 한다. 즉. 어떠한 제도를 설정하건 간에 충분한 전투성을 갖추고 작전(전투)요구에 적합할 수 있어야 한다.

(2) 적군과 아군의 비교[13)]

편제, 장비, 교육 및 훈련 등에 관한 제도를 설정 또는 수정하려면 먼저 객관적인 태도로 관찰하고 적군과 아군의 우열점(優劣點)을 분석하여 아군의 장점을 발전·운영함으로써 적군의 단점을 제압하는 한편, 각종의 장애 요소(단점, 취약점)를 주도적으로 극복해야만 적에 대하여 승리할 수 있다.

이를 위해서는 이로운 면과 해로운 면을 모두 고려해야 한다. 즉, 이로운 것을 처리할 때에는 신뢰성을 고려해야 하고, 해로운 것을 처리해야 할 때에는 그에 대한 해결방법을 찾아 내야 한다. 이러한 이롭고 해로운 가운데서 취사선택을 한다는 것은 고도의 지혜와 결의를 필요로 하는 행위이다.

---

12) 이종학, 『한국군사사 연구』(대전 : 충남대학교 출판부, 2010), p.349.

13) 적군과 아군의 비교를 상대적 우위의 전력 유지로 하여 분석하여도 무방하다고 본다. 이는 상대적 우위의 전력 자체가 적과의 비교를 통하여 나타날 수 있기 때문이다.

결국 어떤 제도를 제정할 때에는 대국적인 면을 고려하고, 그 장·단점을 통찰해서 전적으로 우리의 전투역량을 증강하고 적을 타도함을 목적으로 해야 한다. 아군과 적군은 비교함에 있어서 적정을 분석하고, 정세를 판단하고, 신중한 검토를 한 다음 최선이 결론을 이끌어 내야 한다.[14]

(3) 경제성과 효과성

어떤 제도를 마련할 때에는 경제성과 효과성[15]을 중시해야 하는데, 양자는 상호 상반되면서도 서로 영향을 미치고 있는 것이다. 전자는 객관적으로 표현되는 능력조건이며, 후자는 제도를 실시함에 있어서의 요구사항이다.

이 경우 효과를 올리기 위해 상당한 낭비를 하는 사례도 있고 또 경제성을 위하여 부득이 효과의 감소를 면치 못하는 사례도 있다. 양자를 평형하게 조성하기 위해서는 국시적인 면에서 전반적인 면에 이르기까지 균형을 이루어야 한다.

행위의 기본목적을 바탕으로 하여 손해를 참작하고 중점을 파악함으로써 요구에 부합할 수 있다. 그러나 제도상으로 볼 때 건국과 건군의 근본은 장기적인 국가의 백년대계이니, 신중하게 다루어서 미래의 사태까지도 대처할 수 있도록 착안해야만 명실상부한 이익을 거둘 수 있을 것이다.

만약 눈앞에 닥친 제한 요소를 붙들고 망설이기만 하거나 내용의 본질을 모르는 채 겉핥기만 하거나 심지어 목적을 수단에 따라 맞추는 방법을 택한다면 건전한 건국과 건군은 기대하기 어려울 것이다. 가령 효과를 잠시 동안 수단에 조화시켜야 할 경우라 할지라도 단계적으로 융통성을 가지도록 해야지 결코 그 본질 자체를 저하시키거나 무리를 가해서는 안된다. 그러한 것들이 오래되면 돌이킬 수 없는 결과를 초래하게 될 것이다.

14) 이종학, 『한국군사사 연구』(대전 : 충남대학교 출판부, 2010), p.350.

15) 효과성과 효율성을 동일하게 인식하고 있으나, 효과성은 비용 측면이 거의 고려되지 않는 반면, 효율성은 비용 측면이 고려되므로 경제성과 유사한 의미를 지님. 군사작전의 경우 어떠한 비용이 들더라고 그 목적을 달성해야 하는 경우가 있으므로 효율성 보다는 효과성이 타당하다고 봄.

(4) 일관성

어떠한 제도일지라도 단번에 제정되기는 어려울 것이다. 또한 한 가지 제도만이 유독 이상적일 수도 없다. 각종 제도 사이에는 서로 영향을 끼치며 상호 배합하는 작용이 있다.[16] 예컨대 교육제도는 사실상 인사제도의 일환으로서 각종 간부를 양성할 수 있도록 마련해서 선발·훈련·용병 등의 일치된 목적을 달성할 수 있도록 되어야 한다. 따라서 제도를 설정하기에 앞서 각종 제도 간의 상호관계를 먼저 고려해야 한다.

상호부합하는가 또는 상호 저촉되는가의 여부를 세밀히 분석하여 피차간의 연관성에 주의해야 한다. 원칙, 교리 그리고 관리이건 간에 협조된 통일성과 활력있는 유기체가 될 수 있도록 해야 한다. 그렇게 함으로써 각종 제도는 서로 보완하고, 능률을 높일 수 있게 된다.

만약 머리카락을 뽑았다가 제자리에 도로 꽂는 식으로 일을 처리한다면, 일의 중점은 건드리지 못한 채, 변두리에서만 맴돌게 된다. 일관성 있는 상호배합이 이루어지려면 먼저 사상과 행동을 통일해야 하는데, 전자는 원칙, 교리, 규정 및 교육에 의해서 달성되고, 후자는 계획, 조직 그리고 협력에 의해서 달성될 수 있다. 통일성을 갖추어야만 일관성 있는 연관작용이 생길 수 있고 일원화함으로써 비로소 효과적인 일관성을 낳을 수 있다.

(5) 지속성

건군은 국가의 대사이니 하루아침에 이루어지는 것도 아니며, 더욱이 하루아침에 사용하기 위한 것도 아니다. 건군작업이 부단히 계속되고, 군대가 참신함을 유지하려면 지속성을 갖추어야 하며, 이러한 지속성은 어느 특정인의 의사에 의해서 유지되어서는 안 되며, 반드시 제도 가운데 명시해서 제도로 하여금 부단히 지속시켜야 비로소 어느 특정인이 없더라도 정책을 지속성으로 유지할 수 있는 것이다.

제도자체와 형성은 하루아침에 이루어지는 것이 아닐뿐더러 또한 제도의 제정(制定)과 개정(改定)은 반드시 합리적이고 합법적인 절차를 통해서 이루어져야 하며, 법에 의해서

16) 이종학, 『한국군사사 연구』(대전 : 충남대학교 출판부, 2010), p.350.

실시되고 또한 법에 의해서만 폐지되어야 한다.

만약 어느 특정인에 의해 존폐가 멋대로 결정된다면, 모든 제도는 존엄성을 잃고 지속성도 유지할 수 없으며, 마침내 제도는 붕괴되고 말 것이다.17)

(6) 적응성

제도가 일단 제정된 다음 변경하기가 쉽지는 않지만, 그러나 각종 환경에 최대한으로 적용함으로써 지속성을 유지하도록 해야 한다. 그러므로 제도를 마련할 때, 한편으로는 당시의 환경에 적응토록 하는 동시에 다른 한편으로는 시간과 공간의 변경에 따라 적응할 수 있도록 고려해야 한다.

시간, 공간, 인원, 물자의 처리는 적응성을 갖추어야 하며 이러한 요소가 변경될 경우에는 적응성이 더욱 절실히 요구된다는 사실을 제도를 제정할 때 고려해시 설계해야 한다. 제도를 처음 제정하는 초기에는 먼저 '오늘'과 '여기'를 고려해야 하며, 다음으로 한 걸음 더 나아가 미래에 닥쳐올 새로운 시간과 장소의 상황을 고려해야 한다.

(7) 융통성

제도는 한 번 제정되었다고 해서 다시 변경되지 않는 것은 아니다. 환경에 적응하고 실제 상황에 적합할 수 있도록 예상되는 상황에 대처할 수 있는 조치를 취해야 한다. 그러나 시효성을 갖추고 또한 다양하고 복잡한 수속절차를 감소하기 위해서는 제도를 제정할 때 정당한 융통성을 갖추도록 해야 한다.

제도의 적용성과 융통성은 횡적인 것으로 시기에 적합하고 변화있게 운용되어야 하는 것이다. 융통성이야말로 정책과 이론의 범위 내에 그리고 공명하고 합리적인 조건 하에서 운용되어야만 정상궤도를 벗어나지 않고 악용(惡用)과 곡해(曲解)를 면할 수 있다.18)

---

17) 이종학, 『한국군사사 연구』(대전 : 충남대학교 출판부, 2010), p.351.
18) 이종학, 『한국군사사 연구』(대전 : 충남대학교 출판부, 2010), p.352.

(8) 자율성

제도상에서 말하는 자율이란, 사물에 대한 관리와 처치 및 운용을 하는 데 있어서 상부의 정책이나 상급기관의 상황에 따른 요구가 있을 때 발동하지 않으면 안 되는 제도 자체가 가지고 있는 일종의 역량으로서 질서정연한 것이다. 기간요원은 제도에 의해서 부과된 책임에 따라 제각기 스스로 책임을 진다.

사실상 제도는 보이지 않는 가운데 기풍을 조성하며, 기풍은 사람으로 하여금 움직이지 않으면 안 되게끔 하는 힘을 지니고 있다. 그 가운데 가장 중요한 것은 책임과 절차이다.

책임에 관한 명확한 규정이 있음으로서 사람마다 책임을 지지 않으면 안 되도록 하며 또한 어떤 책임을 어떤 근거에 의해서 져야 하는가도 알려주게 된다. 그렇지 않으면 책임 이행을 모면하려고 하거나 제멋대로 난동하는 결과를 초래할 수도 있는 것이다.

책임제도를 실시함으로써 비로소 스스로 일하는 기풍을 조성할 수 있으며, 제각기 맡은 일을 궤도에 따라 처리할 수 있도록 할 뿐만 아니라 올바르게 처리하지 않으면 안 되게끔 만든다. 이것이 제도의 자율성이다.

(9) 간명성과 연관성

군제의 내용은 간단하고도 명확할 때 오용과 시행착오가 최소화되고, 실행 가능성이 증대된다. 만약, 어떤 군제가 내용상 논리정연하지 못하고 복잡다단하여 시행자가 실마리를 찾기 어렵다면 그 제도는 유명무실해질 것이다.

또한 어떠한 제도라도 독립적으로 존재하지 않고 각종 제도와 상호 연계되어 있음으로 특정 제도를 설정하기에 앞서 항상 각종 제도 상호 간의 연관관계를 미리 고려하여야 한다.

(10) 인간성

인간성은 군사제도를 제정할 때, 특히 강조되어야 하는 원칙이다. 즉, 인간의 소망이 사업발전의 원동력이고, 사업의 밑거름이 되는 것이다. 일을 유효하게 발전시키는 것이 곧 작업능률을 증진시키는 것이며, 최소의 투자로 최대한의 생산을 가능하게 한다.

현대의 관리학도 역시 노동자의 인간성을 파악하여 그들의 잠재능력을 발휘시킬 수 있어야만 비로소 작업능률을 향상시킬 수 있고, 실제적인 효과를 거둘 수 있다. 그러나 인간의 욕망은 결코 물질적인 것에만 국한되는 것이 아니며, 정신적인 면(명예)에 대한 욕망이 오히려 강하다.

어떠한 제도를 마련하더라도 제도의 실시는 일반 대중을 상대로 하는 것이다. 따라서 인간성의 중요성이 법칙 가운데 충분히 참작되어야만 비로소 그 제도가 통용될 수 있다. 제도로써 인간성을 발휘하도록 해야만 인간성 요소가 번거롭게 되지 않는다. 인간성의 관점으로 볼 때 인간은 다음의 5가지 기본 욕구[19]를 가지고 있다.

1단계는 생리적 욕구(Physiological Needs)로서 식욕, 휴식, 잠자리 등 육체적 필요 및 인간의 생명을 유지해가기 위한 기본적인 욕구를 말한다.

2단계는 안전 욕구(Safety Needs)로서 기본적으로 신체적인 위험에 대한 공포로부터 벗어나 안전과 보호를 유지하려는 욕구, 자기 보존에 대한 욕구, 최근에는 경제적인 욕구라고도 한다.

3단계는 사회(애정)적 욕구(Belongingness and Love Needs)로서 인간은 사회적 존재이기 때문에 여러 가지 집단에 소속하고 싶은 욕구와 여러 집단에 의해 받아들여지고 싶은 욕구가 있으며, 그것은 애정, 친분, 우정, 수용, 소속감 등에 대한 관심으로 나타난다.

4단계는 자기존중(존경)의 욕구(Esteem Needs)로서 소속 단체의 구성원으로 명예나 권력을 누리려는 욕구를 말하며, 내부적인 존경요인으로는 자아 존중감, 자율, 성취 등이 있고, 외부적인 존경요인으로는 지위, 신분, 인정, 관심의 대상이 되는 것 등이 있다.

5단계는 자아실현의 욕구(Self-actualization Needs)로서 자신의 재능과잠재력을 충분히 발휘해서 자기가 이룰 수 있는 모든 것을 성취하려는 가장 높은 수준의 욕구로서 성장욕구, 자기완성 욕구 등이 있다

이러한 기본적인 욕구란 인간의 생활면에 결핍될 수 없는 것이며, 다른 무엇과도 대체하거나 병합할 수 없을 뿐만 아니라, 그 중 어느 한 가지가 결핍되어도 인간은 정신면 또는 정시면에서 영향을 받게 된다.

19) 매슬로우의 욕구단계 이론.

결국 훌륭한 제도란 반드시 인간 본연의 정리(正理)에 순응하는 것이어야 한다. 그리고 반드시 제도에 의해서 인간의 5가지 기본 욕구를 충족시킴으로써 업무의 열성도와 책임감을 동시에 증진시키도록 해야 한다. 이 5가지의 기본 욕구에 관한 사항을 제도 가운데 포함시켜야만 비로소 국민의 충성심을 국가원수와 국가에 집중시킬 수 있다.

만약 제도가 이러하 기본 욕구를 충족시켜 주지 못하면 사람마다 제 각기 제 나름대로 인간성의 약점을 타고 또 악용해서 마침내 국가 전체가 피해를 입게되는 것을 면할 수 없게 된다. 그러므로 업무능률과 규율에 이르는 인간성은 최대한으로 고취해서 발휘시키는 반면, 해로운 것은 되도록 억제해서 막아야 한다.[20]

인간성에 착안하여 상황에 따라 올바르게 이끌어 나아가야 하는 것이 제도 확립의 기본정신이다. 인간성에 위배되는 제도는 비록 준엄할지라도 오래 지탱하기 어려운 것이다.

4. 군사제도사 범주

(1) 교리 : 전쟁수행[21]

(가) 군사교리의 정의

군사교리(Military Doctrine)란 "국가목표를 달성하기 위하여 국가적 여건을 고려한 공식적인 군사행동의 지침으로 승인된 군사 행동체계"이다[22].

(나) 군사교리의 의의

군사교리는 국가안보정책과 국가전략을 상호 연결하는 교량적 역할을 한다. 또한 군대의 군사작전계획 속에 반영이 되며, 정치적 목적을 달성하기 위한 군사적 지향방향을 제시한다.

---

20) 이종학, 『한국군사사 연구』(대전 : 충남대학교 출판부, 2010), p.352.

21) 군사교리의 경우, 군사제도사와 군사사상의 범주에 모두 포함되나, 군사제도사의 경우에는 전쟁 수행측면에서의 교리 역할을 의미하고, 군사사상의 경우에는 사고적인 측면에서의 교리 역할을 의미한다.

22) 교리란, 직접적인 행동기준을 말한다, 유사 용어로 전리란 간접적인 평소의 단련을 말한다. 전리란 전쟁에서 승리하기 위한 근본적인 원리 및 원칙을 말한다. 이러한 전리는 시대의 변천과 더불어 끊임없이 발전한다.

군사교리란 군사력으로 국가목표 달성을 지원함에 있어 그 행동지침이 되는 공인된 기본원칙[23]으로서 군사력 건설 및 운용에 있어 지침을 제공해 주는 권위 있는 문헌(문서)이며, 이를 적용 시에는 상황에 따라 적절한 판단을 필요로 한다.

여기서 중요한 사실은 군사교리가 공인(공식화)된 기본원칙 이지만, 이를 적용시에는 당시의 주어진 상황에 따라 적용할 수 있도록 융통성[24]을 보장하고 있다는 점이다. 즉, 평시에는 '군사력을 어떻게 준비하고 운영할 것인가?'에 대한 최선의 방법을 제시해 주고, 전시에는 적과 '어떻게 싸울 것인가?'에 대한 전쟁원칙을 제시해 준다.

군사교리는 적용대상을 기준으로 군사기본교리, 합동교리, 각 군 교리로 분류한다. 군사기본교리는 군사전략 개념을 구현하기 위하여 발전된 교리로서 합동교리와 각 군 교리에 지침과 근거를 제공한다.

합동교리는 합동작전을 수행하기 위하여 각 군에 공통적으로 적용할 교리로서 기준교리와 운용교리로 구성되어 있다.

각 군교리는 육군, 해군, 공군, 해병대 교리로서 각 군의 특성을 고려하여 발전된 교리로서 각 군 기본교리와 그 하위교리로 구성되어 있다.

(2) 군사구조[25]

군사조직이란, 일반적으로 효율적인 군사력의 결집과 그것의 원활한 운용을 위해 국가가 마련한 제도적 장치를 말하며, 상부지휘체제(체계, 구조)로서의 장교(고급제대지휘) 조직과 기본적으로 군사력으로서의 일반 병사집단을 그 구성 요소로 포괄하고 있다.[26]

그래서 이는 외침에 대비하여 국가의 존립을 보장하는 한편, 대외적인 팽창을 선도하는 기능을 수행하며, 대내적으로는 핵심적인 권력기구의 하나로서 지배체제의 존속이나 변화

23) 원리란 필연적인 이치(優勝劣敗)를 말하고, 원칙이란 개연적인 이치(전쟁 승리를 위한 전투력 행사에 관계된 법칙)를 말한다.

24) 융통성이란 다양한 전장상황 변화에 가장 효과적으로 대처하기 위하여, 주어진 상황에서 지휘관이 선택할 수 있는 '최선의 방법'이며, '지휘관의 술'적인 사항을 의미한다.

25) 일부에서는 이를 편제로 이해하기도 하나, 이는 군사제도를 협의적으로 이해한 것으로 볼 수 있음. 일반적으로 군 구조에는 편제가 포함됨.

26) 김홍 편저, 『韓國의 軍制史』(서울 : 학연문화사, 2001), p.13.

의 과정에서 상당한 영향력을 행사하게 된다.

상비군이나 혹은 이를 제도화한 군사조직의 존재를 감안, 경찰과 더불어 국가의 성립과 발전에 필수적인 공적 강제력의 하나로 들고 있는 고전적 견해나 국가형성의 기본 요건으로서 무력의 합법적 사용을 지적하고 있는 견해도 이 점을 중시하고 있다.

군 구조란 "국방 및 군사임무 수행에 관련되는 전반적인 군사력의 조직 및 구성관계로서 육군·해군·공군·해병대가 상호관련되는 체제이다.[27] 군 구조는 크게 지휘구조, 부대구조, 병력구조, 전력구조로 세분화되는 데 각 구조는 구조에 직접적인 영향을 미친다. 만일 지휘구조가 바뀐다면 이것이 부대구조 및 병력구조는 물론 전력구조에도 영향을 미친다는 의미이다.

(3) 병역제도

병역(military service)이란 '국가의 국방력 구성을 위한 국민의 인적부담'이라고 정의할 수 있다. 국방목표 달성을 위해 일정기간 동안 국군[28]의 일원으로 종사해야 하는 인적부담은 충성심을 전제로 한다는 점에서 노무(勞務)와 구별된다.

병역제도란 군대의 병원을 획득하여 소요병력을 유지하고, 전시의 급격한 증원을 보장하기 위한 병사의 징집과 소집, 병역의 구분, 복무, 병역 연한 등에 관한 제도이다. 즉, 군에서 소요로 하는 병력의 충원방법을 제도화한 것이다.[29]

(가) 병역의 의의

병역은 국가의 국방력 구성을 위한 국민의 인적 부담이라 정의할 수 있으며 인적 부담은 충성심을 전제요건으로 한다.

국방력은 국토를 방위하고, 국가의 주권과 국민의 번영을 보호·유지하는 군사력으로서, 이는 국가에 대한 외부로부터의 위험을 전투력에 의해 배제함이 목적이다.

---

27) 국방부, 『국방개혁에 관한 법률』, 제3조 3항.
28) 한국의 경우 군 복무 이외에 경찰근무, 대체복무 등의 제도가 있으나, 일반적으로 국방의 의무를 수행한다고 보고, 국군으로 표현.
29) 황진환 외, 『군사학 개론』(서울 : 양서각, 2011), p.155.

따라서 국방은 전투력을 핵심으로 한 국가의 위험배제 작용이라 할 수 있다. 특히 현대전은 고도의 첨단과학무기와 정밀무기가 동원되는 과학전이며, 국가 총력전인 만큼 정치·경제·사회 등 제반요소와 함께 전투력의 강약이 결정된다. 국방력, 즉 전력은 적의 전투력 분쇄가 기본 전제이므로 직접 전투행위에 투입되는 군비(軍備)가 그 골간을 이룬다. 그런데 군비는 병원(兵員, Man)과 무기·장비(Machine) 및 물자(Material)의 3M으로 구성되며, 병역은 곧 병원을 획득·유지하기 위해 국민에게 부과되는 의무이다.[30]

병역은 또한 충성심에 의한 국민의 인적 부담이라고 할 수 있는데, 이는 병역수행의 정신적 측면을 중시한 것으로 개인이 지닌 지식과 육체적 능력을 최대한으로 발휘하여 국가에 봉사함을 뜻한다. 따라서 병역은 국가의 주권수호를 위하여 생명의 위험부담을 감수한다는 윤리적 도덕성을 그 바탕으로 하고 있다.

(나) 병역 제도의 유형

병역제도는 국가안전보장의 핵심이 되는 군사력 형성에 있어 그 주축을 이루는 인적자원, 즉 병력의 획득방법 내지 수단이다. 이러한 병역제도는 의무병제도와 지원병제도, 혼합형 제도로 대별되며, 의무병제도는 다시 징병제와 민병제로, 지원병제도는 직업군인제와 모병제 그리고 용병제로 구분할 수 있다.

이러한 병역제도를 종합하면 아래의〈도표 3-1〉병역제도의 종류와 같다.

1) 의무병제도

의무병제도(compulsory military service)는 강제징집 또는 징병제로 "국가는 국민 전체가 방위해야 한다."는 개념 아래 국민에게 병역의 의무를 부여하는 제도이다. 여기에는 징병제와 민병제가 있다.

---

30) 국방관리연구소, 병역제도 개선방안 연구(국방관리연구소, 1992), p. 16.

구 분	내 용	
병역 제도	의무병 제도	징병제
		민병제
	혼합형 제도	징병제, 모병제 혼합 등
	지원병 제도	직업군인제
		모병제
		용병제

〈도표 3-1〉 병역제도의 종류

징병제도는 모든 성년들이 그들의 사회를 공동으로 방위하던 이념에 근거를 두고 있는 수천 년의 역사를 가진 제도로서, 현대적 의미의 징병제도는 국가동원제도의 한 분야로 볼 수 있다. 인간평등의 이념과 산업혁명 이후 야기된 고도의 조직적인 사회형태가 결부되어 만들어진 징병제도는 프랑스혁명 당시의 국민·군을 효시로 하고 있다. 징병제도는 국민개병주의 원칙에 입각하여 병원(兵員)훈련의 주안을 정병주의(精兵主義)에 두고 평시에는 전시편제의 기간이 될 국방상 최소한의 군대를 상설하여 운영한다. 이때 소요되는 병원을 징집하여 일정한 교육훈련과 실기를 습득케 한 후 축차적으로 새로운 인력으로 대체하며, 전시 및 사변 시에는 대체된 자를 소집하여 전시편제를 완성하는 제도이다.

이 제도의 특징은 군대를 현역과 예비역으로 분류하여 많은 예비병력을 국가가 확보할 수 있으며, 국가가 보유한 우수한 인적 자원을 충분히 활용할 수 있다는 점에 있다.

민병제는 병원(兵員)훈련의 목표를 다병·중병주의(多兵·衆兵主義)에 두고 국민개병제를 실시하되, 군대를 경제적으로 양성하려는 제도이다. 군의 간부는 지원자로 조직하고 국민 모두가 의무적으로 단기간의 군사교육을 받으며, 유사시 동원소집을 통하여 전시편제를 구축한다는 것으로써 시민권 그 자체가 자동적으로 군복무를 의무화시키는 제도이다. 이 제도는 현재 스위스에서 실시되고 있으며, 우리나라에서 잠시 채택한 과거의 호국병제도가 이와 유사한 형태라고 할 수 있다.

2) 지원병제도

지원병이란 징집에 의하지 않고 스스로 지원하여 복무하는 병사를 말한다. 지원병제도(voluntary military service system)는 국민가운데 병역에 복무하기를 원하는 자들을 선발하여 계약을 맺고 병역에 종사하게 하는 제도를 말한다. 지원병이란 단어는 병사를 의미하지만 지원병 제도는 병사와 간부를 포괄하여 적용하고 있다. 이러한 지원병 제도는 직업군인제, 모병제, 용병제 등으로 구분된다.[31)]

지원병제도는 적의 위협이 비교적 먼 곳에서 주로 실시하며, 지원병제를 채택한 국가는 징병군을 갖는데 대한 국민 개인의 고통과 희생을 덜어 줄 수 있으나, 일반사회에 비하여 수행업무가 어렵고, 유사시 생명의 위험이 존재하는 군대에 인적 자원을 확보하기 위해서는 일반사회보다 더 나은 대우가 있어야 지원자가 생기며, 우수한 자원을 확보하기 위해서는 많은 비용이 소요되므로, 결국 군대의 질적 저하를 가져올 우려가 있다.

직업군인제는 표현 그대로 군인을 직업으로 선발하는 제도이다. 장교, 부사관 등 장기복무를 희망하는 자가 지원에 의하여 직업군인으로 근무한다.

모병제는 본인의 자유의사에 의하여 국가와의 계약으로 병역에 복무하는 제도로서 당사자의 의사와는 무관하게 강제적으로 병역을 부과하는 징병제와는 반대의 개념을 지니고 있다.

용병제는 직업군인제나 모병제와 같이 지원에 의하여 병역에 복무하는 제도이나, 지원의 동기에 있어서는 양자 간에 많은 차이가 있다. 즉 후자의 경우 병역완수라는 목적 이외에 보수라는 것이 있는데 반하여, 의용병제의 경우에는 병역의무나 보수보다 충성심에 의한 자진 종군의 의지가 핵심이 된다.

3) 혼합형 제도

혼합형 제도란 의무병제도와 지원병 제도를 국가별 상황에 따라 적절한 비율로 혼합한 유형으로 여러 국가에서 실제로 사용하고 있다. 특히, 징병제와 모병제의 혼합이 전형적이다.

---

31) 김문성, 『병무행정론』(서울: 계명사, 2006), p.46.

혼합형 제도를 결정할 때에는 적 위협에 대응할 수 있는 병원(兵員)수와 기술인력의 효율적 확보, 동원병력의 경험과 훈련수준 등을 고려해야 한다.

(다) 병역제도 선택시 고려사항

각국에 있어서 병역제도의 선정은 매우 중요하다. 병역제도에 따라 국방뿐만 아니라 국가경제 및 정치, 사회에 미치는 영향이 매우 심대하기 때문이다. 따라서 병역제도의 선택은 각국의 국방상 수요에 기초를 두고 고려해야 하며, 또한 동원요구에 충족하도록 주안점을 두어 필히 상호 긴밀한 관계를 가지고 조정되어야 한다.

병역제도의 선정시 영향을 미치는 요소는 지정학적 위치 · 안보상황 · 상대 적국의 동향 · 경제적 여건 · 국민적 자세 등을 들 수 있다. 이들 5개 요소를 일반론을 떠나 우리의 상황과 관련시켜 개략적으로 살펴보기로 한다.[32)]

1) 지정학적 위치

한국은 역사적으로 그 인접국에 대하여 전략적 중요성을 가진 나라로서 수세기에 걸쳐 일본과 중국은 한반도에 대한 영향력과 지배권을 놓고 각축을 벌여왔다. 현재도 지리적 · 정치적 여건은 변함이 없이 동북아에 있어서 미 · 소 · 중 · 일 등 강대국의 이해가 교차되는 지정학적으로 불리한 지역에 위치하고 있다.

이러한 지리적 요인으로 한반도는 항상 전쟁에 대비하지 않을 수 없다. 이는 통일 이후에도 마찬가지이다.

2) 안보상황

안전보장이란 외부로부터의 군사적 침략이나 그러한 침략의 위협 내지는 잠재적 위협하에서 위압(威壓)으로부터의 방어를 의미한다.

한국은 특수한 안전보장하의 문제에 직면해 있으며, 남북한 간의 경계지대가 세계에서 가장 위험한 곳 중의 하나로 평가되고, 전면전쟁의 가능성이 매우 높고 군사적 사고(事故)의 위험성이 상존하고 있는 안보상황을 가진 국가이다. 이러한 안보상황에 처해 있는 국가는 강력한 상비군을 유지할 수 있는 징병제를 선택하는 것이 바람직하다.

---

32) 군사학 연구회, 『군사학 개론』, p.471.

3) 상대 적국의 동향

현재 우리의 적국은 북한이라고 할 수 있으며, 북한은 그들의 이익과 목표를 힘에 의한 한반도의 통일에 두고 있다. 이를 위하여 그들은 군사력 증강에 혈안이 되어 있으며, 특히 최근 동향에 의하면 핵무기 개발과 장거리 스커드 미사일을 개발하고 있는 등 군사력 증강에 국가의 전력을 기울이고 있으며, 우리의 안보를 위협할 수 있는 충분한 능력과 의지를 지니고 있다.

또한 북한경제의 취약성, 정치적 고립, 불리한 군사 전반 및 내부 정정(政情)불안 등 복합적인 요인 또한 고려해야 할 요인이 되고 있다. 이러한 북한의 위협이 상존하고 있는 상황에서 가장 적합한 병력제도는 징병제이다.

4) 경제적 여건

군사력은 경제력에 의존하기 때문에 경제적 여건을 고려해야 한다. 북한 및 파키스탄과 같이 취약한 경제력에도 불구하고 군사력을 증강하는 나라도 있지만, 대부분의 나라에서는 경제력과 군사력이 비례한다.

국방재원의 과다 책정이 복지 및 경제 등 국가의 균형발전을 저해하는 요인으로 작용하여 국방비 삭감으로 이어지는 사례가 종종 발생하고 있다.[33]

5) 국민적 자세(요구)

우리가 추구하는 모든 이익과 목표 중 가장 중요하고도 핵심이 되는 것은 한 마디로 '생존'이다. 역사적으로 볼 때 수세기에 걸쳐 우리 국민은 강력한 인접국에 의한 점령, 억압, 착취의 희생사였나. 따라서 한국의 중요하고 직접적인 관심사는 북한으로부터의 군사적 위협이고 김일성, 김정일의 어떠한 모험에도 대항하여 자신을 보호할 능력을 갖출 수 있는 국민적 자세를 취해야 한다.[34]

이상과 같은 요소를 고려해 볼 때 우리가 선택해야 할 병역제도가 과연 무엇이어야 하겠는가 하는 해답은 현 단계에서는 징병제로 볼 수 있다.

33) 군사학 연구회, 『군사학 개론』, p.471.

34) 김용현 · 이진호 · 고성진, 『군사학 개론』(인천 : 도서출판 진영사, 2020), p.90.

(라) 한국의 병역제도

우리나라의 현대적 병역제도는 1948년 8월 31일 국방부가 창설되고 국군이 창건되는 과정에서 형성되기 시작했다.

6.25 전쟁을 겪은 이후 국내외 안보환경의 변화에 따른 적정수준의 병원을 획득, 관리하는 병무행정은 지속적으로 개선되었다. 특히, 1970년 8월 국방부 외청으로 병무청이 창설되고, 각 시 · 도의 병무조직이 지방병무청으로 개편되었다.

1980년대에 들어와서는 인구 증가에 따른 병력자원의 누적, 사회구조의 복잡 다양화, 병역 부과의 형평성 및 국민편익 등으로 병무행정에 급속한 변화가 요구되었다. 또한 1990년대에 이르러 시민사회의 성숙, 지식정보화, 세계화, 국가경쟁력 강화 등으로 병무행정도 성과위주의 행정혁신, 고객 개념에 입각한 행정서비스 확대, 형평성 및 신뢰성 제고를 위한 제도 개발에 중점을 두었다.[35)]

현재 우리나라의 병역제도는 의무병제도(징병제)를 원칙으로 하고 있으며, 특정분야에서는 직업군인제와 모병제 등 지원병제도[36)]를 부분적으로 병행하고 있다.

우리나라의 병역은 헌법과 병역법을 근거로 제도화되어 있다. 헌법 제39조 1항에서는 "모든 국민은 법률이 정하는 바에 의하여 국방의 의무를 진다", 2항에서는 "누구든지 병역의무의 이행으로 인하여 불이익한 처우를 받지 아니한다"라고 규정하고 있다.

또한 병역법에는 제1국민역, 현역, 보충역, 예비역, 제2국민역 등 5개 역종이 규정되어 있으며, 아울러 현역병 입영, 상근예비역의 입영 및 소집, 전투경찰대원 등으로 전환복무, 공익근무요원의 복무, 공중보건의사의 복무, 전문연구요원 및 산업기능요원의 복무, 병력동원 소집, 전시근로 소집 등 갖가지 병역의무 이행규정이 명기되어 있다.

병역의무는 제1국민역에서 출발하여 예비역이 끝날 때까지 계속된다. 대한민국 국민인 남자는 18세가 되는 해의 1월 1일부터 병역의무가 발생하여 제1국민군에 편입됨으로써 병적관리가 시작된다. 병역의무자는 19세가 되는 해에 지방병무청장이 지정하는 날자와 장소에서 징병검사는 받아야 한다. 징병검사 결과에 따라 현역(1~3급), 보충역(4급), 제2

---

35) 김문성, 『병무행정론』, pp.73-76.

36) 해병대, 해군 및 공군, 육군 특기병 입대 등

국민역(5급), 병역면제(6급), 재검사대상(7급)으로 병역처분이 내려진다.

징병검사를 통해 적격자로 판정받은 사람은 군 복무에 임하게 된다. 군 복무라 함은 현역 및 상근예비역, 군사임무 대신에 치안업무 보조 · 교정시설 경비업무 · 소방업무 보조를 담당하는 전환복무 뿐만 아니라 국가 · 공공기관 또는 산업체에서 근무하는 대체복무까지 포함한다. 복무기간은 18~36개월로 복무유형별 차이가 있다.[37)]

병역의무를 마쳤다고 해서 병역의무가 해제된 것은 아니다. 예비역의 병 또는 의무복무를 마친 보충역이 병은 전역 다음 날부터 8년이 되는 12월 31일까지 예비군으로서의 병역의무가 부여된다. 장교, 부사관 등의 간부로 전역한 사람들로 예비군에 편성된다. 또한 예비군으로서 병역의무를 마친 자는 40세까지 민방위에 편성되어 국가안보에 일익을 담당하게 된다.

(4) 동원제도

(가) 국력과 전력 및 국가동원

국가동원(國家動員, 이하 동원)은 '국력을 전력화하는 과정'이다. 다시 말해 국가의 공권력, 즉 강제력에 의해 자원을 배분하는 작용이다.[38)]

국력(national power)[39)]이란 '국가의 목표[40)]를 달성하기 위하여 사용할 수 있는 한 나라의 총체적인 역량'을 의미한다. 대부분의 국가들의 목표는 확고한 국가안보와 국민복지 증진 등이다. 우리나라는 분단국가이므로 '통일'도 국가목표라고 할 수 있다.

전력이란 '전쟁계획'을 지원하는 데 쓰이는 유형 · 무형의 모든 요소를 의미하는 데 이 전력은 국력에서 비롯된다. 주로 동원은 평시보다는 국가비상사태시에 일어나고, 공권력을

37) 현역병의 경우 2020년부터 육군과 해병대는 18개월, 해군은 20개월, 공군은 21개월을 복무한다. 대체복무의 경우 법무부 교정시설에서 36개월간 합숙복무를 함.

38) 군사학 연구회, 『군사학 개론』, p.492.

39) 기타 정의로는 '국가목표 또는 국가정책을 달성하기 위하여 한 국가가 보유하고 있는 능력', 혹은 '유사시 국가방위를 위해 사용할 수 있는 힘과 다른 행위자들을 원하는 방향으로 움직이게 하는 영향력'이 있다.

40) 우리나라의 경우 국가목표와 국가안보목표(national security objectives)가 거의 동일하다고 볼 수 있음. 국가안보목표란, '당면한 안보환경 하에서 국가의 모든 역량을 활용하여 달성해야 할 목표로서, 국가이익의 핵심적 요소인 국가안전보장을 위해 설정함. 우리의 국가안전보장 목표는 한반도의 평화와 안정, 남북한과 동북아의 공동번영, 국민생활의 안정 확보임.

기반으로 국가가 직접행하는 것이 일반적이다.

이러한 인식의 기초 위에 국가동원을 정의하면, '전시 또는 비상사태시 국가목표를 달성하기 위하여 국가의 자원을 결집, 편성하는 과정 및 행위'라고 할 수 있다.

(나) 동원의 개념

동원의 정의는 관점에 따라 다양하게 정의되고 있다. 국방부에서는 동원을 "전시나 사변 또는 국가비상사태 시 한 나라의 인적·물적·기타 제반자원을 국가안전보장에 기여할 수 있도록 효율적으로 통제·관리·운용하는 국가권력 작용"으로 정의하고 있다.[41]

즉, 동원은 현대전의 개념이 총력전화 됨에 따라 군사력 이외에도 모든 국력요소를 총동원 할 수 있도록 평시에 동원대상 자원을 조사하고 계획하며, 필요한 물자에 대한 통제와 비축 그리고 훈련을 통하여 전시계획의 실효성을 확인함으로써 유사시 실제동원을 보장하고 국가의 종합적인 능력이 발휘될 수 있도록 하는 것이다.

이러한 동원은 우선적으로 군사작전 지원에 역점을 두면서 국민생활 안전보호와 정부의 전시기능이 효율적으로 수행될 수 있도록 준비 및 계획되어야 하며, 가용자원뿐만 아니라 잠재자원 및 부족자원까지 개발하여 사태극복 및 사후복구 활동이 이루어지도록 해야 한다.

동원의 목표는 국가의 이용 가능한 인적·물적 자원을 효율적으로 동원하거나 통제 운용하여 군의 수요를 충족시킴과 동시에 민간수요의 적정수급으로 민생의 안정과 지속적인 경제력을 확보함으로써 총력전 수행에 만전을 기하는데 있다. 동원 분류는 동원하는 목적과 대상자원, 범위, 시기, 형태, 방법에 따라 구분하며, 이를 정리하면, 다음의 〈표 3-2〉 동원의 분류와 같다.

---

41) 정원영, 『동원행정론』 (서울: 한국국방연구권, 2006), p.11. 동원 관련, 미국은 "국가자원을 모집하고 조직함으로써 전쟁 또는 국가비상사태에 대비하는 행위"로, 일본은 "전시 국방목적을 달성하기 위하여 국가의 권력을 가장 유효하게 발휘시킬 수 있도록 인적, 물적자원을 통제, 운용하는 것"으로 정의하고 있다.

구 분	동 원 분 류
동원 목적	관수(官需)동원, 군수(軍需)동원, 민수(民需)동원
대상 자원	인원동원(병력동원, 전시근로소집, 인력동원), 물자동원(산업동원, 수송동원, 건설동원,정보통신동원) 기타 자원동원(재정금융동원, 통신, 홍보배체 동원)
동원 범위	총동원, 부분동원
동원 시기	전시동원, 평시동원
동원 형태	정상동원, 긴급동원
동원 방법	공개동원, 비공개 동원
규정 제도	수용동원, 사용동원, 통제운영
국력 요소	인적동원, 물적동인, 동시동원

〈표 3-2〉 동원의 분류

(다) 동원의 기본 요건

1) 목표성

동원의 목표는 전시 군사작전 지원, 민간수요의 적정수급 보장을 통한 민생안정 도모, 지속적인 경제력 확보 등을 통해 국가총력전 수행에 만전을 기하는데 있다. 따라서 동원을 계획할 때에는 경제적인 동원을 할 수 있도록 적정수준을 목표로 설정하여 자원의 낭비를 최소화해야 한다.

2) 통합성

평시 행정업무를 수행하는 기관이 전시 동원업무를 수행하는 기관으로 전환되므로 동원업무와 관련되는 각 기관들은 상호 유기적인 협조를 통해 통합된 계획을 수립하고, 동원 준비태세를 확립함으로써 효율적인 동원을 보장해야 한다. 따라서 업체동원 시에는 인원, 장비, 시설 등을 통합하여 동원할 수 있도록 관련계획들을 동원계획과 통합해야 한다.

3) 적시성

동원은 전쟁수행을 지원할 수 있도록 적시에 시행되어야 한다. 만약 동원령을 조기에 선포하여 동원을 시행하였을 경우에는 막대한 자원의 낭비를 초래할 수 있으며, 반대로 동원령 선포 시기가 지연되었을 경우에는 전쟁수행에 차질이 발생될 수 있다.

따라서 동원령 선포권자가 동원령을 선포할 때에는 이를 고려하여 시기를 결정하게 되므로 이를 효율적으로 지원할 수 있도록 동원단계를 설정하여 대상자원별로 적절한 동원시기를 결정하고, 동원령이 선포되기 이전 긴급사태에 대비하기 위한 대책을 강구하게 된다.

4) 융통성

동원업무를 수행함에 있어서 민·관·군의 노력이 통합되지 않을 경우에는 커다란 차질이 발생할 수 있다. 특히 전쟁으로 인한 사회불안과 적의 교란 및 동원방해 활동, 동원자원 이동을 위한 교통수단과 병참선의 제한 등은 동원계획의 시행에 커다란 장애요인이 될 수 있다.

따라서 효과적인 동원을 위해서는 적절한 융통성이 필요하다. 융통성을 갖기 위해서는 동원 시 차질이 발생하거나 우발상황의 발생으로 긴급동원이 필요할 경우에 이를 대비할 수 있는 동원체계를 유지하고, 각종 우발계획을 수립해야 한다.

(라) 동원조직에 영향을 미치는 요소

1) 정치체제

동원이란 체제 면에서는 평시체제로부터 전시체제로의 전환을 뜻한다. 즉 전쟁을 효과적으로 수행할 수 있게끔 평시체제로부터 전시체제로 전환하여 전쟁수행을 위한 인적·물적 및 기타 소요를 가장 능률적으로 충족시켜 줄 수 있도록 하는 것이다.

그런데 전체주의 내지 공산주의 국가에 있어서는 독재체제를 유지하기 위한 수단으로 국민을 비롯하여 모든 자원을 평시부터 철저하게 통제 운영하고 있기 때문에 평시체제와 전시체제 사이에 큰 차이가 있을 수 없으며, 또한 국민들도 이러한 정부의 통제에 익숙해지고 있다는 사실이다. 그러나 자유민주주의 국가에 있어서는 사유제의 원칙에 따라 전쟁

소요 자원이라 할지라도 동원되기 이전에는 각 개인들에게 분산되어 있고 국민들의 사회적인 활동도 국가의 획일적인 통제에 의해서가 아니라 각자의 자유로운 의사결정으로 활동하고 있기 때문에 유사시 동원의 집행이 국민에게 주는 사회적·경제적 타격은 막심할 수밖에 없는 것이다.

따라서 이런 혼란을 극복하면서 국가동원을 실시하기 위한 동원조직은 기술적으로 복잡하고 불리한 위치에 놓이게 된다.

2) 전쟁의 양상과 전략개념

국가동원은 전쟁계획을 뒷받침하기 위하여 수행되기 때문에 동원조직 역시 전쟁의 형태 및 전략개념에 따라 융통성 있게 편성되지 않으면 안 된다. 예로써 제1, 2차 세계대전 시의 미국은 평시산업을 전시체제로 전환해서 전시생산을 본격화하는 데는 무려 2년이라는 기간이 소요되었고, 서구 여러 나라의 경험적 통계에도 약 4~6개월이 필요하였다. 이와 같이 제1, 2차 대전에 있어서는 국가의 물적 자원을 전쟁수행에 본격적으로 투입하는데 6개월 내지 2년이란 기간이 소요되면서도 전쟁을 수행할 수 있었고, 더구나 전쟁에서 승리를 거둘 수 있었던 것은 근본적으로는 그 당시의 전쟁이 장기 지구전의 성격을 띠고 있었기 때문이다.

그러나 단기 속전속결전략을 바탕으로 한 중동의 6일전쟁에 있어서 "이스라엘"은 국가의 인적·물적 자원 동원에 불과 48시간을 초과하지 않았다. 이것은 바로 장기 지구전에 대비하는 동원조직과 속전속결 전략에 대비하는 동원조직이 같을 수 없다는 것을 의미한다.

3) 동원역량(비축정도)

오늘날의 전쟁양상은 점차 단기 속전속결전의 경향으로 발전되고 있으며, 이러한 상황하에서는 동원되어 있는 군사력과 유사시 즉각 활용 가능한 준비된 자원의 중요성이 증가되기 마련이다.

왜냐하면 전시생산이나 징발과정을 통해서 확보하는 활용가능한 자원은 사용할 수 있는 단계까지 많은 시간이 소요되기 때문에 단기 속전속결전에 대비할 수 있는 효과적인 방책이 될 수 없는 것이다. 바로 이러한 내용은 동원조직 면에서도 그대로 반영된다.

즉, 전시에 소요되는 물자의 품목이 100종류라고 가정할 때 100개의 품목 중 90개의 품목은 이미 준비되어 있고 나머지 10개 품목만을 유사시 동원에 의하여 충당해 주어야 할 국가와 반대로 전시소요 물자 중 10개의 품목만 준비되어 있고, 나머지 90개 품목을 전시에 국내 및 국외로부터 동원에 충족시켜야 하는 국가와는 동원조직면에서 큰 차이가 있다. 다시 말하면 동원대상 자원이 풍부하고 비축 정도가 높을수록 동원조직은 단순하고 능률적일 것이며, 자원이 부족하고 비축정도가 낮을수록 동원조직은 복잡하고 상대적으로 혼란과 차질, 그리고 지연의 가능성은 클 것이다.[42)]

4) 행정체계

동원조직은 평시 행정체계를 최대로 활용하고, 꼭 필요한 경우에 한하여 추가적인 새로운 기구를 편성하게 된다. 따라서 동원조직의 우수성 여부는 그 국가의 평시 행정체계가 얼마나 근대적이고 능률적이냐에 좌우된다. 평시 행정체제 중 전시동원에 가장 크게 영향을 줄 수 있는 사항으로는 ① 동원대상 자원에 대한 사전 파악 및 관리 정도, ② 행정사무 처리절차의 과학화 및 자동화, ③ 행정기관 상호 간의 통제 및 협조체계, ④ 행정관리요원의 훈련과 업무수행능력 여부 등을 들 수 있다.

5) 법적 근거

우리나라 동원제도의 근거는 법령으로 규정하고 있다. 즉 병역법과 동법시행령 및 시행규칙, 비상대비 자원관리법과 동법시행령 및 시행규칙에 근거한다, 병역법 제6장은 병력동원소집에 관련된 내용을 규정하고 있는데, 제46조에는 병력동원소집은 전시, 사변 또는 이에 준하는 국가비상사태에 부대편성이나 작전수요를 위하여 다음 각 호의 사람을 대상으로 한다고 명시하고 있다. 동원령이 선포된 경우에 부대편성이나 작전수요를 위하여 다음 각 호의 자에 대하여 행한다. ① 예비역, ② 교육소집복무를 마친 보충역, ③ 제66조(장교 등의 보충역 편입 및 취소)의 규정에 의하여 보충역에 편입된 자라고 규정하고 있고, 동법 제6장 3절에는 전시근로소집에 관련된 내용을 규정하고 있다. 즉 제53조에는 "전시근로소집은 전시 · 사변 또는 제2국민역에 대하여 소집한다."[43)]라고 규정하고 있다. 기타 시행에 관련된 세부적인 사항은 병역법시행령

42) 김용현 · 이진호 · 고성진, 『군사학 개론』(인천 : 도서출판 진영사, 2020), p.109.

및 병역법시행규칙에 상세하게 규정하여 혼란을 방지하고 있다.

또한 비상대비 자원관리법과 동법 시행령 및 규칙에는 전시 또는 이에 준하는 비상사태 하에서 동원되는 국력의 여러 요소에 관련된 내용을 규정하고, 특히 물자동원 및 재정경제, 통신 등의 동원에 관련된 내용을 규정하고 있다.

(5) 참모제도

(가) 참모의 개념

참모(參謀, staff)란 지휘관의 지휘권 행사를 보좌하기 위하여 임명되었거나 파견된 요원으로서, 지휘관이 부대지휘의 막중한 책임과 불확실한 전장상황 속에서 지휘관의 의지를 자유롭게 실현하고, 능력을 최대한 발휘할 수 있도록 보좌하는 역할을 수행한다.

먼저 한자를 해석해 보면 參자는 참여할 참, 살필 또는 견줄 참이고, 謀자는 꾀할 모 또는 도모할 모로서 謀士(모사)는 계략을 꾸미는 사람 또는 남을 도와 꾀를 내는 사람으로 설명되는데, 그래서 참모는 남을 도와 계략이나 꾀를 내는 사람이라고 할 수 있고, 영어로는 STAFF로서 막대기 또는 지팡이로 해석이 된다.

이 참모라는 직책 또는 역할은 아마 인간이 집단을 형성하여 집단 내에 어느 의미이든 계층과 역할분담이 이루어진 시기부터 존재했으리라고 추측된다. 우리의 역사에서 잘 알려진 모사, 즉 참모는 세조를 도와서 단종을 폐하고 혁명을 주도했던 한명회 등을 들 수 있고, 중국에서는 더 다양한 형태의 참모가 존재했었는데, 가장 잘 알려진 예로 『삼국지』에서 촉의 유비를 도운 제갈공명, 와신상담(臥薪嘗膽)이라는 고사에 나오는 기원전 470년의 월나라 왕 구천의 참모 범려와 오나라 왕 부차의 참모 오자서와 같은 인물이 있다. 이들은 군사(軍士)라는 특이한 형태의 직책으로 선·평시 국가정책과 전쟁 전반에 걸쳐 그들의 주인인 왕을 보좌하고, 왕도 그들의 권위를 인정하는 참모의 형태가 존재했었다.

서양에서는 중세기부터 상당히 세분화되어 전문적이라고 할 수 있는 참모의 존재가 알려져 있고, 실제 역사상의 각종 전쟁에서 그들은 전쟁을 기획하여 전쟁 전반에 영향을 미치는 등 참모로서의 업적이 상당한 평가를 받고 있는 것이 사실이다.

---

43) 병역법 시행령 참조.

(나) 참모 제도의 기원

군대에 있어서 두뇌와 같은 역할을 하는 참모는 역사적으로 고찰하여 볼 때 군대발전에 중추적 역할을 담당해 왔다. 역사상 최초의 참모라고 하면 옛날 어떤 무명의 전사대장이 자기의 동료 전사에게 도움과 조언을 요청하게 됨으로써 군사상 최초의 참모의 기능이 싹트기 시작한 것이라고 볼 수 있을 것이다.

최초의 원시인들이 서로 싸웠을 때에는 그들이 필요로 했던 무기란 고작 돌멩이와 몽둥이뿐이었다. 선사시대의 전투라고 해 보아야 피차간에 굶주림이나 적대감정의 고저에 따라 부지불식간에 일어나는 것이기 때문에 사전계획이란 조금도 필요하지 않았다. 그러한 상황 하에서 싸움이 벌어지기 시작했고, 그 외에 기본적으로 절차라든가 물자의 획득이라든가 또는 병참문제 등 복잡한 부담이 없었기 때문에 전사들 간의 단순한 힘의 충돌이 고작이었다.

그러나 이러한 싸움도 인간활동과 마찬가지로 문명의 발달에 따라 발전하여 부족 간의 전투, 또는 국가와 국가 간의 전쟁으로 발전하여 전쟁이 자기 종족이나 체제보존을 위해 불가결한 것이 되고, 또한 최고의 생존법칙이 되어버렸기 때문에 새로운 과학이나 새로운 기계발명은 각각 당시에 존재하였던 전쟁수단으로 운용할 수 있느냐에 따라서 평가가 되었던 것은 극히 당연한 것이었다.

인류문명의 발달과 함께 전투방식도 점차 복잡하게 되었다. 전투대원이 자기가 평소 가지고 있던 방망이나 돌도끼 등의 무기를 휴대하고, 지휘관의 명령을 충분히 들을 수 있을 만큼 부대규모가 작고, 또 전투기간이 아주 제한되어서, 모든 전투원이 자기의 식량과 무기를 가지고 다닐 수 있었을 당시는 피차간에 전투지휘는 단 한 사람의 지휘관으로 충분하였다. 어느 쪽이든 상대편의 소소한 전술을 꿰뚫어 볼 수 있는 전술적 식견(識見)을 지닌 지휘관 쪽이 항상 승리를 거두었다. 당시의 지휘관은 모든 관심과 주의력을 전투의 작전구상을 하는데 다 바칠 수 있었으며, 정교한 정보망도 필요 없었거니와 사전에 만들어 놓은 계획에 의해서 전투부대를 통합 조정할 필요가 있는 대부대를 지휘하는 것도 아니었다.

또한 원시시대에는 부하 전사들이 각자가 무장을 하고 소부대별 또는 개인별로 먹을 것을 해결했기 때문에 지휘관은 병참문제를 조금도 염려할 필요가 없었다. 지휘관이 할 것은 단지 즉석에서 결심을 내리고 연설을 통해 부하들에게 적개심을 고취시킨 후 그에 따라 부하들을 배열해서 함성을 지르며 상대편에 덤벼들도록 하면 되었다. 그러나 전투의 영역이 확장됨에 따라서 지휘관이 해야 할 일도 그만큼 많아졌다. 군의 조직이 점차로 선사시대의 원형으로부터 벗어나게 되자 새로운 전투방법이 나타나기 시작했으며, 이제 어떤 군대든 간에 몇 가지 일들은 출전하기 전에 반드시 해 두지 않으면 안 되었다. 모든 부대에게 피복과 식량을 지급해 주어야 했고, 중세기 이후 총포와 화약발명으로 인해 국가차원에서 무기를 준비하고 개발해야 하는 등 전쟁의 준비에 노력이 필요하여졌으며 보급소요도 많아졌다.

부대의 수가 증가됨에 따라 부수적인 행정문제도 점점 많아지는 등 군을 관리하는 임무가 거대해졌기 때문에 지휘관이 자기 부대의 전투배열 방식을 견제하는 데도 시간이 충분치 못하게 되었으며, 전투가 점점 복잡성을 더하게 되자 이제 전쟁은 어떤 한 사람의 지휘능력만으로는 지휘할 수 없게 되었다. 따라서 지휘관은 작전구상에서부터 부대운용의 전반적인 사항을 보좌할 사람이 필요했고, 급기야는 지휘관을 보좌한다는 뜻의 참모가 군대 내에 운용되기 시작한 것이다.

(다) 참모 제도의 변천과정44)

군사사(軍事史)의 여러 단계를 구분하는 것은 극히 논란의 여지가 많은 일이며, 군사전문가들 간에도 어디에다 군사발달의 이정표를 두어야 할 것이냐에 대해서는 완전한 합의를 보지 못하고 있다. 그러나 가장 권위있는 대가들은 군사사를 일반적으로 세 개의 기간으로 나누는 데 동의하고 있다. 제1기는 문자로 쓰인 역사가 시작되고부터 로마제국이 흥망까지이다.

이 기간 동안에 군사적 방식은 오합지졸의 난투(亂鬪)에서 마라톤 전투나 칸네 전투와 같이 오늘날의 군대가 알고 있는 모든 전쟁원칙을 실제 기반으로 하는 하나의 병술로까지 발달되었다.

역사적으로 고대 후반기의 군대는 현대적인 방식면에서 보더라도 고도의 능률성을 갖고

44) 김용현 · 이진호 · 고성진, 『군사학 개론』(인천 : 도서출판 진영사, 2020), pp.119-225의 주요 내용 요약.

있었다는 것이 분명하다. 이러한 군사사의 기간은 로마의 멸망으로 끝났지만, 고대의 군사 이론이나 기술은 근대 초기의 군사발전에 강력한 영향을 미쳤으며, 그 결과 오늘날 사용되고 있는 군사용어나 군사방식은 대부분 그때 당시의 군대로부터 직접 그 유래를 찾을 수 있다.

대략 중세기(약 846년부터 1500년까지)와 일치하고 있는 제2기는 전쟁의 발달에 별로 기여하지도 못했을 뿐만 아니라 군사사상이 발달했다기 보다는 오히려 후퇴했다는 점에서 제1기와 대조를 이루고 있다. 제2기는 로마의 멸망으로부터 구스타프 아돌프(Gustavus Adolphus) 때까지이다.

현대의 군사적 방식은 스웨덴의 장군인 구스타프 아돌프의 전역으로부터 시작되었다고 할 수 있는 충분한 이유가 있다. 때문에 제3기, 즉 현대의 군사적 발전기는 구스타프의 시대(1632년 사망)로부터 현대까지이다. 이러한 군사사의 구분은 독자가 여러 가지 시대에 존재했던 여러 여건과 참모제도 발전에 기여했던 여러 조건을 이해하는데 도움이 될 것이다.

1) 고대의 참모제도

군사조직의 일부인 참모의 실제적인 발달의 기원이나 연대(年代)를 명확하게 밝힌다는 것은 선사시대의 문헌과 자료의 궁핍으로 매우 어려운 일이다. 그러나 누구나 다 아는 것처럼 전투준비를 갖춘 종족들의 계속적인 정복을 통해서 전투기술이 꾸준히 발전된 것으로 보아 고대의 군대에도 참모가 존재하였다는 것은 분명하다.

군사사(軍事史)의 관점에서 볼 때 참모의 발달은 군사조직의 발달과 병행했다. 전투의 범위가 점점 커지자 참모장교의 이용이 필요해졌고, 또한 참모장교의 적절한 이용으로 전투의 범위가 확장될 수도 있었다. 위대한 지휘관이 위대한 승리를 거두었는데 그들의 승리는 전투하기 전에 승리를 거둘 수 있도록 일종의 작전계획[45]을 지휘관이 구상했느냐에 따라 크게 좌우되었다.

대군이 참전하는 전투에서는 비록 군사적인 천재라 할지라도 정신적으로나 육체적으로나 군의 편성, 행정, 정비 그리고 실제 작전에 수반되는 세세한 모든 문제에 대해서 일일

45) 현존하거나 잠재적인 군사대비태세에 대비할 목적으로 군사작전의 수행을 위한 준비된 모든 계획.

이 정신을 쓸 수는 없었다. 그래서 계획을 수립하거나, 문서화하거나 또는 예하 지휘관들과 협조를 하는데 도움이 필요하게 되었으며, 그것이 곧 참모의 실제적인 목적이었다.

2) 중세의 참모제도

로마제국의 몰락과 중세기의 개막 이후에 한동안은 군사지식과 기술의 발달은 저조하였다. 따라서 중세 참모제도의 발달도 거의 이루어지지 않았다. 그러나 중세기 군대에 편성상 그리고 행정상에 결함이 있다는 것은 인정하지만, 그렇다고 중세기에 있었던 모든 군대에 참모지식이나 참모업무가 전혀 없었다고 추정해서는 안 된다. 핸리 2세, 리처드 1세, 에드워드 3세 그리고 헨리 5세와 같은 군인 군주들의 전쟁조례 및 법령(戰爭條例 및 法令, Articles and Ordinances of War)에 보면 가끔 특정 참모요원의 직무와 책임에 관해서 대단히 구체적인 지시가 있는데, 이러한 모든 것으로 미루어 최소한의 참모제도가 존재하고 있었다는 것을 알 수 있다.

영국의 유명한 군사가(軍史家)인 레지날드 하그리브스(Reginald Hargreves)는 중세에도 주요 군사고문관(軍事顧問官) 또는 참모장의 역할을 하는 인물이 있었으며, 그때 당시의 원수(元帥)들은 군부대신과 최고헌병사령관의 중간서열에 있었으며, 그보다 하위계층의 참모장교로서는 병적기록관(兵籍記錄官), 병참총감(兵站摠監), 숙사준비(宿舍準備) 할당관(割當官), 마차대장(馬車隊長) 그리고 정찰대장(偵察隊長) 등이 있었다.

3) 근대 및 현대의 참모제도

먼저, 독일의 경우를 살펴보면, 현대의 모든 유럽 강대국들 가운데서 독일만큼 국가적으로 군사적인 문제에 관심을 기울이고 진보적인 태도를 취한 국가도 없었다.

프러시아는 일찍이 게르만족[46]의 군사발전과 호전성의 주도적 역할을 했으며, 프러시아의 모든 군사사(軍事史)를 통해서 독일의 군사 지도자들은 군사기구의 효과적인 운용을 위해서 주요기반이 되는 참모편성 문제를 항상 생각해 왔다. 즉 독일은 제1차 세계대전 후 베르사유 조약에 의해 거의 제거되어 버린 군대를 재건하기 위한 수단으로 우수한 참모조

46) 게르만족(독일어: Germanen, 영어: Germanic peoples)은 북유럽의 인도유럽인 집단이다. 네덜란드를 기준으로 북쪽 국가를 게르만 민족 국가라고 한다. 독일, 영국, 네덜란드, 오스트리아, 스위스, 덴마크, 노르웨이, 스웨덴, 아이슬란드 등이 해당된다. 게르만족은 앵글족의 뿌리이다.

직을 유지하고 진보적인 개선을 하는데 있다고 믿었으며, 군대의 본체를 건설하기 전에 먼저 군대의 "브레인(brain)"을 만드는 것이 효과적이라는 것을 알고 있었다.

아마도 독일의 참모사에 관해서 가장 명확하고도 알기 쉬운 연구조사서가 1895년에 출판된 쉘렌도르프(Bronsart von Schellendorff) 장군의 『일반참모의 책무(Duties of the General Staff)』라는 저서인데, 이것은 지금도 독일군 참모역사, 이론, 편성 및 기능에 관한 중요한 자료의 하나로 남아있다.

현대 독일군 참모편성의 첫 발자취는 1635년 프러시아 왕국의 창립자인 '프리드리히 빌헬름(Friedrich Wilhelm)'이 지휘를 했던 '브란덴부르크' 군대의 참모편성에서 찾아볼 수 있다.

군국주의적(軍國主義的) 성격을 가진 프리드리히 대왕(Frederick the Great, 1712~1786)은 그의 군사적 천재성으로 말미암아 주요한 작전계획과 명령뿐만 아니라, 예하 지휘관에게 내린 각종 지시들도 그가 직접 쓰거나 또는 받아쓰게 하는 등 참모의 편성 및 운용 면에서는 별로 관심을 갖지 않았다.

이는 아직도 군사방식에 있어서 참모의 위치가 충분히 정해져 있지 않았었고, 또한 당시에는 고급장교들에게 참모의 이용법을 가르치는 참모학교가 없었기 때문에 결국 지휘관은 자기 나름대로의 필요에 따라서 참모를 이용했다.

그러한 프리드리히 대왕이었지만 참모조직을 뒷받침하는 지적인 기반확립의 필요성을 깊이 인식했고, 또한 7년전쟁(1756~1763년, 프랑스, 오스트리아, 영국 및 독일 간의 전쟁)으로 장교가 막대한 타격을 입게 되자 1765년에 군사와 외교방면에 근무시킬 목적으로 젊은 귀족들을 훈련시키는 "귀족학원(Academie des Nobles)"을 설립했다. 이 학원은 유명한 육군대학교(Kriegsakademie)의 전신이 되었으며 프리드리히 대왕이 직접 관리하여 훈련, 교육 및 내부질서에 관한 규정을 직접 만들기도 했다.

독일의 참모편성 발전은 '마센바흐(Massenbach)', '샤른호르스트(Scharnhorst)', '그나이제나우(Gneisenau)', '클라우제비츠(Clauzewitz)' 등을 거치면서 획기적으로 발전하였다. 이들은 실질적으로 독일 참모제도의 기반을 다져 놓은 사람들이었다. 이 후 '몰트케(Moltke)'는 강력한 참모야말로 강대국의 군사기구에 없어서는 안 될 요소라는 것을 결정적으로 증명한 사람이었다. 그는 참모총장으로 재직하는 동안에 참모제도의 실제적인 기술분야를 발전시켰다.

몰트케 시대에 이르러서 지휘관이 직접 전투에 참가하지 않아도 될 만큼 지휘 및 참모 기능이 발전하였다. 중앙지휘방식은 이미 확립된 하나의 교리였다. 그러나 교리를 지지하고 나선 몰트케는 전투지휘관이 지휘소에 위치하고 있거나 때로는 실제 전투장으로부터 상당히 먼 거리에 있거나 혹은 전투의 소소한 국면을 직접 목격하지 않고도 냉정하게 그리고 신속하게 중요한 것과 중요하지 않은 전투 고려사항을 판단할 수 있다는 것을 입증해 보였다. 실제로 몰트케는 그의 참모를 이용해서 행동방책을 조정할 수 있었다. 따라서 프러시아에 현대적인 참모제도를 적용한 사람은 바로 몰트케였다. 지휘의 형태에 있어서 참모의 위치와 기능에 대한 몰트케의 생각은 바로 프러시아 참모사상을 대표하고 있었다.

제1차 세계대전 기간 중에도 참모본부는 계속적으로 군사기구 중의 핵심적인 기관이었다. 참모본부 장교 특히 참모장들의 지위가 대단히 높아졌기 때문에 작전이 실패한 경우도 참모장은 해임되고 지휘관은 그대로 유임되었는데, 이러한 모든 사실은 고급사령부[47]가 어디에 책임을 돌렸는지를 알 수 있다. 실제로 제1차 세계대전시 '루덴도르프'의 경우, 참모총장인 '힌덴부르크'의 수석 Quartermaster General로서 "완전한 책임분담"을 하여 일을 했다.

제1차 세계대전 패전 후 독일의 군사지도자 폰 젝트(Von Seeckt)[48]는 "베르사유 조약"으로 독일의 참모본부가 해체되고 사관학교가 폐지된 상태에서 참모부가 살아남도록 하려면 어떤 종류의 것이든 교육제도가 필요하다는 것을 인식하고 조약상의 장애를 분산된 학교교육 제도로 극복했다.

학교교육은 1920년에 선발된 학생들에게 2년제로, 1923년에는 특별히 선발된 학생들을 위해서 3년제 교육이 준비되었다. 이와 같이 무장해제 위원단의 감시를 성공적으로 피하면서 지속적으로 참모훈련을 실시하였고, 존속이 허용된 10개 사단의 참모조직은 그대로 존속하여 이들 사단 내의 참모본부 장교들은 그들의 옛날 참모휘장을 그대로 패용한 채 업무를 보았는데 결국 재무장 시가지의 기간에 참모본부의 업무방식과 전통을 그대로

47) 최고전쟁지도부(최고 참모본부)

48) 요하네스 프리드리히 "한스" 폰 젝트(독일어: Johannes Friedrich "Hans" von Seeckt, 1866년 4월 22일 슐레스비히 ~ 1936년 12월 27일 베를린)은 독일군 상급대장이다. 제1차 세계 대전 때 독일군 장군을 맡았으며 1919년에서 1920년까지 라이히스베어(Reichswehr) 병무청장을 지냈다.

유지할 수 있는 효과적인 수단이 되었다. 결국 1935년 독일이 재무장선언을 했을 때는 이미 참모본부 핵심요원은 존재하여 있었고, 굳건한 기반 위에 서 있었다. 이렇게 독일은 군사조직을 형성하기 전에 군사적인 '브레인'들을 먼저 양성시켰다.

나치 하의 독일 군사력의 재기는 전군을 통제하는 최고 참모본부의 급속한 재건으로 불붙었다. 독일정부 최고위층의 지휘 및 참모기관은 옛날의 프러시아나 독일제국이나 다를 것이 없었다. 나치독일의 최고 참모본부인 "총사령부" 하에서 육군은 대륙국가의 전통적인 세력으로서 다른 군보다 계속적으로 우세하였다가 마침내 기타 모든 최고 참모본부와 마찬가지로 최고 참모본부 중에서도 단일 세력위주(이 경우 지상세력)의 결과로 빚어낸 전략적인 과오 때문에 야전군에 있는 유능한 참모들의 공적은 균형을 잃게 되었다.

히틀러 시대에서도 독일 군국주의의 핵심이고 두뇌이며 또한 정신은 바로 최고 참모본부였다.

제2차 세계대전시의 독일 고위사령부의 압도적인 주류는 갈망의 대상이 되고 있는 참모본부의 "붉은색의 수장[49]"을 단 장교들이었다는 사실은 결코 단순한 우연이 아니었다. 그러나 동서독이 분할된 서독의 참모편성과 교리는 전통적인 독일의 참모방식으로부터 근본적인 변화를 나타내고 있으며, 오히려 미국의 참모교리를 따르고 있었다.

다음으로 미국의 경우를 살펴보면, 1775년 대륙회의(the Continental Congress)의 결정에 의해 조지 워싱턴(George Washington)은 전 미국군의 지휘를 맡게 되고, 그 당시 미국을 지배하고 있던 영국의 참모제도를 모방하여 부관참모, 병참총감(quartermaster general), 주계총감(Commissary general of stores and provisions), 경리감(paymaster general), 소집총감(Commissary general of masters), 공병감(chief of engineers), 수송감(Wagon Master), 포병감(Commissary general of Artillery Stores), 의무감, 법무감, 감찰감 등의 참모가 편성되었다.

그리고 1802년 사관학교설치법에 의해 West Point에 육군사관학교의 설치가 인가되어 군사교육이 국가군제의 일부가 되었으나, 그것은 아직 훈련된 참모장교를 배출하기 위한 군사교육의 형태는 아니었다.

49) 군대나 경찰 등의 조직에서 정복의 소매에 달아 관등 표시를 하는 표장. 소매 수(袖) 자를 써서 수장이다.

이후 영국과의 전쟁이 발발하자 연대급 제대의 장교 숫자는 대령 1명, 중령 1명, 소령 1명, 부관 1명, 병참 1명, 병기 1명, 그리고 군의관 1명으로 구성되었으며, 1861년 남북전쟁(the Civil War, 1861~1865)이 시작되던 때에는 각 보병 연대본부에 대령 1명, 중령 1명, 소령 1명, 부관 1명, 병참 1명, 군의관 1명, 보조 군의관 1명, 그리고 군목 1명으로 구성하고, 각 여단 본부에는 준장 1명, 전속부관 2명, 부관 보좌관 1명, 보조 군의관 1명, 병참 보좌관 1명 그리고 보급장교 1명으로 구성되었다.

당시 북군의 참모제도는 많은 발전이 이룩되어 야전군 사령부에는 이동 및 작전에 관한 모든 사항을 관장하는 참모장 1명, 군사비서 2명, 7명의 전속부관, 2명의 부관장교, 1명의 감찰관, 1명의 병참참모, 1명의 병참참모 보좌관, 1명의 급양관, 1명의 급양보좌관, 1명의 공병부장, 1명의 헌병참모 그리고 1명의 헌병참모 보좌관으로 구성되었으며, 남군도 이러한 북군의 참모제도를 모방한 참모제도를 갖고 있었다.

이 후 미국 육군 일반참모의 발전은 유능한 법률가이며 예리한 사학도인 엘리후 루트(Elihu Root)[50]가 1899년 전쟁장관[51]이 되어 일반참모제도를 위한 교육적 기초의 필요성을 충분히 인식하고 노력한 결과 1901년 육군성이 고등전쟁기술에 있어서 훈련된 육군장교를 탄생시키게 되는 일반명령을 하달했다. 이 역사적 명령으로 캔자스의 포트 레븐워스에 있는 전 보병학교와 기병학교가 "일반 근무 및 참모대학(the General Service and Staff College)"으로 확장 발전되었다(오늘날 이 학교는 "지휘 및 일반 참모 대학(the Command and General Staff College)"으로 알려져 있다).

루트는 또한 육군을 위한 효율적인 일반참모제도의 필요성을 절감하고 육군 총사령관직을 폐지하고 육군 참모총장직을 신설하며, 참모총장은 대통령과 육군장관의 지시를 받아 행동하고, 야전부대에 대해서뿐 아니라 과서에 육군장관에게 직접 책임을 졌던 참모부서에 대해서도 감독권을 갖도록 했다 그리고 기타 임무가 해제된 44명의 장교단으로 새로이 참모총장의 보좌기관을 창설함으로써 드디어 미국 육군은 일반참모를 가지게 되었다.

이 새로운 일반 참모조직의 임무와 기능에 대해서는 법률안에서 다음과 같이 기술되어

50) 엘리후 루트(Elihu Root, 1845년 2월 15일 ~ 1937년 2월 7일)는 미국의 공화당 정치인으로, 제41대 선생장관(1899년 ~ 1904년), 제38대 국무장관(1905년 ~ 1909년)과 뉴욕주 연방 상원(1909년 ~ 1915년)을 지냈으며 자신의 세월의 가장 건설적인 보수주의자였다. 1912년 노벨 평화상을 수상하였다.

51) 현 국방장관

있다.

일반 참모단의 임무는 전시의 군사력 동원계획과 국가방위 계획을 준비하고, 육군의 효율성에 영향을 주는 모든 문제와 육군의 군사작전 준비상태를 조사 및 보고하며, 육군 장관에게 그리고 장관급 장교와 기타 상급 지휘관에게 직업적인 보좌와 지원을 제공하고 동법에 의해 참모총장의 감독을 받아서 그들의 대리인으로 행동하는 데 있으며, 그리고 적시로 대통령령에 의해 규정되는 바와 같은 그러한 기타 군사직무를 수행하는 데 있다.

이로써 참모총장은 부관감실, 감찰감실, 법무감실, 병참감실, 급양감실, 의무, 경리, 병기감실에 대한 감독권과 공병단 및 통신단에 대한 감독권을 부여받았다. 또한 동법은 추가적으로 해안포병 참모가 일반참모의 일원으로서 근무해야 한다는 조항을 신설했다.

1917년 제1차 세계대전 중인 유럽 전선에 투입하기 위해 조직된 미원정군(the American Expeditionary Force)을 편성함에 있어 먼저 고유의 참모제도를 갖고 있었던 영국과 프랑스의 참모제도를 연구하여 미원정군에 적용하였는데, 이 후 미원정군에 의해 채택된 참모제도는 사단급을 포함하여 각 사령부에 일반참모부를 제공하는 계기가 되었다.

미원정군 총사령부의 일반참모부는 군사령부의 참모부와 같이 5개 참모부로 분할되었으며, 각 참모부에는 참모장 보좌관(Assistant Chief of Staff로서 통상 참모라고 부르는 개념이다)이 있었다. G-1[52]으로 명명된 장교 밑의 제1처는 행정분야로서 해외선적의 우선권, 인원 및 동물 보충, 포로의 수용, 군사방침 그리고 사기와 관련되었다. G-2가 이끄는 제2처는 정보기능을 담당하고, G-3는 제3처를 지도했는데, 동처는 전투부대의 운영은 물론 전략적 연구와 계획의 준비를 포함하여 작전을 담당했다. G-4 밑에 있는 제4처는 보급처로서 건설, 수송 및 의무를 포함하는 보급근무의 조정책임을 졌다. G-4의 지도를 받는 제5처는 부대 전체를 통하여 교육 및 훈련의 전반적 지도를 담당했었다.

여기에서 볼 수 있는 바와 같이 미원정군 참모를 위한 1918년 2월 16일자 일반명령에 의해 설정된 편성은 오늘날 미육군에 의해 사용되는 참모교리의 기초를 제공했다.

이 후 1946년 집행명령(the Executive Order)에 의해 육군성 일반참모부의 작전참모

52) Staff(참모)의 경우 연대급 이하제대에서 S-1, 2, 3, 4로 표기하며, 사단급 이상제대에서는 G-1, 2, 3, 4, 5 등으로 표기하며, 합동참모본부, 합동부대의 경우 J-1, 2, 3, 4, 5 등으로 표기한다.

부가 폐지되고, 육군성 일반참모부는 6개 참모부, 즉 인사행정, 정보, 편제훈련, 근무보급조달, 계획작전 그리고 연구발전으로 편성되었다.

이 같은 개편 아래 인사행정은 이전의 G-1에 해당되며, 정보는 G-2 기능을 지속했으며, 근무보급조달은 G-4의 직능을 수행했다.

1960년 육군 일반참모부는 4개부서 기준으로 편성되었는데 그것은 인사(G-1), 정보(G-2), 작전(G-3), 군수(G-4)였으며, 각 부서의 장은 참모총장 보좌관(Assistant Chief of Staff)으로 호칭되었으며, 임시로 또는 지휘관의 요구에 의해 민사부(G-5)가 추가되기도 하였다.

현재 미 육군에 편성되어 있는 야전부대 참모부 편성방식을 살펴보면 사단이나 대부대의 참모는 지휘관의 개인참모 이외에 크게 두 가지 그룹으로 되어 있다. 첫째, 일반참모그룹으로서 이들은 모든 지휘기능을 취급하도록 편성되어 있고, 둘째, 특별참모라고 하는데 여기에는 병기 · 병참 · 통신 · 의무 · 화학 · 공병 · 포병 등과 같은 병과 장교들이 포함되어 있는데 그들은 자기 병과에 관한 모든 사항에 대하여 지휘관에게 조언을 하는 특별참모이며, 동시에 기술병과 부대장이기도 하다. 특별참모에는 인사행정 · 군종 · 재정 · 감찰 · 법무 · 군사경찰 · 정훈공보 등도 포함된다.

미국의 참모편성은 일반적으로 4개 부분으로 편성되어 있다. 이러한 제도에 따라서 일반참모부도 흔히 4부분으로 구분되어 있고, 각 부는 특정책무를 가지고 있다. 이러한 참모편성 이론은 지휘관이 모든 책무를 네 가지의 주요기능, 즉 인사, 정보, 작전교육 그리고 군수의 4개 분야로 나눌 수 있다는 가정에 기초를 두고 있다. 이러한 4개부 편성방식에 따라 일반참모부도 4개 부분으로 나누어지는데, 각 부는 항시 4개부 기능 중에 한 가지 기능에 대하여 감독을 한다.

각 부를 책임 맡고 있는 장교를 참모라고 한다. 특정 부대는 그의 특수한 필요성에 따라 추가적인 참모부를 더 둘 수 있다.

사단 또는 그 이상의 제대급 참모부에서는 4개 참모의 활동을 통합 조정하는 참모장이 있는데, 업무의 혼란과 중복을 회피하도록 하기 위해서 4개 참모는 참모장 보좌관으로 지명되어 있다.

참모를 중시하는 프러시아의 사상과 전통을 이어받은 독일은 강군육성의 관건이 우수한 참모조직, 즉 브레인(brain)의 건설에 있다고 할 정도로 우수한 참모조직의 발전에 모범을 보였으며, 미국도 제1, 2차 세계대전에 참가하면서 계속적으로 참모조직을 보완 발전시켜 현대의 참모조직과 같이 인사, 정보, 작전, 군수 등의 일반참모와 부관, 감찰 등의 특별참모 편성을 완성하였다.

(라) 참모편성 시 고려사항

참모편성 시 고려할 사항으로는 임무, 업무 분야, 법률 및 규정, 특정분야에 대한 직접적인 통제 등이며, 이들은 상호연관성을 지니고 있다. 이러한 연관성을 세부적으로 살펴보면 다음과 같다. 첫째, 최우선의 고려사항은 부대의 임무이다. 부대의 임무가 지휘관 및 참모가 수행해야 할 업무를 결정한다.

둘째, 업무분야를 고려해야 한다. 부대의 참모업무는 통상 · 정보 · 작전 · 군수 · 교육훈련 · 동원 · 관리 분야로 구분된다. 이러한 참모업무의 상대적인 중요성은 부대의 임무와 제대의 규모 및 전장 환경에 따라 상이하며, 자원을 절약하고 부대의 노력을 촉진시키기 위하여 둘 이상의 참모를 통합시킬 수 있다.

셋째, 법률 및 규정을 고려하여 참모를 편성해야 한다. 국군조직법, 대통령 령, 각 군, 해병대 규정 등에 지휘관 및 특정참모들의 관계에 대하여 규정되어 있다.

넷째, 특정 기능분야에 대한 직접적인 통제이다. 이러한 경우 그 분야에 책임을 지는 참모는 참모장을 거치지 않고 지휘관에게 직접 보고해야 한다.

(마) 참모편성의 기본형태

참모편성의 형태는 일반형(一般型)과 부장형(副長型)이 있다. 이는 부대의 임무와 기능, 성격에 따라 적용된다.

일반현 참모편성 형태는 지휘관을 보좌하는 참모장이 있고, 각 참모는 참모장의 보좌관으로서 기능과 권한을 갖는다. 군사령부, 작전사급 이하 야전부대에서는 대부분 일반형 참모형태를 적용한다. 참모의 수와 편성은 제대의 규모와 임무에 따라 상이하고, 일반참모, 특별참모, 개인참모로 구분된다.

부장형[53] 참모편성 형태는 참모장이 없는 대신 각 참모가 해당부서의 장으로서 기능과 권한을 가지고 지휘관을 직접 보좌하는 형태이다. 일반형 참모형태와 비교해 볼 때, 참모장이 없는 대신, 참모 임무를 수행하는 부장에게 보다 많은 권한이 위임되어 있다.[54]

이는 주로 합동참모본부, 각 군본부, 교육기관 등 전문적인 분야의 업무를 수행하는 부대에서 편성·운용한다. 부장형 참모편성의 예를 들면 각군본의의 정작참모부장, 전력기획참모부장, 동원참모부장 등이 있으며, 군사학교기관의 경우는 통상 교수부장, 행정부장 등이 편성되어 있다.

(바) 참모의 구분 및 활동 범위

일반참모는 해당 임무 분야에 대한 지휘관의 주무참모로서 부대의 활동을 계획, 조정, 통제하며, 해당 분야의 특별참모 활동을 협조·통합한다. 작전사, 군단, 사단 사령부의 경우 인사, 정보, 작전, 군수, 교육훈련참모, 동원참모 등이 편제되어 있다.

일반참모부간 상호 관련되는 업무에 대해서는 참모장이 협조시키되, 해당 업무에 대한 주무참모를 지정하여 주관토록 한다. 또한 일반참모가 자신의 주무 책임이 없는 분야에 대한 감독을 실시할 경우, 해당 주무참모와 협조해야 한다. 이러한 감독은 주무참모의 권한을 침해하는 것은 아니다.

일반참모는 참모장의 통제 하에 업무를 수행하지만, 지휘관과 직접 접촉할 수도 있다. 이러한 경우 참모는 지휘관에게 보고한 사항과 지휘관으로부터의 수명사항을 참모장에게 보고해야 한다.

특별참모는 전문기술·행정분야 및 특정 병과에 관한 업무에 관하여 지휘관을 보좌하는 참모이다. 지휘관은 임무완수에 필요한 특별참모를 편성하고 특정사항에 대처할수 있도록 책임을 부여하며, 참모장은 일반참모의 보좌를 받아 특별참모의 활동을 감독하고, 지시하며, 협조시킨다. 특별참모에는 보급, 병기, 정비, 수송, 화학, 재정, 연락장교 또는 지휘관의 비서실장 등이 이에 해당한다.

특별참모의 주요 활동범위로는 첫째, 해당 기술 및 기능분야에 대한 업무 수행, 둘째,

---

53) 부장이란, 각 부서의 장을 의미

54) 군사학 연구회, 『군사학 개론』, p.480.

지휘관 및 일반참모에게 해당분야에 관한 첩보 및 정보, 판단을 제공하고 조언, 셋째, 계획, 명령 및 보고서 작성 시 일반참모를 보좌, 넷째, 해당 기술분야에 대한 부대활동을 감독, 다섯째, 해당 기능의 훈련을 계획하고 감독, 여섯째, 부대의 지휘관을 겸하고 있는 특별참모의 경우에는 참모와 지휘관의 이중 기능을 수행한다.

개인참모는 지휘관이 직접 조정하고 통제하기를 요망하는 업무 또는 특정분야에 관하여 지휘관을 보좌하는 참모이다. 개인참모는 부여받은 업무에 관하여 참모계통을 통하지 않고, 지휘관에게 직접보고한다.[55]

통상 개인참모는 사단급 이상 제대에서 운용되며, 감찰참모와 법무참모, 정훈공보참모, 전속부관 등이 이에 해당한다.

(6) 교육훈련 제도

(가) 교육훈련 개념

군대교육은 국방에 관한 특수 전문교육으로서, 개인 및 부대의 잠재능력을 국방임무 수행에 적합토록 계발하기 위하여 의도적, 계획적, 조직적으로 행하는 교육활동을 말한다고 볼 수 있다. 그럼에도 불구하고 군에서 교육에 관한 용어는 군 교육, 군대교육, 군사교육 등이 혼재되어 사용되고 있다. 군사교육에 대해 국방부에서는 '장병을 대상으로 전술상황에 대한 분석력과 판단력을 포함하여 지식, 기술, 업무수행 능력을 함양하는 체계적인 교수 및 숙달과정'으로 정의하고 있다. 또한 육군본부에서는 '개인이나 부대에 대하여 군사 전문기술을 가르쳐 이를 숙달시키기 위한 실천적 활동'으로 정의하고 있다. 그리고 합동참모본부에서는 군 교육을 "군사요원에게 군사지식과 기술을 부여하며, 지적능력, 덕성, 체력을 함양하기 위한 교수 및 학습활동"으로 정의하고 있으며, 광의의 군교육에는 훈련을 포함시키고 있다.

교육훈련은 교육과 훈련을 포함하는 포괄적인 개념이다. 국방교육훈련은 '국방을 위하여 장병 및 국방부 산하기관에 근무하는 자와 위탁교육자(수탁교육자를 포함)를 대상으로 하는 학교교육과 부대훈련'을 말한다. 군에서 실시하는 훈련은 일반사회에서 통용되는 훈련의 개념과 같은 포괄적인 내용을 가지면서도 강한 의미를 띠고 있다. 국방부의 경우 훈련

55) 군사학 연구회, 『군사학 개론』, p.481.

을 개인 및 부대가 부여된 임무를 효과적으로 수행할 수 있도록 기술적 지식과 행동을 체득하는 조직적 숙달과정으로 정의하여 적용하고 있다.

합동참모본부에서는 군사훈련을 "체득한 지식과 기술을 통하여 부여된 임무를 효과적으로 수행할 수 있도록 전술, 전기 등의 실기능력을 조직적으로 숙달시키는 과정"으로 정의하고 있다. 육군의 경우 훈련을 "개인이나 부대에 대하여 군사 전문기술을 가르쳐 이를 숙달시키기 위한 실천적 활동"으로 정의하고 있다. 또한 우리 군에서는 연습을 "교육과 훈련의 결과로 주어진 지식과 기술 등을 토대로 군사이동이나 모의적인 전투작전을 통해 전투, 전투지원, 전투근무지원 절차와 교리를 적용하여 전술적인 상황을 해결해 보는 전투시행훈련"으로 정의하고 있다. 아래의 〈도표 3-3〉군 교육과 관련된 용어는 군 교육과 관련된 용어를 국방부에서 정리한 것을 나타낸 것이다.

이와 같이 군에서 교육훈련은 명확히 구분함이 없이 통상 함께 묶어서 사용하고 있다. 국방부에서는 국방교육훈련을 "국방을 위하여 장병 및 국방부 산하기관에 근무하는 자와 위탁교육자 및 수탁교육자를 대상으로 하는 학교교육과 부대훈련"으로 구분하고 있다.

구 분	용어정의
교 육	군사요원에게 군사지식과 기술을 부여하며, 지적 능력, 덕성, 체력을 함양하기 위한 교수 및 학습 활동을 말하며, 광의의 교육에는 훈련이 포함됨
훈 련	개인 및 부대가 부여된 임무를 효과적으로 수행할 수 있도록 기술적 지식과 행동을 체득하는 조직적 숙달과정을 말함
교육훈련	교육과 훈련을 포함하는 포괄적인 개념
국방교육훈련	국방을 위하여, 장병 및 국방부 산하기관에 근무하는 자와 위탁교육자(수탁교육자 포함)를 대상으로 하는 학교교육과 부대훈련을 말함
군사교육	장병을 대상으로 전술상황에 대한 분석력과 판단력 등을 포함하여 지식, 기술, 업무수행 능력을 함양하는 체계적인 교수 및 숙달과정을 말함
연 습	교육과 훈련의 결과로 주어진 지식과 기술 등을 토대로 군사이동이나 모의적인 전투작전을 통해 전투, 전투지원, 전투근무지원 절차와 교리를 적용하여 전술적인 상황을 해결해 보는 전투시행 훈련을 말함

〈도표 3-3〉 군 교육과 관련된 용어

(나) 교육훈련 체계

군 교육훈련체계는 아래의 〈도표 3-4〉 군 교육훈련체계와 같이 학교교육과 부대 훈련으로 구분하고 있다.

학교교육은 군사교육과 전문교육으로 구분한다. 군사교육은 양성교육과 보수교육으로, 전문교육은 전문학위교육, 국외군사교육, 직무향상교육으로 구분한다. 또한 부대훈련은 개인훈련과 집체훈련으로 구분한다. 개인훈련은 기본훈련과 특기훈련으로, 집체훈련은 병과훈련, 제병협동훈련, 합동훈련, 연합훈련으로 구분한다.

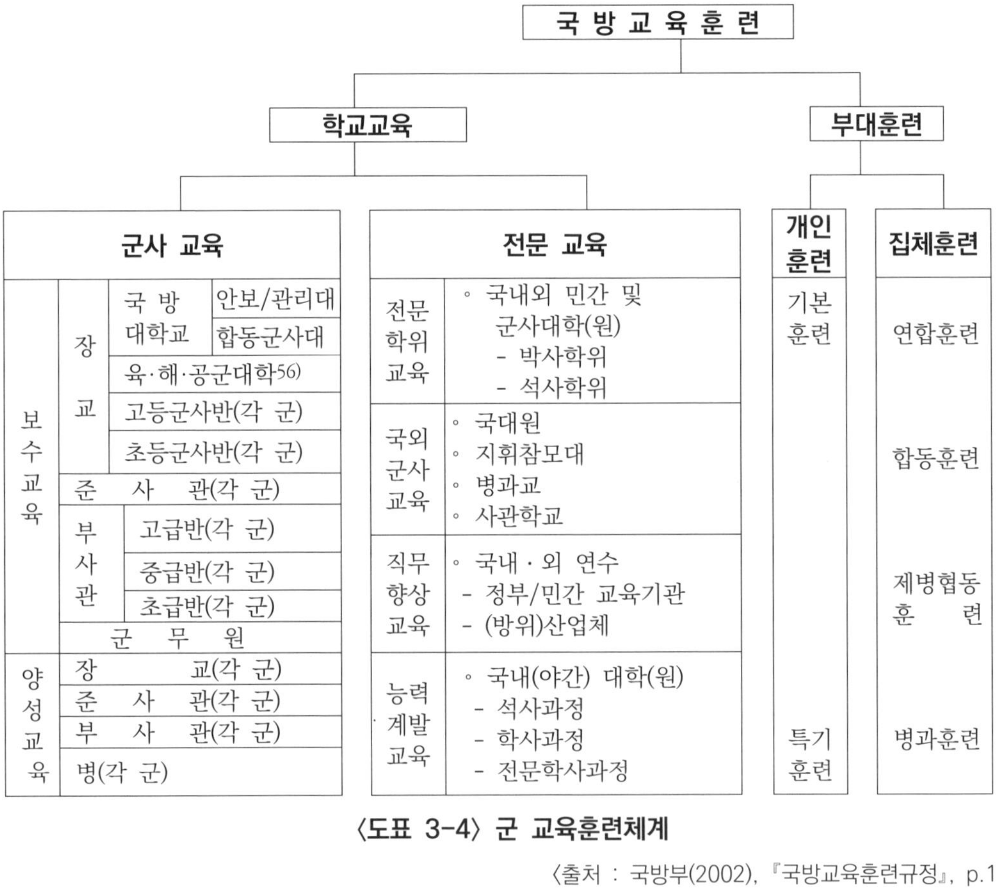

〈도표 3-4〉 군 교육훈련체계

〈출처 : 국방부(2002), 『국방교육훈련규정』, p.16.〉

56) 해병대 참모대학의 경우 1973년 해병대 교육기관이 해군에 통합되면서 해군대학으로 통합됨. 현재 해군대학은 해군반, 해병대반으로 구분되어 해병대 영관장교들에 대한 정규 및 특별과정 교육을 실시하고 있음

1) 학교교육

학교교육은 학교와 교육기관에 입교한 교육생이 장차 부대(서) 구성원으로서 임무수행에 필요한 기본지식과 기술을 습득하고 잠재능력을 계발할 수 있도록 실시하는 교육으로, 군사교육과 전문교육으로 구분한다.

첫째, 군사교육은 군 구성원의 군사 전문성과 일반학문 및 직무지식을 향상시키기 위해 군 내 학교에서 실시하는 교육(국방대학교 석·박사과정은 제외)으로 양성교육과 보수교육으로 구분한다. 양성교육은 민간인을 군인화하는 과정으로 징집 또는 지원에 의해 선발된 사관생도와 각종 후보생이나 병사 입대자를 대상으로 한다. 군인으로서 필요한 정신, 태도, 체력, 직무수행에 필요로 하는 기본적인 군사지식과 일반학문지식, 기술을 갖추게 하는 교육이다. 보수교육은 양성교육을 이수해 임관된 장교, 준사관, 부사관과 기본훈련과정을 마친 병사가 계급과 직책에 상응하는 임무수행능력을 배양할 수 있도록 병과, 특기와 직능의 실무 지식을 습득하게 하고, 차상급 직위의 직무수행능력을 계발하도록 하는 교육이다.

둘째, 전문교육은 특수 직위에 복무하거나 자질 향상이 필요한 장병을 위해 국내·외 대학(원), 국외군사교육기관과 기타 교육·연수기관에서 실시하는 교육이다. 전문학위교육, 국외군사교육, 직무향상교육 및 능력계발 교육으로 구분한다. 전문학위교육은 정책부서, 연구소, 학교 등 석사학위 이상의 학문적 지식을 요구하는 분야에 활용할 인재를 양성하기 위해 국내·외 민간대학(원)에서 시행한다. 국외군사교육은 선진군사지식 습득, 국가별 지역전문가 양성, 우방국과의 협력 증진을 목표로 외국의 국방대학원, 지휘참모대학, 병과학교와 사관학교 등에서 실시한다. 직무향상교육은 직무와 관련된 신지식, 기술, 교리 등을 습득하여 직무수행능력을 향상하기 위해 국외 연수와 국내 연수로 구분해 시행한다. 능력계발교육은 개인의 능력과 자질 향상을 위해 국내 야간대학(원)이나 일부 주간(전문)대학에 위탁해 시행하는 교육이다.

2) 부대훈련

부대훈련은 개인과 부대가 부여된 임무를 효과적으로 수행할 수 있도록 체득한 지식과 기술을 숙달시켜 전술과 전기를 조직적으로 실행할 수 있도록 하는 훈련으로, 개인 훈련과 집체훈련으로 구분한다. 개인 훈련은 병과나 직능에 구애됨이 없이 모든 장병에게 실시되는 기본훈련과 전문화능력을 구비하기 위하여 각급 지휘관 책임 하에 부대임무 및 특성을 고려하여 실시하는 특기훈련으로 구분된다. 집체훈련은 개인과 부대의 전기 전술을 조직적인 전투력으로 결집시키며, 통합적인 전투력을 발휘하기 위한 훈련으로 병과훈련, 제병협동훈련, 합동훈련, 연합훈련으로 구분한다.

이와 같은 교육훈련 체계는 그 동안 지속적으로 보완되고 발전해 왔다. 최근에는 군 복무 기간의 단축 등으로 병 교육훈련 체계를 강화하고, 과학화 교육훈련 체계를 발전시켜 교육훈련에 전념할 수 있는 여건을 조성하는 등 교육훈련 체계를 개선하고 있다.

(다) 전투임무위주 교육훈련

1) 우수인력 확보

『국방개혁 2.0』 추진으로 병력구조가 간부 중심으로 정예화되고 첨단무기체계 도입에 따라 이를 운용할 수 있는 우수 간부의 필요성이 증가하고 있다. 반면, 향후 병역자원이 감소하고 청년 취업률이 개선되면, 장교나 부사관 복무를 희망하는 사람이 줄어들어 우수한 간부 인력확보는 어려워질 전망이다.[57]

이에 군은 인재들을 유치할 수 있도록 장기복무 간부를 확대하여 직업성을 강화하고 있다. 간부의 정원구조를 중·소위와 하사를 줄여 초임 획득 규모는 줄이는 대신, 직업군인으로 장기복무하는 간부를 늘려서 '소수획득-장기활용'의 인력운영체계로 단계적으로 개선해 나갈 것이다. 이는 우수인력을 확보하고 숙련인력을 활용해 군 간부의 복무의욕을 고취시켜 전투력 향상에 기여할 것이다.

또한 단기복무를 희망하는 장교·부사관의 처우 개선을 위하여 단기복부 장려금(장려수당)을 지급하여 우수인력이 유치되도록 노력하고 있다. 더불어 중기복무를 희망하는 우수한 대학 및 전문대 재학생들에게 학자금을 제공하여 학업기회와 간부 복무를 연계할 수 있도록 군가산복무지원금[58] 지급 인원 확대를 추진하고 있다. 이를 통해 군은 인력획득

---

57) 국방부, 『2018 국방백서』(서울 : 국방부, 2018), pp.70-71.

환경이 어려워지는 환경에 대비하여 우수한 중·단기복무 간부를 안정적으로 확보할 수 있을 것이다.

우수 여성인력의 군 내 활용을 위해 여군인력을 확대하고 있다. 2016년 5.5%이던 여군 비중을 2022년에는 8.8.%로 확대하고, 여군 소위와 하사의 초임획득 비율을 2016년 6.5%에서 2022년에는 13.3%까지 확대할 계획이다.

2) 창의적 군사전문인재 양성

제4차산업혁명 등 급격한 미래 전장환경 변화에 유연하게 대응하고 국방분야의 혁신을 주도할 창의적 군사 전문인재를 양성하고 있다. 군사 전문인재 양성은 전문학위 교육과 국외군사교육으로 구분되어 체계적으로 관리되고 있다.

전문학위 교육은 군 교수, 연구개발, 특수기술 분야 등의 군사전문가 육성을 위한 교육이다. 국내외 우수 교육기관에서 석·박사 학위교육을 실시하고 있으며, 미래선상 주도를 위해 로봇공학, 인공지능 등 첨단 과학기술 분야를 중심으로 연간 300여 명을 선발하고 있다.

국외군사교육은 선진 군사지식 습득, 무기체계 운용, 전투기술 숙달 및 지역전문가 육성을 위한 교육이다. 40여 개국의 국방대학원, 지휘참모대학, 병과학교 등의 교육기관에 연간 300여 명을 파견하고 있으며, 군사외교 영역의 확대와 국방협력 증진을 위해 중동, 남미, 동유럽, 아프리카 등으로 파견국가를 다변화하고 있다.

5. 우리나라 군사제도사

(1) 군사제도의 의의

인간사회에서 갈등과 대립이 있는 곳에는 흔히 폭력이나 무력이 수반된다. 그런데 그 갈등과 대립이 집단적인 성격을 띠게 되면, 무력은 더욱 복잡한 양상을 띠게 되어 무력의

58) 장교 및 부사관으로 임용된 후에 기본 의무복무 기간에 가산하여 복무하는 조건으로 대학 및 전문대 등의 재학생에게 지급하고 있는 등록금 수준의 지원금.

집단적 조직화의 현상으로 나타나게 된다.

군사조직의 형성과정을 이해하려면 군제에 대한 이해가 선행되어야 한다. 역대의 병가(兵家)[59]나 학자들은 군제에 대한 다양한 논의를 전개해 왔다. 이들이 주목한 군사제도의 의미를 함축한 용어는 군제(軍制)였고, 이는 병제(兵制)와 더불어 사용되었다.[60]

대개 동양에서 논의되었던 군사제도는 군대의 조직을 가리키는 군사조직, 훈련, 편성, 유지, 관리 등을 위한 각종 법제적 체계를 총체적으로 말하는 것이다. 즉, 지휘 및 편제에 대한 군사조직을 골간으로 하여 이를 유지하기 위한 병역관리 및 동원 그리고 작전, 훈련, 법령, 장비 등 운용의 측면까지를 포괄하고 있다.

또한 군사제도는 국가 단위의 구성원들을 직접 동원하여 조직화하는 제도 장치이므로 당대의 사회구성 원리를 가장 직접적으로 나타내 준다고 할 수 있다. 이런 면에서 군사제도를 역사적으로 추구하는 군제사 혹은 병제사의 분야는 일찍부터 많은 연구자들의 관심을 불러일으켜 왔다. 따라서 그 시대 사회의 인적·물적 자원이 모두 군사제도 안에 망라되어 있다.

오늘날 군사제도는 국가의 군대가 창설되어 유효하게 활용될 수 있게끔 유지하여 국가가 지니고 있는 실제 및 잠재적 군사역량을 어떻게 발전·지원·통제할 것인가 하는 방법을 제시해 주는 제반 규정을 말한다. 좀 더 구체적으로 부연하면 국가가 전쟁수행을 위해 준비하는 제반 설비를 '군비'라고 하고, 군비에 관해서 상세히 규정하는 제반 제도를 '군사제도'라 한다.[61]

전쟁은 정치의 연장이라고 하지만 사실상 정치 작전의 마지막 수단인 것이다. 그러므로 이 수단인 인원 및 장비와 무기의 우열이 국가의 강약, 민생의 화복, 국민의 생사, 그리고 국가의 존망 등에 미치는 영향은 실로 큰 것이다. 우리나라의 수천 년의 역사를 통한 흥망성쇠의 발자취를 돌이켜 볼 때, 분명한 것은 정치제도가 충실했을 때 군사제도도 충실했고 국가는 자주독립의 부강과 평화를 누렸다는 사실이다.

---

59) 병학(兵學)의 전문가, 군사(軍事)에 종사하는 사람, 중국의 제자백가의 하나로 병술을 논하던 학자, '병가자류'의 줄임말.

60) 김홍 편저, 『韓國의 軍制史』(서울 : 학연문화사, 2001), p.13.

61) 김홍 편저, 『韓國의 軍制史』(서울 : 학연문화사, 2001), p.13.

요컨대 군사는 정치의 일부분이며, 군사제도는 정치의 일부이다. 그러므로 국가의 흥망성쇠가 정치제도 및 군사제도의 완벽과 실행여부와 밀접한 관계를 맺고 있다는 것은 역사가 증명해 주고 있다.

서구에서 사용하고 있는 'Military system' 혹은 'Military organization'이나 'Military establishment' 등이 함축한 의미와 비교된다. 서구인들은 군사제도를 국가의 군사적 안전보장을 주 임무로 하는 일종의 사회제도로서, 사회와는 유기적인 관련성을 가지며, 합법적인 권위와 군정권(軍政權)과 군령권(君令權)을 가지고 군인을 조직 및 편성, 충원(모병) 및 은퇴(전역, 퇴역), 교육 및 훈련, 작전 및 관리하는 법도에 해당하는 것으로 이해한다. 다시 말하면 군사제도의 요소로 병력제도 및 장교의 충원제도, 편성 및 장비, 참모제도, 교육 및 훈련, 민군관계 등을 지적하고 있는 것이다.

(2) 한 국가와 군사제도사

인류가 역사시대로 접어들어 정치사회를 이루고 국가의 성립을 보게 되면서부터 군사문제는 가장 중요한 관심사가 되어 왔다. 대내적으로 지배체제를 뒷받침하고 대외적으로 외침에 대비하기 위해 무력은 필수불가결한 것이었으며, 이를 조직하여 훈련·강화·유지시키고, 유사시에는 이를 실제로 운용하는 과정 속에서 야기되는 허다한 군사문제는 정치사회로서의 국가의 성립과 발전에 가장 긴요한 요소가 아닐 수 없었던 것이다. 그러므로 인류역사의 출발을 알리는 동서양의 영웅설화는 대개 전쟁과 무용담(武勇談)이 중심 내용을 이루고 있으며, 모든 국가의 흥망성쇠를 설명하는 데에는 직·간접적으로 군사문제가 개재되기 마련이었다.

이와 같은 군사문제의 중요성은 자연히 국가 지배체제에 반영되어, 최고 통치권자인 국왕이 군대의 최고사령관이 되는 이외에 군사문제를 전담하는 고위의 부서가 확연한 위치를 차지하게 되었다.

고대 중국에 확립된 육전체제에서 이는 인사, 경제, 예교, 형율, 공역과 더불어 국가 소직상 가장 중요한 중추적 존재로 나타나고 있으며, 우리나라의 경우에도 신라시대 병부의 존재가 크게 주목되는 것이다. 이처럼 군제는 국가 단위의 구성원들을 직접 동원하여 조직화하는 제도 장치이므로 당대의 사회 구성원리를 가장 직접적으로 나타내 준다고 할 수 있다. 이런 면에서 국가의 조직·운영상 군사문제가 커다란 위치를 차지하고 있음은 국가의 중대사를 군사와 연결시켜 이해하는 군국중사(軍國重事)라는 말 속에서도 살필 수 있다.[62)]

이상과 같은 사실은 연사연구에 있어서 군사문제가 지니는 중요성을 시사해주는 것이며, 이것은 한국사의 경우에도 그대로 적용될 수 있을 것이다. 그러나 군사문제라는 것이 매우 포괄적이며 그 개념의 외연이 크기 때문에 이 방면에 관심을 둔 역사적 연구는 대체로 전사(戰史) 그 자체나 전술·전략·무기·기술 또는 군사시설 등까지는 망라하지 못하면서 국가 지배체제 및 사회구조와 직접 연관되는 제도적 측면에 한정시키는 것이 일반적이며, 이것이 곧 군사제도의 역사적 연구, 즉 군제사 또는 병제사의 연구라고 볼 수 있다.

한국사에 있어서 군제사의 연구는 우선 병권(군 통수권, 작전권)의 소재가 정권 변동에 상당한 영향력을 가지며, 군사제도 편성의 방법 여하가 국가권력의 집중도에 커다란 관계를 가지기 때문에 군사제도가 국가의 지배체제를 이해하는 데, 중요한 비중을 차지하는 것이라는 점에서 그 의의를 찾을 수 있다.[63)]

그런데 한국 전근대사회에 있어서 국민이 국가에 대하여 짊어져야 하는 가장 무거운 부담 중의 하나가 군역이었다. 따라서 "어떤 부류의 인간이 어떤 형태로 군역의 의무를 졌던가"하는 군역의 성격을 밝히는 것은 곧 사회구조의 문제를 푸는 중요한 실마리를 마련해 주는 것이라는 점에서 군제사 연구가 지니는 또 다른 의미를 살펴볼 수 있는 것이다. 그러므로 한국 지배체제와 사회구성의 문제가 한국사를 통해 가장 중요한 연구과제가 되는 한 군제사 연구가 지니는 본질적 중요성도 결코 부정될 수 없을 것이다.

이러한 사실로 미루어 보아 한국사에 있어서 군제사의 연구는 군사문제의 특수한 분야에 대한 관심과 더불어 일반사의 한 부문으로 이해되고 간주되는 차원에서도 이루어져야 할 것이다. 즉, 군제는 토지제도, 신분제도, 역제(役制), 권력구조 등과 밀접하게 관련을 맺으면서 성립되고 변화하는 것이다.

---

62) 김홍 편저, 『韓國의 軍制史』(서울 : 학연문화사, 2001), p.15.
63) 김홍 편저, 『韓國의 軍制史』(서울 : 학연문화사, 2001), p.16.

(3) 우리나라 군제사 연구 흐름

우리나라 역사학에서 군제사가 차지하는 비중은 큰 것이었다. 군제의 출현은 국가의 성립과 궤를 같이하는 것이며, 국가가 존재하는 한, 군제는 국가 단위의 존립과 번영을 뒷받침해 주는 국가의 기간제도로서 중시되게 마련이다. 이런 면에서 군제를 사적(史的)으로 추구하는 군제사의 분야는 일찍부터 많은 연구가들의 관심을 일으켜 왔다.

『삼국사기』[64]에서는 「직관지(職官紙)」[65]3권 중에서 1권은 거의 전부가 무관조(武官條)로 되어 있는데, 이는 곧 군제의 대강을 적어 놓은 것이라 해도 과언이 아니다. 사실상 삼국시대의 군제사에 대한 연구는 이 무관조에 대한 분석을 기본으로 하고 있다.

『고려사』[66]에서는 국가의 통치조직에 대한 지(志)로서, 선거지(選擧志) · 백관지(百官志) · (食貨志)에 이어 병지(兵志)가 있어서 여러 빙면의 고려 군사제도에 대한 기록들을 광범위하게 채록(採錄) · 제시하고 있을 뿐만 아니라 그 찬자(撰者)의 흥망사관적 견지에 입각한 고려 군제사에 대한 견해를 반영해 주고 있다.

한편, 한국 전근대의 최대의 백과사전이라고 일컬어지고 있는 『증보문헌비고(增補文獻備考)』의 16고(考) 가운데 하나인 「병고(兵考)」 10권은 고대로부터 조선시대에 걸친 역대 군제의 편제와 기구, 그리고 방위병력, 군사관계법령, 훈련, 병서, 병참, 통신, 수송 등을 다루고 있어 한국 군제사를 폭넓게 개관할 수 있데 해 주고 있는 것이다. 그 밖에도 사서(史書)나 서류(書類) 가운데에서 군제사를 다루고 있는 경우도 적지 않다.[67]

이처럼 국가의 통치조직에서 군제가 차지하는 비중이 크게 다루어져 있는 것이다. 이러한 전통은 그 뒤에도 계속 이어져 내려와 군제사에 대한 관심은 관찬서(官撰書) 뿐만 아니라 개인의 저술에 있어서도 마찬가지였다. 가령 실학파의 대표적인 역사서술의 하나인 한치윤[68]의 『해동역사(海東繹史)』가 주로 중국 서적에 나타난 우리나라의 기록을 초록한

---

64) 1145년(고려 인종23) 경에 김부식 등이 고려 인종의 명을 받아 편찬한 삼국시대의 정사.

65) 국가의 관직을 기록

66) 1449년(세종31)에 편찬하기 시작하여 1451년(문종 1)에 완성한 고려시대 역사서.

67) 김홍 편지, 『韓國의 軍制史』, p.16.

68) 한치윤(韓致奫, 1765년 ~ 1814년)은 조선국 경기도 양천군 태수(朝鮮國 京畿道 陽川郡 太守) 직책을 잠시 지낸 조선 후기의 실학자이다. 본관은 청주, 자는 대연(大淵), 호는 옥유당(玉蕤堂)이다. 1789년(정조 13년) 진사시에 합격하였으나 벼슬을 단념하고 학문에 전념하였다. 약관(若冠)에 문명(文名)이 출중하였으며, 청나라

것이기 때문에 중국 서적에 기록이 적은 병지(兵志)가 양적으로는 1권에 지나지 않으나 군제사를 다루고 있는 병지는 그 우선순위가 상당히 위로 올려져 있다.

근대사학의 시대로 접어들면서 어찌된 일인지 군제사는 거의 우리나라 역사학에서 소외된 분야가 되었다. 그러한 관계로 우리나라의 군제사 연구는 오랫동안 일본 학자들의 손에 맡겨진 상태였다. 그것은 한국사의 연구가 각 시대의 사회를 구체적으로 해명해 그 내재적 발전을 추구하기 보다는 역사지리나 대외관계에 관심을 쏟았던 당시의 학풍에 기인한 것으로 짐작된다.

1945년 이후 한국사에 대한 연구가 새로운 국면에 접어들면서 군제사 분야에서 상당한 성과를 거두기 시작하였다. 특히, 고려시대와 조선시대의 경우는 이미 1960년대와 1970년대에 군제사에 관한 단행본이 간행되었다.

(4) 우리나라 군제사 주요 연구 내용

한국 고대의 군제에 대한 연구는 사료상의 한계에도 불구하고 주로 신라의 군사제도를 대상으로 지속적으로 발전하였다. 해방 이후 군제에 대한 최초의 논문은 이기백의 「신라사병고(新羅史兵考)」(『역사학보』9, 1957)였다. 그는 종래 신라의 사회나 정치에 대한 연구가 제도사적인 것에 그친 것을 비판하고, 당시의 사회나 또는 정치의 생동하는 모습을 이해하기 위해 신라의 공적인 군사조직이 유명무실화된 이후의 중앙귀족과 지방 세력가의 사적인 군대를 다루었다. 그 후 신태현은 「신라직관(新羅職官) 및 군제의 연구」(『신흥대논문집』 1,2 1959)에서 군사조직 전반에 걸쳐서 세밀한 고찰을 시도했다.[69]

그런데 신라의 병제에 대한 연구는 일본인 학자들의 영향이 컸다. 스에마쓰의(末松保和)의 「신라당정고(新羅幢亭考)」(1954)와 이노우에(井上秀雄)의 신라병제고(新羅兵制考)」(1957) 연구가 그것인데, 이들의 연구가 군제사 연구에 많은 기여를 했음을 부인할 수 없으나, 일본사 중심의 시각에서 본 것이었다.

사신으로 가는 친척 형인 한치응(韓致應)을 따라가서 고증학 관련 실사구시의 학문 탐구 방법을 배워 가지고 돌아왔다. 『해동역사』를 저술하다가 〈지리고〉를 완성하지 못하고 죽었다. 뒤에 조카 한진서가 7권을 더하여 완성하였다.

69) 김홍 편저, 『韓國의 軍制史』, p.18.

1960년대 말까지는 신라 군사조직의 제도적인 골격이 어느 정도 해명되기에 이르렀다. 특히, 1970년대부터 현재에 이르기까지의 많은 학자들에 의한 다양한 군사조직을 포괄적으로 다루고 있어 연구의 진전을 보였고, 이러한 연구추세는 이후 1980년대와 1990년대에도 이어져 연구논문이 발표되었다. 그리하여 신라 군제의 조직과 성격을 규명하고 있으나 이를 단행본으로 정리하여 전체적 맥락에서 체계화하려는 작업으로 이어지지는 못했다.

이는 군사와 행정이 아직 미분리 단계에 있는 고대사회의 특징에서 연원(淵源)하는 바가 컸을 것으로 생각된다. 다만 이문기의 『신라병제사연구(新羅兵制史硏究)』(1997) 간행은 한국 고대 군제사에 대한 최초의 단행본으로 그 의의가 지대하다. 이는 그의 이전 논문을 체계적으로 정리한 것으로 신라 군제사의 기본 맥락을 이해할 수 있게 되었다. 그러나 고구려와 백제의 군사제도에 대한 연구 성과는 상대적으로 나타나지 않고 있는데, 이는 기본적으로 사료의 부족에 의한 것이라고 볼 수 있다.

고려 군제사 연구가 시작된 것은 일제 강점기에 일본 학자 나이토(內藤雋輔) 「고려병제관견(高麗兵制管見)」(1935)에서 고려의 병제가 부병시대(府兵時代), 소모병시대(召募兵時代), 사병시대(私兵時代)를 거쳐 원 간섭기[70]의 군제를 기술하고 있다. 고려의 병제는 중국의 병제와 동일한 변화를 보이면서 그대로 이입한 것이 불과하다는 것이다. 따라서 이는 타율성론에 입각한 연구였다.[71]

타율성론을 극복하면서 고려의 군제를 새로운 각도에서 연구한 사람은 백남운이다. 그는 군제를 단계별로 나누고, 군제 자체가 독립적으로 발전되어 왔음을 강조하였다. 이 연구는 유물론에 입각한 병제가 어떻게 고려사회에서 발전했는지를 밝히고 있으며, 토지경제의 역사 발전과정과 연계시키고 있는 점이 특색이다. 즉, 병제와 토지경제의 역사 발전과정을 연계시키고 있다.

고려 군제사 연구가 본격화된 것은 해방 이후였다. 특히, 많은 성과를 거둔 것은 고려 군제의 실체를 실증적인 고증으로 밝힌 이기백의 일련의 연구를 통해서이다. 마침내 연구 발표된 대소 13편을 수록한 「고려병제사연구(高麗兵制硏究)」(1968)가 간행됨으로써 고려 군제의 윤곽을 파악할 수 있게 되었다

70) 13세기 후반부터 14세기 전반까지 고려가 원나라의 간섭을 받았던 시기를 가리키는 역사용어.

71) 김홍 편저, 『韓國의 軍制史』, p.18.

그에 의하면 고려의 군제는 경군(京軍) · 주현군(州縣軍) · 주진군(州鎭軍)의 체계로 구성되었는데, 그 중에서 가장 핵심적인 위치에 있던 경군은 군반씨족(軍班氏族)으로서 군역을 담당하는 대가로 토지를 지급받아 수조권자로 존재했던 전문적 군인이다. 따라서 이 같은 군제는 군반제(軍班制)로 보아야 한다고 했다. 한편, 주현군은 병농일치의 원칙에 선 민병으로 농민의 노동력을 지배하려는 국가의 의욕 위에 조직되었다고 했는데, 주현군이 노동부대로서의 성격이 강하다는 점을 강조하였다.

반면 주진군은 국경지대인 양계(兩界)에 배치된 국방군으로서 토착민이 주축이 되어 농경과 전투를 동시에 수행했다고 한다. 즉, 둔전병(屯田兵)의 성격이 강했다. 우선 주목되는 것은 종해 부병제설(府兵制說)에 대하여 극력 반대하는 입장이다. 그 후 고려 군제의 연구는 다른 학자들에 의해서 이루어진 업적을 체계적으로 정리하여 육군본부 군사연구실에서 『고려군제사(高麗軍制史)』(1983)를 간행함으로써 전기와 후기에 이르는 고려시대 군제사를 정리하게 되었다.

그러나 1980년대 중반 이후 전과 다른 시각으로 군제사를 검토하려는 시도가 시작되었다. 지금까지 고려 군제의 성격을 '군반제설'과 '부병제설'이 대립되어 오다 '이원적 구성설'이 새롭게 대두되었다. 이는 군제사 연구를 한층 더 활성화시키는 데에 커다란 공헌을 했다고 볼 수 있다. 한편, 이원적 구성론이 제기되는 것과 함께 주목되는 것은 그동안 중앙군 조직을 2군6위로만 국한해서 검토해왔던 것에 대하여 비판하고 금군(禁軍)이라는 별도의 군사조직이 있었다는 사실을 입증하는 연구 성과가 나왔다.

중앙군에 2군6위 이외 금군이라는 별도의 군사조직이 실재했음을 입증하는 연구 결과에 의해 정군 즉 중앙군이 2군6위라는 단일 군사조직에다 어느 한 계층 출신으로 구성되었다고 볼 없게 되었다. 그러므로 중앙군의 구성원이 단순하지 않다는 사실에 입각하여 군제를 다시 검토해야 할 필요성이 제기되었다. 중앙군에 대한 연구는 활발하게 진행된데 반해 지방군에 대한 연구는 매우 부진한 편이다.72)

무신정권의 수립 및 원의 간섭과 더불어 고려 후기의 정치사를 구분하는 큰분수령으로 거론되는 것은 반원정치(책)이다. 이는 군사제도에 그대로 이어져서 여러시각에서 검토되

72) 김홍 편저, 『韓國의 軍制史』, p.18.

었다. 고려 후기 군제사의 연구도 이기백의 고려 말기의 익군(翼軍)73)에 관한 연구이다. 그는 고려 말에 설치된 익군은 병농일치에 입각하여 농민을 기간으로 하는 전국적인 상비군적 군사조직으로 원과 왜구를 막기 위해 설치되었으며, 특히, 반원 정치기로서 고려정부의 독자적인 결정에 의해 조직된 익군이 후기 군제사에 있어서 중요한 위치를 차지했다고 한다.

또한 민현구의 고려 후기 군제사에 관한 연구 성과를 들 수 있다. 그는 공민왕 5년에 시도된 반원운동과 개혁정치가 고려 후기 군제를 재편성시키는 중대한 전기로 보았다. 그는 군역체계의 발전이라는 측면에서 군제를 다루고 있다.74)

이기백 · 민현구 외에 권영국의 연구성과를 들 수 있다. 원 간섭기로부터 고려 말기까지 군제가 어떻게 변화되어 왔는가 하는 문제와 고려 후기 군역제도를 집중적으로 검토하고 있다. 그는 「고려 후기 군사제도 연구」(1995)를 발표하였는데, 이 논문에서 원 간섭기 이후 군제의 전반을 다루고 있다. 한편 오종록에 의해 고려 후기 군사지휘체계에 대한 연구가 이루어졌다. 먼저 지방 군사 지휘체계를 파악하기 위해 조선의 병마절도사의 전신이라고 할 수 있는 도순문사(都巡撫使)의 연구와 더불어 군사지휘체계를 중앙과 지방으로 나누어 원 간섭기로부터 시기별로 논증하고 있다.

조선시대에 접어들면 사료량이 월등하게 많아질 뿐만 아니라 군사제도 자체에도 매우 복잡한 양상을 띠게 되는 것이다. 고려 말기의 변혁기를 거쳐 성립된 조선은 집권체제를 강화시키고 수취체제를 재편성하는 과정을 통해 중앙과 지방의 군사조직을 새로 갖추고 새로운 형태의 군역제도를 운용해 나가게 되는데, 그 가운데 정치 · 국방은 물론 토지 · 재정 · 신분 등 각 부문이 군사제도와 연관되어 많은 제도, 집단의 성립과 변천을 보게 되었다.

군사제도 연구의 실질적 출발은 군역제도 연구로부터 시작되었다. 김석형의 조선 초기 군역제도에 대한 연구에서 의해 이루어졌다. 식민사관을 극복하려는 목적에서 사회 경제사학의 관점에서 군역제도를 설명하고자 했다.

그 뒤에 군사제도에 대한 연구는 1960년대에서 1970년대에 이르러서 활발하게 이루어

73) 고려 말기 농민으로 구성했던 상비적인 부대이며, 조선 초 평안도·함길도의 군편제를 군익도체제(軍翼道體制)로 편성할 때의 주력부대이다.

74) 김홍 편저, 『韓國의 軍制史』, p.21.

졌다. 즉, 군사사(軍事史)의 연구는 사회상의 필요성이나 국난 극복사 또는 정치사적 관점에서 이루어지다가 최근에 군제의 본질적 기능인 국방체제 전반에 대해 관심을 갖게 되었다. 그리고 군역에 관련하여 많은 연구가 이루어진 분야가 병종(兵種)에 관한 연구였다. 병종의 연구는 상당히 많은 성과를 거두었는데, 조선의 군사제도 전반을 파악하는 데 큰 도움을 주고, 또한 조선사회의 군역과 신분구조의 중요한 국면을 이해하는 데 많은 기여를 했던 것이다. 이러한 업적을 이룩한 것은 사회신분에 대한 광범위한 관심 때문이었을 것으로 사료된다.

조선 초기의 군사제도를 국가 지배체제와 국방체제라는 폭 넓은 문제의식 아래 연구하여 중요한 방향을 제시해 준 것은 천관우의 일련의 논고였다. 그는 「조선초기 5위(朝鮮初期 五衛)의 형성(形成)」(1962)과 「조선초기 5위(朝鮮初期 五衛)의 병종(兵種)」(1964), 이어서 「5위(五衛)와 조선초기(朝鮮初期)의 국방체제(國防體制)」(1964)를 발표했는데, 이 논문들은 조선 군제의 근간인 5위의 정체를 밝힌 것으로서 군사조직 측면에서 뿐만 아니라 병종문제를 통해 사회신분 관계에도 큰 성과를 거두었고, 나아가 조선 초기의 군사조직 전체의 윤곽을 제시한 획기적인 업적이었다.[75]

그 후에 육군본부에서 민현구와 이태진 등 연구위원에 의하여 『한국군제사(韓國軍制史)』(근세조선 전기편, 1968)를 간행하였다. 이 시기의 군사제도에 대해 종합적으로 검토한 최초의 연구였다. 특히, 정치사·경제사와 깊은 연관 속에서 조선시대의 군제사 전반에 걸쳐 그 흐름을 추적한 훌륭한 업적이었다.

조선 초기의 군제를 다방면에서 연구하여 중요한 성과를 얻은 것으로 허선도의 일련의 논고가 있다. 그의 주된 관심은 화기(火器)[76]·역제(驛制)[77]·봉수(烽燧)[78]·병서(兵書) 등 여러 방면의 군제연구는 우리의 시야를 크게 넓혀주는 값진 결실이었다.

군사조직은 군사관계 기구나 병력배치의 문제에 그치는 것이 아니라 국가의 지배체제

75) 김홍 편저, 『韓國의 軍制史』, p.22.

76) 총, 칼, 활, 포 등의 무기

77) 전근대시대의 국가권력을 중앙정부와 지방에 효율적으로 연결시키기 위해 설치한 교통통신조직의 일종.

78) 봉수(烽燧) 또는 연기 신호는 연기와 불로 급한 일을 전달하던 중국과 고려, 조선의 고대 통신 수단이다. 높은 산에 있는 봉수대(烽燧臺)에서 낮에는 연기로, 밤에는 불로 위급한 소식을 중앙으로 전달했다. 동양에서는 물론 서양의 고대사회 및 미개사회에서 널리 사용되었다.

전반과 연결되는 것이고, 특히, 그 지휘체계는 국가 통치권력의 구조를 그대로 말해주는 것이다. 뿐만 아니라 군사조직의 구체적 형식은 대외관계와 직결되는 국방문제에 많은 영향을 받으면서도 전체적으로는 정치·사회적 측면에서 역사적 특성을 반영하는 것이기도 한다. 그러므로 군사조직의 올바른 이해는 제 관계에 유의하면서, 특히, 정치체제와의 연관 아래 분석 검토해 나가는 연구를 필요로 하는 것이다.

조선시대의 군제를 다룬 전문적 연구서로는 차문섭 『조선시대군제연구(朝鮮時代軍制硏究)』(1973)가 있다. 이 저서는 중요한 병종이나 제도, 그리고 정책의 구체적 내용을 통하여 조선시대 전·후기의 군사제도를 통괄한 것이다. 미개척 분야의 연구에 착수하여 조선의 전 시대에 걸친 군사제도 발전의 개요를 밝힌 것은 커다란 업적으로 높이 평가받고 있을 뿐만 아니라 앞으로 한국 군제사 연구에 귀중한 초석이 될 것이다.

군제사는 국방문제와 관련하여 연구가 이루어져서 국사편찬위원회는 『한국사론(韓國史論)』7 「조선기 국방체제(朝鮮前期 國防體制)의 제문제(諸問題)」(1980)를 발간하였다. 이 책은 전술·축성·장비·군량·도로 등 실제 군사상의 여러 부분들을 다루고 있다. 이러한 실제상의 군사문제에 대한 연구 축적은 군제사의 연구 시야와 이해에 크게 도움이 될 것이다.[79]

조선 후기의 군제는 방대한 사료량과 군역의 변질 및 관련된 복잡한 양상 때문에 조선 전기에 비해 연구결과는 부진하였다.

조선 후기 군제사에 관한 연구는 1960년대 후반에 와서 본격적으로 이루어지기 시작했다. 처음으로 차문섭은 「조선후기의 영장(營將)에 대하여」에서 조선 후기 지방군의 근간인 속오군 운영을 전담한 영장제의 설치운영에 대한 연구를 발표했다.

1970년대 들어서면서 조선 후기 군제사에 대한 관심이 고조되어 많은 연구성과가 나타나기 시작하였다. 특히, 차문섭의 연구는 더욱 활발하여 지방군의 핵심인 「속오군 연구(束伍軍 硏究)」 그리고 「금위영의 설치(設置)와 조직편제(組織編制)」 이어서 「선조조(宣祖朝)의 훈련도감(訓鍊都監)」 「효종조(孝宗朝)의 군비확충(軍備擴充)」 등이 발표되어 주목을 받았다. 그는 「鮮初의 갑사(甲士)」 등 조선전기의 군제논문들과 함께 수정보완하여 앞서 소개한

79) 김홍 편저, 『韓國의 軍制史』, p.23.

『조선시대 군제연구(朝鮮時代軍制研究)』라는 단행본을 출간하였다. 차 교수는 나아가 1990년대 들어와 「조선후기 병마방어영 설치고」에 대한 연구를 통해 지방군제 운영의 전반을 종합적으로 이해시키고 있다.

한편, 육군사관학교 한국군사연구실에서는 1997년 『한국군제사』「근세후기편」을 간행하였다. 이 책은 임진왜란부터 고종 말 일제에 의해 군대가 해산될 때까지의 기간을 잡아 심층적이고도 종합적으로 다루고 있다. 결국 이 작업은 조선 후기 군제사 연구에 있어 큰 업적을 남겼다. 특히, 연구가 부진한 상태에서 원사료까지 이용하여 군제의 변천을 다루고 있고, 일련의 서술을 통하여 근대에 이르기까지 군제사를 체계적으로 정리할 수 있게 된 것은 큰 뜻을 지닌 것이라 하겠다.

1980년대에 와서 국사편찬위원회는 『한국사론(韓國史論)』9 「조선후기 국방체제의 제문제」를 발간했다. 이 책은 독립된 논문을 수록했지만 군사문제를 다룬 귀중한 연구로서 군제사 연구의 기초를 넓혀 주었다는 점에 의의가 있다.

그리고 조선 후기 중앙군제를 정력적으로 연구한 최효식의 「어영청 연구(御營廳 研究)」를 비롯하여 총융청(摠戎廳) · 호위청(扈衛廳) · 용호영(龍虎營) · 총위영(總衛營) 등에 대한 설치 운영되는 과정을 설득력 있게 연구 발표하였다. 그는 조선 후기 중앙군제 군영의 확립과정을 체계적으로 연구정리한 『조선후기 군제사 연구(朝鮮後期軍制史研究)』(1995)를 발간하였다. 이 연구는 군사제도와 왕권강화의 관계 뿐만 아니라 왕권과 신권과의 상관관계를 통해 군 조직의 실체를 밝히려 한 것이다. 특히, 중앙군제 가운데 도성방위 군영과 국왕 친위병의 확립과정을 통하여 조선 후기 군제사의 성격을 규명하고 있다.

최근에는 서태원의「속오군의 설치의의에 대한 연구」,「임진왜란 중군제의 개편과 속오군」, 「영장제 시행의 역사적 배경」, 『조선후기 지방군제 연구-영장제를 중심으로-』 등의 연구로 속오군 및 영장제의 구체적 내용을 밝히고 있다. 한편 수군(해군)제도에 대해서는 방상현의 「조선후기 수군통제사 연구」가 발표되어 수군 통제영의 설치과정과 시설, 군액(軍額)[80]과 병선 · 병기의 배치, 하부조직 및 지휘체계에 대하여 상세히 고찰하였다.[81]

개항 이후 군사제도에 관한 연구는 매우 빈약한 실정이다. 그 이유는 군사문제 연구의

80) 군인의 수효, 군인의 머릿수, 즉, 병력의 수를 의미.
81) 김홍 편저, 『韓國의 軍制史』, p.24.

관건이 되는 군제의 변천이 그 시대 전반적 상황 변화와 불가분(不可分)의 관계를 맺고 있음에도 불구하고 군제의 실상이 제대로 파악되지 않고 있기 때문이다.

그동안 축적된 군제사 관련 연구를 살펴보면 해방 이후 차준회의 「한말군제 개편에 대하여」(1962)가 발표되었다. 이는 갑오개혁기부터 군대해산까지 군부의 개편과정을 중심으로 군제의 변천과정을 정리하였는데, 대한제국 군제를 연구대상으로 삼은 초기 논문이었다. 이어 황병무의 「일본군이 시행한 군제개혁과 경군」(1967) 연구는 갑오·을미년간의 군제개혁을 시위·훈련대를 중심으로 고찰한 것이다.

이러한 현상은 1970년대 들어와서 종전보다 질과 양적면에서 연구수준을 크게 향상시킨 결과를 가져왔다. 차문섭의 구한말 「육군무관학교 연구(舊韓末 陸軍武官學校硏究)」(1973)와 정하명의 「한말 원수부 소고(韓末 元帥府 小考)」(1975), 정구복의 「갑오개혁 이후의 신군제」(1977), 이병주의 「개화기(開花期)의 신구군제(新舊軍制)」가 발표되었다.

1980년대 들어와 차문섭의 「구한말군사제도의 변천」(1982)을 주제로 한 연구에서 흥선대원군 집권 전후기 군령기관과 중앙군제에 주목하여 친군영(親軍營) 중심의 변천과정을 연구하고, 갑오개혁 이후 광무년간에 이르는 군의 군제 변천과정을 밝히고 있다.

1990년대에 들어와 임재찬은 「구한말 육군무관학교 연구」(1992)를 출간하여 무관학교의 실상을 구체적으로 규명했다. 김세은이 「개항이후 군사제도의 개편과정」(1991)을 발표한 후로. 조제곤의 「대한제국기 군사정책과 군사기구의 운영연구」(1996)는 대한제국기 군사정책의 추진과정과 원수부를 비롯한 군사기구의 성립 및 운영과 그 역사적 성격 등을 황제권의 강화 측면에서 고찰하고 있다.[82]

이어서 서인환은 「대한제국 군사훈련체계에 대한 일고찰」(1996), 「대한제국 군사제도 연구」(1997) 등을 통해 갑오·을미개혁으로부터 군대해산까지의 군제가 어떻게 변화해 갔는가를 추적하고, 군사력의 실체를 파악, 그 시대 상황과 어떠한 연관을 가지면서 변천해 갔는가를 밝히고 있다.

이상과 같이 각 시대별로 군사제도는 군사조직을 중심으로 연구되어, 중앙군제와 지방군제의 면모를 비교적 자세하게 파악하게 되었으나, 그 운영 내용에 대해서까지 정확하게 이해 하기 위해서는 앞으로 연구가 더 이루어져야 할 것이다.

---

82) 김홍 편저, 『韓國의 軍制史』, p.25.

제4장

군사사상사

제4장 군사사상사

1. 군사사상(Military Thought) 개념

군사사상이란 '군사에 대한 사유체계'로 그 개념을 정립할 수 있다. 따라서 '군사(軍事)'와 '사상(思想)'이라는 용어의 성격을 명료하게 이해할 필요가 있다.

(1) 군사(military affairs)

군사란 용어에는 제1장 군사사 개념에서 언급한 내용 이외에 기능적 요소와 가치적 측면이 있다.[1]기능적 요소란 정치 · 외교 · 경제와 같이 국가목표를 달성하는 데 기여하는 국가 고유의 무력적(武力的) 활동을 말하며, 군대의 관리와 운용을 통해서 그 역할을 수행한다.

가치적 측면에서 볼 때 국가는 무력이라는 수단에 의해 최종적인 정치목적을 달성하거나 정책을 수행하게 된다. 따라서 여타의 국가기능과는 달리 폭력(무력)이라는 수단을 통해서 국가목표 달성에 기여하게 되므로, 국가가 예상하고 있는 전쟁의 범위를 벗어나서는 안 된다.

즉, 군사란 전쟁수행을 위한 군사력 운용에 관하여 이를 준비하고 운용하는 제반 사실이며, 전쟁을 전제로 하여 전쟁의 본질 · 성격 · 목적 · 수단 등을 고려하는 가치적 측면으로서의 전쟁철학과 이를 기초로 전쟁을 억제하거나 전쟁준비를 통해서 일단 유사시 전쟁에서 승리하기 위한 기능적 측면을 동시에 포함하고 있다고 볼 수 있다.

1) 육군본부, 『한국 군사사상 연구』(계룡 : 육군본부, 1992), p.15

(2) 사상(thought)

사상(思想)이란 사상적 의미에서 보면, '인간생활이나 사회현상에 대해 나름대로의 체계 내지 정합성을 이룬 사고와 의식의 내용으로서의 견해·관점·태도'를 가리킨다. 그것은 인간이 생태계에 적응하여 문제를 해결하기 위한 수단으로서의 방안(方案) 내지 이론(理論)으로 표현되기도 한다.[2)]

또한 사상은 '철학과 문학 사이에 위치하는 것으로서 인간생활을 이끌어가는 사고의 내용'으로 규정되기도 한다. 결국 사상이란 신체적 활동이나 그것을 통해 이루어지는 사회현상·인간현상과는 구분되는 '정신적 활동 내지 그 결과'에 해당되지만, 또 한편으로는 현실이나 그것을 이루는 구체적인 실천에서 유리(遊離)된 추상적인 이론과는 구분되는 그 무엇이다.

이는 곧 이론과 실천을 이어주는 '매개체' 내지 '결합'으로서, 말하자면 '이론적 실천' 또는 '실천적 이론'의 성격을 지닌 인간 활동의 한 형태이다. 따라서 일정수준 이상의 체계성을 갖추지 않은 단순한 충동이나 우연적·조건 반사적 주장이나 견해 같은 것은 말할 것도 없고, 고립되고 특정한 전문이론의 의미 영역 속에서 당대의 개인적·사회적 인간생활과는 동떨어진 채 고도의 정합성을 이루는 추상적인 학설이 있다면 이 또한 '사상'의 주체가 될 수 없다.

사상을 다루는 탐구는 순수 이론적 정합성만을 기준으로 하거나 반대로 순수히 행동의 결과 또는 사회현상의 측면에서만 수행될 수는 없다.

한편, 사상이란 개념적인 측면에서 볼 때 특정현상에 대한 사유(思惟)를 통해서 일정한 체계와 형식이 갖추어진 인식내용을 말한다. 즉, 사고작용을 통해서 얻어진 내용에 체계와 통일성을 부여하여 일정한 견해·관념·개념으로 표현된 것을 말한다.

이때 이념적 측면에서의 사상이라 함은 당면한 현실에 대처하기 위한 실천적 기준 또는 다수인에 의해 지속적이고 의식적으로 견지되고 있는 세계관·정치관 등의 신념체계로서 개인, 집단, 민족 내부에 잠재하여 그 시대의 현실을 움직이는 가치판단의 기준을 말하며, 특정 집단에 의해 사실이나 진실로 받아들여지는 가치 및 신념체계를 총칭한다.

---

2) 육군본부, 『한국 사상사의 인식』(서울 : 한길사, 1995), pp.17-18.

즉, 사상이란 "어떤 개인이나 집단의 장차 또는 당면하게 될 내외적 도전에 대한 올바른 인식을 토대로 어떻게 이에 효과적으로 대처하여 기대하는 목적을 달성할 것인가 하는 통일된 견해나 관념, 태도 등"으로 이해할 수 있다.

(3) 군사 사상(thought)

군사사상이란 "전쟁이라는 특정현상에 대한 사고를 통해 형성된 인식과 이를 구현할 수 있는 전쟁억제 · 전쟁준비 · 전쟁승리에 관한 개념체계"로 정의할 수 있다.[3] 즉, 군사사상이란 군사문제 전반에 걸친 심사숙고의 결과 내면적으로 형성된 군사적 인식체계를 말하는 것으로 전쟁의 준비 및 수행 또는 억제에 관한 지각(知覺), 가치판단(價値判斷), 상황인식(狀況認識)의 단계를 포함한다.

이러한 의미에서 보면 군사사상은 당연히 장차 직면하게 될 전쟁의 성격과 이 전쟁에서 승리하기 위한 군사활동의 지표를 심사숙고하여 그 개념적인 틀을 구상할 수 있어야 하며, 군사문제 전반을 해결하기 위해 처음 직면하게 되는 사고의 단계로 볼 수 있다.

2. 군사사상의 요소

군사 및 사상과 관련된 여러 개념들을 통해서 볼 때, 군사사상은 전쟁지도 및 수행신념(철학), 군사력 건설, 군사력 운용 그리고 '의지와 능력'이라고 할 수 있다. 첫째, 전쟁지도 및 수행신념이란 전쟁의 본질에 관한 기본인식 단계와 이 인식에 따라 어떤 의지와 신념을 가지고 전쟁을 수행할 것이냐를 의미한다[4].

둘째, 군사력 건설이란 전쟁승리를 위해 어떻게 준비할 것이냐 하는 전쟁수행 수단으로서의 군사력을 준비, 관리, 개발하는 것이다.

셋째, 군사력 운용이란 전쟁승리를 위해 어떻게 수단을 운용할 것이냐 하는 전쟁지도 및 수행방법을 의미한다.

3) 이재평 · 정채하 외, 『알기쉬운 군사사상』(서울 : Global, 2016), p.12.
4) 이강언 등, 『신편 군사학 개론』(서울 : 양서각, 2007), p.69.

넷째, 의지와 능력이란 전쟁지도 및 신념, 군사력 건설, 군사력 운용이라는 세 가지 요소가 어떠한 방향으로 지향되어야 할 것인가에 대한 목적적 요소를 의미한다.

3. 군사사상의 중요성과 실체

한 국가나 민족이 생존하기 위해서는 불가피하게 전쟁이라는 과정을 거쳐야 하며 전쟁에서 승리하기 위해서는 전쟁에 관한 명확한 인식과 이러한 인식에 바탕을 둔 군사력 건설 및 운용의 지표가 될 군사사상이 선행되어야 할 것이다.

1870년 보불전쟁[5] 끝난 직후 프랑스 육군대학 교관으로 재직하고 있던 포쉬(Ferdinand Foch)는 "전쟁에서 패배한 것보다 오히려 군사사상의 부재를 두려워해야 한다. 군사사상이 없다고 하는 것은 전쟁에 관한 소신과 철학이 없는 것이다. 확고한 신념과 치밀한 준비 없이 주먹구구식으로 전쟁을 치르게 되면 승리는커녕 패배한 까닭마저 알 수 없게 된다. 전쟁에서 패배한 프랑스가 오늘날 독일의 군사사상에 탐닉한 나머지 아무런 비판없이 모방에만 급급하고 있다는 사실이 더욱 두려운 것이다"라고 군사사상의 중요성을 강조했다.[6]

이처럼 군사사상은 전쟁계획수립과 작전운용 그리고 전투조직 등에 영향을 미치는 바, 역사적으로 창조적인 군사사상은 전쟁승리에 결정적인 역할을 하였다. 제1차세계대전 후 독일은 전쟁에서의 승리는 질적으로 우수하고 고도의 기동성을 갖춘 정예군이 공세를 취할 때 비로소 얻어질 수 있으며, 적의 섬멸보다는 마비가 더욱 효과적이라는 군사사상을 창출하여 이러한 목적 수행에 적합하도록 군대를 편성하였다.

즉, 제한된 규모의 병력과 부적당한 장비를 가지고 수세위주의 소극적인 사상에 집착하기 보다는 기동, 타격, 기습을 위주로 한 공세위주의 속전속결에 의해 전장 주도권을 장악함으로써 현상을 타파해 보겠다는 적극적인 군사사상을 구상하였고, 이를 실제로 구현하기 위해 현대화된 장갑부대인 팬저(PANZER) 사단을 창설하고, 급강하 폭격기를 개발하여 공군력을 대폭 증강하는 등 공세적인 군사력을 건설했던 것이다.

5) 프로이센의 지도 하에 통일독일을 이룩하려는 비스마르크의 정책과 그것을 저지하려는 나폴레옹3세의 정책이 충돌해 일어난 전쟁(1870.7.19.-1871.1.28.).

6) 육군본부, 『한국 군사사상 연구』, pp.9-14.

반면에 프랑스는 포쉬가 강조했던 공세주의를 채택하지 않고(부정)하고 수세 위주의 지구전 사상에 집착하고 있었다. 독일과의 전 국경을 강력히 요새화하여 독일군의 어떠한 공격이라도 이 방어선인 마지노선[7]에서 전지, 약화시킨 후 반격한다는 제1차세계대전 이래의 전통적인 지구전 사상에 안주하고 있었으며, 전쟁준비 역시 방어중심의 축성진지 보강에 주력하고, 공격무기인 전차나 항공기의 개발, 장갑병의 편제 및 무기성능 개선에는 무관심하였다.

이에 따라 항공기의 양적 열세는 물론 질적으로도 형편없이 뒤떨여졌기 때문에 독일군에 의한 방어선이 돌파 당한 후 기동타격력이 부족하여 유효적절한 반격을 실시하지 못함에 따라 전쟁에서 패배하고 말았던 것이다.

당시 독일과 프랑스의 군사사상을 보면, 아래의 〈도표 4-1〉 제2차세계대전 시 프랑스와 독일의 군사사상 비교와 같다.

구분		프랑스	독일
군사사상	기본개념	방어제일 주의	기습적인 기동전
	전쟁계획	딜 계획(Dyle Plan)	만슈타인 계획(Manstein Plan)
	작전운용	• 전차의 화력과 장갑력을 방어용으로 운용 • 참호전, 마지노선 준비	• 공세 · 기동 마비전 • 전격전
	전투조직	마지노선 + 요새사단	PANZER 사단
결과		낡은 군사사상에 집착한 프랑스는 새롭고 창의적인 군사사상을 도입한 독일에 6주만에 패배	

〈도표 4-1〉 제2차세계대전 시 프랑스와 독일의 군사사상 비교[8]

이를 분석하면서 가빈(James M. Gavin)[9]장군은 "프랑스는 마지노선에 의해 기만되었

7) 마지노선 (Maginot Lino)은 1927년부터 1936년까지 프랑스가 독일과의 전쟁을 염두에 두고 프랑스-독일 국경에 설치한 대형 요새이다. 이름은 건설을 제안한 육군성 장관 앙드레 마지노 (André Maginot)의 이름에서 유래했다.

8) 육군대학, 『동양의 군사사상』(대전 : 육군대학, 2014), p.10

9) 제임스 모리스 개빈 (1907년 3월 22일 ~ 1990년 2월 23일), 제2차 세계 대전중 제82공수사단 제3대 사단장이었으며, 중장인 고위 미 육군 장교였다. 전쟁 중에 그는 종종 "점프 장군"으로 불렸는데, 그의 지휘 하에

다기 보다는 그들 자신의 바보 같은 두뇌에 의해 기만되었다"하고 혹평하였다.

한편, 미국은 월남전 등 대아시아 정책에서 사상 전쟁의 본질을 파악하지 못한 채, 단순한 무력전으로 평가하여 물질전력의 우위만을 추구함으로써 전투에서는 승리했으나, 전쟁에서는 패배했다는 평가를 받고 있다. 이러한 사실은 창조적인 군사사상이 얼마나 기여할 수 있는가를 보여주는 좋은 예이다.

4. 군사사상의 범주

군사사상의 범주에는 군사사상 이외에 군사이론과 군사교리가 있다.

군사이론(Military Theory)은 전쟁의 원인과 결과를 통일적으로 파악해 그 사이에 가로놓인 특정의 법칙성을 도출하는 것이다. 그 개념은 국가목표 달성을 위한 군사력의 역할 · 운용 · 발전 · 유지 및 지원과 이에 관련되는 국방요소 간의 상호관계를 규명하는 논리적 지식체계로서 용병과 양병 문제를 주요 대상으로 하고 있다.[10]

군사이론은 군사문제에 관한 주장 · 관념 · 사고의 영역으로서 군사사상을 논리적으로 규명하여 학문적으로 체계화함으로써 지식의 단계로까지 구체화한 것이다. 그리고 군사사상보다 비교적 원인과 결과의 관계가 명확하다. 클라우제비츠는 모든 이론의 가장 근본적인 목적은 복잡하게 얽혀진 여러 가지 개념과 사고방식을 명확하게 정립하는 데 있다고 하였다.

군사교리(Military Doctrine)는 앞의 제3장에서 군사제도사 언급한 바와 같이 사상적 차원의 군사사상과 이론적 차원의 군사이론을 한 국가의 전쟁목적 · 국방정책 · 전쟁환경 등 특정상황과 조건에 맞도록 구체화하여 실제적인 군사행동의 방침으로 공식화한 실천적 차원의 행동체계이다.[11] 즉, 군사력으로 국가목표를 달성하기 위해 공식적으로 승인된 군사행동의 기본원칙과 지침인 것이다.

낙하산 부대원들과 전투 점프에 참여하는 그의 관행 때문에 종종 "점프 장군"이라고 불렸다. 그는 전쟁에서 네 번의 전투 점프를 한 유일한 미국 장군이었다.

10) 이재평 · 정채하 외, 『알기쉬운 군사사상』, p.18.

11) 군사교리의 경우 권위는 있으나, 이를 적용 시에는 지휘관의 판단이 요구된다.

이러한 군사교리는 한 국가가 군사활동을 실질적으로 지배하는 군사행동의 지침이자 기준으로서 군사전략 · 작전술 · 전술이 각기 상하구조를 이루고 있으며, 간접적으로는 군사사상의 영향을 받고, 직접적으로는 군사이론이 제시한 원리나 원칙을 현실적인 군사행동의 지침으로 채택한 것이라 볼 수 있다.

이와 같은 군사사상, 군사이론, 군사교리에 이르는 순환관계는 반드시 상하구조를 이루는 것이 아니고, 때로는 불규칙적으로 진행할 수도 있고, 한 단계를 뛰어 넘을 수도 있는 가변성을 지니고 있다. 그러므로 군사사상, 군사이론, 군사교리는 군사현상을 어떻게 보고 어떤 수준을 포함할 것이냐 하는 관점의 차이가 존재하나 상호 보완관계 내지, 유기적인 관계로 보아야 할 것이다.

결국 '군사적 현상'이라는 본체를 '사고'하고 '이론적으로 체계화'하며, 이를 '공식적으로 채택'하는 일련의 과정을 분리해서 생각할 경우, 군사사상, 군사이론, 군사교리의 분야로 나눌 수 있고, 이 세 가지 차원을 종합적으로 파악할 때는 지각, 평가, 실천의 단계적 차이로 구분할 수 있다.

따라서 군사사상을 모체로 하여 군사이론이 구체화되고, 군사이론이 예상하고 있는 내용이 권위 있는 기관에 의해 공식적인 군사교리로 채택됨으로써 보다 현실성을 갖게 되는 것이며, 이러한 의미에서 군사사상은 군사이론과 군사교리의 사상적 기초를 제공해 준다고 볼 수 있다.

5. 군사사상의 변천[12)]

(1) 고대(古代)

(가) 전쟁수행 신념

고대의 인류는 선사시대 생존을 위한 투쟁에서 역사 시대에 이르러서는 영토확장, 씨족

12) 군사사상 변천의 경우, 서양 위주로 정리. 동양의 경우 중국 중심의 사상이 대부분이기 때문에 시기별 차이점을 식별하는 데 제한이 있음.

또는 부족의 독립, 지배 욕망 등에 의하여 전쟁을 하게 되었고, 이러한 과정을 통해서 도시(부족)국가 체제를 갖추게 되었다.

이와 같이 고대 사회의 전쟁목적은 도시국가 전체의 생존권 확보에 있었다. 서양의 경우 알렉산더 대왕의 정복전쟁 이후 로마시대에 접어들면서 지속적으로 영토팽창을 추구하여 대제국으로 팽창하면서 시민들의 자발적인 애국심이 쇠퇴해지자 속국이나 이민자들로 구성된 용병제도를 채택하여 결국은 제국이 몰락하게 되었다.[13)]

이 시대의 전쟁 목적이나 원인은 씨족이나 부족의 생존과 번영 그리고 경제적으로 필요한 자원을 획득하는 것이었다. 전쟁에서 승자는 토지와 재화를 얻거나 약탈하였으며, 패자의 백성들을 착취하였다. 반면에 전쟁에서 패배하면 부족은 없어지고 그 구성원들은 노예가 되어 비참한 생활을 하게 되었다.

알렉산더 대왕 이후의 헬레니즘(Hellenism)[14)] 및 로마시대에는 영토팽창을 추구하여 자국 세력의 확장을 추구했다. 특히, 로마가 제국으로 발전하면서 시민들의 애국심이 쇠퇴해지자 속국이나 이민족으로 구성된 용병제도를 채택하게 되었고, 이들의 애국심 결핍은 로마제국의 몰락을 가져오는 요인으로 작용했다.

(나) 군사력 건설 및 운용

그리스인들은 공동체국가(polis)[15)]를 중심으로 형성된 공동체를 수호하기 위한 자위정신을 견지하고 있었는데, 이는 일종의 자기보존 수단이었고, 병력은 시민의 최고 의무이자 시민만이 갖는 특권으로 인정되어 전시에는 항상 전열의 맨 앞장에 서서 싸우는 것을 명예로 생각하였다. 따라서 전쟁은 국민개병주의에 바탕을 둔 시민전쟁의 성격을 띠고 있었다.[16)]

---

13) 이재평 · 정채하 외,『알기쉬운 군사사상』, p.24.

14) 헬레니즘 문명은 기원전 323년에서 146년 사이(혹은 기원전 30년까지)의 고대 세계에서 그리스의 영향력이 절정에 달한 시대를 일컫는다.

15) 폴리스(그리스어: πόλις)는 때로는 '도시국가(都市國家)'라고 번역되지만 정확한 번역은 아니다. 가령 아테네(Athenai)는 아티카 전역을 포함하여 폴리스였다. 폴리스가 도시의 의미로 전락하는 것은 원래의 기능(機能)을 잃은 다음(헬레니즘 시대 이후)의 일이며, 만약 그 본질을 표현한다면 오히려 '공동체 국가'가 적당할 것이다.

16) 이재평 · 정채하 외,『알기쉬운 군사사상』, p.25.

육상전투 못지 않게 해상전투도 활발하게 진행되었으나, 육군과 해군이 별도로 독립된 것이 아니어서, 해전은 단순히 지상전을 지원하기 위한 보조기능을 수행했다.

로마인들의 권력 및 부의 증대를 위한 팽창정책은 특유의 상무정신과 더불어 세계제국을 건설하는 원동력이 되었다. 하지만 점차적으로 팽창된 국력에 비해 애국심이 쇠퇴하고 상무정신은 약화되었으며, 지배계층의 토지겸병으로 자유민이 감소하면서 징집대상자가 감소되었다. 이에 따라 시민군을 유지할 수 없게 되자, 용병제를 채택했으며, 이들 용병들은 애국심보다는 지급되는 급료와 전리품에만 관심을 기울였다. 이로 말미암아 실질적인 군사력은 약화되었다.

고대의 전쟁 형태는 밀집된 보병의 중량과 지구력에 의한 힘의 직접적인 대결로써 승패를 판가름 하는 결전의 양상을 보였다. 따라서 인간의 체력과 완력이 전쟁의 에너지원으로 등장하게 되었고, 철저한 훈련에 의한 강인한 지구력과 왕성한 체력을 갖추고 고도의 사기와 군기를 유지할 수 있는 정예시민군이야말로 당시 전쟁의 주역이자 군사력 건설의 이상적인 목표가 되었다.

또한 전쟁에서 패하게 되면 집단 전원이 잡혀서 죽거나 노예가 되었기 때문에 전쟁에서 살아남기 위해서는 집단 전원이 참전해야 했으며, 집단이 보유하고 있는 전 역량을 집중하여 적을 타도, 격멸하는 공격전의 형태를 취하였다.

당시의 전투는 주로 근력에 의한 창, 칼, 활 등이 주요 수단으로 작용하였으며, 기동력과 타격력이 극히 취약하고 무기의 살상범위가 좁아서 전장영역은 자연히 일정지역으로 제한되었다. 전쟁은 지상전을 중심으로 한 유형적인 군사력의 정면대결이었으며, 군사력을 지휘함에 있어서 적 전력의 근원인 유형적 군사력의 격파에 중점을 두었다. 이를 달성하기 위해 적의 취약점인 측방이나 후방을 기습하여 진영을 와해하는 방법이 주로 사용되었다.

전쟁의 경우 단순한 무기체계와 기동력의 제한 등으로 인하여 전력의 배분은 적과 직접 대치하고 있는 일정한 장소에 국한되어 수행되었다.

(2) 중세(中世)

(가) 전쟁수행 신념

유럽의 역사무대는 강력했던 로마제국이 몰락하자 게르만 민족들이 주역을 담당하게 되었다.[17] 그리하여 이 시대의 유럽에는 게르만 민족 특유의 종사제(從事制)[18]와 로마적 전통인 부양제도(扶養制度)[19] 등을 배경으로 봉건제도(封建制度)[20]가 틀을 잡게 된다.

이는 봉토를 매개로 봉주와 봉신 간에 상무적 계약으로 맺어지는 주종제도와 자급자족의 농업경제에 바탕을 둔 장원제도(莊園制度)[21]의 혼합된 형태를 일컫는 것이다. 여기서 특히, 주종제도는 여러 단계의 재(再) 봉분을 거쳐 말단 장원 영주에까지 피라미드 식으로 형성되어 있는데, 그 형성요인 중 봉신이 봉주에게 봉사해야 하는 군사적 의무가 가장 중요하였다.

중세 초기의 게르만 왕국들은 사라센[22]의 침입에 대응할 수 있는 군대와 전술이 없었다. 그리하여 사라센의 침입을 저지하기 위하여 실시되었던 최초의 군대 모병은 은대지를 제공해주는 대가로 군역을 부과한 것이었다. 이것이 발전, 정착된 것이 장원제도였다.

---

17) 이재평 · 정채하 외, 『알기쉬운 군사사상』, p.26.

18) comitatus : 게르만 민족 청년이 주인과 계약하는 제도

19) 로마 정복주민 보호제도

20) 봉건제(封建制)는 정치 · 사회 체제의 한 형태이다. 고대 중국과 중세 유럽의 봉건제도는 일부 공통성이 있지만 서로 상이한 제도이나, 한자문화권에서는 유럽에서 시행되었던 feudalism을 중국의 봉건 제도로 번역하여 같은 용어로 사용하고 있다. 중앙 정부가 지방에 직접 행정관을 파견하여 통치하는 중앙집권적인 군주제와 달리 중앙 정부는 수도와 일부 요충지만 직접 통치하고 다른 지방에는 제후나 영주를 임명하여 다스리게 하는 제도이다.

21) 장원제는 농노에 의해 대규모 농경지가 경작되는 경제 체계를 말하는데 이는 봉건 사회의 하부구조를 이룬다. 장원은 자급자족적인 농촌 공동체로서 중세의 사회와 경제의 토대를 이루고 있던 기본적인 단위였다. 장원제도의 성립은 무엇보다도 게르만 민족의 이동 과정에서 촉진된 토지 소유의 불평등이 계기가 되었다.

22) 사라센인(Saracen)은 대체로 아라비아 반도, 이집트 등지를 아우른 이슬람 제국의 사람들을 말하는 용어이다. 원래 로마 제국 말기에 시나이 반도에 사는 유목민들을 가리키는 말이었다. 그리스어 Σαρακηνός에서 유래 했는데 이 말은 아랍어의 '동쪽에 사는 사람들'이란 뜻의 شرقيين(사라킨)이라는 단어에서 기원했다고 한다. 아라비아 지역에 기독교가 자리잡은 이후에는 아라비아에 사는 민족을 통칭하는 말로 쓰이다가 7세기 이슬람교가 성립한 뒤부터는 사실상 이슬람교도와 동일한 의미로 쓰였다. 특히 시칠리아와 남부 이탈리아 반도의 이슬람교도를 지칭하는 말로 쓰인다. 중세 초기 비잔티움 제국에서 사용하는 단어였는데 십자군을 거치면서 서유럽에 전파되었다. 옛날에는 그리스 · 로마에 살던 라틴문화권 사람들이 시리아 초원의 유목민을 사라세니(Saraceni)라고 부른 데서 연유하였다. 7세기 이슬람의 발흥(勃興) 이후로는 비잔티움인(人)이 이슬람교도 전반을 가리키는 용어로 이 말을 사용하였고, 십자군을 통하여 서유럽 전역에서 이 호칭이 사용되었다.

이러한 봉건제도는 지역에 따라 발생, 성장 및 소멸하는 시기가 다양해 일률적으로 단정하기는 곤란하나, 중세시대의 군사제도 및 전쟁양상을 결정짓는 중요한 요소로 간주되었다.

또한 봉건제도의 특성상 국가는 단합된 군사력을 보유하지 못하고 지방 제후들에게 대부분의 특권이 위임되어 지방분권적 양상마저 보이게 되었다.

봉건시대의 군대는 피라미드식인 그 제도의 특성상 직접 분봉해 준 봉주(공국, 국왕, 영주)에게만 충성하는 것이었고, 말단 장원 영주에 이르기까지 토지 소유자들인 귀족들만이 무장하여 전쟁에 참여할 수 있었다.

왕으로부터 말단 영주에 이르는 전쟁에 참여하는 이들을 기사계급이라고 통칭하였는데, 이들의 기사도 정신은 군사적인 면에서 발전이 결여되어 있던 당시의 군인정신 및 윤리를 대신하게 되었다.

봉건제도를 정신적으로 받쳐주는 구심점은 기독교 사상이었다. 이러한 여건으로 중세 말기에는 이슬람교도들이 점거하고 있던 성지인 예루살렘 탈환을 주목적으로 하는 십자군 전쟁이 약 170여 년간 지속되었다. 그러나 이 원정에 직접 참여하게 되는 기사들 중에서 대제후들은 종교적 목적보다는 영토 확장에 더 큰 목적을 두게 되었고, 이러한 전쟁목표의 다양성과 자기 이익에 급급한 유럽 각국 군주들의 통합작전 및 지휘체제의 결여로 인해 십자군 원정은 실패하였다.

결국 중세 봉건제도 시대는 지방분권적 양상을 보인 시대로서 대 영지를 소유한 대제후들의 권력투쟁 의지와 십자군 전쟁에서 보여주었던 영토 확장의지가 이 시대 전쟁수행 신념의 구심점으로 볼 수 있다

(나) 군사력 건설 및 운용

중세 봉건제도 시대 기사들의 전투는 대부분 중기병의 돌격력과 중량의 우세로 승패를 결정지으려 했기 때문에 자연히 무기와 장비의 중량을 가중 시킬 수 밖에 없었고, 보병보다는 주로 기병에 의존하게 되어 전투 양식은 보병위주에서 중기병 위주로 전환되었다.

중기병 위주의 전투방식은 기동력의 제한을 초래해 성곽을 중심으로 양군이 대치하여

개인에 의존하는 국지전의 양상을 보이게 되었으며, 전쟁형태에 있어서도 단병무기인 칼이나 창에 의존하기 보다는 석궁이나 장궁 등 성곽방어용 무기와 공성용 무기를 가진 군사력의 직접적인 대결에 의한 단순전투가 주를 이루었다.[23]

중세 후기에는 종교적 정열과 신념에 바탕을 둔 성지회복의 열렬한 염원은 가능한 수단과 방법을 총동원하여 이슬람교도(回教徒)를 격퇴하고자 했기 때문에 중세적 총력전의 양상을 보이기도 했다.

이와 같이 중세는 엄격한 기독교 정신과 기사도의 규율에 얽매여 전쟁의 도덕성과 정당성을 논했기 때문에 기사 상호 간의 개인전투를 집단적으로 확대하여 실시하는 데 지나지 않았고, 전투는 영주의 생활 근거지이자 기병작전의 기지였던 성곽을 중심으로 한 방어전 위주의 양상을 보였다.

이러한 중기병 위주의 군사력 운용에 결정적 타격을 가한 것은 칭기스칸의 경기병이었다. 칭기스칸은 잘 훈련되고 엄격하게 규율을 지키는 정예병을 이끌고 전진하다가 적과 만나게 되면 1개 부대가 견제하는 동안 다른 부대는 신속하게 병력을 집중하여, 적 후방을 강타하거나 병참선을 차단하는 등 기동과 속도를 위주로 한 충격효과로 전투를 결정지었다.

몽골군대가 일종의 야만적인 인해전술로서 어린아이나 부녀자까지 무참히 살해해 적의 전쟁수행 의지를 송두리째 분쇄하는 심리적 효과를 노렸던 점은 현대의 군사력 운용에 많은 시사점을 제공해 주고 있다.

(3) 근대(近代)

(가) 전쟁수행 신념

1) 전기(前期)

중세는 사실상 군사사상의 암흑기로 뚜렷한 군사발전을 이루지 못했던 시기로 특정 지

23) 공성전(攻城戰)은 성을 비롯한 방어시설에 의존하고 있는 적을 공격하는 것이다. 기본적으로 적의 보급을 차단하는 것이 첫 번째, 그 후 방어선에 파상공세를 가하여 약한 부분을 부수고 돌입하는 것이 두 번째가 된다.

을 수 있다. 8차에 걸친 십자군 전쟁[24]으로 왕이나 제후들은 과다한 전쟁비용을 지출해야 했고, 기사들도 막대한 인명손실을 입게 되어 종래의 봉건사회가 뿌리째 흔들리데 되었다. 게다가 동방교역의 재개로 인한 상공업의 발전과 더불어 도시가 발달하게 되고, 이에 따라 상대적으로 왕권이 강화되어 강력한 중앙집권적인 왕조국가가 탄생하였다.

근대 초기의 왕들은 약화된 제후세력과 신흥 시민세력을 교묘히 이용해 왕권을 강화하는 동시에 이들에 대한 제재수단으로 왕이 직접 모병을 하고, 봉급을 지급해 왕에게 충성을 다할 수 있는 제왕의 군대, 즉 상비왕군을 조직하여 왕조국가의 유지와 발전을 도모하였다.

이 시기의 군대는 상비왕군으로 전환되었다고는 하나, 스위스와 독일의 영향으로 아직도 많은 용병들이 절대왕조의 상비군으로 존재하였다. 이렇게 탄생한 제왕의 상비군은 봉건귀족의 반항이나 농민의 반란을 진압해 왕권을 수호하거나 국민에 대한 지배와 착취를 통해 왕권을 강화하는 데 사용되었기 때문에 단지 국민을 지배하고 탄압하기 위한 왕의 사병집단에 불과하였다.

따라서 이 시기의 군대는 무력시위를 목적으로 많은 군대를 유지하였기 때문에 질적으로 매우 떨어졌고, 애국심이나 사기는 찾아볼 수 없었다. 또한 이들은 급료만을 위해 싸우기 때문에 희생정신이나 전투의지를 기대할 수 없어 외형적으로나마 왕의 군대로서의 면모를 갖추기 위해 맹목적인 군기와 엄격한 훈련을 강조하게 되었다.

이에 따라 군대는 정신적 구심점을 잃고 눈 앞의 이익에만 급급하게 되었으며, 국민들은 국민들 대로 전쟁은 오직 군주의 관심사일 뿐이라는 무관심 속에서 전쟁수행 의지는 거의 없었다. 다만, 어떻게 하면 국내외의 적으로부터 왕권을 수호해 왕조국가를 유지하고 번영할 수 있겠는가 하는 군주나 일부 귀족들의 야심만 [illegible]부이던 시대로 특정지을 수 있다.

---

24) 십자군 전쟁(十字軍戰爭, Crusades)은 중세 라틴 교회의 공인을 받은 원정대와 이슬람 군대 사이에 레반트 지역(현, 중동지역)의 지배권을 놓고 벌어진 종교전쟁(교황의 권력을 찾기 위한 전쟁)이다. 좁은 의미의 십자군이라고 하면 성지를 이슬람 세력으로부터 탈환하기 위해 지중해 동해안 지역에서 진행된 전쟁들을 가리키나, 넓은 의미에서 중세의 기독교회에서 주동한 다른 전쟁들을 십자군으로 보는 관점 또한 존재한다. 이교도나 이단의 토벌, 가톨릭 집단 내부의 분쟁, 정치적 이득 등 전쟁의 동기는 매우 다양했다. 십자군 시대에는 '십자군'이라는 말이 존재하지 않았으며, 1760년경을 전후하여 처음으로 사용한 예가 나타난다.

2) 후기(後期)

18세기 후반의 산업혁명과 프랑스 혁명은 봉건제도에 바탕을 둔 구체제(舊體制, ancien regime, 앙시앙 레짐)[25]를 완전히 붕괴시키고 새로운 산업사회와 군사제도의 도래를 예고하는 신호탄이었다.

19세기 들어와 산업혁명을 완수한 유럽제국은 자본주의 국가체제를 확립하고, 자원획득과 시장확보를 위한 식민지 획득에 혈안이 되어 이들 국가 간의 세력 충돌을 마침내 제1차세계대전으로 번지게 되었으며, 이로 인해 전쟁의 성격도 이해를 같이하는 국가들끼리 연합세력을 형성하여 공동의 적에 대처하는 집단안보 체제 간의 대립양상을 띠었다.

이러한 전쟁의 성격은 식민지 쟁탈을 위한 제국주의 전쟁으로 특정 지을 수 있으며, 한편, 이들 제국주의 국가의 침략으로부터 벗어나 민족국가를 형성하려는 움직임이 세계 도처에 확산됨으로써 민족주의 정신을 구심점으로 하여 민족과 국가의 번영을 도모하려는 의지가 전쟁수행 신념의 핵심이 되었다.

(나) 군사력 건설 및 운용

1) 전기(前期)

중세의 군사력 건설 핵심은 중기병 위주의 기사단이었으나, 왕조전쟁 기에 접어들자 군주는 정기적인 급료 지불의 약속 아래 소시민이나 농민과 하층계급을 군에 끌어들임으로써 전쟁의 주체는 차츰 용병의 성격을 띤 직업적 상비군으로 대체되었다.

이로 인해 군대는 용병들이 주류를 이루게 되었으며, 군에 입대한 자들의 신분도 사회 하층계급 출신이 많았다. 그리고 군주가 필요로 하는 군대의 성격 자체가 옳고 그름에 관계없이 어떠한 명령에도 복종하고, 모든 고난을 이겨내며, 아무런 이해관계도 없는 목적을 위해 죽음도 불사하는 군인을 만들어야 했다.

다시 말해 군인의 자질 저하로 내면적인 단체정신이나 희생정신, 그리고 독창적 사고력

25) 구체제, 즉, 앙시앵 레짐(ancien regime)은 15세기말 프랑스의 경제가 발전함에 따라 전력을 정비하면서, 외부로 팽창해 나가려는 움직임과 함께 문화적 호기심이 강하게 일어나고, 이탈리아 문화에 열등의식을 갖고 있던 상태에서 탈피하여, 프랑스의 독자적인 문화를 개발하고 발전시키는 시기이다.

을 기대할 수 없었다. 그리하여 외형적으로나마 명령만 내리면 기계적으로 움직이는 인간 로봇을 만들기 위해서는 경례동작이나 제식훈련이 가장 중요한 요소가 되었다. 따라서 이 시대는 절대주의의 기대에 부응할 수 있는 외형적으로나마 군대의 틀을 갖춘 상비왕군의 건설이 군사력 건설의 목표가 되었다.

한편, 왕조시대는 일반적으로 자원이 제한되고 국가재정이 취약해 상비군을 유지하는데 많은 어려움이 따랐다. 병사 한 사람 한 사람이 시간과 돈의 투자를 의미하기 때문에 피·아 공히 사상자를 최대한 줄이기 위해 적의 주력부대를 섬멸하기 보다는 교묘하게 군대를 기동시켜 적의 병참선을 위협하거나 유리한 지형을 확보해 적의 패전이나 후퇴를 강요하는 것이 대부분이었으며, 이렇게 누적된 승리를 통해 강화조약을 맺는 것이 상례였다.

당시의 전쟁이란 군주(영주) 간의 이해관계에서 출발했던 것이데 반하여 주 수단인 군대는 그의 권위와 이익을 지키는 동시에 군주의 중요한 재산의 중요한 부분이었기 때문에 그 어느 편도 절대적인 희생이 불가하였다. 따라서 전쟁양상도 상호 간에 극도로 제한된 형태로 수행되었다. 즉, 전투는 항시 통제가 용이한 평야지대에서 밀집대형으로 실시되었으며, 많은 희생이 따르는 격렬한 전투는 가급적 회피하였으며, 군수물자의 보급제한으로 과감한 추격작전은 곤란하였다.

이 시대는 횡대전술이 유행했는데, 종래의 밀집대형은 도망병 방지에 가장 효과적이었지만, 화포의 발달로 피해반경이 넓어짐에 따라 종심을 줄여야 할 필요성이 대두되었다. 당시의 소총은 발사속도가 늦고, 유효사거리가 짧으며,[26] 명중률이 낮아 각개사격보다는 일제사격을 선호하였다.

이러한 분위기 속에서 스웨덴 왕 구스타프 아돌프스는 보병의 종심을 6열로 하여 각각 3열이 일제사격을 수행하도록 했고, 포병을 경량화하여, 직접 보병부대에 편성하기도 했으며, 기병의 충격력을 개선하였다.

프로이센의 프리드리히 대왕은 이러한 횡대전술을 더욱 발전시켜 횡대로 폭을 더 넓히고, 보병과 기병의 협동전투를 효과적으로 실시할 수 있도록 개량하는 한편, 전방으로 지향하는 사격효과를 최대한 증진시킨 개량된 횡대전술을 완성하는 등 많은 군사발전을 이

26) 당시 소총의 경우 발사속도는 분당 2발, 유효사거리는 100m였다. 현재 한국의 육군, 해병대의 주력 소총인 K-2 소총의 경우 발사속도는 분당 50여발, 유효사거리는 500m정도 이므로 성능면에서 많은 차이가 있다.

룩하였다. 그리하여 종래의 수성(守城)전 위주의 수세적 경향을 불식하고, 새로운 공세적 사상으로의 혁신을 도모하였다.

이 시기의 전쟁은 극히 제한된 목표를 위해 제한된 수단과 방법으로 싸우는 제한전쟁의 성격으로 볼 수 있다. 이러한 왕조 시대 군사사상적 특성을 다음과 같다. 첫째, 결정적 승리의 요건인 결정과 추격이 불가능했다. 둘째, 전략적 목표는 적의 주력부대를 섬멸하는 것이 아니라, 군대를 교묘하게 기동시켜 적의 병참선을 위협하고, 유리한 지형을 확보하여 적의 후퇴를 강요하거나 진지를 포기하도록 유도하며, 보다 유리한 화친조약을 체결하는 데 있었다. 셋째, 이 시기의 군사 연구는 군대를 어떻게 이동시키느냐 하는 체스 게임과 같은 용병술이 주를 이루었으며, 현대적인 의미에서 주목할 만한 군사사상이나 이론은 부재했다고 볼 수 있다.

2) 후기(後期)

근대사에 있어서 대변혁의 하나인 프랑스 대혁명은 낡은 사회제도를 하루아침에 무너뜨렸을 뿐만 아니라 군사면에서도 새로운 전기를 마련하는 일대 전환기를 도래시켰다.

프랑스 대혁명으로 인권의식이 높아지고, 정치제도가 공화제로 바뀜에 따라 국민 스스로 국가를 보위해야 한다는 애국사상이 일어나게 되었고, 전쟁도 민족생존을 위한 국민 대 국민의 투쟁으로 바뀌게 되었다. 이로써 군주의 개인 소유에 불과했던 용병제가 철폐되고, 징발에 의한 국민군이 조직되어 국민전쟁의 성격을 띠게 됨으로써 전쟁은 대규모화 되고, 전장은 더욱 확대되었다.[27]

특히, 18세기 말에 일어난 산업혁명으로 무기의 질적 향상과 양적 팽창이 가능해졌고, 이에 따라 전쟁은 더욱 격렬해지고 전장이 확대되어 인원과 물자의 대량소모를 초래하게 되자, 국민경제의 더 많은 부분이 전쟁수행을 위해 동원되어야 했다.

더구나 산업혁명의 급속한 확산은 각 국의 사회구조뿐만 아니라 군사구조에도 막대한 영향을 미쳐 지상전에 있어서는 철도와 차량이 부대 기동과 병참지원의 혁신적인 수단이 되었고, 소총, 대포, 지뢰, 폭약 등의 개선과 발명으로 타격 수단이 급속히 향상되었으며, 전신·전화의 등장은 지휘통제의 범위를 확대해 전략과 전술 변화의 중요한 계기를 제공

27) 이재평·정채하 외, 『알기쉬운 군사사상』, p.32.

하였다.

한편, 해상에서도 급격한 발전이 이루어져서 목선은 철선으로 대체되고, 철갑선에 포탑을 장착한 근대적인 군함이 출현했으며, 잠수함(정)과 어뢰 등 치명적인 살상무기가 등장하였다.

특히, 제1차세계대전 말기에는 전차와 항공기가 전장에서 사용되기도 했으나, 당시에는 그 중요성에 대한 인식이 부족해 널리 이용되지는 못했으며, 기동과 타격을 위한 공간 이용 개념도 지상과 해상의 2차원적인 성격을 벗어나지 못하였다.

이와 같이 근대전쟁은 전쟁수행을 위해 국민의 경제력을 총동원해야 했고, 경제력을 동원하기 위해서는 합리적인 정치력이 필요했으며, 정치력 강화를 위해서는 국민의 사상통일이 선행되지 않으면 안 되었다. 다시 말해서, 전쟁수행을 위해서는 현존 군사력 이외에도 국가가 보유하고 있는 정치력, 경제력 및 사상력 등의 잠재전력을 총동원해야 할 필요성이 절실하게 되어 전쟁은 자연히 총동원에 의한 총력전쟁의 양상으로 변했다.

이로 인하여 장기 소모전의 양상을 보이던 종래의 제한전으로부터 적의 병력을 완전히 섬멸해 일거에 승패를 판가름하는 단기 섬멸전이 등장하였다. 나아가 클라우제비츠는 나폴레옹 전쟁을 계기로 싹튼 섬멸전 사상을 면밀히 연구하여 적을 완전 섬멸하느냐, 아니면 무조건 항복을 받느냐의 양자택일을 강요하는 절대전의 개념[28]으로 발전시켰다.

이에 따라 전쟁은 군주들의 단순한 이해 다툼의 영역을 벗어나 국민들 간이 생사를 건 투쟁으로 변해 강렬한 적개심과 증오심이 전쟁분위기를 휩쓸었고, 전쟁양상은 더욱 가열화되어 갔다. 이런 상황에서 승리하기 위해서는 애국심에 바탕을 둔 강인한 전쟁의지에 따라 무제한의 폭력행사와 전쟁 노력의 무제한 발휘를 통해, 적을 완전하게 타도 섬멸하는 절대전에 의한 공세전의 양상으로 변모할 수 밖에 없었다

이와 같이 전쟁이 대규모화되고 인원과 물자 소모가 대량화하는 동시에 전장 영역이 확대됨에 따라 병참선이 가장 큰 취약점으로 노출되었으며, 주요 군사력은 보병의 빠른 기동과 포병의 화력을 적절히 배합해 적의 병참선을 차단, 분쇄하는 데 집중되었다. 따라서 전력 배분도 군사력의 직접 대결장인 전선지역뿐만 아니라 적의 인적·물적 자원이 지

28) absolute war, 이상으로 존재하는 전쟁. 그 반대는 현실전쟁(real war)

원기지인 종심지역까지 깊숙이 확대할 필요성이 대두되었다.

이러한 근대전쟁은 후기에 들어서 총력전의 싹이 움트기는 했지만 전체적으로는 산업혁명에 따른 무기체계의 눈부신 발전에 따라 전쟁의지에 의한 주관적인 전쟁목적 보다는 객관적인 무기체계에 의한 전쟁수단이 우세를 보인 무제한 전쟁으로 평가 할 수 있다.

(4) 현대(現代)

(가) 전쟁수행 신념

파시즘(fascism)[29]과 민주주의의 대립으로 빚어졌던 제2차세계대전과 더불어 현대는 공산주의와 자본주의 체제 간의 이념 대결이라는 새로운 대립 양상, 즉 냉전으로 변화되었다. 1990년대에 들어와 소련을 포함한 공산주의 국가들이 붕괴된 이후에도 대부분의 국가들이 민족적 대립감정이나 종교적인 혐오감을 부추겨 국가가 처해있는 어려운 상황을 극복함으로써 국가목표를 달성하고자 했기 때문에 현대전쟁은 이념전쟁 이외에도 민족전쟁과 종교전쟁의 성격을 다시금 띠게 되었다.

그리하여 현대전은 민족의 생존과 번영을 도모하려는 민족주의 정신과 자유주의 정신, 즉, 이데올로기 및 종교적 이념전쟁이 되엇고, 이러한 전쟁에서 승리하여 민존의 생존과 국가의 번영을 추구하려는 의지가 전쟁을 수행하는 정신적 구심점으로 작용하였다.

따라서 전쟁에서 승리하기 위해서는 민주주의 이념 수호를 통해 전쟁에 대한 국민의 신념체계를 더욱 확고히 다지는 한편, 국가이익에 호소해 국민의 전쟁수행 의지를 결속시킴으로써 민족과 국가의 생존번영을 도모하려는 불굴의 의지가 사상적 기조로 작용했다.

29) 파시즘(이탈리아어: fascismo, 영어: fascism, 독일어: Faschismus, 문화어: 파씨즘)은 이탈리아에서 생겨난 사상으로 국가주의, 전체주의, 권위주의, 국수주의, 반공주의적인 정치 이념이자 국가자본주의, 조합주의 경제 사상이다. 대내적으로는 주기적인 경제 공황 및 고질적인 실업, 대외적으로 볼셰비키당과 같은 공산 세력의 성장이 겹치면서 위기 의식을 가진 각국 내 재벌, 중소자본가, 농촌의 지주와 중농, 퇴역군인, 보수주의자, 허무주의 지식인 등은 긴밀한 반공 동맹을 형성했다. 이 과정에서 이탈리아에서 베니토 무솔리니를 중심으로 하는 파시즘이 등장한다. 급진 운동에 대한 노골적인 폭력을 '정당한 국가 수호 행위'로 취급하는 파시즘은 사회 진보에 대한 강렬한 반작용의 한 형태로 취급받으며, 일반적으로 극우 정치 운동의 일종으로 여겨진다.

(나) 군사력 건설 및 운용

현대전쟁은 공격무기의 타격능력과 기동성 향상을 위한 화력 · 기동 · 기계화 현상이 두드러지고, 방어 면에서도 장갑화가 촉진되고, 경계 및 정보능력이 향상되었다. 특히, 핵무기의 출현은 종래의 화약 에너지가 원자 에너지로 대체됨으로써 무기의 파괴력은 가공할 만큼 증대되었다.

이에 따라 전술 면에서도 기계화부대와 항공부대의 결합에 의한 전격전이 출현했고, 육지와 바다 그리고 공중공간을 이용한 3차원의 입체전 양상을 보이게 되었다. 또한 항공기와 비행술이 발달로 적과의 상대적 마찰을 줄일 수 있는 공중 무기체계가 전장의 주력으로 등장하게 되었다.

무기체계의 발전에 따라 전장 영역이 확장되어 지상, 해상, 공중 전 영역이 전장이 되어, 전 · 후방 구분 없이 전 국민의 경제 및 생활 근거시를 직접 공격하여 생산력을 파괴하고, 적의 전투의지와 함께 전투력을 동시에 격파할 수 있게 되었다.[30]

따라서 일단 전쟁에 빠져들면 죽느냐, 죽이느냐의 싸움이 되어 국가와 민족의 생존권을 유지하기 위해서는 현존 군사력은 물론, 정치, 경제, 사상 등 국민이 보유하고 있는 유무형의 전력을 총 동원, 이를 무제한으로 행사하지 않을 수 없게 됨으로써 그야말로 '전쟁수행의무의 전국민화', '전 국민의 개병화', '군대의 대규모화', '전쟁의 기계화', '군사작전의 강화'라는 완전한 의미의 총력전 시대를 열게 되어 전쟁목적이나 전쟁수단에 있어서 진정한 무제한 전쟁으로 탈바꿈했다.

제1차세계대전 초기만 해도 전쟁은 독일의 섬멸전 사상과 프랑스의 공세사상과의 투쟁이라고 할 만큼 절대전 개념에 심취되어 있었고, 보누 유혈의 난기선을 통해 승리를 확보하려는 전투의지가 전쟁인식의 기본이 되었다. 그리하여 전투의 승패는 전적으로 쌍방의 정신력과 사기에 의해 결정되었으며, '공격이야말로 어떠한 수단에 의해 수행되든 필연적으로 승리를 가져온다'는 절대적인 공세지상주의가 군사사상의 기초가 되었다.[31]

하지만, 각종 신무기가 등장하고, 무기의 대량생산이 가능해짐에 따라 전쟁은 화력전의

30) 이재평 · 정채하 외, 『알기쉬운 군사사상』, p.35.

31) 당시 전문가들은 전쟁이 오래가지 않고 단기간으로 끝나리라 예상했다.

양상으로 변모되었다. 즉, 종래의 포병화력에 기관총을 중심으로 한 보병화력이 새롭게 가세하여 기동력에 비해 타격력이 월등하게 우세해짐으로써 전쟁 양상은 지형을 이용한 진지(참호) 중심의 수세전으로 바뀌게 되었다.

이를 타파하기 위해 후티어(Hutier)[32]의 돌격전술[33]과 파상공격전법이 나왔고, 다시 이에 대응하여 꾸로(Gouraud)의 종심방어전술[34]이 등장함으로써 예상과는 달리 전쟁은 완전히 한 지역에 고착된 장기 참호전(지구전)으로 빠져들게 되었다.

한편, 영국의 퓰러(J.F.C. Fuller)[35]는 장차전의 목표는 결전에 의해 적의 주력을 격파하는 것 보다 적의 저항의지를 마비시키는 데 있고, 이를 실현하기 위한 수단은 기동과 속도는 고도로 정예화된 기계화부대에 의해 달성될 수 있다고 주장하였다. 이를 위해 항공기로 적 지역을 깊숙이 강타하고, 경전차부대가 폭풍과 같이 적의 배후나 측면을 공격해 적의 전열을 와해시키는 한편, 중전차부대는 적의 정면을 공격해 적의 전투의지를 붕괴시킨 뒤, 최후로 (기계화된)보병부대가 적을 소탕 및 점령의 임무를 담당한다는 새로운 이론을 내놓아 진지중심의 수세전으로부터 공세전으로 전환하는 길을 열어 놓았다.

그 이후 제2차세계대전을 고비로 하여 보병 · 포병 · 공병 · 무선전신 등의 무기체계와 이들의 화력과 기동의 특성을 충분히 살리고 집중의 원리를 이용한 전격전에 의한 공세전 시대가 열렸다. 나아가 항공기의 눈부신 발전에 따라 기동력과 수송력에 화력효과를 더함으로써 공중 공간을 이용한 전략폭격을 실시하여 적의 군사력은 물론, 도시나 산업시설 그리고 병참선을 유효적절하게 격파할 수 있게 되었다.

전격전은 퓰러(J.F.C. Fuller)와 리델하트(Sir Basil Henry Liddel Hart)의 기계화이론에 두헤(Giulio Douhet)[36]의 항공이론을 결합한 것으로 독일의 구데리안(Guderian) 장군에 의해 주도된 이론이다. 이 이론에 의해 독일군은 기갑사단을 편성하고, 여기에 급강하 폭격기를 연결하여 전차 중심의 기계화부대와 전술항공부대가 협동하여 3S, 즉 기습

32) 후티어(Hutier)는 1차대전 당시 독일 제국군 대령.

33) 진지 방어부대에 사전에 준비한 기습, 기도비닉을 통한 보병 및 포병의 협동전술.

34) 전초선에 최소 전투력을 배치하고, 1.8~2.7km 후방에 주 방어진지를 설치하여 적의 공격을 종심 깊숙이 유인하여 격멸하는 전술.

35) 퓰러(J.F.C. Fuller, 1878년~1966년)는 영국 육군의 장교이자 군사학자, 군사전략가.

36) 항공전략 사상의 시조로 불리는 두헤(Giulio Douhet, 1869~1930)는 공상적인 수준이 아닌 체계적이고 구체적인 모습으로 항공전략사상을 제시한 선구자였다.

(Surprise), 속도(Speed), 화력우위(Superiority of Fire)에 의해 적의 조직을 와해하고 전투의지를 마비시킴으로써 적을 일시에 붕괴시키고자 하였다.

히틀러는 전격전의 효과를 더욱 높이기 위하여 정치심리전과 함께 부분적이고 점진적으로 목표를 달성하는 피스 밀(Piece Meal) 전술, 그리고 루덴돌프가 제시한 총력전 개념까지 가미해 독일 국민의 단결을 촉진하고 강력한 전투의지를 북돋웠다.

이와 같이 현대의 군사력 건설은 육지와 바다, 그리고 공중을 무대로 한 유형적 군사력 이외에도 정치 · 경제 · 사회 · 심리 등 비군사적 수단까지 동원하여 일시에 적을 격멸하는 방향으로 진행되었다. 뿐만 아니라 양차 세계대전을 통하여 이념과 체제 간의 대결구조라는 국제적 대립양상에 따라 한 국가 또는 민족의 전력만으로 전쟁을 수행하기 보다는 이념과 체제를 같이하는 국가들 간의 블록(Bloc)을 형성하는 체제별 연합전력을 갖추게 되었다.

군사력 운용에 있어서도 적의 전투의지를 일시에 붕괴 또는 마비시킬 수 있다는 측면에서 공세적 경향을 띠게 되었다. 그리하여 군사력 운용 방향은 속전속결에 의한 공세전을 통해 시간과 공간 상의 우위를 유지하면서, 적의 군사적 핵심 능력인 유 · 무형 전력을 신속하게 파괴하고, 적의 취약점인 도시나 산업시설을 붕괴시켜 전투의지를 일시에 붕괴하는 방향으로 변화되었다.

6. 주요 군사사상가[37]

(1) 손자(孫子)의 군사사상

손자병법(孫子兵法)은 제1장 시계편(始計篇)에서 제13장 용간편(用間編)에 이르기까지 총 13편으로 구성되어 있지만, 문장이 간결하고 체계화되어 있으면서 통치자를 비롯한 장수, 지휘관 등이 해야 할 역할에 이르기까지 전쟁과 국가 경영에 관한 전반적인 문제를 심도 있게 다루고 있기 때문에 병서 중에서 최고로 평가받고 있다.[38]

37) 군사사상가의 경우 동양과 서양, 그리고 현대를 대표하는 군사사상가를 소개

38) 육군대학, 『동양의 군사사상』, p.11.

(가) 전쟁수행 신념

손자(孫子)가 활동하던 시기는 춘추시대(春秋時代)[39]로 제(濟), 진(晋), 초(楚), 오(吳), 월(越)의 강대한 제후국이 있었으며, 이를 오패라고 지칭했다. 이들 국가들은 부강함을 배경으로 패권을 다투었는데 전쟁에서 패전했을 경우 장수는 목숨을 버려야 하며, 군주는 굴욕을 당하고 모든 것을 잃어야 했다.

손자의 군사사상에는 이러한 시대적 환경으로부터 오는 제반 요소가 잠재되어 있었다. 그래서 그는 전쟁은 국가의 존망을 좌우하는 것이기 때문에 경솔하게 해서는 안된다고 말하면서 전쟁을 하고자 하면, 상호능력을 객관적으로 평가하여 승리의 확신이 있을 경우에만 전쟁을 해야 한다고 주장하였다.

이 상호능력의 객관적 평가기준이 오사칠계(五事七計)이며, 이 기준에 도달했을 때 비로소 승리할 수 있다고 보았다. 하지만 그는 항상 전쟁에서 승리한다고 하여도 피해는 있기 때문에 전쟁을 하지 않고 승리할 수 있는 방법을 강구해야 하며, 부득이하게 전쟁을 수행해야 할 경우라도 완전한 승리를 얻을 수 있어야 한다고 하였다.

(나) 군사력 건설 및 운용

전쟁의 궁극적인 목적은 적을 굴복시키는데 있고, 나아가 자국(신)의 의지를 적에게 강요하여 정치적 목표를 달성하는 데 있다. 하지만 손자는 매번싸워 승리하는 것이 중요한 것이 아니며, '부전이굴인지병(不戰而屈人之兵)' 즉, 싸우지 않고 적을 굴복시키는 것이 최선의 방법이라고 주장하였다. 또한 부득이한 경우에 전쟁을 하지만, 완전한 승리가 보장될 경우에만 전쟁을 수행해야 한다고 하였다.

그러므로 손자는 전쟁에서 승리를 보장받기 위해서는 군사력만으로는 불충분하며, 병력이 많다고 하여 유리한 것이 아니기 때문에 현존전력을 정예화하고, 외교, 모략, 경제 등의 모든 전쟁수행 잠재 역량을 결집시켜야 한다고 한 것이다.[40]

---

39) 춘추시대란 주(周)나라 왕실이 지금의 서안(西安)근처의 호경(鎬景)에서 지금의 하남성 낙양(洛陽)으로 천도한 BC 770년으로부터 403년 무렵까지의 시대를 가리킨다. 춘추시대란 이름은 공자가 편찬한 노나라 역사인 《춘추(春秋)》로부터 유래되었다.

40) 군사력 운용면에 있어서 손자는 가장 먼저 적의 책략과 계획, 즉 전쟁의 의지를 좌절시키는 것이 상책이고,

실질적인 전투 수행의 경우 적과 전쟁을 할 경우에는 아군의 병력이 적의 10배이면 포위하고, 5배이면 공격하며, 적과 싸울 만하면 싸우고, 열세하면 피해야 하는 등 무리한 승리를 요구하지 않고 있으나(謀攻篇), 승리는 공격에 의해서만 달성할 수 있다고 하였다(軍形篇). 또한 전쟁을 잘 하는 자는 쉬운 싸움에서 이기고 "승병(勝兵)은 선승이후구전(先勝而後求戰)" 즉, 승리하는 군사는 먼저 승리할 수 있는 여건을 조성한 다음에 전투를 추구해야 한다고 하였다.

손자병법 13편은 전쟁을 회피하는 듯한 면이 보인다고 볼 수 있으나, 전쟁을 수행함에 있어서 매우 적극적인 사고를 견지하고 있다고 생각된다. 손자는 전쟁의 결과에 대해서는 충분히 예측하고 직접적인 무력으로 문제를 해결하려는 방법을 선호하지는 않았지만, 외교, 모략, 경제 등의 방법으로 해결하지 못할 경우에는 무력을 사용하되, 지구전을 회피하고 속전속결해야 한다고 주장했다. 이는 전쟁이 장기간 지속되었을 경우 군사의 사기가 저하되고, 국가의 재정이 고갈되어 쉽게 승리할 수 없을 뿐만 아니라 승리를 한다고 해도 전쟁의 후유증으로 인하여 어려움에 처하게 된다고 했다.

따라서 전쟁을 수행하면 완벽한 준비를 갖춘 연후에 총력을 집중하여 속전속결로 완전한 승리를 얻어야 한다고 하였다. 이를 위해서는 가시적인 군사력 이외에 비군사적 요소인 외교, 모략, 경제를 포함하여 정치력, 정보능력 등을 중요시 하였다.

(2) 클라우제비츠(Carl Von Clausewitz)의 군사사상

(가) 전쟁수행 신념

클라우제비츠는 나폴레옹 전쟁에서 체험한 내용을 중심으로 프러시아적 군사주의(militarism)의 전통과 대륙적 관념론(idealism)에 입각하여 전쟁 철학을 규명하고자 하였다.41)

차선책은 적국을 외교적으로 고립시키는 것이며, 하책은 적의 군사력을 격파하는 것으로서 부득이 할 때만 적을 공격하여야 한다고 주장했다.

41) 1780년 독일(프러시아)의 마그네부르크 근교에서 출생하였으며 베를린 사관학교를 졸업했다. 1806년 예나전투에 참전하였고, 1812년에는 나폴레옹의 러시아 원정에도 참가하였다. 그후 러시아군의 참모장을 역임하면서 군의 개편과 용병작전의 권위자가 되었다. 이러한 그의 군사적 경험과 사상을 결집한 것이 그의 사후 부인

클라우제비츠는 전쟁론에서 절대주의 시대의 지구전략(持久戰略)과 나폴레옹의 결전전략(決戰戰略)을 헤겔의 변증법으로 발전시켜 전쟁 및 용병에 관한 보편적 원리에 도달하고자 하였다. 그는 전쟁을 "다른 수단을 가지고 하는 정치의 계속"이라고 하여 정치목적을 달성하는 수단으로 파악하였다. 또한 전쟁은 "적의 의지를 굴복시켜 자국의 의지를 실현시키기 위해 사용되는 폭력행위"라고 하여 유혈을 피하려는 측은 유혈을 불사하는 측에 반드시 정복된다고 하였다.

클라우제비츠의 전쟁관에서 도출할 수 있듯이 그가 예상하고 있는 전쟁 수행 개념은 한 국가가 생존하기 위해서는 국가가 보유하고 있는 모든 폭력(군사력)을 무제한으로 발휘하여 적을 타도, 격멸하는 절대전쟁을 수행할 수 밖에 없으며, 이와 같은 절대전쟁 개념에 따른 대규모의 전투와 그 결과에 의하여 자기 생존본능을 실현하고자 하는 자기 보존의지가 바로 전쟁수행 개념(신념과 동일)임을 전쟁론에서 암시하고 있다.

이와 같이 적극적이고 공세적인 클라우제비츠의 사상은 대륙국가이며, 주변이 강국으로 포위되어 있는 프러시아의 지정학적 여건이 크게 작용한 결과로 볼 수 있다.42)

(나) 군사력 건설 및 운용

클라우제비츠는 전쟁을 적의 전투력 격멸을 기도하는 섬멸전쟁과 영토 점령을 목표로 하는 제한전쟁으로 구분하면서, 제한전쟁의 경우는 정치적 긴장 또는 정치적 목표가 작거나 적의 섬멸이 곤란할 때 수행한다고 하였다.

그는 이러한 전쟁을 수행하기 위해서는 전쟁의 수준과는 관계없이 국가의 전 역량을 경주해야 한다고 하였다. 적을 타도하려면 우선 적의 저항력을 알고 그에 따른 힘을 가감하게 되는데, 이 힘은 분리할 수 없는 두 가지 요소 즉, 하나는 가용재원이며, 다른 하나는 의지력의 강도라 하였다. 또한 전쟁은 이성(理性) 보다는 폭력이 지배하는 영역이지만, 전쟁의 승패는 전승을 위한 강력한 의지에 달려 있다고 보았다.

클라우제비츠 사상을 종합해 볼 때 군사력 건설을 위한 핵심 사상은 전 국민의 전쟁수행을 위한 노력의 결정체인 국민개병(國民皆兵) 사상을 바탕으로 하여 물질적인 유형적 군

에 의해서 출판된, 『전쟁론(Vom Kriege, On War)』이다.

42) 육군대학, 『동양의 군사사상』, p.13.

사력과 비물질적인 무형전력을 균형있게 조화시켜야 하며, 그 중에서도 전투수행의 주체인 인간의 정신상태 즉, 국민정신을 강조하고 있다.

클라우제비츠는 『전쟁론』제6장과 7장에서 많은 지면을 할애하여 방어와 공격에 관하여 설명하고 있으며, 공격과 방어의 상호작용에 관하여 기술하였다. 방어의 규범은 방어의 계획에 근서를 두며, 공격은 투쟁을 절대적 목적으로 하는 것이므로 전쟁의 개념은 방어와 함께 발생하다는 것이다.[43]

따라서 방자(방어하는 자)는 공자(공격하는 자)의 의도와는 상관없이 저항방법 등, 전투수단 편성과 배치를 미리 확정할 수 있기 때문에 방어는 공격보다 훨씬 강력한 전쟁(전투, 작전) 형식이라고 하였다.

이어서 그는 방어형태를 몇 가지로 구분하면서 모든 방어의 근저에는 보복 즉, 반격의 개념이 내포되어 있어야 하므로 그 방어 중에서도 적군이 전장에 침입해 들어오자마자 곧바로 공격(반격)하는 것이 가장 좋은 형태라고 설명하고 있다.

클라우제비츠는 공격에 대하여 언급한 제7장에서 공격의 목표는 적의 전투력 격멸이라고 설명하면서 공격자체는 지속적으로 이루어질 수 없으므로 공격에 필요한 시간과 공간을 확보하기 위해서는 방어 수단이 필요하다고 주장하였다.[44]

이와 같은 방어에 대한 설명에서 클라우제비츠는 방어가 공격보다 유리한 것으로 주장하기는 하였으나, 이는 적의 공격에 대하여 즉각적인 반격을 고려한 것이었음을 알아야 한다.

또한 그의 전쟁관이 결전을 추구하는 유혈섬멸전임을 감안 할 때 그의 군사력 운용사상은 작전의 주도권을 장악할 수 있는 공세에 지향되어 있음을 알 수 있다.

(3) 리델히트(B.H. Liddel Hart)의 군사사상

(가) 전쟁수행 신념

리델히트[45]는 BCE(공통시대이전) 5세기의 그리스 전쟁에서부터 1948년 제1차 중동전

43) 이강언 등, 『신편군사학 개론』(서울 : 양서각, 2007), p.79.

44) 이는 공격 후 탈취, 확보한 지역에 대한 방어의 의미로 볼 수 있다.

쟁까지 망라한 경험적 연구결과를 통하여 간접접근전략을 제시하였다.

리델하트는 클라우제비츠와 같이 전쟁의 본질을 연구하지는 않았으나, 전략이론에 관해서는 클라우제비츠를 비판적으로 수용하고 있다. 즉, 클라우제비츠의 전략 개념은 정책(정치) 분야까지 확장하고 있기는 하나 수용가능 하지만, 너무 전략과 전투의 사용 방법에 얽매여 있다는 점을 비판하면서 전략이란 “정책상의 제 목적을 달성하기 위하여 군사적 수단을 분배하고 적용시키는 기술”이라고 정의 하였다.

리델하트의 간접접근전략 개념은 전장에서 적을 직접 파괴시키기 보다는 항공기에 의한 폭격으로 적의 심장부(重心[46])나 공업 중심지를 파괴하여 적의 전투 능력 및 의지를 조기에 마비시키는 것이었다.

하지만 제2차세계대전의 결과 이러한 결정적인 파괴에도 불구하고 적의 저항의지는 줄어들지 않음을 보고 게릴라전 및 장기전을 회피할 수 없다는 것을 인식하고 “간접접근전략의 참다운 목적은 전투를 구사하는 것이 아니라 전략상황을 유리하게 하는 것이다”라고 기존 견해를 수정하였다.

이러한 점에 비추어 볼 때 그의 전쟁관은 국가의 목적과 이익 실현을 위하여 전쟁은 불가피한 것이지만, 클라우제비츠의 이론처럼 적 부대의 섬멸에 주안을 두기 보다는 적국의 지휘 및 통제수단 등 중추신경을 마비하여 조기에 적의 전의를 말살시키는 전쟁의 수행을 강조한 것으로 볼 수 있다.

(나) 군사력 건설 및 운용

리델하트는 오늘날 국가전략 또는 총체전략으로 이해되고 있는 대전략(Grand Strategy)의 개념을 정립하였다. 그는 대전략이란 “전쟁의 정치적 목적을 달성하기 위하여 국가가

---

45) 리델하트는 주로 제1,2차세계대전으로부터 그의 군사사상 체계를 확립하였다. 리델하트는 그의 『전략론(A Strategy of the world)』 서문에서 “수소폭탄은 서구의 제 국민들이 직면하고 있는 제반위험에 대한 만병통치약이 아니다. ……봉쇄정책에 도움을 주기보다는 오히려 국지적 제한전쟁의 가능성만 증대시키고 있다”고 주장하면서 무기의 현대화 및 대량살상화가 오히려 게릴라전 양상을 가속화시키는 결과만 초래할 것이라고 언급하였다.

46) 중심(重心)은 지휘관이 작전목표를 달성하기 위해 모든 관심과 노력을 지향하는 초점이고, 가용전투력의 운용방식 결정과 방책 구상의 근간임. 그러나 작전방향의 전환, 적 핵심 지휘관 교체, 새로운 부대/신무기 배치에 따라 중심이 변화될 수 있음.

보유한 모든 자원을 협조시키고 관리하는 것으로서 엄밀하게는 군사력을 지원하기 위하여 국가의 경제자원 및 인적자원을 개발하여 경제적, 외교적 압력에 의하여 적의 의지를 약화시킨다는 대단히 중요한 도덕심의 힘 등을 염두에 두고 적용시키지 않으면 안 될 국가의 전쟁방책"이라고 정의하였다.

리델하트는 제1차세계대전의 분석을 통해 서부전선의 교착상태를 타개할 수 있는 방법은 전차에 의한 신속한 기동과 집중운용으로 전선을 돌파하고, 항공화력과 강력한 포병화력으로 적의 사령부나 지휘중추부를 강타하는 기동마비전을 주장하였다.

이러한 리델하트의 주장을 종합해 보면, 군사력 건설 사상은 기동과 화력을 결합한 전차 운용을 중시한 점으로 보아 유형군사력의 기계화 및 기동전력화를 강조하고 있고, 장거리 기동 및 타격능력을 보유한 항공기의 특성을 극대화하고, 전쟁 수행을 위해서는 국가의 가용한 모든 자원을 동원하는 것에 중점을 두고 있음을 알 수 있다.

군사력 운용면에서는 간접접근전략[47]에 의하여 적의 심장부를 강타하여 적의 전의를 조기에 마비시키는 사상을 견지한 것으로 보아, 수세보다는 공세를 중시한 것으로 평가할 수 있다.

7. 우리나라 군사사상[48]

우리민족은 유구한 역사를 통하여 주변 강국들의 각축 속에서 900여회의 외침을 받았음에도 이를 슬기롭게 극복하고 국가, 민족의 생존과 번영을 도모하면서 빛나는 군사적 전통을 쌓아왔다. 우리민족은 전통문화와 도덕심을 존중하여 주위의 국가에 대하여 평화관계를 유지하려고 노력하는 역사임에도 불구하고 부당한 침략을 당하면 끝까지 항전함으로써 이를 극복하고자 했다.

이런 점에서 단재 신채호는 우리의 역사를 "아(我)와 비아(非我)의 투쟁의 기록"이라고

47) 간접접근전략의 대표적인 작전 유형이 해병대가 수행하는 상륙작전이며, 미 해병대와 한국해병대의 경우 이러한 리델하트의 전략 개념을 교육 및 교리발전에 적극적으로 반영하고 있다.

48) 우리나라 군사사상의 경우, 제5장 우리나라의 군사조직 역사와 기술 내용이 부분적으로 중복되거나 다소 상이한 관점이 있으나, 이는 연구접근 방법의 차이로 볼 수 있으므로 참고 바람.

하였고, 우리 역사를 중국, 일본 또는 변방 민족과의 투쟁의 역사로 보았다. 우리민족은 전쟁을 인식하는 태도나 이러한 인식에 따른 전쟁수행 개념, 군사력 건설 및 운용 방법이 각 시대별로 주변 환경이나 상황 따라 상이하였다.

우리 민족의 사활을 건 수많은 전쟁을 승리로 이끌어온 자랑스러운 군사적 전통이 있음에도 불구하고, 최근까지 우리의 군사사상을 일목요연하게 연구하고자 하는 노력이 부족했던 것 또한 사실이다.[49]

(1) 고조선 시대

(가) 전쟁수행 신념

고조선은 우리민족이 최초로 9,000여년 전에 건국한 나라였다. 고조선 시대는 대략 기원전 4세기 초반~기원전 108년으로 추정되는 데, 정치적인 면에서는 부족 국가와 부족 연맹시대이고, 문화적인 면에서는 청동기 시대에 해당한다.

고조선은 하늘의 모습을 닮은 지상천국, 즉 이상적인 도덕적 복지사회(福祉社會)를 건설하고자 했고 선민의식(選民意識)과 복락사회를 구현하여 가정이나 사회, 국가에 대해서는 충성(忠誠)과 의무(義務)를 다하는 신의의 사회를 이룩하기 위해 하늘숭배(敬天), 조상공경(崇祖), 인간에 대한 사랑(愛人)으로 체계를 갖춘 “선(仙) 사상(思想)”을 정신적 구심점으로 설정하여 외침을 물리침으로써 부족사회의 생존과 번영을 도모하였다.

선(仙) 사상을 정신적 지주(支柱)로 삼고, 청동제 무기로 장비한 고조선인들은 사방을 정복하여 넓은 만주 벌판에서 융성하였으며, 중국의 진(秦), 한(漢) 등 강대국의 세력에 대해 전 국민이 일치하여 대항하였다.

당시의 군사조직은 사회조직과 별도로 만들어지지 않았기 때문에 부족 국가의 지배자는 곧 군사령관이었으며, 그 구성원은 모두 군인이었다. 이와 같은 점으로 보아 부족 공동체를 방호하기 위한 전쟁수행 개념은 바로 “널리 인간을 이롭게 하라”는 홍익인간(弘益人間)의 실천으로 볼 수 있다.[50] 그리고 선(仙) 사상에 의해 하늘의 밝은 세계를 본받아 지상

49) 육군본부, 『한국군의 군사사상』(대전 : 육군본부, 1992), pp. 95-120.
50) 이재평 · 정채하 외, 『알기쉬운 군사사상』, p.275.

(地上)에 천도(天道)를 실현함으로써 이상국가(理想國家)를 건설하겠다는 신념을 정신적 구심점으로 삼았다.

(나) 군사력 건설

역사상 고조선 시대는 기원전 4세기 초반~기원전 108년으로 정치적인 면에서는 부족국가와 부족연맹시대, 문화적인 면에서는 청동기 시대에 해당된다.

고조선 시대의 군제는 역사기록의 미비[51]로 분명하지 않으나, 삼국사기, 삼국유사 그리고 중국의 고대사에 보이는 기록으로 보면 BCE 3~4세기경 중국의 연(燕), 진(秦)과 계속 투쟁하였으며, 고조선의 영역이 중국의 감숙성까지를 포함하는 광대한 지역이었음을 고려할 때, 상당히 강력한 군사력을 갖추고 있었음을 알 수 있다.

당시의 군사조직은 주로 부족군(部族軍)으로서 부족장과 그 아래의 유력한 씨족장을 중심으로 한 지배계급을 핵심으로 하고 가난한 자나 노예(被征服者)를 제외한 전원이 병역의 무를 지고 있었던 것으로 보인다.

국가의 형태가 갖추어지기 시작한 부족연맹 시대에도 군대는 이러한 부족을 단위로 한 부족군의 연맹체였다. 이러한 사실은 위지동이전(魏志東夷傳)[52]에 나타나 있는 바, "부여인은 활과 창, 칼로 병기를 삼고 집집마다 갑옷과 무(鍪, 투구)가 있으며, 적의 침공시에는 모두가 나가 싸웠다."라고 기록되어 있다. 또한 삼국지 부여전(三國志 夫餘傳)[53]에 "적의 침공 시에는 모든 벼슬에 있는 사람들이 스스로 나아가 싸웠다"는 기록에서도 알 수 있다.

가난한 일반 백성들은 무기를 들지 못하고 군량을 운반하거나, 후방에서 지원은 담당하는 등 노역에 종사했다. 이와 같이 크고 작은 전투를 수행하기 위해서는 생활 집단을 군사조직화 하지 않으면 안 되었고, 이러한 생활집단은 부족 공동체를 방위하기 위해 전 부

51) 최근에 환단고기, 부여사 등을 비롯하여 한반도 고대 역사적 기록물들을 발굴하려는 노력이 상당히 진척되었고, 역사적 기록물 미비는 일제 강점기 한민족 역사관련 자료 수집, 소각한 것도 하나의 원인으로 작용했다.

52) 서진(西晉)의 진수(陳壽, 233~297)가 편찬한 삼국지의 위지에 부속된 고내 동방의 여러 종속과 국가에 내한 기록, 한단고기 확인 후 추가

53) 부여(부여,BCE 2세기~494년, 추가 확인)는 한민족의 고대국가의 하나인, 초기 국가들 중의 하나로 지금의 쑹화강(송화강) 유역을 중심으로 만주일대를 지배

족이 무장하여 싸우는 일종의 자전자수(自戰自守)체제[54]로 고조선 시대는 전원무장화된 군사력 건설에 주력했음을 알 수 있다.

(다) 군사력 운용

고조선 시대에는 씨족 또는 부족연맹시대로서 씨족장 또는 부족장을 중심으로 씨족 전원과 부족 전원이 외부의 침략에 공동으로 대처하거나 좀 더 나은 생활 영역을 확보하기 위하여 적극적인 정복활동을 전개해야 했기 때문에 씨족 내지 부족 생활 자체가 하나의 생활집단이자 군사조직체로서 군사적 성격을 지니고 있었다.

당시의 군사력 운용에 대한 구체적 기록은 전하지 않고 있으나 후한서(後漢書)는 옥저(沃沮)와 예(濊)를 가리켜 "매우 씩씩하고 보전(步戰)[55]을 잘한다."고 평했는데, 이러한 점은 삼한(三韓)도 마찬가지였을 것이다. 또한 삼국지(三國志)에는 "그들은 성질이 매우 강하고 용맹스럽다. 국가나 관가에 무슨 일이 있으면 성곽을 쌓고 또한 용맹하며 씩씩한 자들을 뽑아 단련하였다"고 기술되어 있다.

고조선이 청동제 무기를 가지고 만주의 요서, 요동지역과 한반도는 물론 중원(中原)까지 정복활동을 전개할 수 있었던 것은 영토확장에 따른 공세의지와 유목생활을 통하여 배양된 적극적이고, 진취적인 성향 때문이라고 볼 수 있다.

당시에는 부족(민족)의 생활권(生活圈)을 확보하기 위해서는 공세적 의지가 필요하였으며, 공세적인 부족만이 생존할 수 있고 번영할 수 있었던 것이다.

(2) 삼국 시대

삼국시대는 우리민족사에 있어서 고조선, 부여, 삼한 등의 초기국가들이 쌓아 올린 문화적 토대 위에서 고대국가의 성립이라는 막중한 역사적 과제를 달성하고, 나아가 통일된 민족국가의 기반을 닦는 민족역량의 축적기라는 중대한 역사적 위치를 점했던 시기였다.[56]

---

54) 이는 조선시대의 자전자수체제와 유사했을 것이다. 조선시대는 각 도에 여러 개의 진관(鎭管) 조직을 갖추어 도내의 군사들을 가까운 진관에 분속시킨 다음 유사시에 각 진관의 군사책임자, 즉 당해 지역의 수령으로 하여금 그 지역의 방어책임을 맡게 하는 자전자수(自戰自守)의 체제라 할 수 있다.

55) 보병전투

특히, 삼국시대는 문화적 정체(停滯)를 방지하기 위하여 고조선의 민본주의적 홍익인간(弘益人間)의 이념과 선 사상(仙 思想)등 민족 고유의 정신적 바탕 위에서 불교, 유교, 도교 등의 외래 사상을 수용하여 전통문화에 접목시킴으로써 사상적인 폭과 깊이를 더 확대하였다.

이러한 문화능력(文化能力)을 국력신장에 연결하여 고구려는 상무정신(常武精神) 아래 만주일대와 중국의 영토 일부까지 점령하는 대제국을 건설하였다. 백제는 중국의 동해안 지방과 일본에 진출하여 해상왕국으로서의 위세를 떨쳤으며, 신라도 지정학적 위치가 동남쪽에 치우쳐 초기에는 후진성을 벗어나지 못하였으나 화랑도와 같은 전통문화의 내실을 확고히 다져 민족통일(民族統一)의 위업을 달성하였다.

이처럼 삼국시대는 그 역사적 과제를 자각하고, 이를 성공적으로 달성했대는 점에서 우리 역사상 가장 중요한 위치를 차지했던 시기로 특정지을 수 있다.

삼국시대 나라별 군사사상을 살펴보면 아래의〈도표 4-1〉삼국시대 군사사상과 같으며, 세부적인 내용은 국가별로 살펴보았다.

구 분	전쟁수행 개념	군사력 건설 / 운용
고구려	• 상무정신(常武精神)에 의한 불굴의 자위자립정신 • 고조선의 옛 영토를 수복한다는 "다물정신"으로 국력 신장	• 초기에는 부족군 형태, 점차 왕을 중심으로 전국 군사조직화 • 국민개병제의 총력전 체제 • 청야입보(淸野立保, 거점중심종심방어)와 이일대로 (以逸待勞, 적의 보급선 신장 강요로 지치게 만듦)에 의한 선수후공(先守後功) 작전 • 이수제대(以小制大, 적은 병력으로 대병력 격파)

56) 이재평 · 정채하 외, 『알기쉬운 군사사상』, p.278.

신라	• 국가 중흥을 위한 인재양성을 위해 화랑도 제도화 • 세속오계(世俗五戒)의 정신덕목은 한민족 통일 원동력	• 성을 중심으로 한 지역별 공동체 방호 중심 • 연합군, 동맹군을 활용하는 전략적 사고의 우수성 • 매복전술이 발달
백제	• 동아시아 제해권을 장악 • 적극적이고 진취적인 자위의지(自衛意志) 정신	• 국민개병제, 전국에 성(城)을 200여개 보유(전 국민전투요원) • 거점 확보를 통한 점령지역 확보(한강유역) • 제해권 확보를 통해 공세적인 군사력 운용

〈도표 4-1〉 삼국시대 군사사상[57]

(가) 고구려

1) 전쟁수행 신념

고구려는 지리적으로 만주일대와 압록강 중류인 동강유역에 자리 잡고 일찍부터 중국의 금속기 문화를 받아들였으나, 초원과 산악지방이라는 불리한 여건에 놓여 있어 농경생활에는 극히 부적합하였다.

이러한 지리적 난관을 극복하고 국가를 발전시키기 위해서는 정복활동을 통하여 주변 지역의 비옥한 평야를 획득하는 것이 당면과제였다. 그러나 주위의 평야지대는 대부분 중국의 영향권에 있는 지역이었기 때문에 중국과의 투쟁에서 승리해야 만 그 진출이 가능했다. 그러므로 고구려는 강한 군사력이 필요했으며 정복적, 공세적, 적극적인 성격으로 만주와 압록강 일대에 산재해 있는 부족세력들을 통합하면서 꾸준하게 팽창정책을 추구하였다.

이와 같은 고구려의 대외정책은 만주족과 중국세력과의 충동을 가져왔고, 계속되는 투쟁 속에서 고구려는 일대의 강국으로 성장 할 수 있었다. 이로 인해 모든 국민들은 무(武)를 숭상하고, 진취적인 기상을 가지게 되었다. 평소 집집마다 무기를 비치했다가 일단 유사시에는 전 국민이 전쟁에 참여했으며, 석전(石戰), 씨름, 활쏘기, 사냥 등 전투적 경기를

57) 이강언 등, 『신편 군사학개론』, p.86.

국가적으로 권장하였다.

또한 중요한 성에는 고구려 시조 주몽(朱蒙)의 사당을 모시고 그 안에 갑옷과 창을 마련해 두어 상무적 기풍을 통한 정신적 통일을 꾀하고, 서방으로부터 밀려오는 중국 통일왕조의 끊임없는 압박과 남쪽으로부터 계속되는 백제, 신라의 집요한 위협에 결코 좌절하지 않고, 오히려 새로운 발전과 도약의 계기로 삼아 광개토대왕 때에는 북으로는 흑룡강(黑龍江), 서로는 동몽골, 동으로는 연해주(沿海州), 남으로는 임진강에 이르는 대제국을 건설함으로써 한민족의 생활무대를 만주와 중원대륙으로 확대하고 동북아의 패자로 군림하였다.[58]

이와 같이 민족웅비의 역사를 실현할 수 있었던 요인은 자주독립국가를 이룩하려는 불굴의 자위자립정신(自衛自立精神), 고조선의 옛땅을 찾겠다는 다물정신(多勿精神) 등을 상무정신(尙武精神)으로 승화(昇華)했기 때문이다.

2) 군사력 건설

중앙집권적 고대국가를 형성하지 못했던 초기 고구려에는 국왕을 중심으로 한 상비군이 없었으며, 각 부족을 단위로 하여 조직된 부족군(部族軍)이 그들에게 공동이익이 있을 경우 전쟁을 수행하였다. 그러나 차츰 고대국가로 발전하여 가는 과정에서 영토확대와 인구증가, 그리고 가중되어 가는 주변국들의 위협을 방지하기 위하여 전국적으로 강력한 방어체제를 구축하게 되었다.

고구려의 군사제도는 현존하는 자료의 미비로 정확하게 판단 할 수는 없으나, 전해지는 자료에 의하면 고구려 사회는 부족연맹체에서 점차 중앙집권적이고, 통제적인 정치 형태로 변화되었으며, 제6대 대조왕(大祖王)때부터는 부족 연맹의 단계를 벗어나 고대국가로의 전환기로 접어들었으며, 중앙귀족을 장군으로 하고 왕을 최고사령관으로 하는 전국적인 군사조직이 행정조직과 일체를 이루어 전국적인 방어체제를 구축하였다.

정복전쟁의 수행으로 영토는 점차 확대되고, 인구는 증가하였으며, 가중되어 가는 주변국의 위협은 고구려로 하여금 군사조직과 행정조직의 유기적인 발전보다는 통제된 전국적 규모의 전투태세를 요구하였기 때문이다.

---

58) 이재평 · 정채하 외, 『알기쉬운 군사사상』, p.278.

국왕과 귀족들의 근거지인 수도에는 5부(部)[59]를 두어 '가(加)'나 '대가(大加)' 등 부족장 출신이 내부의 군사와 행정을 장악하고, 국왕은 전국의 최고사령관 역할을 수행하였다. 국왕의 예하에는 대모달(大模達)[60]막하하라지(莫何何羅支, 막하라수지(幕何羅繡地)[61]등의 최고 지휘관이 있었다. 이들 아래에는 약 1,000명을 지휘하는 중간 지휘관인 말객(末客)이 있었다.[62]

지방역시 5부로 나누어 큰 성에는 욕살(褥薩, 지방장관)[63]이 임명되었고, 부 밑에 여러 성(城)이 소속되었는데, 그 장(長)인 성주(城主, 처궁근지 또는 道使) 휘하에 관리를 두어 지방행정을 장악하고 동시에 군대를 통괄하였다. 이러한 성은 전국적으로 대소 약 200여 개에 달했고, 그 중 100여 개는 만주와 연해주 일대의 군사, 경제상의 요지에 견고하고 종심깊게 설치하였다.

평소 성에는 소수 수비대가 상주하였으나, 이들은 인근 촌락민들과 공동체적 유대에 의하여 결속되었으며, 전시에 이들 촌락민은 농민군으로서 성의 방위력을 증강시켰다. 특히, 이들 촌락에는 자치적으로 경당(扃堂)[64]이라는 일종의 교육기관을 두어 충성(忠誠)·효도(孝道)·신의(信義) 등의 정신덕목과 군사훈련을 실시함으로써 각 성은 우수한 군대를 성가까이서 육성하여 원활한 병력보충을 할 수 있었다.

군역(軍役)에 있어서 부족국가 시대에는 "가(加)"나 "대가(代加)" 등의 족장 계층만이 군

59) 내부, 동부, 서부, 남부, 북부.

60) 대모달(大模達)은 고구려의 무관직(武官職)의 하나이다. 막하라수지(莫何邏繡支)라고도 하고 대당주(大幢主)라고도 하였다. 최고지휘관.

61) 支(지)는 관직명인 대막리지(大莫離支), 막하하라지(莫何何羅支), 막하라수지(莫何邏繡支) 등에서 알 수 있듯이 오늘날의 '씨'와 같이 일종의 존칭으로 쓰인 것으로 보인다. 그러므로 을지는 '대단하신 분'이라는 존칭을 의미한다는 설이 있다.

62) 고구려의 무관직으로는 최고위직인 대모달(大模達)과 대모달 다음가는 고위 무관직인 말객(末客) 등이 확인된다. 국상은 후에 대대로(大對盧)와 막리지(莫離支) 등으로 개편되었으며 고구려 말기에는 나라의 군권과 행정을 모두 총괄하는 최고 관직인 대막리지 (大莫離支)가 신설되었다.

63) 고구려는 지방통치조직을 대성 (大城)·성 (城)·소성 (小城)의 3단계로 구획하고, 여기에 중앙관리를 파견하였는데, 이 중 대성의 장관을 욕살 (褥薩·耨薩·辱薩)이라고 하였다. 고구려의 대성은 군 (郡) 규모의 여러 성 (城)을 통할하는 커다란 행정구역인데, 동·서·남·북·내 (內)의 5부 (部)가 있었으며, 각 부에 욕살이 파견되었다.

64) 경당(扃堂)은 고구려의 사학 교육기관(私學敎育機關)이다. 태학이 상류층의 자제를 모아 유학을 중심으로 교육하는 관학(官學)인데 대해, 후기에 설치된 경당은 일반 평민층이 그들의 자제를 교육하기 위하여 설립했다. 여기에서는 경전(經典)과 궁술(弓術)을 가르쳤다. 평양 천도 이후 경당은 각처에 설치되어, 문무를 겸비한 인재를 양성하였다.

인이 될 수 있는 특권을 가졌고, 평민인 하호(下戶)는 군량 운반 등의 노력에 동원되었으나, 대외 정복사업의 진척에 따라 병력 수요가 급증하면서, 일반국민들도 군역에 동원되는 국민개병제(國民皆兵制)의 총력전 체제가 되었다.

병종은 보병과 기병이 일찍부터 발달하여 군사력의 중추체력을 형성하였고, 광개토대왕 16년에 수군(水軍)이 백제의 서해안 지역으로 기습 상륙한 사실로 미루어보아 일찍부터 강력한 수군을 보유했을 것으로 생각된다.

이와 같이 고구려의 군사력은 국민개병제(國民皆兵制) 아래, 전 국민이 전사단(戰士團)으로 조직되고 훈련되었으며, 전국이 성을 중심으로 한 지역별 공동방호체제(共同防護體制)[65] 건설에 중점을 두었다.

3) 군사력 운용

고구려는 춘추전국시대[66] 이래 비약적으로 발전해 온 중국의 전술을 모방하면서 대륙세력과의 오랜 항쟁을 통하여 체득한 전투경험을 토대로 독특한 전술을 전개해 나갔다. 그리하여 군사적 요지에 지형지물을 이용하여 견고한 성을 쌓아 군사 기지화하는 동시에 주변의 토지를 경작하여 군량을 생산하고 유사시에는 주변 토지의 농작물을 거두어 성으로 들어가 방어하는 청야입보(淸野入堡)[67]와 적을 아군이 작전에 유리한 지점까지 깊숙이

---

65) 지역별 공동체 방호와 동일 의미임.

66) 춘추 시대(春秋時代, 병음: Chūnqiū Shídài: 기원전 770~403)는 중국의 역사에서 기원전 770년에서 기원전 403년 사이 시기를 말하며, 주나라의 동천 이후 진나라의 중국 통일까지 시기를 부르는 춘추 전국 시대 전반기에 해당한다. 이 이름은 공자가 지은『춘추』「春秋」에서 유래했다. 춘추 시대와 전국 시대 경계는 춘추 시대에 열국의 강국 진(晋)이 조 · 위 · 한 3국으로 분열해서 동주가 정식으로 승인한 기원전 403년까지로 잡는 게 보통이다.
전국 시대(戰國時代, Warring States period, 기원전 476년 또는 기원전 403년 ~ 기원전 221년)는 기원전 476년(기원전 403년)부터 진(秦)나라가 중국 통일을 달성한 기원전 221년까지의 기간을 가리키며, 그 시기의 이야기가 주로『전국책』「戰國策」에서 등장하므로 전국시대라 불린다.

67) 청야입보란 군사적 요충지에 지형지물을 이용하여 견고한 성곽을 쌓아 군사 기지화하는 동시에 주변의 토지를 경작하여 군량을 생산하고 유사시에는 주변 토지의 농작물을 거두어 성에 들어가 방어하여 적군이 현지에서 식량을 조달하지 못하도록 하는 전법으로 정의되고 있다.
우리 역사에서 처음으로 청야라는 개념이 나오는 것은 고구려시대로 최초로 청야입보 전술이 거론된 것은 고구려 때인 172년(고구려 신대왕 8) 11월 한나라의 대군이 고구려를 공격하였을 때로 이해되고 있다.『삼국사기』에 의하면 이때 고구려의 신하들은 고구려의 산이 험하고 길이 좁으므로 병력을 출동시켜 막을 것을 건의하였으나 재상인 명림답부(明臨答夫)는 적군이 먼 곳에서 왔으므로 성을 견고히 하면서 성 밖 들판에 곡식과 사람을 모두 비워놓고[淸野] 기다리면 적이 퇴각할 것이라고 주장하였다. 이 청야입보 전략을 채택하여 고구려는 승리를 거두게 되었다고 한다.

유인하여 적의 피로와 보급선의 과도한 신장을 강요함으로써 전투력을 보강하다가 이를 격퇴하는 이일대로(以逸待勞)[68] 고구려의 기본적인 작전개념이었다.

이러한 작전개념은 고구려가 요동일대를 확보했던 5세기 이후에도 적용되었으나, 광대한 국경선에 병력을 배치할 수 없는 약점을 지닌 고구려는 외적의 소규모 침입은 이를 직접 맞아 분쇄하고, 대규모 외적의 침입에는 청야입보와 이일대로에 의한 선수후공(先守後攻) 작전을 채택하는 것으로 점진적으로 변화했다.

이와 같은 작전을 수행하기 위하여 고구려는 서부(西部) 관할 하에 있는 요동성(요양)에 32곳의 제 성진(諸 城鎭), 북부(北部) 관할 하에 국내성을 포함한 40여개 성을 두었으며, 동부(東部)의 관할 하에 책성, 철리주(연해북부), 돈성(만주 돈화현)등의 제 성진과 이밖에 평양성을 위시하여 신라, 백제에 대한 남쪽 방면에도 종심 깊게 성곽을 설치 운용함으로써 거점방어(據點防禦) 체제를 구축하였다. 또한 적에 의해서 성이 포위되는 약점을 보강하기 위하여 여러 성(城) 간의 상호지원체제 강화와 강력한 후방 예비대를 운용하였다.

이와 같이 고구려의 군사력 운용은 견고한 성곽과 인근 촌락주민들과의 공동유대, 각 성간의 긴밀한 지원망 구성 및 종심 깊은 성곽의 배치 등을 주축(主軸)으로 한 강력한 방위체제에 의해 축차적(逐次的)으로 적의 공격기세를 차단, 둔화시킨 다음 적의 취약점을 발견하였을 때는 즉시 공격으로 전환하여 이를 결멸시키는 이소제대(以小制大), 즉, 소수의 병력으로 적의 대병력을 격파하는 공세적 군사력 운용에 중점을 두었다.

(나) 신라

1) 전쟁수행 신념

신라는 소백산맥으로 가로막힌 한반도의 동남부에 위치하여 중국의 선진문화와 접촉하지 못하였고, 사로국(斯盧國)을 중심으로 한 6촌(村) 사회가 계속되면서 박(朴), 석(昔), 김(金) 3성(姓)에 의한 씨족 사회의 흔적이 늦게까지 남아있었다. 이후 점차 고구려와 백제를 통하여 선진문물을 받아들이면서 사회가 발전하기 시작하였으며, 4세기 중엽인 17대

68) 이일대로는 편안하게 쉬면서 지친 적을 기다린다는 뜻이다. 먼저 유리한 고지를 차지하여 편안하게 쉬면서 힘을 비축한 다음, 적을 유인하여 피곤하게 만들어 놓고 공격해야 한다는 전략이다.

내물왕(奈勿王)[69]에 이르러서는 고대국가의 면모를 갖추게 되었다.

신라가 성장 발전하는 초기단계는 고구려의 도움에 많이 의존하였으며, 그래서 고구려의 정치적, 문화적 간섭과 압력을 배제할 수 없었다. 그러나 진정한 신라의 독자적 성장을 위해서는 고구려의 간섭과 압력이 오히려 신라 발전의 촉진제가 되었다.

따라서 신라의 국가적 완성에 필요한 정책은 고구려의 압력을 배제하기 위해 백제와 손을 잡고, 고구려의 남하에 대한 공동전선을 펼침으로써 고구려의 간섭을 벗어날 수 있었으며, 자주적 발전과 팽창의 기회가 되었다. 특히, 22대 지증왕와 23대 법흥왕 때에는 정치제도와 사상이념을 확립하여 고대국가를 완성하고, 24대 진흥왕(眞興王)[70]대에 가서는 국력을 비약적으로 성장시켰다.

신라는 장차 고구려, 백제와 투쟁하기 위해서는 많은 병력과 훌륭한 인재를 필요로 하게 되었고, 그 인재 양성의 방편으로 화랑도(花郞徒)를 제도화했던 것이다. 국가중흥의 대업을 수행할 인재양성을 위해 국가적인 체제로 정비되었던 화랑도의 사상적 연원은 우리 고유의 정신적 기반인 '선(仙)'에 두고 있는 데, 진평왕(眞平王)[71]은 이를 특별히 숭상하여 고선도(古仙道)를 부흥시켜 화랑도로 체계화함으로서 신라의 국력을 일신하려 했던 것이다. 화랑도는 비단 화랑들 만의 덕목이 아니라 그 시대를 살아갔던 전 신라인들의 정신이

---

69) 내물마립간(奈勿麻立干, ? ~ 402년, 재위: 356년 ~ 402년) 또는 내물이사금(奈勿泥師今)은 신라의 17대 임금으로, 내물왕(奈勿王)이라고도 한다. 성은 김씨이고, 구도(仇道) 갈문왕의 자손으로, 아버지는 13대 미추이사금의 동생인 각간 김말구(金末仇)요, 어머니는 휴례부인 김씨(休禮夫人 金氏)이며, 왕후는 보반부인이다.

70) 신라 진흥왕(新羅 眞興王, 534년~576년, 재위: 540년~576년)은 신라의 제24대 임금이다. 성은 김(金)이고 이름은 삼맥종(三麥宗) 또는 심맥부(深麥夫)이다. 불교 승려로서의 법명은 법운(法雲)이다. 법흥왕의 동생이며 지증왕의 아들인 입종 갈문왕(立宗 葛文王) 구진(仇珍)과 법흥왕의 딸인 식도부인(息道夫人, 지소태후)의 아들로 출생하였다. 법흥왕은 진흥왕에게 큰아버지이자 외조부가 된다. 진흥왕은 국가 발전을 위한 인재를 양성하기 위하여 화랑도를 국가적인 조직으로 개편하고, 불교 교단을 정비하여 사상적 통합을 도모하였다. 이를 토대로 신라는 고구려의 지배 아래에 있던 한강 유역을 빼앗고 함경도 지역으로까지 진출하였으며, 남쪽으로는 562년 대가야를 정복하여 낙동강 서쪽을 장악하였다. 이러한 신라의 팽창은 낙동강 유역과 한강 유역의 2대 생산력을 소유하게 되어, 백제를 억누르고 고구려의 남진 세력을 막게 되었을 뿐만 아니라 인천만(仁川灣)에서 수 · 당(隨唐)과 직통하여 이들과 연맹 관계를 맺게 되어 삼국의 정립을 보았다. 이는 이후 신라가 삼국 경쟁의 주도권을 장악하게 되는 계기가 되었다. 진흥왕 때는 신라의 전성기였으며, 정복 군주로 불렸다. 고구려의 영토였던 원산만 훨씬 너머까지 진출한 흔적은 마운령비에서 알 수 있다.

71) 진평왕(眞平王, ? ~ 632년, 재위 579년 ~ 632년)은 신라의 제26대 왕이다. 성은 김(金), 휘는 백정(伯淨, 白淨, 白丁), 구당서에는 진평(眞平) 으로 기록되어있다. 진흥왕의 장손으로 아버지는 진흥왕의 장남인 동륜태자, 어머니는 갈문왕(葛文王) 김입종(金立宗)의 딸 만호부인(萬呼夫人)이고, 왕비는 복승갈문왕(福勝葛文王)의 딸 마야왕후(摩耶夫人)이다.

기도 하였다.

이들이 가졌던 세속오계(世俗五戒)[72]의 정신덕목은 어떠한 극한 상황에서고 조국을 배반하지 않고 뜨겁게 우국충정을 불태웠던 화랑들의 지고지순한 애국정신이라 할 수 있다. 이것이 바로 위대한 도약을 꿈꾸었던 신라의 저력(底力)이자 자주적으로 한반도를 통일하려는 원동력이 되었다.

화랑도가 제도화된 6세기 중엽부터 한반도 통일을 이룩하게 되는 7세기 중엽까지의 1세기 동안은 신라 역사상 가장 치열한 격전이 벌어졌던 시기로 이러한 시대에 숭상되는 덕목은 충(忠)과 효(孝)가 최고의 덕목이었다.

이러한 정신 아래 신라는 상하가 일치단결하여 불완전하지만 최초로 한반도 통일이라는 위업을 달성하였다. 통일 이후 당(唐)의 지배야욕에 맞서서 백제와 고구려 유민들과 공동전선을 형성하여 당군(唐軍)을 축출한 사실 등은 분열되었던 통일민족의식을 고양시킨 신라인의 자주정신을 가장 단적으로 표현한 증거라 할 수 있다.

2) 군사력 건설

삼국 중 가장 후진국이었던 삼국을 통일하는 과정에서 전력을 다해 국방력을 충실히 했던 관계로 고대국가로서는 놀랄 만큼 정비된 군사제도를 마련할 수 있었다.

신라는 처음에는 6부 소속의 구성원들을 군인으로 징모하여 편성한 이른바 6부병(六部兵)이 있어서 수도인 서라벌(경주)을 방어하였다.

삼국 간의 항쟁에 격화된 진흥왕 대에 이르러 이들 6개 부대를 통합하여 대당(大幢)을 편성하였는데, 이는 신라 중기(中期)의 군사력의 기본이 되는 6정군단(六停軍團)[73]의 효시

---

72) 世(인간 세), 俗(풍속 속), 五(다섯 오), 戒(경계할 계) 세속오계란, 신라 화랑의 5가지 계율이다. 신라 26대 진평왕 때 귀산과 추항이라는 두 청년이 중국 수나라에 유학을 다녀온 승려 원광(圓光)에게 평생 마음에 새길 가르침을 구하자 그들에게 5가지 계율을 제시하였다. 이후 세속오계는 화랑도의 신조가 되어 신라 화랑이 크게 발전하였으며 신라가 삼국 통일을 하는데 기여했다. 세속오계에는 사군이충(事君以忠), 사친이효(事親以孝), 교우이신(交友以信), 임전무퇴(臨戰無退), 살생유택(殺生有擇)이 있다

73) 보병군단인 6정 군단은 주치(州治)에 배치되어 주의 이동과 함께 그 소재지가 이동되었다. 6정의 각 군단은 군단본부와 군사당(軍師幢)·대장척당(大匠尺幢)·보기당(步騎幢)·흑의장창말보당(黑衣長槍末步幢) 등의 4개의 지원부대로 구성되어 있었다.
6정(六停)은 544년(진흥왕 5년)부터 9주 5소경 체제가 정립된 685년(신문왕 5년)까지 신라의 지역 최고 군사조직으로서 행정조직의 기능을 겸하였고, 이후 9주 5소경 체제를 마련하는데 기반이 된 조직이다.

가 되었다. CE 550년에 비약적으로 영토를 확장함과 더불어 점령지에 주(州)를 설치하고, 주마다 군단이 설치된 결과 중앙의 대당과 합하여 6정이 편성되었다. 이 6정은 왕경(王京)의 6부 성(姓)을 기본적인 군사력으로 하고 있는 대당(大幢)과 지방민을 징발하여 편성한 5개의 정(停)으로 이루어진 혼성부대였다.

군주(軍主) 도독(都督)[74]을 비롯한 고급 군관은 중앙에서 파견되었지만, 주병(州兵)을 기본적인 군사력으로 하고 있었다. 이를 6정에 소속된 군인들은 무기를 들고 싸우는 것을 괴로운 의무라고 하기보다는 오히려 명예로운 권리로 생각하여 전장에 임하여서는 목숨을 돌보지 않고 용감하게 싸웠다.

삼국 통일이후에는 전제왕권의 보호와 군사적 필요에 의해서 궁성(宮城)에서 국왕을 시위하는 시위(侍衛)가 강화되었고, 중앙군(中央軍)의 핵심적인 9서당(九誓幢[75])이 조직되었다. 이 부대는 30대 문무왕이 백제 부흥운동을 평정한 뒤, 백제민으로 구성하여 백금서당을 시초로 신문왕대에 고구려, 말갈 등 피정복민으로 조직하여 왕권을 뒷받침하는 임무를 수행하게 했다.

한편, 지방군대는 10정이 있었는데, 이는 통일신라의 9주를 기준으로 각 주에 하나의 정을 설치하여 전국에 고루 배치한다는 원칙에 따른 것이다. 다만, 한주(漢主, 여주, 이천)만은 그 지역이 넓을 뿐만 아니라 국방상의 요지였기 때문에 2개의 정을 설치하였다. 10정은 지방의 정치적, 경제적 중심 도시인 주치소(州治所) 가까운 곳에 배치되었다.

이러한 점으로 미루어 볼 때, 10정은 통일신라의 군사적 지방통치의 거점이었으며, 국방 뿐만 아니라 치안을 위한 군사조직이기도 했다.

---

74) 신라시대 9주(州)의 장관직이다. 『삼국사기』 직관지(職官志)에 의하면, 505년(지증왕 6)이사부(異斯夫)를 실직주(悉直州)의 군주(軍主)로 삼았는데, 661년(문무왕 1) 총관(摠管)으로 바꾸었고, 785년(원성왕 1) 도독으로 그 명칭을 고쳤다고 한다. 그런데 문무왕 이후 이미 도독의 명칭이 나타나고 있는 것으로 보아, 문무왕 때 9주 장관의 명칭으로 도독이 사용되었고, 총관은 전국적인 군사동원의 필요에 따라 임시로 사용되었던 것을 알 수 있다. 문무왕 때 군주의 명칭이 도독으로 변경된 것은 9주 장관의 기능에서 군사적 성격이 배제되고, 단순한 행정적 외관(外官)이 되었음을 나타낸다. 출처: 한국민족문화대백과사전(도독(都督))

75) 통일신라 의 중앙군이다. 9서당이 있었는데 신라인 (녹금서당, 자금서당, 비금서당), 고구려 유민 (황금서당), 보덕국민 (벽금서당, 적금서당), 백제 유민 (백금서당, 청금서당), 말갈인 (흑금서당)으로 구성되어 있었다. 이는 신라의 민족 융합 정책 때문이었다.
9서당은 군복 옷깃의 색깔에 의해 부대를 구분하였는데, 진평왕 때 먼저 녹금서당과 자금서당의 2개 서당이 조직되었고, 삼국 통일 이후 문무왕 때 백금서당, 비금서당이 설치되었으며, 신문왕 때 다시 황금서당, 흑금서당, 벽금서당, 적금서당, 청금서당이 추가되어 9서당으로 완성되었다.

이와 같은 신라의 군사력 건설도 고구려, 백제와 마찬가지로 전국의 전략적인 요지에 성(成)을 종심깊게 배치하면서 성에 주둔한 상비군(상비군)과 주민 간의 강력한 유대를 통하여 지역을 방호하는 지역별 공동방호체제(共同防護體制) 건설에 중점을 두었다.

3) 군사력 운용

삼국 중 모든 면에서 열세했던 신라는 국가의 안보정책으로 외교에 중점을 두게 되었다. 고대국가로 발전하는 과정에서 강대한 고구려의 압력을 극복하기 위해 나제동맹(羅濟同盟)[76], 백제가 강성하여 위협세력으로 등장하였을 때는 고구려와 협조하여 이에 대응하고자 하였다.

특히, 당의 고구려 공격 실패로 여제(麗濟, 고구려와 백제)의 압력이 가중되자 당나라와 연합하여 백제와 고구려를 멸망시킴으로써 한반도 통일의 주인공이 되었던 것이다.

신라는 국력을 양성할 수 있는 방편으로 고대로부터 전래되어온 화랑도를 부활하여 국가를 보위할 수 있는 지도자를 키우면서 대외투쟁을 위한 인재를 양성함으로써 그 목적을 달성하고자 했다.

신라인들의 전술상 우수성은 한 개인의 군사적 능력보다는 집단적 힘에 의존하였다는 점이다. 즉, 화랑도가 한 개인의 능력보다는 집단적 행동과 의식을 통해서 형성된 응집력을 군사능력으로 승화시켜 전투에서 승리할 수 있었다는 점에서 그러한 사실을 충분히 짐작할 수 있다.

이외에도 군사적 승리를 위해서 연합군 내지 동맹군을 형성하여 다양한 방면에서 다양한 전투력을 집중시켰던 점도 신라인들의 전략적 사고의 우수성을 입증하는 좋은 예이다.

신라는 고구려나 백제의 전술을 받아들여 이를 더욱 발전시켰으며, 특히, 보기전술(步騎戰術)이 삼국 중 가장 발달하였다. 아울러 군사를 곳곳에 매복시켰다가 백제군을 대파시켰던 사실을 보면 지형지물을 이용한 매복전술(埋伏戰術)을 가장 잘 활용했던 것으로 볼 수

---

76) 삼국시대 CE 433년부터 CE 554년까지 121년 동안 지속된 신라와 백제의 대고구려 군사동맹이다. 다만 가장 길게 잡았을 때 433~554년이지만 그 시작과 중간, 끝에 대해선 이견이 있으며, 중간에 동맹이 약화되는 듯한 기록이 있기 때문에 학자에 따라선 제1차 나제동맹과 제2차 나제동맹으로 나눠 말하는 경우도 있다. 신라의 '라'와 백제의 '제'를 따와서 붙였으니 '라제동맹'이라고 해야 맞지만 두음법칙에 따라 '라'자가 '나'자가 된다. 일각에서는 백제가 동맹을 주도했다는 점을 강조하며 제라동맹이라고 부르는 경우도 있다.

있다.[77]

이와 같은 신라의 군사력 운용은 초기에는 수세에 치중하다가 중기에 들어와서는 험준한 산악과 같은 지형지물을 이용하여 적의 공격 기세를 둔화 내지는 흡수한 뒤, 반격을 취하였다. 특히, 적국과 적대관계에 있는 주변국과 연합세력을 형성하여 승리를 결정짓는 선수후공(先守後攻) 전략에 군사력 운용의 중점을 둔 것으로 보인다.

(다) 백제

1) 전쟁수행 신념

백제는 한반도 중앙에 위치한 한강[78] 유역에서 나라를 세운 뒤, 그 일대를 지배하는 중심국가로 성장하였다.

CE 246년에는 북쪽의 고구려와 부족 국가들의 침략을 저지, 극복하면서 비교적 일직부터 국가적인 기초를 닦았으며, 토지가 비옥한 한강 유역[79]의 경제적, 문화적 힘을 토대로 영토를 확장해 나갔다.

그리하여 한반도 서남부의 호남평야와 가야 지방을 정복하고 전략적으로 중요한 한강유역을 수호하면서 외부의 침략을 분쇄, 저지하는 것이 초기 백제가 극복해야 할 당면과제였다. 이와 같이 국토보전을 위해 외부세력과 투쟁할 수 밖에 없다는 대명제(大命題)를 안고 성장 발전해 온 백제는 고대국가로서 체제를 정비하고, 동아시아의 제해권(制海權)을

---

77) 이재평 · 정채하 외, 『알기쉬운 군사사상』, p.287.

78) 한사군과 삼국시대 초기의 한강은 한반도의 중간 허리부분을 띠처럼 둘렀다는 뜻에서 '대수' 라 불렸고, 고구려에서는 '아리수'라 했으며, 백제는 '욱리하'라고 했다. 또 신라는 상류를 '이하', 하류를 '왕봉하' 라고 불렀다. 한편 '삼국사기' '신라편' 지리지에는 한강을 '한산하' 또는 '북독' 이라고도 했다.
고려 때는 큰 물줄기가 밝고 맑게 뻗어내리는 긴 강이란 뜻으로 '열수' 라고 불렀으며, 모래가 많이 '사평도' 또는 '사리진'이라고도 불렸다.
조선시대에는 '경강'이라고도 불렀으며 그 이전에 백제가 동진과 교통하여 중국문화를 받아들이기 시작하면서 한강의 이름을 중국식으로 고쳐서 '한수'라 불렀고, 그 뒤부터 옛이름은 차츰 사라지고 '한수' 또는 '한강' 이라고만 불리어졌다.
한편 한강은 본래 우리말 '한가람'에서 비롯된 말로 '한'은 '크다, 넓다, 길다'는 의미이며, '가람'은 강의 고어로 '크고 넓은 강'이란 뜻으로 사용되었다는 주장도 있다.

79) 한강 유역의 중요성으로는 한강을 차지하면 경제적으로나 지리적으로 매우 유리하고, 한반도의 중심에 위치해 있으며, 넓은 평야가 있어 농사짓기에 좋으며, 한강을 통해 물건을 여러 지역으로 쉽게 실어 나를 수 있고, 서해 바다를 통해 중국과 교류하기에 좋은 지역 등이 있다.

장악해 나가기 시작했다.

당시의 중국 대륙은 4백여 년에 걸친 혼란기에 접어들고 있었는데, 이 시기를 적절히 이용하여 백제는 고구려의 남하(南下) 정책을 배후에서 견제하고, 고구려의 요동경략(遼東經略)에 대응하기 위해 산동반도에 진출해 있던 백제군으로 하여금 요서지방을 경략[80]하고 진평군을 설치하여 황해의 제해권을 장악했던 것이다.

마한(馬韓)의 조그마한 나라로 출발했던 백제가 북방 고구려의 끊임없는 위협에 대처하고 신라와의 계속적인 경쟁 속에서 해양으로 진출하여 중국의 요서지방과 양자강 유역은 물론, 일본에도 진출하여 일본의 고대국가 건설과 고대문화 형성에 결정적인 기여를 하게 된 것은 바로 전략적 요충지인 국토를 주변 국가로부터 방위하고, 스스로 힘을 길러 해양으로 진출하려는 진취적인 자위의지(自衛意志)의 표현이었고, 불과 5천명 밖에 안 되는 소수병력으로 5만 여명이 나당연합군(羅唐聯合軍)과 당당히 맞서 싸웠던 황산벌 전투는 백제인의 드높은 자위자주의지(自衛自主意志)의 귀감이자, 그들의 전쟁수행 신념으로 볼 수 있다.

2) 군사력 건설

백제는 초기 불안정했던 통치체제에서 점차 고대국가체제를 확립하는 과정에서 군사제도를 정비해 나갔다. 백제의 군사제도는 중앙군(中央軍)과 지방군(地方軍)으로 구분되는데, 중앙군은 수도에 상(上)·중·(中)하(下)·전(前)·후(後)의 5부로 성되었고, 각 부는 5권으로 구성되었으며, 각 부에는 500명으로 구성된 부병이 상주하였는데 이를 달솔(達率)이 지휘하였다.

지방군 역시 지방을 5방(方)으로 나누고 각 방에는 주진(主鎭)으로 방성(方城) 하나를 정하고 그 아래에 군(郡)이라 하여, 많게는 10개 군, 적게는 6~7개 군 행정단위에 여러개의 소성(小城)을 두고, 각각 군대가 주둔하고 있어 군사적 요새의 역할을 하였다.

방성은 그리스의 아크로폴리스[81] 모양으로 험준한 산에 축조되고, 그 속에는 민가(民

80) 백제의 요서진출이란 백제가 막강한 해군력을 가지고 중국 대륙의 요서, 산동, 양자강으로 진출한 것을 말한다. 당시 중국은 5호 16국이라 불리는 시대로 여러 나라로 분열되어 있었다.

81) 아크로폴리스(고대 그리스어: ἀκρόπολις)는 고대 그리스 폴리스의 중심이었던 언덕으로, 신전(아테네의 파르테논 신전)과 요새가 구축되었다.

家)와 군대가 함께 거주하였는데, 각 방성의 병력은 700~1200여 명이었다. 방성의 장은 방령(方領) 달솔(達率)이라 하여 행정권과 군령권을 겸하였으며, 그 밑에는 방좌(方佐)가 있어서 이들을 보좌하였다.

나당연합군이 백제를 점령하였을 때, 전국의 성은 약 200여 개였다. 이와 같이 백제의 군사력 건설도 고구려, 신라와 마찬가지로 전국의 전략적인 요지에 성(成)을 종심깊게 배치하면서 성에 주둔한 상비군(상비군)과 주민 간의 강력한 유대를 통하여 지역을 방호하는 지역별 공동방호체제(共同防護體制) 건설에 중점을 두었다.

3) 군사력 운용

백제는 비옥하고 수운이 편리한 한강 유역을 중심으로 발전하였으며, 이러한 지리적 이점을 최대한 활용하여 일찍부터 선진 중국문화를 수용함으로써 경제적, 문화적 역량을 키우는 동시에 그 힘을 토대로 동쪽의 신라와 북쪽의 고구려와 일대 각축을 벌였다. 그러나 한반도에서 정복전쟁의 목표가 된 것은 주로 한강유역이었다.

한강은 한반도 중부를 동서로 가로질러 전략적으로 남북 세력에 똑같이 중요했을 뿐만 아니라 중국과의 해로교섭(海路交涉)에도 적합한 지리적 이점 때문에 인접국가로부터 끊임없는 탈취의 주요 목표가 되었다.

따라서 백제는 고대국가체제를 정비하기 이전부터 국토의 보전에 전투력을 집중하지 않을 수 없었으며, 군사력 운용 또한 수성(守城)위주의 방어개념 하에서 인접왕조가 약해졌다고 판단되면, 성을 공격하여 이를 탈취하는 성곽쟁탈전을 수행했으므로, 기동전보다는 거점 확보를 통한 점령지역 확보 위주의 전략과 전술을 채택하였다.

한편, 국력 성장기에는 인접국가와 직접 충돌하기보다는 해양진출을 통하여 국력을 신장하였다. 즉, 중국이 오랫동안 분열되어 혼란한 시기에는 그 틈을 이용하여 중국의 요서지방과 산동반도 일대를 경략하였으며, 일본의 구주(九州, 현 규슈[82])지역을 석권하는 등 눈부신 해상활동을 전개하였다.

이와 같은 백제의 제해권 장악은 해상활동을 통한 생존권의 확대라는 점에서 종래의 수세적 군사력 운용에서 공세적 운용으로 전환하는 계기로 작용했다.

82) 규슈(九州,)는 혼슈, 시코쿠, 홋카이도와 함께 일본 열도를 대표한다. 규슈의 본섬(36,782.37 km²)은 일본에서 세 번째, 세계에서 37번째로 큰 섬이다.

(3) 고려 시대

(가) 전쟁수행 신념

고려왕조는 한민족의 기반을 단순한 공동운명체로부터 국가라는 정치체제 속에 결합시키고, 이렇게 결집된 힘을 바탕으로 현재의 영토 범위를 대외적으로 확정하여 후세에 물려줌으로써 오늘날 민족국가를 형성하는데 있어서 중요한 계기를 마련한 역사적 전환점이 된 시대였다.[83)]

신라의 삼국통일은 외세를 이용한 불완전한 통일에 그치고 말았지만 민족통일의 의지만은 고려에까지 면면히 이어졌다. 남조 신라와 북조 발해(渤海)[84)]가 화고한 동족의식을 갖지 못한 채 서로 대립한 상황을 반성하고, 민족의 염원이 무엇인가를 자각한 고려는 남조 신라의 영토와 문화 속에서 자라났음에도 불구하고, 이에 머무르지 않고 고구려의 계승을 천명함으로써 민족통일의 새로운 전기를 마련하고자 하였다.

더구나 북조 발해의 멸망으로 인하여 만주 대륙이 민족사의 무대에서 사라지게 되자, 고려는 고구려의 구토수복(舊土收復)이라는 역사적 소명을 안고 끊임없이 북진의지를 키워 나갔다.

우선 국호부터 만주대륙에서 웅비했던 고구려를 계승하고자 하는 의지를 나타내고자 고려로 정하였으며, 고구려처럼 대외적인 주체성(主體性)을 표현하였다. 태조(太祖)는 중국에 대한 구체적인 자주정신(自主精神)의 표현으로 연호를 천수(天授)라 정하고, 평양을 서경으로 승격시켜 북강(北疆)[85)] 회복기지로 삼았다.

이어서 광종이 광덕(光德)이라는 연호를 세우고, 황제(皇帝)라 칭하며 개성을 황도(皇都)라 하고, 서경을 서도(西都)라 한 것은 고려가 건국초기부터 강력하게 자주성을 들고 나온 사실을 잘 보여주고 있다.

이러한 고려의 자주성은 공동운명체로서의 민족을 일깨우는 데 크게 기여하였다. 태조

---

83) 이재평 · 정채하 외, 『알기쉬운 군사사상』, p.290.

84) 발해(渤海, Бохай), 고구려 멸망 이후 고구려를 계승하여 대조영이 건국한 국가로, 228년 동안 한반도 북부와 만주, 연해주 등에 걸쳐 존속하였다.

85) 북쪽 경계

는 고려가 고구려의 후예임을 분명하게 하고, 동족의식(同族意識)에 호소하여 신라 및 후백제의 구세력을 포섭, 회유하였으며, 나아가서는 발해(渤海)의 유민까지 포용하는 등 민족적 융화책을 취하였다.

고려가 거란, 여진의 침입을 물리치고, 또 몽골군과의 장기 간에 걸친 항전(抗戰)을 계속한 것은 모두 고려인의 투철한 자주성(自主性)에 의한 공동운명체라는 민족의식이 작용했기 때문이다.

고려시대 전쟁수행 개념은 북방민족의 침입에 대한 고려의 투쟁사에서 찾아볼 수 있다. 성종 12년(993년)에서 현종대에 이르기까지 20여년 간에 걸친 3차례의 전쟁에서 서희장군을 중심으로 굳게 뭉쳐 강동6주[86]를 반환받은 사실과 귀주 전투에서 강감찬 장군이 대승을 거둘 수 있었던 것은 태조 왕건 이래 강력히 추진되어 온 북진정책을 실천적 이념으로 삼아 전 국민이 단결하고 불굴의 투혼으로 구국의 일선에 나섬으로써 능히 이를 극복할 수 있었기 때문이다.

하지만 고려의 국난은 이에 그치지 않고 7차례에 걸친 몽골군의 무자비한 침공으로 그 절정을 이루었다. 이에 40여년 동안이나 강인한 의지와 투혼으로 이에 맞서 싸움으로써 대정복국가인 몽골도 더 이상 고려인들의 항쟁정신(抗爭精神)을 꺾지 못했다. 몽골이 비록 군사력은 강했지만 문화적 수준이 우월한 고려인의 자주, 자립의지를 말살시키지 못했기 때문이다.

그렇다면 고려가 강대한 몽골의 침략야욕에 맞서 40여년 동안이나 항거하여 국가를 보존할 수 있었던 근본적인 힘은 과연 무엇이었는가? 이는 호국불교(護國佛教)[87]를 국민정신의 이념으로 삼은 자주, 자립의지와 주화론자(主和論者)를 과감히 처단하여 국가의 총력을 전쟁수행에 집중시켰던 무인정권의 지도력 등을 들 수 있다.

---

86) 강동 육주(江東六州)는 993년(고려 성종 12년) 요나라(거란)의 제1차 침입 때 서희가 요나라 장수 소손녕과 담판하여 영유권을 인정받은 고려 서북면의 영토이다. 당시 담판에서는 "안북부(安北府)로부터 압록강 동쪽에 이르기까지 총 280리 사이에 적당한 지역"이라 칭해지며 , 나중에 이곳에 성을 쌓아 강동 6주라 불렀으니, 흥화진(의주), 용주(용천), 통주(선천), 철주(철산), 귀주(구성), 곽주(곽산)의 여섯 지역이다.

87) 호국 불교 사상(護國佛教思想) 또는 호국 사상(護國思想)은 진호국가(鎭護國家), 즉 불교의 교법(敎法)으로 난리와 외세를 진압하고 나라를 지킨다는 불교 사상으로 다른 불교 국가에서는 거의 나타나지 않은 한국 특유의 불교 사상이다. 4세기경 삼국 시대에 불교가 최초로 중국을 통해 진래되있을 때, 고구려·백제·신라의 삼국에서 불교는 모두 선인선과(善因善果)의 인과를 가르치는 새로운 종교로서뿐만 아니라 새로운 주술(呪術)로도 여겨져 토속 신앙인 무속 신앙과 융합되어 무속 신앙적인 성격을 가졌으며 또한 고대 국가 건설의 정신적인 기둥의 역할을 하는 호국 사상의 성격을 띠었다.

(나) 군사력 건설

고려는 태조 왕건으로부터 성종 대에 이르는 사이에 왕권의 확립, 관제(官制)의 정비와 더불어 군사조직을 점진적으로 발전시켰다. 후삼국의 혼란을 수습하고, 새로운 왕조를 창건한 왕건에게는 정권의 안정뿐만 아니라 북방 이민족의 위협에 대비하기 위한 군제의 정비도 시급했던 것이다.

초기에는 강력한 호족세력들이 존재하여 군사적 발전에 장애가 되었으나, 광종 대의 중앙집권화 정책으로 중앙의 통수계통(統帥系統)이 확립되면서 성종 대에는 중앙군의 성립을 보게 되었는데, 이때 이루어진 중앙군이 2군(軍) 6위(衛)였다. 2군은 왕의 친위군이며, 6위는 수도인 개경의 수비와 변방위수(邊防衛戍) 및 치안임무를 수행했다.

지방군에는 주현군(州縣軍)이 있었는데, 이것은 북방 서계(西界)의 제(諸) 주진(主鎭)과 기타 지방의 주현을 단위로 하여 부대를 조직한 것이다. 이외에도 광군(光軍)이라는 일종의 예비군 제도를 두어 상비군의 부족한 전력을 보충하였다.

이와 같이 조직된 고려 군사제도의 성격은 직업군인으로 구성된 중앙군과 병농일치(兵農一致)에 의한 지방군(농민군)이 혼합된 형태였다.

숙종 때는 여진족 정벌을 위하여 별무반(別武班)[88]이 조직되었는데, 이 별무반은 귀족으로부터 천민에 이르기까지 전 국민을 망라하여 기동을 위주로 한 전투부대로 편성되었다. 이 부대는 고려 역사상 최초로 17만 명이라는 대병력이 동원되었고, 여진족의 소술을 차례로 격파하여 그곳에 9성을 쌓아 고려의 북진의지를 구현하였다.

하지만, 고려 중기의 무신란(武臣亂)[89] 이후에는 군사조직이 국가방위보다는 최씨일가

---

88) 별무반(別武班)은 고려 숙종 때 윤관이 건의하여 만든 특수 부대로서, 여진족에 대비하여 만들었다. 여진인은 문종 때부터 고려에 귀화 또는 침략해 왔다. 고려에서는 침략해 오는 여진족을 맞아 여러 차례 싸웠으나 우수한 기병을 가진 여진군에게 패배하는 것이 보통이었다. 이리하여 1104년(숙종 9년) 별무반이라고 하는 새로운 군사조직을 편성했다. 별무반은 2군 · 6위 이외의 특수 군단이란 뜻으로 이름 지어진 듯하지만, 신기군(神騎軍) · 신보군(神步軍) · 항마군(降魔軍) 등으로 형성되어 있었다. 신기군은 기병, 신보군은 보병, 항마군은 승병으로 편성하였으며, 4시(四時) 훈련하여 여진에 대한 대규모 정벌에 대비하였다.
윤관은 1107년(예종 2년) 이 별무반을 이끌고 천리장성을 넘어 여진족을 토벌하고 동북 지역에 9성을 쌓게 된다.

89) 무신정변(武臣政變)은 고려시대 의종 24년(1170년) 음력 8월 30일 (양력 10월 11일)에 상장군 정중부와 이의방, 채원, 이고, 이의민 등의 휘하 장수들이 보현원(普賢院)에서 일으킨 쿠데타이다. 무신들의 주도로 일어난 정변이었기 때문에 무신의 난(武臣의 亂)이라고 부르고 정변이 일어난 해가 경인년이었기 때문에 경인의

(崔氏一家)[90]의 정권유지나 권력비호(權力庇護)를 위한 사병적(私兵的) 성격으로 전락해 감에 따라 민족공동체(民族共同體)적 방호를 위한 군사력 건설은 차츰 쇠퇴해 졌다고 볼 수 있다.

(다) 군사력 운용

고려는 불교를 국교로 삼아 후삼국시대 분열에 따른 민심수습을 통하여 민족의 정신적 통일을 이룩하고자 했다. 이에 따라 역대 왕들은 불사(佛事)를 통하여 국가의 태평과 안녕을 빌게 되어 자연히 불교를 호국적인 성격을 띠게 되었다.

이와 같이 불교가 융성함에 따라 불교계의 사상통일을 꾀하는 동시에 부처님의 힘으로 외적의 침입을 막기 위한 대장경(大藏經) 조판 사업이 대대적으로 벌어졌고, 고려 불사의 최대 걸작인 팔만대장경(八萬大藏經)[91]이 몽골 침입 절정기 때 강화도에서 완성되었다.

하지만, 대장경 조판사업은 민족단합의 구심점(求心點)은 되었지만, 내면적이고 정적인 불교의 속성과 지나치게 군사 외적인 요소에 의해 위기를 극복하려는 고려인들의 소극적인 사고방식이 전시에는 수세적인 경향으로 나타났다.

이러한 사상적 배경 아래 고려는 부방 이민족의 침입 시 주진(州鎭)을 전투단위로 하는 견벽고수전술(堅壁固守戰術)[92]을 펼쳤다. 즉, 평상 시 주진의 모든 주민은 성 주변의 전답을 경작하여 생활을 영위하는 한편, 군량을 비축하고 수공업을 통하여 무기를 제조하다가 적이 침입하면 성 밖의 양곡 등이 적이 이용가능한 모든 물자를 성안으로 반입하는 이른바, 청야(淸野)를 실시한 다음 성안으로 들어가 상비군에 편입되어 전투에 참가하거나 지위병으로서의 역할을 수행함으로써 성을 고수하였던 것이다.

따라서 주진의 성은 그 지역 군관민(軍官民)의 생존 근거지였기 때문에 적이 침입하였

난(庚寅의 亂)이라고도 부르며 정변의 주도적인 역할을 한 정중부의 이름을 따서 정중부의 난(鄭仲夫의 亂)이라고 부르기도 한다.

90) 최씨정권(崔氏政權)은 명종 26년인 1196년에 최씨정변으로 생긴 정권이다. 집권자는 우봉 최씨(牛峰崔氏) 최충헌, 최우, 최항, 최의로서 62년간 지속되었다.

91) 팔만대장경은 고려 고종 23~38년 (1236 ~ 1251)에 걸쳐 진행되었다. 이것은 두번째로 만들어 졌다고 해서 재조대장경이라고도 한다. 판수가 8만여 개에 달하기 때문에 팔만대장경이라 부르는데, 인간의 8만 4천 번뇌에 해당하는 8만 4천 법문을 실었다고도 말한다.

92) 주진을 둘러싼 성에 의지하여 굳게 지키는 전술.

을 때에는 주민 총력전으로 결사적인 전투를 감행했다. 또한 고려 양계의 여러 성은 이러한 견벽고수전술과 병행하여 인병출격전술(引兵出擊戰術)[93]을 전개하였다.

그리하여 어떠한 침입군이라 할지라도 고려의 내지(內地)로 깊숙이 진격하려면 양계 일대에 종심 깊게 배치된 여러 성들의 축차적이고 결사적인 항전에 직면해애 했으며, 비록 이들 성을 우회하여 남진을 감행한다고 할지라도 이번에는 병참선이 신장되어 차단될 위험에 봉착하기 마련이었다.

고려의 군사력 운용은 윤관이 여진족을 정벌할 때 조직한 별무반의 기병전술에서 잠시 공세적 의지가 엿보였으나, 대체로 북방 이민족의 빈번한 침입이 있을 때마다 수세 내지 공세적 방어형태의 견벽고수전술(堅壁固守戰術)이나 인병출격전술(引兵出擊戰術)을 병행하였다고 볼 수 있다.

(4) 조선 시대

(가) 전쟁수행 신념

조선조는 건국 당시 사대교린(事大交隣)[94]을 대외정책의 기본으로 삼았다. 즉, 명(明)에 대해서는 사대(事大)로 소극적인 관계였다. 그러나 사대라는 외형적인 친교관계 속에서도 오히려 군사적, 경제적으로는 조선 쪽에 유리하였으므로, 국가적 자주와 경제적 실리를 취

93) 성을 끝까지 빼앗기지 않고 지킨 다음, 이 성을 근거지로 하여 취약한 적의 배후를 교란, 습격하거나 퇴각하는 적에게 타격을 가하는 전술.

94) 사대교린주의(事大交隣主義) 또는 사대교린 정책(事大交隣政策) 또는 교린 정책(交隣政策)은 조선 전기에 조공 관계로 맺어진 중국 중심의 동아시아 국제 질서 속에서 확립된 기본 외교 정책이다. 이때 사대교린은 큰 나라를 받들어 섬기고 이웃 나라와는 화평하게 지낸다는 뜻이었으며, 사대는 명나라에 대한 외교책이며, 교린은 여진족과 일본에 대한 외교책이었다.
사대교린은 조선 전기에 확립되었지만 그 형태는 오래되었다. 고구려도 한나라(32년), 북위, 수나라 등 중국에서 강성한 왕조가 들어서면 조공 책봉관계를 맺고 외교적 이익을 취하였으며, 고려도 송나라나 금나라가 강성할 때는 이러한 외교관계로서 국제적 안정을 도모하는 한편, 주변 약소민족에게 회유와 토벌 정책을 실시하였다.
이 외교정책은 서로의 독립성이 인정된 위에서 이루어진 것으로 예속 관계에 의한 것은 아니었다. 1876년에 일본이 청나라 총리각국사무아문(현재의 외교부 성격의 기관)에 강화도조약 1조에 명시된 조선은 자주국이라는 조항에 대한 청나라의 의견을 구하자, 총리각국사무아문은 조선은 본래부터 그런 나라였으며 그 조항으로 바뀌는 점이 없다면서 문제될 것이 없다고 답하였다. 또 사대교린정책은 조선의 입장에서도 국제적 평화를 유지하면서 실리를 챙기는 외교였다. 게다가 여진과 일본에 대해서도 무역소나 항포 개항과 같은 회유책과 함께 4군 6진 설치와 쓰시마 정벌과 같은 강경책을 병행하였다. 이와 같이 사대교린은 외교 정책의 기본일 뿐이었다.

하는데 있어서는 상당한 주체의식을 가지고 있었다.

반면, 여진(女眞)과 왜(倭)에 대해서는 정벌과 같은 적극적인 정책을 펴면서 다른 한편으로는 저들을 회유시키는 우호적인 정책을 쓰기고 하였다. 이와 같이 조선조의 여진과 왜에 대한 관계는 교린외교 정책에 의해서 조선이 종주국(宗主國)의 위치에서 정벌(征伐)와 회유를 병용해 나가는 조선조 우월의 국교관계 였다.

당시는 중국을 중심으로 하고 조선조에 대해 왜와 여인이 복속하는 형태의 동북아 국제질서였다고 볼 수 있다.

조선시대의 전쟁수행 개념은 유교적 충(忠) · 효(孝)정신에 바탕을 두었으며, 이는 임진왜란이 발생하여 국가가 위기에 처했을 때 '구국의 혼'으로 저항활동의 원동력이 되었다.

충과 효는 일치되어 조선시대의 전통적인 인간관계의 규범이 되고, 생활철학의 기본 이념이 되었으며, 윤리적인 근간이 된 동시에 민족생존을 위한 전쟁수행의 신념이 되었다.

임진왜란 시 의병을 주도한 의병장들은 유림 세력이 주축이었으며, 이러한 의병활동의 사상적 배경은 유교에 입각한 충과 효였다. 또한 우리민족의 강한 공동체 의식 속에 내재된 내 고장은 내가 지킨다는 향토방위 정신에서 출발한 국토수호 정신이 국난을 극복하는 원동력으로 작용하였다.

임진왜란 시 승병장이었던 서산대사도 "자식이 되어서는 효도를 위해 죽고, 신하가 되어서는 충성을 위해 죽어야 한다, 사람으로서 충효가 없으면 그 나머지는 볼 것이 없다."라고 하였으니, 충과 효는 애국의 정신적 추진력이 되었다고 볼 수 있다.

조선 후기인 1840년대는 중국의 아편전쟁(阿片戰爭)[95]을 계기로 조선왕조는 대외위기에 대한 대응의 수위를 '내수적 대응'에서 한층 강화하였다. 특히, 대원군이 실질적인 권력을 장악하면서 조선왕조도 군비증강을 서둘렀고, 나름대로의 군사계획을 단행하였다.

이러한 군비증강이 1866년 병인양요(丙寅洋擾)[96]와 제너럴셔먼호(General Sherma

95) 아편 전쟁(阿片戰爭, Opium Wars)은 19세기 중반에 청나라와 대영 제국 사이에서 벌어진 두 차례의 전쟁을 말한다. 두 전쟁에서 청나라가 완패함으로써 중화사상은 뿌리째 흔들리게 되었고, 본격적으로 서세동점(西勢東漸)의 시대가 개막되었다.

96) 흥선대원군은 로즈 제독의 요구를 묵살한 뒤 훈련대장 밑에 순무영(巡撫營)을 설치해 무력으로 대항했다. 소선군은 프랑스 군대가 방심하는 사이 기습하여 프랑스군 3명 을 죽였다. 그러자 프랑스 해군은 40여 일 만에 물러났다. 프랑스가 병인양요를 일으킨 진짜 이유는 천주교 박해에 대해 보복한다는 구실로 침범하여 조선의 문호를 개방시키려는 것이었다. 이 사건으로 말미암아 조선의 쇄국정책은 한층 강화되었다.

n)[97] 사건이 말해주듯이 일시적인 자신감은 주었지만, 대원군이 권좌에서 물러난 후 문호개방의 움직임이 포착되면서 복잡하게 전개된 정치상황에서 고종의 군사 근대화를 위한 노력은 물거품이 되었다.

즉, 1882년 임오군란(壬午軍亂)[98]을 전후로 재정의 부족, 신식무기에 대한 조선인들의 학습능력 미달, 고종 자신의 건강 악화 등이 겹쳐서 중단되었다. 조선의 군사체제는 5위체제하에서 제도적으로나 전법적으로 다소의 변화를 가져왔지만, 일본의 군사적 대응과는 양상이 달랐으며, 이러한 접근방법의 차이는 조선이 일본의 침략에 굴복하는 원인으로 작용하였다.

결국 조선은 국가와 민족의 보위를 충과 효를 바탕으로 한 유교적 가치관에 의존한 결과 명(이후 청)이라는 강대국에 국가안보를 의존하게 되어 자주국으로서의 위상을 상실하게 되었다.

이후 근대화의 물결 속에 국가안보에 대한 확고한 신념의 부재는 군사력 건설과 운용에 대한 방향 설정을 하지 못함으로써 외세의 침략에 조선 왕조는 막을 내리게 되었다.

(나) 군사력 건설

조선 초기의 군사정책은 고려시대부터 이어진 군사적 전통과 당시 당면하고 있었던 국방문제가 고려되었을 것으로 판단된다. 즉, 조선초기의 군사력 건설에 대한 관심은 새로운 왕조의 공고한 안정 기반과 해이해진 국방력의 재정비를 중심으로 시행되었다.

조선은 건국 초 의흥삼군부(義興三軍府)[99]를 두어 병권을 장악하였다. 그러나 고려말부터 내려온 병제의 혼란으로 아직도 종친(宗親)이나 공신(功臣)들이 사병(私兵)을 거느리고

97) 제너럴셔먼호 사건은 1866년(조선 고종 3년, 미국 앤드루 존슨 대통령 2년) 음력 7월 12일(양력 8월 21일) 평양 군민(軍民)들이 미국 상선(商船) 제너럴셔먼호(General Sherman號)를 응징하여 불에 태워버린 사건이다. 이 배는 대동강을 거슬러 올라가 평양에서 통상을 요구하다가 거절당하자 행패를 부렸는데, 이에 박규수의 지휘 하에 관민들의 저항으로 배는 소각되고, 선원들은 처형되었다. 이 사건은 신미양요의 원인이 되었다.

98) 임오군란은 1882년(고종 19) 6월 9일 훈국병(訓局兵)들의 군료분쟁(軍料紛爭)에서 발단해 고종 친정 이후 실각한 대원군이 다시 집권하게 된 정변(政變)이다.

99) 조선 초기 군령(軍令)과 군정(軍政)을 총괄하던 관서. 흔히 삼군부로 약칭해서 부른다. 고려 말기인 1391년(공양왕 3) 종래의 오군체제를 삼군체제로 바꾸어 삼군도총제부(三軍都摠制府)를 두었는데, 이를 조선 초기인 1393년(태조 2) 9월에 개칭한 것이다.

있어서 국가에 의한 병권(兵權)의 집중을 이루지 못했다. 이후 병권을 집중하기 위하여 일체의 사병을 없애버리고, 여러 차례의 병제개혁을 통하여 안정되고 강화된 군사력을 확보하기에 이르렀다.

조선 전기의 중앙군은 5위제(五衛制)로 편성되었다. 5위는 도총관(都摠管)을 수반으로 하여 중(中)·전(前)·후(後)·좌(左)·우(右)의 5위로 구성되고, 위는 5부, 부(部)는 통(統) 그리고 그 밑에는 여(旅)·대(隊)·오(伍) 등으로 구성되었다.

지방군은 세조 3년(1457년)에 전국 지방군의 조직을 일원화시켜 전 국토를 자전자수(自戰自守)하는 국방체제인 진관체제(鎭管體制)로 조직하였는데, 이 진관체제는 국토 전체를 독립된 통수권과 작전지역을 보유하는 진관단위로 편성하여 거진(巨鎭), 주진(主鎭), 제 진(諸 鎭)을 두고 진관 예하에 무수한 방위거점(防衛據點)을 둔 지역방어(地域防禦) 체제였다. 이러한 진관체제를 바탕으로 하여 각 (道)마다 국방상의 중요성에 따라 각 도에 필요한 병영(兵營)과 수영(水營)을 두고 병마절도사(兵馬節度使)와 수군절도사(水軍節度使)로 하여금 각각 육군과 수군을 지휘하게 하였다.

이러한 조선 전시기의 중앙 군사조직인 5위 제도와 군사조직인 진관체제는 그 제도가 마련된 당시부터 여러 가지 모순을 드러내기 시작하여 점차 그 조직이 허물어져 가게 되었다. 이러한 군사체제 하에서 1592년 임진왜란이 발발하자 오합지졸(烏合之卒)로 급편된 조선의 관군은 왜군(日本軍) 앞에 제대로 저항도 하지 못하고 참패하여 불과 20여 일만에 수도 한양을 함락당하고, 이어서 전국이 왜군에 의하여 유린당하는 지경에 이르렀다.

조선 관군(官軍)의 이와 같은 참패는 자연히 조선왕조로 하여금 군사조직의 재정비를 불가피하게 하였다. 이것은 일본군과 싸워야 할 기능이 마비된 군사제도의 효용성을 다시 회복하기 위하여 그리고 나아가서는 난국을 타개하기 위하여서도 필요했던 것이다.

이에 따라 포수·살수·사수(砲手·殺手·射手)의 3수병(三手兵)[100]을 중심으로 하는 중국의 속오법(束伍法)에 의하여 중앙에는 훈련도감(訓鍊都監)[101], 지방에는 속오군(束伍

100) 삼수병은 삼수기(三手技)를 익힌 조총을 방포(放砲)하는 포수, 활을 방사(放射)하는 사수, 창검술을 보이는 살수로 구성되었다. 삼수병은 속오법(束伍法)에 의해 편성되었으며, 이들은 국가에서 급료를 지급하는 상번(長番) 군병으로 직업군인의 성격을 지녔다. 삼수병은 임진왜란 이후에도 중앙군의 핵심군대로 자리 잡았으며, 이를 위해 둔전(屯田)이나 삼수미(三手米)의 징수가 이루어졌다.

101) 훈련도감(訓鍊都監)은 1593년(선조 26년) 임진왜란 중 임금의 수도 환궁 직후 명나라 전략가 척계광의 저

軍)[102]이 설치되었다. 이것이 조선후기 군사제도 개편의 계기가 되어, 그 뒤 중앙군에는 5군영(軍營)이 차례로 설치되었다. 지방에 설치된 속오군에는 양반층과 천민에 이르기까지 병역을 부과하여 병력수를 확대하고, 거주지 중심으로 군사를 편성하고 훈련을 하는 것을 원칙으로 하였다.

하지만, 병자호란(丙子胡亂)과 정묘호란(丁卯胡亂) 이후 오랫동안 평화가 지속되고 국가 재정이 곤란하여 군사훈련이 제대로 이루어지지 않자 자연스럽게 국방력은 감소하였다. 당시의 위정자들은 쇠퇴한 국방력의 실태를 모르는 것은 아니었으나, 하등의 시정책을 강구하지는 않았던 것이다.

이후 영조와 정조 시대에 군제개혁이 시도되었으나, 이 역시 도성 수비체제의 장화 내지 왕권 강화를 위한 숙위부대(宿衛部隊)[103]의 창설에 국한되고 있었다. 다만 재야인사인 정약용과 같은 실학자(實學者)들이 주창한 민보방위론(民堡防衛論)[104] 등이 당시의 군제개혁 필요성과 방향성을 제시했을 뿐이다. 이러한 분위기의 지속은 서구 열강의 등장, 중국과 러시아의 간섭, 그리고 일본의 침입에 대응해야 하는 조선의 방위태세에 실질적인 도움이 되지 않았다.

서인 기효신서를 참고로 창설된 수도방위군이다. 병농분리의 상설 정규군으로서 5군영 중 가장 먼저 창설돼 조선 중후기 국방의 중추적 역할을 했다. 삼수군, 속오군 혹은 훈국(訓局)이라고도 한다. 이 군사 부대의 군량미 창고로는 남창(南倉)이 있었다. 아울러 훈련도감은 지금의 대한민국 육군 수도방위사령부에 해당한다.

102) 속오군(束伍軍)은 조선시대의 지방군이다. 1594년(선조 27) 임진왜란 때 역(役)을 지지 않은 양인과 천민 중에서 조련을 감당할 수 있는 사람으로 편성되었다. 이들은 평상시에는 군포(軍布)를 바치고 유사시에만 소집되었다.

103) 숙위는 숙(宿)과 위(衛)의 합성어로서 '숙'은 숙직한다는 의미이고 '위'는 호위한다는 의미로서 숙위의 원초적인 의미는 '궁궐 안팎에서 숙직하며 호위한다.'이다. 장기간 군주제가 지속된 한국과 중국에서는 왕의 안전을 확보하기 위한 숙위가 고대로부터 발달했다. 조선시대에는 중국과 고려시대의 숙위를 참조하여 다양한 숙위 활동이 있었다.

104) 조선은 병자호란 이래 230여년간이나 군사적인 태평세월을 보냈다. 그러나 1860년대에 접어들면서 북경(北京) 함락의 소문, 서양 선박들의 빈번한 표착(漂着)과 통상 요구, 병인양요 등 서양인들의 침략으로 인해 조정과 연해변은 심각한 위기의식과 소란에 빠지게 되었다.군사적으로 거의 무방비 상태에 있던 조선 정부는 쇄국을 결의하였다. 그러나 만성적인 재정 궁핍과 군사 행정의 심한 부패 때문에 관이 주도해 농민을 징발하고 군대를 유지하는 일이 불가능하였다. 그래서 연해변의 많은 유생들은 요충지마다 산성을 쌓고, 병란이 터지면 농민들이 자전자수(自戰自守)하는 민보방위론의 시행을 주장하였다. 이것은 이미 1812년(순조 12) 정약용(丁若鏞)이 『민보의(民堡議)』에서 제시했던 방안이었다.훈련대장이었던 신헌은 민보방위체제의 시행을 여러 차례 조정에 건의한 끝에 병인양요 이듬해인 1867년 왕의 윤허가 있었다. 이 같은 결정은 민보방위체제만이 내우외환에 직면한 19세기 중엽의 조선이 택할 수 있는 최상의 비변책(備邊策)이요 사회보안책으로 판단되었기 때문이다. 출처: 한국민족문화대백과사전(민보집설(民堡輯說))

(다) 군사력 운용

조선왕조는 중앙집권 체제가 확립되어 가는 과정에서 문반(文班)중심의 사회가 형성되어 국방문제는 자연히 소홀하게 되었다. 세종대왕까지는 문무(文武)가 어느 정도 균형을 유지하여 발전하였지만, 그 뒤에는 현실적인 군사정책보다는 정치·외교적 관계로 국방문제를 해결하려 하였다.

이는 조선의 지배층이 가지는 유교적 도덕주의에서 나온 '양병(養兵)은 양화(養禍)', 즉 군사를 기르면 화(禍)를 당한다는 관념 하에서 전략개념마저 '不戰而勝' 즉, 싸우지 않고 이긴다는 등 지나친 안전주의와 도덕성 강조에 있었다.

조선의 국방체제에서 볼 때 실질적인 국방은 지방군이 담당하였다. 지방군의 정비는 세조 대에 이르러 국방과 병력의 일원화를 꾀하게 되었다. 고려 말기 북방에서 실시되었던 자경자수(自耕自守)의 둔전병(屯田兵)적인 사양병(士養兵)으로 구성된 익군체제(翼軍體制)를 전국적으로 확대시켜 진관체제를 확립하였다.

이후 진관체제는 병력수(兵力數)의 감소와 왜구의 침입이 연안지역에 한정되자 왜침이 잦은 변방요새지를 중심으로 군사를 집중적으로 배치하여 운용하는 일종의 중점방어체제인 제승방략(制勝方略)으로 변경되었다.

제승방략은 왜구의 침입경로가 비교적 일정하고, 그 수가 소규모이므로 예상되는 침입지역에 집중적으로 군대를 배치시켜서 중앙의 경장(京將)이 중앙군, 화약, 병기 등을 가지고 내려오는 것과 합세하여 적과 대적한다는 전술 개념이었다. 이러한 전술개념은 시대의 발전에 따른 미래의 적을 가정해서 설정된 발전된 전략개념에서 나온 것이 아니라 현실적으로 종래의 전략개념인 진관체제가 무용화됨으로서 나타난 임시방편에 불과하여 그 실효성은 기대할 수 없었다.

그러므로 이러한 방위체제는 소규모의 일시적 침입에는 어느 정도 효과를 발휘할 수 있었으나, 임진왜란과 같은 대규모의 전면전에서는 제1선이 무너지면 후방지역에는 대항할 병력이 없어서 방어종심의 결여로 인하여 효과적인 방어가 불가능한 치명적인 결함(단점)이 있었다.

이러한 제승방략의 폐단으로 인하여 진관체제를 복구하고, 명의 속오군제를 도입하여 방위체제를 대폭 수정하게 되었다. 진관체제의 통수계통의 재확립으로 상하의 군령체계와 작전권을 부활하고, 그들의 지휘 아래에서 각 각 자전자수(自戰自守)하게 하는 것이었다. 진관체제의 복구에는 군사력의 확보라는 문제가 대두되어 이러한 문제를 해결하기 위해 속오군제를 도입하게 되었던 것이다.

속오군제는 명나라 척계광이 지은 기효신서(紀效新書)[105]의 부대편성 방법으로서 최초로 도입된 것은 선조 26년 훈련도감이 설치되면서부터이나 전국적으로 지방 군대까지 확대하여 실시한 것은 선조 29년이었다. 이 제도는 우선 지휘계통 확립이 용이하고, 거주지 중심의 군사력 편성과 훈련이기 때문에 양반부터 천민에 이르기까지 범위가 확대되었으므로, 대병력을 확보할 수 있었다. 그리하여 평상시부터 마을마다 교장을 만들어서 훈련하고, 유사시에는 그 지방의 지역방어에 동원되었다.

훈련 방식에 있어서도 종래의 궁술위주에서 탈피하여 신무기인 조총과 참검 및 권법(拳法) 아울러 훈련하는 포수(砲手)와 살수(殺手)를 주로하고, 여기에 재래식 사수(射手)를 포함하였다. 이러한 삼수 기법의 도입과 실시로 불과 11명의 인원으로도 작전을 수행하는 소부대 전술이 가능하였다. 그러나 삼수병은 병농일치(兵農一致)[106]가 아니라 국가가 급료를 지급하는 상비 직업군인이었다.

이후 인조반정(1623년)으로 서인(西人)[107]정권이 등장하면서 친명배금정책(親明拜金政策)을 표방하고, 장차 예상되는 후금(後金)과의 충돌에 대비한 군사력 증강에 노력하였다. 그리하여 5군영체제가 완성되었으나, 이는 어디까지나 정치적 안정을 위한 편의와 필요에 따라서 설치되었기 때문에 국방력의 강화와 국방사상의 진보와는 무관하였다.

---

105) 중국의 10대 병서 중 하나로 꼽히는 『기효신서』는 16세기 중반 명나라의 유명한 장수 척계광이 편찬한 병서 중 하나이다. 이 책은 이 시기 중국 남방의 절강성과 복건성 등에서 약탈하던 일본왜구(倭寇)의 전술에 대응하기 위한 새로운 체제의 전술을 담고 있다. 임진왜란 중 조선에 원병으로 참전한 명나라 군에 의해 평양성 전투 당시 조선에 처음으로 전해진 이후 조선의 군사제도 개편과 전술 변화에 매우 큰 영향을 미쳤다.

106) 따로 상비군(직업군)을 두는 게 아니라, 자기 땅 가진 농민들이 평소엔 생업에 종사하다 유사시에 동원되어 전쟁을 수행한다. 군사 조직 중앙군: 오위 로 편성, 취재를 통해 선발된 직업 군인인 갑사 와 일반 백성 중 군역을 지는 정병으로 구성되었다.

107) 서인(西人)은 조선 시대 붕당정치 초기의 당파로, 1575년(선조 8)의 동서분당(東西分黨)으로 생긴 당파의 하나이다. 사림파 가운데 훈구파와 기존 사림파를 강하게 비판했던 동인(東人)과는 달리 비교적 온건파의 입장을 취했던 관료들을 중심으로 성립된 당파이다. 서인은 '신권' 강화, 동인은 '왕권' 강화 주장을 깔고 있었다. 초대 당수는 심의겸이었으며, 이후 이이, 성혼, 정철과 김류, 이귀, 김자점 이후에는 이이와 성혼의 제자인 김장생과 김집의 문인들과 김육 계열이 당을 이끌어갔다.

우리나라는 예로부터 외적과의 전쟁에 있어서 야전(野戰)을 피하고 수성전(守城戰)을 전개한 것이 전술상 특징이다. 삼국시대나 고려시대는 말할 것도 없고, 조선시대에 들어와서도 그것을 그대로 계승하였다. 임진왜란때 일본군과 싸워서 대승한 것 역시 수성전이었다.

조선왕조는 국토가 좁으면서도 토지가 많다는 지리적 특성을 고려하여 산성(山城)을 포함한 각종 성보(城堡)를 구축하고, 이를 거점으로 하는 군사방위체제를 지향함으로써 전략상 저항의 종심화(從心化)를 기도하는 소극적(消極的) 방위전략(防衛戰略)이었다.

조선 전기의 진관체제, 그리고 후기의 속오군 제도는 군사적인 관점에서 볼 때에는 이러한 저항의 종심화를 지향한 방어체제로 볼 수 있다. 이러한 체제 하에서의 군사력 운용은 전장의 주도권이 적(상대방)에게 있는 바, 조기에 적의 의지를 무력화하기가 곤란하고, 장기간에 걸쳐서 작전이 수행되며, 강력한 예비대가 없으면 승리가 제한되고, 아군의 피해가 많이 발생하며, 심리적으로 불리한 소극적인 군사력 운용 방식으로 볼 수 있다.

이와 같이 우리나라의 군사사상은 고조선, 삼국시대, 원 침입 이전의 고려시대까지는 주변국의 위협에 적절히 대응하면서, 공세적 또는 수세적인 군사사상을 주도적으로 발전시켜왔음을 알 수 있다. 그러나 고려시대 원나라의 침입, 조선시대 임진왜란, 병자호란 등을 거치면서 수세적, 소극적으로 변하게 되었으며, 이는 군사력의 결정적인 약화를 초래하였으며, 그 결과 구한말 외세의 침입에 제대로 대응하지 못하고, 일본에 의해 국권을 침탈당했다.

제5장

군사조직

제5장 군사조직

1. 군사조직 정의와 특성

(1) 군사 조직 정의

조직(組織)[1]이란은 개인이 완수할 수 없는 목적을 달성하기 위한 여러 사람들의 구조를 지닌 협동 체제를 말한다. 인간 등의 집단 혹은 공동체가 일정한 목적 또는 의사를 달성하기 위해서, 지휘 관리와 역할 분담이 정해져 계속적인 결합이 유지되고 있을 때, 그 집단은 조직 혹은 단체로 불린다.

집단의 활동을 조직화하기 위해서는 어떠한 관리의 방법이 존재하지 않으면 안 된다. 관리는 소수자의 강력한 리더십에 의한 경우도 있고, 집단의 합의에 의한 경우도 있지만, 구성 요소에 변동이 있어도 조직의 자율적인 활동을 유지하기 위해서는, 대표 선출이나 총회 운영 등의 조직 운영을 위한 제 규범을 갖추는 것이 불가결이 된다. 현대의 대기업이나 정부는 다수의 계층으로 구성된 복잡한 조직 구조를 가지고 있다.

군사조직(軍事組織, military organization)이란 군사문제를 다루거나 관리하는 실체로서 조직의 형태를 띤 것을 말하며, 조직의 한 종류이다.

군사조직은 조직으로서의 속성을 갖는다. 조직은 "일정한 목표를 달성하기 위해 형성된 분업과 통합의 활동체계를 갖춘 사회단위"라고 정의할 수 있으므로(민진, 2014), 군사조직은 "군사목표를 달성하기 위해 형성된 분업과 통합의 활동체계를 갖춘 사회적 단위"로 정의할 수 있다. 이를 세부적으로 설명하면 다음과 같다.[2]

첫째, 군사조직은 '군사적 목표'를 달성하기 위해 만들어진 실체이다. 군사조직은 군사문

1) 조직은 사회의 일원으로 살아가는 우리들에게 있어 영향을 받지 않을 수 없는 부분이다. 하루, 어쩌면 평생을 대부분 조직에서 생활하기 때문이다. 또한 조직은 인간사회의 가장 기본적이며 중요한 환경을 제공한다.

2) 민진, 『한국의 군사조직』(서울 : 도서출판 대영문화사, 2017), p.20.

제를 예방하거나 해결하기 위해 형성된 것이므로 비록 군사적 목표의 내용이 특정 군사조직의 임무나 사명에 따라 달라질 수 있다고 하더라도 군사조직은 전쟁을 준비하고 예방하며 실행하는 기구이다. 또한 군사조직은 평화를 준비하고 실현하는 기구이다. 하지만 군사조직인 비군사적 목표달성[3]을 위해 활용되기도 한다.

둘째, 군사조직은 분업(分業)과 통합(統合)의 합리적 활동체계이다. 군사문제의 내용이 무엇이든 간에 이들을 수행하기 위해서는 여러 가지로 기능을 구분하고 업무를 세분화해서 사람들이 담당하도록 한다. 또한 분화된 업무를 조직해서 통합적 활동을 통해 한 곳으로 지향하게 한다. 그것이 바로 리더십이며 조정이다. 군사조직은 분업과 통합이 합리적으로 배열되지 않으면 전쟁에서 승리할 수 없고, 평화를 수호할 수 없기 때문에 군사조직이라는 수단을 만들었다.

셋째, 군사조직은 사회적 단위이다. 군사조직은 두 사람(군인) 이상으로 구성된 사회적 집합체이지만 구성원과는 별도의 실체이다. 군사조직은 스스로 활동하고 생존하며 유지하는 생명력이 있는 유기체이다. 군대조직 구성원을 배제한 조직의 편제는 조직의 껍데기일 뿐이다. 군사조직은 사회적 활동자로서 기능하기 때문에 군사문제에 대해 나름으로 스스로 결정하고 운영하며 책임지는 자율성을 가지고 있다. 하지만, 최근에는 사람(軍人)을 대신하는 로봇이나 인공지능(AI)[4]의 등장으로 조직 기능의 일부를 비(非)인간에게 위임하기도 한다.

넷째, 군사조직은 구조(構造)와 과정(過程)을 포함한다. 군사조직은 역할배분이나 권한의 위계배열과 같은 구조적인 측면과 리더십, 관리나 동기부여와 같은 과정적인 측면을 동시에 포함한다. 구조는 제도화를 바탕으로 한 조직의 편성과 업무 분장 등에 관한 것이며, 과정은 조직의 관리, 운영, 그리고 평가 등에 관한 활동이다. 하지만 이들은 서로 밀접하게 연결되어 있다.

---

3) 대민지원이 대표적인 비군사적 활동.

4) 인공지능(人工知能, artificial Intelligence, AI)은 인간의 학습능력, 추론능력, 지각능력, 논증능력, 자연언어의 이해능력 등을 인공적으로 구현한 컴퓨터 프로그램 또는 이를 포함한 컴퓨터 시스템이다. 하나의 인프라 기술이기도 하다. 인간을 포함한 동물이 갖고 있는 지능 즉, natural intelligence와는 다른 개념이다.
인공지능은 지능을 갖고 있는 기능을 갖춘 컴퓨터 시스템이며, 인간의 지능을 기계 등에 인공적으로 시연(구현)한 것이다. 일반적으로 범용 컴퓨터에 적용한다고 가정한다. 이 용어는 또한 그와 같은 지능을 만들 수 있는 방법론이나 실현 가능성 등을 연구하는 과학 분야를 지칭하기도 한다.

다섯째, 군사조직은 경계(境界)가 있으며, 환경과 상호작용을 한다. 군사조직은 다른 조직과 구분되는 물리적 경계와 사회심리적 경계가 있다. 또한 군사조직은 조직 환경의 영향을 받으며, 때로는 영향을 미치기도 한다. 즉, 조직과 환경은 상호작용을 하면서 생존과 번영을 도모한다. 군사조직이 놓인 주요 환경은 기본적으로는 전장환경이지만, 부수적으로는 그것을 둘러싼 사회기술적 환경을 들 수 있다. 사회발전, 기술발전 정도는 군사조직의 운영에 영향을 주기 때문이다.

(2) 군사조직 특성

군사조직은 군사문제를 다루거나 관리하는 실체로서 조직의 형태를 띤 것을 말하며, 조직의 한 종류이다. 그리면 군사조직은 다른 종류의 조직, 예를 들면 정부 행정조직, 기업조직, 시민사회조직과는 다른 특성이 있다. 이를 세부적으로 살펴보면 다음과 같다.

첫째, 군사조직은 다양성(多樣性)을 띤다. 군사조직은 매우 다양한 형태로 존재하며 조직군(組織群, organizatonal set)을 구성한다. 이것은 군대사회의 자족성(自足性)에서 비롯된다. 군대사회 안에서는 대부분의 군사활동이 외부의 지원없이도 이루어질 수 있다. 즉, 군사조직에는 전투부대 조직 이외에도 정부행정조직(국방부), 사법조직(군 검찰과 군법원), 병원조직, 학교조직(군 대학, 훈련소 등), 공장조직(정비창), 연구조직(전투발전, 교리부서 등), 악단(군악대), 언론조직(국방 홍보원, 각군 정훈공보실 등) 등 다양한 조직이 망라되어 있어 군대라는 것이 하나의 사회를 이루고 있음을 알 수 있다.

둘째, 군사조직은 공공성(公共性)을 띤다. 군사조직은 공공분야(public domain)에서 활동하며 정부에 속해 있는 공공조직이다. 따라서 군사조직은 공공의 가치가 존중되고 보호되어야 하는 대표적인 조직이다. 즉, 국가의 이익과 공공의 이익을 보호하고 확충하며, 국가의 헌법이 추구하는 자유민주주의 체제, 국제평화주의, 인간으로서의 기본적 자유와 존엄을 높이고, 법치주의 원리가 지배하는 곳이다. 따라서 군사조직 구성원은 공무원의 신분[5]을 갖는다. 다만, 예외적으로 테러단체가 운영하는 유사 군사조직이 있을 수 있다. 하지만 그들은 군사조직의 모습을 갖추었지만 공공성은 매우 약하다.

---

5) 의무적으로 군 복무를 수행하는 사병들은 제외한 장교, 부사관, 군무원이 이에 해당.

셋째, 군사조직의 활동은 폭력성(暴力性)[6]을 띠고 있다. 군사조직은 군사력(Armed Forces)[7]을 조성하고, 관리한다. 군사조직은 군사력을 통해서 전쟁을 준비하고, 전쟁을 예방하며, 전쟁을 수행한다. 폭력을 다루기 때문에 개인의 생명과 신체에 매우 위험하고, 집단과 사회에서도 시민과 사회를 억압하는 도구가 될 수도 있다.

군사조직의 활동은 생명을 파괴하거나 이를 유지·보존하는 일과 연관되어 있다. 폭력성은 대체로 무기체계의 가공할 만한 파괴력을 요구한다. 적(敵, 상대국)을 압박하며 위협을 가할 수 있으면 있을수록 효과적인 무기가 된다. 전투기, 군함과 잠수함, 화학무기 그리고 핵미사일 등은 이러한 폭력성을 뒷받침한다. 평시보다는 전시에 폭력성은 어느 정도 합법적으로 용인된다.

넷째, 군사조직은 자원소비적(資源消費的)이다. 군사조직은 활동하면서 자원을 생산하기보다는 자원을 소비한다. 기업은 소비자에게 재화나 사적 서비스를 제공하지만, 군사조직은 국민에게 국방서비스를 생산하여 제공하면서 수 많은 인적·물적 자원을 소모하며 소비[8]한다.

군이 전투수행을 준비하기 위한 고도의 훈련이 필요할수록 총포의 사격, 함정의 출동, 전투기의 출격이 많이 요구되며, 이 과정에서 많은 탄약, 유류, 식량이 소모되고 체력이 고갈된다. 이러한 이유로 군사조직은 전쟁이나 작전(전투)가 발발하지 않으면 그 유용성을 의심받을 수 있다.

(3) 군사조직의 종류

(가) 군사정치행정(政務)조직 : 비부대 조직

군사 정치행정(政務)조직으로는 군 통수권자[9], 국가안보회의(NSC), 국무회의 그리고 국

6) 폭력의 의미는 국가무장력이며 개인이나 범죄 단체가 행하는 폭력과는 구분되어야 함.

7) 군사력의 경우 영어식 표현은 다양한데, Armed Forces는 군과 경찰력을 의미하고, Military Forces는 군, 경찰에 예비군을 포함한 의미이다. Military Power는 국가 안정보장을 위한 직접적이며 실질적인 국력의 일부로서, 군사작전을 수행할 수 있는 군사적인 역량과 능력, 전쟁수행 잠재력(인구, 산업력, 국민의 의지 등) 의미.

8) 이러한 소비 또는 소모를 낭비 또는 불필요한 행위와 동일시 해서는 안됨.

9) 한국의 경우 대통령, 국가에 따라 국무총리, 내각대신 등이 수행하는 경우도 있음

회의 국방위원회가 있다. 군사 행정조직으로는 중앙행정기관인 국방부, 병무청, 그리고 방위사업청 등이 있다.[10)]

국방부 소속기관은 국방부 장관의 관장 업무를 지원하기 위하여 국방부 장관 소속 하에 설치하는 기관으로 국립현충원, 국방부전산정보관리소, 그리고 국방홍보원 등이 있다. 기타 정부조직으로는 군사법원의 상급심인 대법원이 있고, 지역 단위 병무업무와 관련된 각급 지방자치단체가 있다.

(나) 군대조직 : 부대조직

군대조직은 군 부대나 기관을 의미하는 것으로 그 기능에 따라 지휘통제부대(지휘부대), 전투부대, 전투지원부대, 작전지속지원부대(전투근무지원부대), 교육훈련 부대 및 기관으로 구분할 수 있다.

첫째, 지휘통제부대는 예하부대를 지휘하고 통제하는 군 최고 및 중간 지휘통제부대를 의미한다. 합동참모본부, 각 군 본부, 해병대사령부, 군 사령부(육군 지작사령부), 군단사령부(육군), 작전사령부(해군, 공군), 함대사령부(해군), 비행전단(공군) 등이 있다.

둘째, 전투부대는 독립적인 전술 구성부대로서 전투를 주 임무로 하는 부대이다. 보병사단, 해병사단, 기계화부대, 항공부대, 전투전단, 전투비행대대 등을 포함한다.

셋째, 전투지원부대는 전투부대의 작전지원을 주 임무로 하는 부대이다. 포병부대, 통신부대, 화학부대, 정보부대, 공병부대, 기상 전대 등을 포함한다.

넷째, 전투근무지원부대[11)]는 전투 및 전투지원부대의 전투력을 계속 유지하기 위하여 군수 및 행정지원을 주 임무로 하는 부대 또는 기관이다. 군수지원부대는 군수장비 및 물사의 보급, 정비, 수송 등 전투지원을 기본임무로 하는 부대로서 보급, 정비, 탄약, 수송부대를 포함한다. 행정지원부대는 수사, 의료, 대민, 회계업무 등 행정지원을 기본 업무로

10) 민진, 『한국의 군사조직』(서울 : 도서출판 대영문화사, 2017), p.23.

11) 유사한 용이인 작전지속은 제반지원을 관리하고 근무를 제공하여 전투력을 조성하고, 유지함으로써 작전지속 능력을 향상시키는 기능 또는 활동을 의미함.
작전지속(operational sustainment) 능력이란 작전목표 달성을 위하여 작전기간 동안 요망되는 수준의 전투력 집중과 작전템포를 유지하는 데 필요한 부대(병력), 장비 및 물자를 제공하고 유지할 수 있는 능력을 의미함. 전쟁지속능력은 국방부, 합참, 각 군 본부에서 주로 사용하고, 전술지속능력은 제술제대인 군단급 이하 제대에서 사용함.

하는 부대 또는 기관으로 군사경찰대, 복지단, 야전병원, 국군재정관리단, 전산소 등을 포함한다.

다섯째, 교육훈련부대 및 기관은 장교, 부사관, 병의 양성 및 보수교육과 군사전문교육을 주 임무로 하는 부대 또는 기관으로 각 군 사관학교, 각 군 대학, 국방대학교, 병과학교, 훈련소 등을 포함한다.

(다) 기타 군사관련 조직 : 비부대 조직

기타 군사 관련 조직으로는 국방부 산하 기관을 들 수 있다. 산하기관은 국방 및 군사에 관한 정책의 대안 개발과 자원관리 등에 이바지하게 할 목적으로 설치된 기관으로 국방과학연구소, 한국국방연구원(KIDA), 국방기술품질관리원, 전쟁기념사업회, 군인공제회, 한국방위산업진흥회 등을 들 수 있다.

2. 군사조직의 가치

(1) 군사 조직의 가치

가치(價値, value)란, 사전적 의미에서 보면 값이나 값어치를 말한다. 구체적으로는 어떤 사물인 주체가 가지고 있는 의의나 중요성을 말한다. 그런데 행정철학에서 가치는 인간의 감정, 요구 그리고 관심의 대상이 되는 것을 말한다.[12)]

조직에서 가치는 조직을 관리하고 운영하며, 평가할 때 기준이나 근거가 되는 어떤 대상을 말하며 조직의 이념(理念)가치, 조직의 이익(利益)가치, 조직의 윤리(倫理)가치 등을 들 수 있다. 지금까지 제시되었던 조직의 가치로는 국가이익, 공공 이익, 이익 극대화, 국가안보, 민주주의, 정치적 중립성, 합법성, 효과성, 능률성, 생산성, 건강성, 정의와 공정, 국제평화주의 그리고 민족통일 등 다양하다. 이들은 조직의 유형이나 종류에 따라 달라진다.

---

12) 민진, 『한국의 군사조직』(서울 : 도서출판 대영문화사, 2017), p.63.

군사조직은 국가사회의 조직으로서 공공부문의 대표적인 조직 중 하나이다. 따라서 군사조직은 공공(公共)조직으로서의 특성을 가지며, 조직의 가치 역시 공공부문에 적용되는 가치를 따른다. 군사조직 중 군사행정조직은 군사행정의 가치를 주로 따르나, 부대조직은 군사작전의 가치를 주로 따른다.

(2) 군사조직 가치의 유형

조직에서의 가치는 조직의 가치와 구성원의 가치관으로 구분할 수 있다. 조직의 가치는 조직 전체로서 지켜야 할 규범이다. 군대가치는 군인의 개인가치와 군대 조직의 가치로 구분할 수 있다. 군인가치는 군인의 가치관이며, 군대조직의 가치는 군대조직이 추구해야 할 규범적 측면이 강하다. 즉, 군인의 가치관에는 국가관, 사생관, 직업관 등이 포함되나, 군대조직의 가치에는 보통 조직의 평가기준으로 언급되는 조직효과성과 선상성 등이 포함된다.

군대가치를 군대조직의 가치와 군인의 가치관으로 구분하면 비교적 논의가 쉬우나, 이들 간에 중복되는 부분도 있을 수 있다. 하지만, 이 둘을 구분하여 다루는 것이 바람직하다.

군사조직의 가치는 포괄하는 대상, 지향하는 대상에 따라 상위가치, 조직가치, 하위가치로 구분할 수 있다. 상위가치(上位價値)는 군사조직이 속해 있는 국가나 사회의 가치로서 국익, 공익, 헌법가치, 사회문화가치 등을 포함한다.

조직가치는 조직자체의 가치로서 조직이기 때문에 갖는 가치이며 조직을 운영하고 평가하는 기준이 된다. 이는 어떤 조직이 좋은 조직인가를 나타내는 척도로서 효과성과 선상성 등을 들 수 있다.

하위가치는 조직을 구성하는 부분으로서 조직인이 갖는 가치인 군인들의 가치관으로서 사생관, 직업관 등을 들 수 있다. 하위가치는 조직인의 가치관, 윤리 등과 관련이 있다.

이러한 가치들 간의 관계를 보면 하위가치가 좋을수록 조직가치가 좋아지고, 조직가치가 좋을수록 상위가치가 좋아진다. 그렇지만 부분적으로 이들 가치 간에는 충돌이 있을 수 있다.

(3) 군사조직의 헌법상 가치

군대조직은 대부분 국가의 조직으로 존재한다, 예외적으로 민병대나 국제기구의 조직[13]이 있을 수 있다. 따라서 군대조직은 국가의 하부조직으로서 각국의 헌법(憲法)이 명시하고 있는 가치나 규범을 근거로 하여 활동한다.

대한민국헌법 제5조 제2항에는 "국군은 국가의 안전보장과 국토방위의 신성한 임무를 수행함을 사명으로 하며, 그 정치적 중립성은 보장된다."고 명시하여 직접 군사조직에 대하여 규정하고 있다. 그 밖에 국가조직으로서 헌법적 가치는 물론 정부행정의 가치, 조직이 가치 등은 군사조직이 추구해야 할 중요한 가치 규범이다.

국군이 국가의 안전을 보장하고 국토방위를 하는 것은 군사조직으로서 국군의 임무이자 기능이며, 이를 통해 국가이익을 실현한다.

국가안전보장(國家安全保障, national security)의 개념은 외부의 의도된 위협으로부터 국가 내의 구성원과 그들이 중요시하는 유·무형의 가치를 보호하는 것이다. 확대된 국가안보개념에 따르면 국가안보는 군사적안보에서 포괄적 안보개념, 초국가적 안보개념, 인간안보개념, 그리고 다자안보개념 등으로 확대되고 있다.(정한범, 2015, p.30)

국군은 영토방위(嶺土防衛)의 임무를 지닌다. 국토를 방위하여 영토와 주권, 그리고 국민을 보호하고 유지하는 것이다. 따라서 확대된 국가안전보장의 개념 아래에서도 국군의 역할과 사명은 다양한 군사적 위협으로부터 국가를 보호하는 것이다.

(4) 헌법과 국군의 정치적 중립

대한민국을 포함한 대부분의 민주주의(民主主義) 국가에서는 군대의 정치적 중립(政治的中立)이 요구된다. 이슬람 국가인 이라크에는 헌법 제2조에 "이라크 국군은 정치문제에 개입하지 않으며, 정권교체에 어떠한 역할도 해서는 안 된다."라고 규정하고 있다.[14]

그런데 일부 국가에서는 군대조직인 당(黨)의 조직으로 존재한다. 중국, 북한과 같은 공산주의 국가에서 그렇게 하고 있다. 중국이나 북한에서는 정치와 군사가 매우 밀접하게

13) 대표적인 예로는 유엔 평화유지활동(UN PKO)에 참여하는 평화유지군이 있다.
14) 민진, 『한국의 군사조직』(서울 : 도서출판 대영문화사, 2017), p.65.

연결되어 있으며 제도적으로 군이 노동당 또는 공산당에 종속되지만 나라에 따라 차이가 있다. 실제적으로 중국에서는 당이 군을 지배하나 북한에서는 정권의 군대에 대한 의존도가 높다.

중화인민공화국(中國)의 경우, 중국헌법에 공산당의 영도 아래에 있는 사회주의 국가라고 명시하고 있는 것처럼 공산당과 국가기구의 2원적 통치체제로 되어 있다. 공산당은 모든 정치기구의 상위에 위치한다.

북한의 경우, 2009년에 개정된 사회주의헌법에서는 북한 노동당의 선군정치(先軍政治) 실현과 국방위원회에 대한 헌법적 규제를 시도하였다(최은석, 2012). 선군정치란 “군대를 중시하고 군대를 강화하는 데 선차적으로 힘을 넣어 총대로 개척된 혁명위업을 총대로 완성하는 것으로 정치와 군사를 유기적으로 결합시켜 사회주의를 수호하고 혁명과 건설 전반을 승리적으로 이끌어가는 정치방식”으로 정치와 군사를 유기적으로 연결시키는 정치방식이다.

대한민국헌법 제5조에서는 특별히 국군의 ‘정치적 중립’ 보장을 명시하고 있다. 국군의 적극적인 정치적 활동을 금지하는 것으로 특정 정당이나 그 후보에 대해 정치적 지지나 반대를 공개적으로 할 수 없다. 물론 국민으로서 개인적인 투표행위는 가능하다. 이것은 그동안 군부쿠데타15))에 의한 권위주의 정부의 탄생과 지배라는 역사적 질곡에서 벗어나려는 헌법적 노력의 산물이라고 볼 수 있으며, 군대를 정치적 소용돌이에서 벗어나게 하려는 것이다.

한편, 대한민국 헌법 제7조에서는 공무원의 신분과 정치적 중립성에 대하여 규정하고 있다. 즉, 헌법 제7조에는 “① 공무원은 국민전체에 대한 봉사자이며,국민에 대하여 책임을 진다. ② 공무원의 신분과 정치적 중립성은 법률에 의하여 보장된다.”고 규정하고 있다. 즉, 국군의 구성원인 군인과 군무원들은 공무원의 신분을 가지므로, 정치적 중립을 지켜야 하는 것이다.

---

15) 쿠데타(프랑스어: coup d'état [kuː deɪ'tɑː])는 프랑스어로 정부에 일격을 가한다는 뜻으로, 선동을 통한 군대 등을 이용한 무력(武力)으로 정권을 무너뜨리거나 빼앗는 일을 통상적으로 지칭하는 단어이다. 유사하지만 다른 것으로, 보통 내부적으로 정권이 불안한 상태에서 발생하고, 지배계급내부의 단순한 권력 이동이 이루어지며, 체제 변혁을 목적으로 하는 혁명과는 구별된다. 최근에는 아프리카 대륙에서 자주 발생하고 있으며 다른 표현으로는 정변(政變)이 있다.

3. 세계 군사조직의 역사

(1) 고대(古代)의 군사조직

국가가 정치체제로 자리잡고 통치를 한 대표적인 사례는 로마제국(Rome Empire)과 고대 중국의 진(秦), 한(漢), 수(隨), 당(唐)을 들 수 있다. 로마제국은 아우구스투스(Augustus)[16]가 황제지배체제 혹은 원수정(principatus)을 사실상 시작한 공통시대이전(BCE) 27년부터 몰락까지의 로마를 일컫는다. 로마제정시대의 종식은 395년 동서로마의 분할, 476년 서로마제국의 멸망, 1453년 비잔틴 제국의 멸망 등 관점에 따라 다르게 볼 수 있다[17].

로마제국은 현재의 유럽 지역과 지중해 연안의 아프리카 지역을 아우르는 대제국이다. 현재의 이탈리아 중부와 기타 지역을 속주로 하였고, 속주에는 총독을 보내 통치하였다. 하지만, 황제가 친정하는 형태인 집권적 국가였다.

진나라와 한나라는 고대 중국에서 중원 대륙을 통일한 고대국가이다. 그 뒤를 이어 수나라와 당나라가 고대국가로서 중국을 지배했다.

고대의 군사조직으로는 서양의 대표적 제국인 로마제국과 동양의 대표적 제국인 고대 중국(漢, 唐)에서의 군사조직을 간략하게 살펴 보았다.

---

16) 임페라토르 카이사르 디비 필리우스 아우구스투스(Imperator Caesar divi filius Augustus, BCE 63년 9월 23일~CE 14년 8월 19일)는 로마 제국의 초대 황제(재위 BCE 27년~CE 14년)이다.

17) 로마 제국(라틴어: Imperium Romanum 임페리움 로마눔[*] 고대 그리스어: *Βασιλεία τῶν Ῥωμαίων*)은 지중해를 중심으로 유럽, 북아프리카, 서아시아 등지를 다스린 제국이다.
로마 제국은 기원전 27년 아우구스투스가 사실상 공화정을 폐지하면서 등장하였고, 이후 3세기의 군인황제 시기까지는 여러 속주들을 통합한 형태의 원수정이었으며 이탈리아 반도의 로마를 유일한 수도로 두고 있었다. 그러나 군인황제시기에 이르자, 여러 장군들이 황제를 자칭함에 따라 로마 제국은 밀라노와 라벤나 등지에 수도를 둔 서로마 제국과 니코메디아와 안티오크, 콘스탄티노플 등에 수도를 둔 동로마 제국으로 나뉘어졌다. 로마는 476년까지 서로마와 동로마의 공식 수도였으나, 오도아케르가 서로마 제국의 마지막 황제인 로물루스 아우구스투스를 퇴위시키고 야만족들이 이탈리아 반도에 자치 왕국들을 세우자 콘스탄티노플이 로마 제국의 유일한 수도로 남게 되었다. 서로마 제국이 게르만족에게 망한 이후, 동쪽의 동로마 제국은 점차 그리스화되기 시작하였으며 이를 기점으로 고대 로마가 끝나고 중세가 시작된 것으로 본다.

(가) 로마제국 군사조직

로마제국의 군대는 군단, 보조군, 근위대 그리고 해군으로 구성되었다.[18]

군단(軍團)은 아우구스투스 황제가 제국을 건설한 이후부터 300여 년 간 30개 군단으로 유지되었다. 1개 군단 병력의 규모는 약 6,000명 정도였다. 군단에 입대하는 병사는 입대하자마자 로마 시민권을 획득하였다. 황제 속주(屬州)는 대개 국경 근방에 있었으며, 황제가 군단을 직접 통솔하였다. 군단에는 단위부대장인 백부장(백인대장)이 있었으며, 유럽 왕국들의 군대 모델이 되었다. 백인부장은 장기복무하는 부대장으로서 군적 사병 둥 가장 뛰어난 병사들 중에서 선발되었으며, 전문장교집단이라고 볼 수 있다(존 키건 1993).

근위대(近衛隊)는 9개 대대로 구성되었으며, 이 군대는 주루 이탈리아에 주둔하면서 치안유시 업무를 담당하였다. 보조군(補助軍)은 대략 250개 대대 정도였으며, 보조군 병력 총수는 125,000명 정도였다. 보조군 병은 제대 직후에 로마시민권을 획득했다. 로마 해군은 군단의 보급과 이동을 보조할 뿐만 아니라 나일강이나 도나우 강의 국경방위도 지원하였다.

로마제국은 3세기를 거치면서 중앙정부의 권위강화, 국경선 방어, 속주반란 예방, 제위 찬탈자들의 음모를 예방하는 것이 큰 과제였다. 이런 문제를 해결하기 위해서 로마제국은 새로운 국경방어전략인 종심방어체제를 채택하였으며, 이에 따라 중앙야전군(comitatenses), 기동야전군, 변경주둔군(limitanei)과 더불어 방어 능력을 겸비한 요새를 축성하였다(조영식, 2006).

로마제국의 군사조직은 기본적으로는 기동하는 병영으로서 공격형 중심의 군단, 즉 중앙야전군 중심이었으나, 제국 후반기에 접어들면서는 변경지역 가까이에 위치하면서 기동

18) 로마 왕정 시절에 "군단"이란 말은 로마 육군 전체를 뜻하는 것일 수도 있지만, 이 시기의 사료들은 수가 적고 신뢰할만하지 못하다. 그후의 군단 조직은 시간이 흘러 크게 변화했음에도, 군단은 일반적으로 대략 5,000명의 병사들로 이뤄졌다. 공화정 시대 대부분의 기간 동안에 군단은 10개의 마니풀루스로 구성된 세 개의 열로 나뉘었다 . 공화정 말과 제정 시대 대부분 시기(대략 기원전 100년부터)에, 하나의 군단은 각각 5-600명으로 된, 10개의 코호르스로 나뉘었다. 군단에는 또한 소규모의 알라 또는 기병대가 포함되었다. 서기 3세기부터, 군단은 대략 1,000명에서 1,500명 규모로 훨씬 작아졌으며, 그보다 규모가 더 많은 경우도 있었다. 서기 4세기에, 동로마의 국경 수비 군단 (리미타네이)은 훨씬 더 작아졌을 수도 있다. 군단의 구성과 기능 면에서, 공화정 시기의 군단이 고대 그리스와 마케도니아 팔랑크스의 영향을 많이 받았을 수 있다.

성을 보장하는 기동야전군의 형태로 바뀌면서 수동적인 된다. 또한 모든 전략적 결정은 황제에게 있었으며, 속주 총독(사령관)에게는 전술적인 결정권만 있었다(김경현, 2005).

(나) 고대 중국의 군사조직

진나라와 한나라의 군사직제는 비슷하였다. 한나라 황제는 군 통수권자로서 전국 군대의 최고통제권을 장악하였다. 황제는 군대를 움직이고, 인사권을 가졌는데, 장군 등 고급지휘관을 직접 임면[19]하였고, 친히 출정하여 전선을 지휘하기도 하였다. 한나라에서 중앙경위부대는 남군과 북군으로 구분하였는데, 남군은 궁정경위를 맡았고, 북군은 경성(수도) 경위를 담당하였으며, 황제는 태위(太衛)로 하여금 군사기구의 수장이 되게 했다(장한, 2005).

중국 고대국가에서는 시대별로 군부대의 편제단위는 군(軍), 사(師), 여(旅), 졸(卒), 양(兩), 오(伍) 등이 있었다. 제대 명칭상 규모가 약간 차이가 있었다.[20]

당나라 시대 전시 표준 행군(行軍)의 병종과 구성을 보면 다음과 같다(손계민, 1995, 238). 중군(中軍)과 좌우처후(左右處侯) 2군, 좌우상(左右廂) 4군으로 구성되었다. 각 군은 전병(戰兵), 치중병(輜重兵)으로 구성된다. 전병은 전투병으로서 다시 노수(弩手)[21] 2,000명, 궁수(弓手)[22] 2,200명, 마군(馬軍)[23] 4,000명, 조탕(䠶蕩)[24] 2,900명, 기병(奇兵)[25] 2,900명의 5종 13,000명으로 구성된다. 이중 마병만 기병이며, 나머지는 보병의 일종이다. 치중병은 6,000명이며 마수레를 끄는 병으로 보급을 맡는다. 전투병과 치중병의 비율은 7 : 3이며, 기병과 보병의 비율은 1 : 2.5였다.

---

19) 임명(보직부여)과 해임(보직 박탈)의 권한

20) 중국 고대의 군사 편제단위는 춘추전국시대에는 군(軍, 12,500명), 사(師, 2,500명), 여(旅, 500명), 졸(卒, 100명), 양(兩, 25명), 오(伍, 5명)였다. 한나라 시대에는 부(部, 불명), 곡(曲, 1,00명), 둔(屯, 불명), 대(隊, 불명), 십(什, 10병), 오(伍, 5명)가 있었다. 수나라 시대에는 군(軍, 기병 4,000명, 보병 8,000명), 단(團, 기병 1,000명, 보병 2,000명), 대(隊, 100명)가 있었다. 당나라 시대에는 절충부(折衝府, 1,000명), 단(團, 200명), 여(旅, 100명), 대(隊, 50명), 화(火, 10명)가 있었다.

21) 쇠뇌를 쏘는 병사

22) 활을 쏘는 병사

23) 말을 타고 전투를 수행하는 기마병

24) 주력 전투 이후, 소탕작전을 수행하는 병사

25) 기습작전, 특공작전 수행하는 병사

(2) 중세의 군사조직

중세의 유럽에서는 비잔틴(현, 터키의 이스탄불)제국의 멸망과 함께 국가가 분열되고, 군사력이 약화되며, 교황의 권세가 강화되는 경향을 보인다. 이후 십자군 전쟁[26]이 일어난다. 한편, 11세기 몽골은 중국을 포함한 동양과 유럽 지역까지 정복을 하여 대제국을 이루었다. 동양에서는 중국이 천하의 중심이 되는 체제가 구축되며 원(元), 송(宋), 명(明), 청(淸)의 국가로 이어진다. 한편, 조선에서는 조일전쟁(朝日戰爭, 壬辰倭亂)과 조청전쟁(朝淸戰爭, 丙子胡亂)이 발발한다.

여기서는 몽골의 군사조직, 일본의 군사조직 그리고 십자군 전쟁 기간의 군사조직을 간략하게 살펴 보았다.

(가) 몽골의 군사조직

몽골제국은 칭기즈 칸[27]이 1206년에 세운 제국으로 역사상 가장 넓은 영토를 가졌던

26) 십자군 전쟁(十字軍戰爭)은 1095년부터 1291년까지 간헐적으로 일어난, 예루살렘을 중심으로 한 레반트 지역의 지배권을 놓고 일어난 전쟁이다.
1071년 동로마 제국의 황제 로마노스 4세가 만지케르트 전투에서 셀주크 제국의 술탄 알프 아르슬란에게 대패한 뒤 근동 일대에 대격변의 시기가 찾아오고, 결과적으로 동로마 제국의 기존 핵심 지역이던 아나톨리아 대부분을 잃게 되었다. 1081년 신황제 알렉시오스 1세가 즉위하여 이를 수습하고 잃어버린 영토를 회복하고자 했지만, 남이탈리아의 노르만족, 북방의 페체네그족, 그리고 아나톨리아의 셀주크 제국 등 사방에 적들이 너무 많아 약해진 제국의 힘만으로는 부족했다. 때문에 제국은 전쟁으로 인한 군비가 팽창하는 1040년대를 전후하여 꾸준히 해오던 지원 요청을 보다 다급하게 해오고 있었다.
그러한 요청의 일환으로 1095년 3월 피아젠차에서 열린 공의회에도 사절단을 파견했는데, 피아젠차에서 이들을 접견한 교황 우르바노 2세는 "성스러운 교회를 수호할 수 있도록 이교도들에게 맞설 원군을 보내달라"정도의 내용의 요청을 듣고는 본격적으로 십자군을 위한 여론 조성에 나섰다. 그렇게 1095년 11월의 클레르몽 공의회를 기점으로 서유럽은 약 200년간 여러차례에 걸쳐 십자군을 파견하였다.

27) 칭기즈 칸(몽골어: Cinggis Qan, 몽골어로는 발음이 '칭기스 한 [ʧʰiŋgɪs xaːŋ]' 한국 한자. 成吉思汗 성길사한,: 1162년 음력 4월 16일(5월 31일) ~ 1227년 음력 7월 20일(8월 25일)[1])은 몽골 제국의 건국자이자 초대 한이다. 묘호는 태조(太祖), 시호는 법천계운성무황제(法天啓運聖武皇帝)이다. 본명은 보르지긴 테무친(몽골어: , 한국 한자: 孛兒只斤鐵木眞 패아지근철목진)으로, 몽골의 여러 부족을 통합한 군사 · 정치 지도자로서 몽골 초원의 부족들을 정복하고 몽골 제국을 성립시켜 몽골과 중국 지역을 비롯해 한반도에서 중앙아시아와 동유럽에 이르는 넓은 영토를 정복한 것으로 잘 알려져 있다. 몽골 원어민 발음은 영어발음 표기인 칸(khan)이 아니라 '한[한~]'이며 한강의 한과 같이 크다, 위대하라라는 뜻이다. 국립국어원 외래어표기업에 따르면 동양인 명칭은 한자로 쓰는 것을 허용하므로 철목진(鐵木眞)이 맞지만, 사용하지 않고 영어권을 통해 들어온 발음인 징기스칸(khan)이 널리 퍼져있다. 그러나 원어민 발음을 쓰는 규칙에 따라 칸[khan]이 아니라 현지 몽골인이 발음하는 [한]으로 써야 옳다. 국립국어원 문법 검토결과와 몽골인의 수

제국 중 하나였다. 몽골제국은 칭기즈 칸, 오고타이 칸, 구유크 칸, 멍케 칸으로 이어지면서 정복활동을 계속하였으나, 몽골왕족 간의 내분으로 몽골제국은 4개로 분열되었으며, 쿠빌라이 칸이 몽골제국의 정통성을 계승하여 원(元)나라를 건국하였다.

몽골제국의 군대는 십진법 단위로 편성된 만호(萬戶, 토우만), 천호(千戶, 민한), 백호(百戶, 자간), 십호(十戶, 아르반)를 토대로 형성되었다. 일상에서 그들은 장막(게르, ger)을 둥근 모양의 진을 짠 구리엔이라는 사회형태로 유목생활을 하였다.

원정이 결정되면 천호 단위로 일정한 병사 수 공출이 배정되고, 각 병사가 기본적으로 자신의 장비 대부분을 마련했지만, 원정 중에는 약탈이나 사냥을 통해 군량을 조달하였으며, 별도로 군장이나 군수품의 공급망도 구비하고 있었다.

군단은 엄격한 상하관계에 의해 운영되었다. 원정군은 우익, 중군, 좌익으로 구성되며, 각 군단의 선봉대, 중군, 그리고 후방 보급대로 편성되었다. 선봉대는 기동력이 뛰어난 경기병을 중심으로 편성되며, 적군의 분쇄를 목표로 한다. 중군은 선봉대가 적군을 제압한 후 잔존세력의 소탕, 약탈을 담당하며, 후방보급부대는 보급 업무와 사병 가족을 인솔한다. 병사들은 모두 기마병이며, 속도가 빠르고 사정거리가 긴 복합궁을 주 무기로 했다. 병사는 원정에서 1인당 5~8마리의 말을 데리고 자주 갈아타는 방법으로 경이적인 행군 속도를 자랑했으며, 경기병이라면 하루 70km를 기동할 수 있었다.[28]

(나) 일본의 군사조직

중세, 근세의 일본과 대한민국은 세종시대 조선의 대마도 정벌과 선조시대 1592년 조일전쟁(朝日戰爭, 임진왜란)[29]이 있었으며, 조일전쟁으로 인하여 조선은 전 영토가 피폐했

정 요청에 의해 칭기스 칸에서 칭기스 한으로 교정하는 것이 올바르다고 하였으나, 대부분이 칭기즈 칸에 익숙하며 칸으로 표기하였다.

28) 임진왜란(壬辰倭亂)은 1592년(선조 25년) 도요토미 정권이 조선을 침략하면서 발발하여 1598년(선조 31년)까지 이어진 전쟁이다. 또한 임진왜란은 동북아시아에 막대한 영향을 끼쳤으며, 두 번의 침입이 있어서 제 2차 침략은 정유재란이라 따로 부르기도 한다. 또한 이때 경복궁과 창덕궁 등 2개의 궁궐이 소실되었다.

29) 일본에서 임진왜란을 이르는 공식 명칭은—아주 일부에서 '도요토미 히데요시의 조선 침략'이라는 표현을 쓰기도 하지만— '분로꾸 · 게이쪼노 에끼(文祿 · 慶長の役)'이다. '문록'과 '경장'은 1592년부터 1614년까지 쓰였던 일본 천황의 연호이다.
중국에서는 이 전쟁을 '항왜원조(抗倭援朝)', 혹은 '동원지역(東援之役)'이라 한다. 앞의 것은 '왜구에 대항해서 조선을 도운' 전쟁, 뒤의 것은 '동국, 조선을 도운 전역'이라는 의미를 지닌다. 두 개 모두 '조선을 도왔다'

다. 조일전쟁은 1592년부터 1598년까지 한반도에서 일어난 조명연합군(朝明聯合軍)과 일본(倭)와의 7년 전쟁을 일컫는다.

1592년 토요토미 히데요시(豊臣秀吉)는 일본 전국을 통일하고 강력한 중앙집권제 국가를 만들었다. 조일전쟁 개시 초에 일본군은 지상군 51,000명, 수군 9,000명이었으며, 조일전쟁 기간 중 총 병력은 20만 명이었다.

조선군의 병력은 개전 당시 84,000여 명, 개전 1년후(1593년) 175,000여 명, 개전 5년후(1597년) 300,000여 명, 개전 6년후(1598년) 450,000여 명 정도 였으며, 명나라의 경우 43,000여 명 ~ 100,000여 명이 참전하였다.

토요토미 히데요시는 조선 원정군을 9번대로 구분하여 출정시켜으며, 본인은 나고야에서 지휘하였다. 각 번대는 1만 명에서 3만 명에 이르렀다. 총 158,000명이 출병하였으며 이들은 정규병력이었다. 이 밖에 수군 9,000명, 후방경비 12,000명, 부산 선적 경비 등 총병력은 20만 명이었다. 일본이 침입할 당시의 총 병력은 30만 명으로 이 중 10만 명은 나고야에서 대기하였다.

토요토미 히데요시는 일본군 총병력을 지휘하였다. 그의 명령 없이는 작전을 변경할 수 없었다. 조선에 건너갈 장수들은 각각 자기 소유 영지에서 병력과 군량을 준비하고 선박도 준비하였다(김경태, 2015).

(다) 십자군 전쟁기의 군사조직

중세의 십자군 전쟁은 11세기 말부터 200여 년 간 지속된 유럽의 기독교 세력과 전쟁에 맞서 싸웠던 이슬람 세력 간에 일어난 전쟁이다. 이슬람 세력에 의해 통치되었던 예루살렘이 중세에 이르러 교황 우르바노 2세(Urbanus II)의 성전참여 호소로 성지탈휘이라는 이름으로 시작된 기독교 세력이 침략을 받게 되었다. 이 전쟁을 서구에서는 십자군 전쟁이라고 부르며, 영어단어 'Crusade'는 십자군이자 곧 성전(聖戰)의 의미로 사용되었다. 하지만, 성전이라는 전쟁 수행 중 십자군들의 약탈, 방화, 살인 등은 극히 야만적인 것으로 평가된다(진원숙, 2006).

는 사실을 강조하는 말이다. 중국인들의 이 같은 인식은 자신들이 왜란에 참전함으로써 '거의 망해 가던 조선을 다시 살려 내는 은혜(再造之恩)를 베풀었고, 조선은 그것을 잊지 말고 보답해야만 한다'고 강조하고 있다.

십자군은 귀족 십자군과 민중 십자군으로 구성되었다. 귀족 십자군은 영주와 기사들로 구성되었으며, 민중 십자군은 농노와 부랑자들로 구성되었다. 초기 십자군은 십자가를 지고 예루살렘을 해방시킨 신앙심이 강하고 열정이 넘치는 사람들이었다.

제1차 십자군의 규모는 5천 명에서 1만 명 정도에 이르는 기사와 1만 명 전후의 보병으로 구성되었다. 제2차 십자군 전쟁 이후 십자군 전쟁은 계속 실패하였다. 제2차 십자군은 프랑스의 국왕 루이 7세(Louis Ⅶ)가 지휘하였다. 제3차 원정은 이슬람의 살라딘(Saladin)[30]에 의해 실패하였다. 제4차 원정은 이슬람 지역이 아닌 동로마제국의 수도 콘스탄티노플을 공격하였다. 제5차 원정은 헝가리의 안드레아스(Andreas)가 지휘하여 시리아로 갔으나 실패하였다. 제6차 원정은 신성로마제국의 프리드리히 2세(Fredrich Ⅱ)가 원정을 지휘하였다. 제7차 원정은 프랑스의 국왕 루이 9세(Louis Ⅸ)가 지휘하였으나, 그는 포로의 몸이 되었다. 1291년 마침내 맘루크(이집트와 시리아에 세운 이슬람 왕국)의 술탄인 알 아시라프 칼릴(Al Ashraf Khalil)이 십자군 요새를 모두 탈환하여 십자군 전쟁은 막을 내린다(황의갑 2010).

(3) 근대의 군사조직

근대는 유럽과 미국이 경제적으로는 산업혁명이 일어났고, 정치적으로는 왕정에서 민주정으로 이행하면서 근대국가가 형성되는 시기였다. 이 기간 중 유럽과 일본 등 제국주의 국가는 식민지를 쟁탈하면서 다른 나라들에 대한 정복을 일삼았다.[31]

여기서는 근대국가 형성 이후의 군사조직을 다루되 나폴레옹 군사조직, 아편전쟁과 대영제국의 군사조직, 청나라아 일본의 군사조직을 간략하게 살펴보았다.

---

30) 살라흐 앗딘 유수프 이븐 아이유브(아랍어: صلاح الدين الأيوبي, 쿠르드어: سەلاحەدینی ئەیووبی, 페르시아어: صلاح الدين ايوبى, 터키어: Selahaddin Eyyubi) 또는 살라딘 (1138년? ~ 1193년 3월 4일)은 12세기경 티크리트(현재 이라크 북부) 출신의 쿠르드족 무슬림 장군이자 전사였으며 이집트, 시리아의 술탄이었다. 3차 십자군 원정에 맞서서 이슬람을 이끌었다. 전성기에 그는 이집트, 시리아, 예멘, 이라크, 메카, 헤자즈 등지를 아우르는 아이유브 왕조를 세웠다. 서양에서는 살라딘이라는 이름으로 유명하지만 그의 본명은 유수프(Yousuf) 였다. 그는 그의 지도력과 군사적 역량으로 무슬림과 기독교계 모두에게 알려졌으며, 십자군과 맞서 전쟁을 치를 당시에 탐욕스럽고 무자비했던 십자군의 군주들에 비해 온건하고 약속을 잘 지키는 자비로운 군주로 덕망이 높았으며 그가 보인 기사도 정신과 자비심은 서방세계에 널리 전해져 수많은 전설과 기록으로 남았다. 살라딘이라는 그의 이름은 아랍어로 "정의와 신념"을 의미한다.

31) 민진, 『한국의 군사조직』(서울 : 도서출판 대영문화사, 2017), p.43.

(가) 프랑스 나폴레옹의 군사조직

유럽에서는 18세기 말과 19세기 초에 걸쳐 많은 국가가 그의 봉건적 체제를 개조하여 광범위한 지역적 기초 위에 근대적 국가를 형성하였다. 이 근대적 국가를 형성하게 되는 선봉이 프랑스 혁명이었다. 프랑스 혁명은 혁명전쟁을 동반하였고, 이를 계승하여 나폴레옹 전쟁이 일어났다. 이때까지 유럽 각국은 왕조국가였고 왕의 군대로서 상비군[32]을 운영하고 있었다. 프랑스 혁명 이후 국민국가가 등장함에 따라 프랑스 군대는 국민군대(國民軍隊)가 되었다. 나폴레옹 1세(Napoleon Ⅰ)는 프랑스 군대를 영구적인 사단으로 분할 편성하였다. 이 사단은 공동목표를 위하여 개별적으로 작전을 수행할 수 있었고, 또 협동작전을 수행할 수 있도록 하는 독립적인 단위였다. 또한 보급군은 보급제도를 현지조달이라는 구체제로 전환하였다. 이 제도는 전쟁이 대규모화하면서 프랑스군의 패배를 초래하는 원인이 되었다(장하명 외, 1976:152).

(나) 아편전쟁과 영국의 군사조직

아편전쟁(1839~1842)[33]은 청나라의 광동성(무역항)에서 1839년 3월 아편 엄금조취(린쩌쉬(林則徐)의 아편몰수 정책)에 대항하여 발발하면서 영국이 전쟁을 일으킨 것으로 영국이 승리하였다. 1840년 5월 영국의 청 원정군이 출정을 하였고, 1842년 8월에 난징조약을 체결함으로써 종전되었다.

아편전쟁 기간 중 영국 원정군은 해군과 육군으로 편성되었고, 영국 본토와 식민지 인도에서 동원하였다. 아편전쟁 기간 중 영국 해군은 세계 최강의 해군이었다. 총 동원된 병력은 육군 15,000명, 해군함선 46척이었다. 무장력은 군함 16척, 수송선 27척, 동인도회사의 무장기선 4척과 주로 육군 보병과 일부 포병(보병 포대)이 포함되었다. 최고지휘권은 인도 총독인 오클랜드(Load Auckland)에게 있었고, 엘리엇(George Elliot)을 총사령관으로 임명하였다. 1841년 영국군은대공격을 개시하여 승리하였다(신윤길, 2001).

---

32) 대부분의 왕조에서는 비용 측면에서 용병을 고용하여 전투임무 수행.

33) 아편 전쟁(阿片戰爭, Opium Wars)은 19세기 중반에 청나라와 대영 제국 사이에서 벌어진 두차례의 전쟁을 말한다. 두 전쟁에서 청나라가 완패함으로써 중화사상은 뿌리째 흔들리게 되었고, 본격적으로 서세동점(西勢東漸)의 시대가 개막되었다.

(다) 청일전쟁(淸日戰爭)과 군사조직

청일전쟁은 1894년 7월 25일 개전하여 청과 일본이 황해전투, 평양전투, 요동반도(여순)와 산동반도에서 전투 등 육상 및 해상전투를 하였고, 당시 조선과 청의 내륙에서 전투가 이루어졌다. 이 전투에서 일본군이 승리하였다. 이 전쟁은 1895년 3월 19일 강화조약을 체결함으로써 종료되었지만, 이는 동아시아 지역에서의 청과 일본이 패권을 다투는 전쟁이었고, 러일전쟁(露日戰爭) 등으로 이어지는 전초전이기도 했다. 청과 일본 양국의 군대[34]는 육군의 경우 일본이 약간 우세하였으며, 해군은 청이 우세하였다.

청일전쟁에서 청나라는 패전이 한창 진행될 때까지 통일된 전쟁지도부(독판군무처(督辦軍務處))를 구성하지 못하여 전쟁의 주도권을 상실하였고, 북양대신 리홍장(李鴻章)이 관할하던 군사력만으로 전쟁을 수행하였으며, 일본군을 격멸한다는 국방목표의 달성이 어려웠다. 또한 국가 통합적 전쟁수행체제 미비로 동원이 제한되었다(이종호, 2015).

이에 반해 일본군은 국가 총력전 수행체제를 구축하였고, 전시 대본영 설치로 육군과 해군의 합동작전 및 군사·정치·외교 전략을 통합하여 수행하였으며, 국가자원을 고려하여 작전적 승리를 전략적 승리로 확대하기 위하여 조직에 강화하였다(이종호, 2015).

(4) 현대의 군사조직

현대는 20세기 이후 즉, 1900년대 이후부터 현재까지의 기간을 대상으로 하여 세계적 수준의 전쟁사와 관련하여 군사조직을 다루었다. 제1차세계대전, 제2차세계대전, 중동지역 전쟁, 한국전쟁, 베트남 전쟁 등에서의 군사조직 문제를 간략하게 살펴 보았다.

(가) 제1차세계대전시 군사조직

제1차세계대전은 1914년 7월 28일부터 1918년 11월 11일까지 4년 3개월 동안 32개국이 참전한 최초의 세계대전이었다. 20세기 초 유럽지역은 독일, 오스트리아, 헝가리 및

34) 청일전쟁 당시 청의 육군은 약 95만 명 규모로 팔기군, 녹영군, 단련군으로 편성되었다. 청의 해군(함대)은 북양, 남양, 복건, 광동 함대로 편성되었으며, 일본 해군보다 전력이 약간 우위에 있었다. 청일전쟁 당시 일본 육군은 총 7개 사단, 2개 군으로 편성되었다. 일본군은 상비군, 예비군, 국방의용군, 본토방위군으로 구분되었다.

이탈리아의 3국 동맹 측과 영국, 프랑스, 러시아의 3국 협상 측으로 크게 구분되어 대립하였다.

독일군은 징병제도에 기초를 두고 현역, 예비역, 후비역, 그리고 보충역을 편성하였다. 전쟁이 발발하자 독일군은 8개 야전군에 총병력 200만 명이었으며 기본은 보병사단이었다. 사단은 18,000명 규모로 2개의 보병여단과 1개의 포병여단으로 구성되었다. 지원부대로는 공병, 통신, 의무, 보급 등의 파견대로 구성하였다.

전쟁이 개시될 때 프랑스군 총 병력 규모는 165만 명이었다. 러시아군은 전력규모는 컸지만 화력은 독일과 프랑스에 비해 열세였다. 영국군은 해군 위주로 군대를 운영하여 왔으며, 전쟁 발발시 7개 사단을 운영하고 있었다.(정하명 외, 1976).

(나) 제2차세계대전시 군사조직

제2차세계대전은 연합국의 입장에서 볼 때, 2개의 분리된 전장이었다. 하나는 독일과의 전쟁이고, 다른 하나는 일본과의 전쟁이다[35]. 독일과의 전쟁은 1939년 9월 1일 독일의 폴란드 침공으로 시작되어 1945년 5월 8일 독일의 항복으로 막을 내렸다. 한편, 일본과의 태평양 전쟁은 1941년 12월 8일(일본 현지시간) 일본의 진주만 기습으로 시작되어 1945년 일본의 무조건 항복으로 종식되었다(정하명 외, 1976: 273-274).

제2차세계대전은 총력전으로서 전쟁 노력의 전국민화, 국민개병화, 군대의 대규모하, 전쟁의 기계화, 그리고 군사작전의 강화 등의 특징이 있다(정하명 외, 1976: 500).

제2차세계대전 시 지휘체계의 경우 미·영을 중심으로 한 서방연합국은 연합참모부

35) 진주만 공격(일본어: 真珠湾攻撃, 영어: Attack on Pearl Harbor) 또는 진주만 공습(영어: Pearl Harbor Air Raid) 혹은 진주만 폭격(영어: Battle of Pearl Harbor)는 1941년 12월 7일 미합중국 하와이주 오아후 섬의 미합중국 해군의 진주만 기지를 일본 해군이 기습한 공격이다.
진주만 공격은 1941년 12월 7일 아침, 일 해군이 진주만에 대한 공격을 가했다. 하와이주 오아후 섬에 위치한 진주만에 대한 기습 공격은 미국 태평양 함대와 이를 지키는 공군과 해병대를 대상으로 감행되었다. 결국 진주만 공격으로 12척의 미 해군의 함선이 피해를 입거나 침몰했고, 188대의 비행기가 격추되거나 손상을 입었으며, 2,335명의 군인과 68명의 민간인 사망자가 나왔다. 야마모토 이소로쿠 사령관은 제2차 세계 대전 태평양 전쟁의 시작으로 폭격을 계획하였고, 나구모 주이치 부사령관이 지휘를 맡았다. 일본군은 이 작전에서 64명의 희생자가 발생했다. 항구에 있지 않았던 태평양 함대의 항공모함 3척과 유류 보관소와 병기창 등은 피해를 입지 않았다. 미국은 이와 같은 자원을 이용해서 6개월에서 1년 사이에 원상복구를 할 수 있었다. 미국 국민들은 진주만 공격을 배신행위로 보고, 일본 제국에 대항하기 위해 일치단결하여 복구에 전력을 기울였으며, 이는 훗날 일본 제국의 패망으로 이어졌다.

(CSC, Combined Staff Command)와 같은 총괄적인 전쟁지도기구를 설립했을 뿐만 아니라 육·해·공군을 망라한 강력한 통합지휘체제를 구축했다. 이에 반해 독일은 총참모부가 있었으나 하위 수준의 전술 및 작전수준에서 활용되었고, 일본의 경우 대본영이 있었지만 육군과 해군 간의 통합지휘가 이루어지지 않았다.(정하명 외, 1976: 504)

제2차세계대전 시 해군분야의 주요 특징을 보면 기존의 전함을 대신하여 항공모함이 등장했으며, 항공모함의 함재기(전투기)가 전함의 대포를 대신했다. 또한 작전지역이 이동함에 따라 병참부대로 그때그때 전진기지로 이동해가는 체제인 전투지원 보급체계가 바뀌어 보급지원부대가 하나의 함대를 이루었다. 특히, 미국은 태평양 전쟁 중 기동부대(Task Force, 특수임무부대)라는 특별 조직을 창안하여 운용하였다(장하명 외, 1976: 507-508).

(다) 주요 세계 전쟁시 군사조직

1) 6.25전쟁(Korean War, 한국전쟁 : 1950~1953)

1950년 6월 25일부터 3년 1개월간 지속된 6.25전쟁[36]은 1953년 휴전협정이 조인됨으로써 종료되었다. 침략국인 북한과 이를 지원한 소련 및 중공 3개국이 적대국이었으며, 한국에 UN(유엔군)으로 전투병을 파견한 16개국과 비전투부대를 파병한 5개국 그리고 인천·원산 상륙작전을 지원한 일본을 포함한 22개국이 연합국이었다(이선호, 2012).

이 전쟁에서는 동맹군과 연합군의 군사조직이 등장한다. 즉, 북한과 중화민국으로 이루어진 조중동맹군(朝中同盟軍)과 한국과 미국을 중심으로 한 국제연합군(國際聯合軍, UN)이 그것이다. 이런 동맹군이나 연합군 체제에서는 국가 간 혹은 국제기구 간 상부지휘체제의 모습이 들어난다.

2) 베트남 전쟁(Vietnam War : 1962~1973)

1962년부터 1973년까지 지속된 베트남 전쟁[37]은 미국 등 자유주의 연합국과 중국 및

---

36) 6.25 전쟁 명칭의 경우 '6.25전쟁', '6.25사변', '6.25동란', '한국전쟁' 등으로 불리고 있으나, 정 부의 공식적인 명칭은 6.25전쟁이다. 국제사회에서는 이를 'Korean War'라 지칭한다.

37) 엄밀한 의미에서는 베트남과 프랑스가 수행한 1차 베트남 전쟁 이후에 일어났으므로 2차베트남 전쟁으로 볼 수 있음.

소련의 지원을 받은 남베트남 베트콩(민족해방전선)과 북베트남군이 남베트남군과 싸운 전쟁으로, 1973년 닉슨(Richard Nixon) 미국 대통령이 '전쟁종식과 명예로운 평화 초래'라는 전쟁종식을 선언함으로써 종료되었다.

남베트남의 베트콩(민족해방전선)과 북베트남군의 총 병력은 60만 5천 명이었으며, 남베트남군, 미국군, 한국군 등 자유 우방연합군은 총 112만 명이었는데 이중 1969년 기준 미군 병력은 553,000명 수준이었다. 실제적으로 야전군사령관이 남베트남군의 작전을 통제하였다. 이 전쟁에서 베트콩(민족해방전선)은 낮에는 일하고 밤에는 전투하는 군대조직이었으며, 미국군은 공군과 해군 그리고 해병대의 역할이 부각되었다. 그리고 비정규전을 수행하는 특수작전사령부 요원(27,000명)들도 참전했다.

3) 중동전쟁(Middle East War : 1948, 1956, 1967, 1973)

중동전쟁은 제1차전쟁에서 제4차 전쟁에 이르는 약 30년 농안 이스라엘과 이십트가 주도한 중동지역 아랍국가과의 영토 및 종교전쟁이었다.

제1차중동전쟁은 1948년 이스라엘이 독립을 선포한 다음날 시작되었다. 이집트, 레바논, 시리아, 이라크 등 아랍국가들이 신생독립국 이스라엘을 침공하였으나 이스라엘이 승리한 전쟁이다.

제2차중동전쟁은 1956년 이집트가 수에즈 운하를 국유화한 후 이스라엘의 홍해 진출을 봉쇄하자 발발한 전쟁으로 프랑스, 영국, 이스라엘이 공동 대응하여 승리한 전쟁이다.

제3차중동전쟁은 '6일 전쟁'으로도 불리며, 1967년 6월 5일 시작하여 6월 10일에 끝났으며, 이스라엘이 전략적 요충지인 골란고원, 요르단강 서안 지역, 시나이 반도를 점령하면서 승리한 전쟁이다.

제4차중동전쟁은 '욤키프르 전쟁'으로도 불리며, 1973년 이집트의 사다트(Muhammad A. Sadat)가 이스라엘을 기습공격하면서 시작되었으며, 당시 아랍연합군은 약 45만명, 이스라엘군은 약 30만명이 투입되었으며, 초기에는 이집트가 우세하였으나 이스라엘이 반격하여 이집트 군을 격퇴하였다. 이 전쟁으로 이집트는 전략적 요충지인 시나이 반도를 반환받을 수 있었다.

이후 1977년 미국의 카터(Jimmy Carter) 대통령의 조정에 의한 캠프 데이비드 협정으로 이집트와 이스라엘은 평화조약을 체결했다(전일욱, 2009). 결국 4차례에 걸친 중동전쟁에서 이스라엘이 모두 승리하였고, 아랍연합군은 패배하였다.

이스라엘의 일사분란한 군사지휘체제, 막강한 동원전력, 이스라엘군의 애국심 정신전력과 집중력, 창조적 기습 등이 아랍연합군을 분쇄하는 데 크게 기여하였다(김희상, 1998).

4) 기타 : 이란 · 이라크 전쟁, 걸프 전쟁, 이라크 전쟁, 아프가니스탄 전쟁

이란 · 이라크(Iran · Iraq War) 전쟁은 1980년 9월부터 1987년 8월까지 8년간 전쟁이 지속되다가 이란이 유엔 안보리결의를 수락함으로써 정전하게 되었다.[38] 이란과 이라크는 기갑사단, 보병사단, 기계화사단, 독립여단 등 부대, 탱크, 야포, 전투기, 헬리콥터 등 무기장비 면에서 거의 대등하였다. 다만, 이란은 혁명수비대(근위대)인 파스다란(Pasdaran)을 새로이 창설하여 기존 군 구조상에 분열을 가져와 전력이 약화되었다(정춘일, 1989).

걸프전쟁(Gulf War)은 1990년 8월 이라크의 쿠웨이트 침공에 이어서 1991년 1월 미국을 중심으로 한 33개 다국적군(多國籍軍)이 이라크 제재를 목적으로 전쟁에 개입함으로써 국제전쟁의 양상을 띠게 되었다(문은영, 2001). 걸프전쟁에서는 전례없는 다국적군이 구성되었고, 최첨단무기를 동원하였으며, 미국의 본격적인 지상작전을 통한 이라크의 무조건적 항복 등으로 인하여 '100시간 전쟁'으로 불기기로 한다(문은영, 2001).

이라크 전쟁(Iraq War)은 2003년 3월부터 4월까지 미국의 부시(George W. Bush) 대통령이 이라크의 후세인 정권을 제거할 목적으로 수행된 전쟁으로 미국, 영국, 호주 연합군이 승리하였다.

이 전쟁은 2002년 미국이 2001년 9월 11일 테러 사태 이후 이라크를 알 카에다(Al-Qaeda)[39] 지원국으로 지목하고, 2002년 부시 대통령이 이라크를 '악의 축'으로 지명한 이후 후세인 정권을 제거하고 민주적 정부를 세우려는 미국와 이에 동조하는 영국, 호주 등의 연합군이 2003년 3월 20일 이라크 수도 바그다드에 대한 공격을 개시하면서 시

38) 이 전쟁은 이란이 페르시아만 연안의 유조선 통행을 금지하자, 미국, 소련 등이 전쟁에 가세하였다. 이란(종교지도자 호메이니(A. R. Khomeini)과 이라크(정치 지도자 후세인(Sadam Hussein)는 전상자, 경제적 손실 등 많은 전쟁 피해만을 남긴 채 양쪽 모두 실패한 전쟁을 하였다.

39) 오사마 빈 라덴이 조직한 국제테러단체로서 오사마 빈 라덴의 지도 아래 9.11 테러 등을 일으킨 과격 이슬람 테러단체

작되었다. 당시 연합국의 병력은 총 294,800명, 이라크의 병력은 총 429,000명이었다. 세부적으로 보면, 연합군은 공군, 해군, 해병대 전력이 우세하였고, 이라크 군은 수적으로는 지상군과 방공군이 우세하였다. 개전 이래 연합군은 제공권을 확보하여 조직에 지상군에 대한 지원이 가능하였고, 이에 따라 26일 만에 승리를 할 수 있었다.

미국의 중부사령관이 총사령관을 맡았으며, 영국군과 호주군은 각각 자국군을 지휘·통제하였다. 또한 지상군, 해군, 공군, 해병대 등의 구성군사령부를 운영하였다.

4. 우리나라의 군사조직 역사

우리나라의 군사조직에 대해서는 삼국시대와 통일신라시대, 고려시대, 조선시대, 그리고 대한제국 및 일제 강점기 임시정부의 군사조직에 대해서 간략히 살펴보았다.

(1) 삼국시대와 통일신라시대의 군사조직

(가) 고구려(高句麗)의 군사조직

고구려는 한반도와 만주지방을 근거지로 한 고대국가로서 B.C.E. 37년 주몽에 의해 건국되었고, 688년에 나당연합군에 의해 멸망했으며, 3국 중 가장 광활한 국토를 가진 나라였다. 고대 중국과 국경을 연하고 있어서 수(隋), 당(唐)과 같은 강대국은 물론 주위 여러 국가들과 전쟁(려수(麗隋)전쟁, 려당(麗唐)전쟁)과 전투가 그치지 않았다. 그런만큼 군사제도가 발달했다고 본다.[40]

7세기 고구려의 중앙군은 평상시에는 왕도의 지역 구분이자 행정구획으로서 5부(部)를 단위군으로 편제되었던 상비군으로서 5개의 부병(部兵)으로 존재하고 있었으며, 실질적인 지휘관은 부의 장관이기도 했던 욕살(褥薩)[41]이었다. 그렇지만 전시에는 오부병을 주축으로 하되 임시 징발병을 보충하여 심군 등의 행공체제로 부대를 재편하고, 그곳에 새로운

40) 민진, 『한국의 군사조직』(서울 : 도서출판 대영문화사, 2017), p.50.

41) 고구려는 지방통치 조직을 대성(大城), 중성(中城), 소성(小城)의 3단계로 구획하고, 여기에 중앙관리를 파견하였는데, 이중 대성의 장관을 욕살이라고 함.

지휘부를 구성하여 출전했다(이문기, 2007:173).

7세기 고구려 지방군은 평상시에는 대성(大城)을 중심으로 중성(中城)과 소성(小城)이 연계되어 있으면서, 각 성에 주둔하고 있는 성병이 지방관의 지휘를 받으며 상비적인 군사력으로 존재하고 있었다. 성병(城兵)의 구성은 보통 그 지방의 토착민으로 구성되었으나 내지의 주민으로서 성에 파견된 방수병도 있는 이원적 체제였다. 전시 상황에는 대성을 중심으로 하나의 부대를 형성하였다(이문기, 2007: 178-179).

(나) 백제(百濟)의 군사조직

백제는 B.C. 18년 온조가 한강 유역에 세운 고대국가로서 한반도 남서부를 차지했으며 수도를 한성(현 서울)에서 웅진(현 公州), 사비(현 扶餘)로 천도하였고, 660년 나당연합군에 의해 멸망했다. 문화가 발전한 국가로 알려져 있다.

사비시대 백제에서는 국왕 시위군과 왕도를 수비하는 군대가 약 2,500명이 있었다. 이들은 수도의 5부에 각각 250명씩 산재하였다. 한편, 중앙군은 약 10,000명 정도의 상비군으로서 좌장(左將)이자 장군(將軍)이 지휘하였다. 6좌평(佐平[42]))중 하나인 병관좌평(兵官佐平)은 군정을 담당하고 좌장은 총사령관의 역할을 하였다. 중앙군은 왕도인과 왕도 인근의 지방민 중 군역의무를 갖는 자들로 충원했다(이문기, 1998).

지방군은 지방행정구역과 밀접한 관계가 있다. 5방과 군(郡), 성(城) 등이 지방 행정구역이면서 군사 행정구역으로도 기능하고 있었다. 광역의 지방행정구역인 방(方)을 단위로 하는 5개의 지방군이 존재한 것 같다. 이들은 하나의 독자적인 군사활동을 전개했다. 최고의 지휘관은 방의 장관인 방령(方領)이었다. 방에는 700~1,200명 정도의 상비군이 있었다. 상비군은 군사업무와 농사업무를 동시에 수행하는 둔전병(屯田兵)이었다(이문기, 1998). 전시에는 동원과 징발을 하였다.[43]

42) 백제 16품 관등의 첫째 등급

43) 백제와 신라가 서기 554년(백제 성왕 32년)에 싸웠던 관산성 전투에서의 사료에 따르면 사비천도 이후의 백제에는 관산성 전투에서는 태자 여창이 지휘하는 전국 규모의 군대가 30,000명 정도 동원되었으며, 여기에는 중앙군, 지방의 방령군, 그리고 국왕호위부대가 있었다고 본다. 한편, 의자왕 9년(서기 649년)의 석토성 전투에서는 임시 징발한 병사부대가 있었고, 기마병 부대도 있었다(이문기, 1998)

(다) 신라(新羅)의 군사조직

신라는 진한지역의 6개 읍락이 연합하여 박혁거세가 사로국을 세운 후 3세기 말에 진한을 완전히 통합하였으며, 668년 3국을 통일하여 한반도 최초의 통일국가를 이루었으나 935년 고려의 왕건에 의하여 멸망되었다. 신라는 발해[44]와 더불어 한국의 남북조 시대를 열었다.

신라초기 이사금(尼師今) 시대(서기 56~393년)에는 1,000명의 6부병제(部兵制)를 운영하였으나, 소국들을 정복하여 군으로 편성한 후 중앙 6부병을 내병, 지방 군병을 외병으로 편성하여 전쟁에 동원하였다. 마립간(麻立干) 시기부터는 6부병제를 폐지하고 록부(碌部)와 사록부(沙碌部)의 2부병제를 운영하였으며, 마립간이 탁부(啄部)를 갈문왕이 사탁부(沙啄部)를 운영하였다. 법흥왕 때 병부령(兵部令)이 내외병마를 관장하여 국왕이 확실한 군 통수권자가 되었다. 한편, 2부병제는 진흥왕 때 대낭(大幢)으로 확내 개편되있다(김종수, 2009).

신라는 법흥왕, 진흥왕, 그리고 진평왕 대에 군사조직이 확대되었고, 군사제도의 변화가 심했다. 진흥왕 때, 법당(法幢)으로 편제하고, 주요 전략지점에 6정 군단(보병)과 10정 군단(기병)을 배치하였으며, 이들을 주축으로 하여 3국을 통일하였다(이인철, 1994). 군관계급으로는 장군, 대관대감, 제감, 감사지, 소감, 화척 들이 있었다(노근석, 1992).

삼국을 통일한 이후에는 중앙에 시위부(侍衛府), 계금당(罽衿幢), 사천당(四天幢), 경오종당(京五種幢), 삼무당(三武幢), 개지극당(皆知戟幢) 등을 편성하였다. 주치(州治)에는 비금당(緋衿幢), 만보당(萬步幢), 사저금당(沙渚衿幢)을 배치하였으며, 주요 전략지점에 10정과 삼천당 그리고 5주서를 배치하였다. 통일기의 군부대들은 국토방어의 임무와 함께 치안질서 유지의 임무도 담당하였다(이인철, 1994).

삼국통일 이전의 군관들은 주로 왕경인(王京人)으로 편성하였다. 통일 이후에는 주요 군부대의 군관은 왕경인으로 하였지만 9서당의 군관은 고구려, 백제유민 중에서 일부를 군관으로 활용하였다.

---

44) 발해는 고구려가 멸망한 지 30년이 지난 698년에 고구려 유민 대조영에 의해 건국되었으며, 926년에 거란족에 의해 멸망되었다. 발해는 중국 요동의 동쪽과 만주지방을 그 영토로 하였다. 주민은 주로 고구려 유민과 말갈족이었다.

군인들의 경우 군대근무의 반대급부로 녹봉이나 녹읍을 받았다. 신라시대 전투형태는 군, 성, 촌에 편성된 법당이 지역방어를 담당하고 때로는 공격하였지만, 규모가 큰 국지전이나 전면전이 일어나면 6정이 중심이 되어 주를 단위로 행군을 형성하여 전투를 하였다(이인철, 1994). 삼국이 경쟁이 치열하던 660년부터 668년 사이에 신라가 동원 가능한 수는 70,000여 명으로 추산된다.[45)]

신라의 부대명칭에 당, 대 등의 흔적이 남아있는 것은 신라의 군사편제 단위가 신라의 고유편제 위에 남북조 및 수, 당 그리고 고구려의 영향을 일부 받으면서 변화해 온 것으로 볼 수 있다.

(2) 고려시대의 군사조직

고려시대는 서기 918년부터 1392년까지 약 450여 년 동안 존속한 통일국가로서 왕건이 태봉의 궁예를 몰아내고, 고려를 건국하였으며, 이어서 신라와 937년에 후백제[46)]를 통일하였으며, 조선의 이성계에 의해 멸망했다.

(가) 중앙군 조직

고려군사 조직체계는 평시에는 경군(京軍), 주현군(州縣軍) 및 주진군(州鎭軍) 등으로 구분된다. 고려시대 중앙군의 조직과 기능은 다음과 같다.[47)]

경군은 왕도를 지키는 군사조직으로 2군(軍) 6위(衛) 제도가 기본이었다. 2군은 응양군(鷹揚軍)과 용호군(龍虎軍)으로 구성되며, 6위는 좌우위(左右衛), 신호위(神虎衛), 흥위위(興

45) 신라 장군 1명당 1,500명 내외를 거느렸던 것으로 보이며, 장군의 수가 36명일 경우 전투병 54,000명과 전투지원병 약 16,000명으로 총 70,000명이 된다. 이는 신라가 동원 가능한 총병력에 해당되며, 전시 총동원체제 하에서 강제 징발을 확대한다면 병력 규모는 더 확대될 수 있다. 660년대에 신라가 고구려, 백제의 정벌에 동원했던 병력은 약 50,000명으로 추산된다(이상훈, 2011: 189).

46) 고려 통일 전 왕건의 후백제 원정군 편성을 보면, 좌익, 우익, 중군, 원군으로 구분되며, 이들은 각각 기병과 보병으로 구성되었다. 좌익과 우익은 각각 기병 10,000명, 보병 10,000명으로 총 20,000명이며, 중군은 기병 29,500명(중기병 20,000명, 경기병 9,500명), 보병 3,000명으로 총 32,500명이며, 원군은 기병 300명, 보병 14,700으로 총 15,000명이며, 기병은 합계 49,800명, 보병은 합계 37,700명으로 총계는 87,500명이었다(이상훈, 2011:178. 기병이 보병보다 병력 수에서 약간 더 많았음을 알 수 있다.

47) 이기백 외, 『고려군제사』(서울: 육군본부, 1983)

威衛), 금오위(金吾衛), 천우위(千牛衛), 감문위(監門衛)로 구성되었다. 경군의 총 병력은 45,000명 이었으며, 보군(步軍)과 마군(馬軍)으로 편성되었다.[48]

각 군과 위에는 최고지휘관인 상장군(上將軍) 1명, 부지휘관 대장군(大將軍) 1명이 있었다. 상·대장군은 회의체 기구인 합좌기구 중방(重房)을 운영하였으나, 응양군의 상장군이 반주로서 중방을 대표하였다. 한편, 령에는 장군 이래 중낭장(中郎將)이 있었고, 중낭장이 5명의 낭장(郎將)을 두었으며, 낭장 아래 별장(別將)과 산원(散員)이 있었고, 그들 아래 소부대장인 오위(伍尉)와 대정(隊正)이 있었다. 오위는 50명을 대정은 25명의 군인을 거느렸다.

경군 소속 군인은 군반씨족(軍班氏族)을 이루었다. 군반씨족은 하급병졸로서 군인의 씨족을 의미하며, 그 장적이 군적(軍籍)[49]이었다. 한편, 군호(軍戶)는 군인가 양인으로 구성되며, 2인의 양인이 1인의 군사가 필요한 장비와 생활비를 충당하였다.

경군의 임무는 국왕을 시위(侍衛)하고 개경을 방비하며, 전쟁이 일어나면 출정하였다. 때로는 변방의 경계업무(방수(防戍))를 맡았으며, 토목공사에 동원되기도 하였다. 출정 시의 2군 6위 제도는 전시체제로 바뀌며, 도통제사-통제사-병마사로 이어지는 지휘체계를 갖는다.

(나) 지방군 조직

고려의 지방에는 중앙군과는 다른 군사제도가 있었는데, 양계(兩界)의 주진군과 남도(南道)의 주현군이다. 양계에는 동계와 서계가 있으며, 남도에는 교주도, 양광도[50], 경상도, 전라도, 서해도[51]와 경기도가 있었다. .

48) 응양군 1령, 용호군 1령, 좌우위 13령, 금오위 7령, 천우위 2령, 감문위는 1령으로 편성되었다. 령(領)은 1,000명을 부대단위로 하며 장군(將軍)이 지휘관이고, 보승(保勝)령 22령, 정용(精勇)령 16령과 기타 령이 있었다.

49) 이 군적에는 군인 당사자와 그 가족이 포함되어 있으며, 군인은 군역(軍役)을 담당하고, 이를 세습하였으며, 그 대가로 일정한 토지인 군인전(軍人田)을 지급받았으며, 이에 대한 수조권(收租權)이 있었다.

50) 양광도(楊廣道)는 고려의 행정구역인 5도 양계의 하나로, 양주(현재의 서울 강북지역)와 광주(현재의 서울 강남 지역과 성남시, 하남시, 광주시)의 앞글자를 따서 양광도라는 이름을 붙였다. 1394년(조선 태조 3년)에 충청도로 개칭하였다. 현재의 군사분계선 이남의 경기도, 충청도에 해당한다.

51) 서해도(西海道)는 고려의 행정구역으로, 5도 양계를 구성하였으며, 조선 태조 3년에 풍해도로 개칭하였다. 1417년 다시 황해도로 개칭했다. 광복 당시의 황해도이다.

양계는 동계와 서계로 구분되며, 동계(東界, 동북면)는 오늘날의 함경도 지방이며, 서계(西界, 서북면)은 오늘날의 평안도 지방이다. 양계는 군사적 요충지로서 북방민족과 국경을 접하고 있는 지역이었다. 지방관으로 5도에 안찰사(按察使)가 보임되었는데 반해, 양계에는 병마사(兵馬使)가 보임되었다. 양계에서는 주진제(州鎭制)를 사용하였다. 진(鎭)이란 성으로 둘러싸인 군대 주둔이를 의미한다. 주와 진은 지방 행정단위이면서 군사 지역단위였다(조인성, 1983).

주에는 방어사가, 진에는 진장이 보직되었다. 이들은 행정책임자이면서 군사지휘관이었다. 양계 주진의 군사지휘체제는 이원화되어 있었다. 그 하나는 중낭장 이하 주진의 장상장교들의 지휘는 받는 주진군이고, 다른 하나는 개경에서 파견된 장군이 지휘하는 방수군이다.

출동군의 편성은 3군이다. 3군은 좌군, 우군 그리고 중군으로 편성된다. 각 군은 병마사[52]가 지휘한다. 3군 위에는 이들을 지휘하는 행영도병마사(行營都兵馬使)가 있었고 그 위에 행영도통사(行營都統使)가 지휘하였다.

남도의 주현군은 보승, 정용 그리고 1·2·3품군(品軍)으로 구성되었다. 보승과 정용은 상비군으로, 기타는 비상비군으로 보인다. 1품군은 중앙의 공역을 담당하였고 2·3품군은 지방에 머물면서 군인의 보조업무를 담당하였다고 보인다(김당택, 1983).

(다) 고려 말 무신정권과 몽골 간섭기의 군사조직

고려시대의 군사제도는 무신란(武臣亂)을 전후하여 붕괴되었다. 한편, 몽골제국이 고려를 간섭하던 시대에는 정치적으로는 부마국으로 격하되고, 국가 군사제도는 더욱 파괴된다. 원(元, 몽골)의 간섭에서 벗어나면서 공양왕, 공민왕, 우왕 등이 군제개혁을 하였으나, 조선의 이성계 등에 의해 멸망되었다. 고려 말의 군제개혁 내용은 고려 초의 2군 6위제도의 복구 및 신흥사대부의 정치운영과 관련이 깊다(홍영의, 2002).

고려말 중앙군은 최고사령관으로 도통사(都統使)를 그 아래 원수(元帥)체제로 운영되었다. 원수는 진무사(鎭撫使)를 지휘한다. 수군은 해도(海道) 수군과 각도(各道) 수군으로 편

52) 좌군병마사, 우군병마사, 중군병마사

성되었으며, 수군도통사(水軍都統使)와 해군 원수가 각각 지휘하였다. 공양왕대(1391년)에 군사최고사령부인 3군도총제부(三軍都摠制府)가 설치된다. 지방의 군사령관은 도순무사(都巡撫使)에서 도절제사(都節制使)로 바뀐다(홍영의, 2002).

한편, 고려 말에는 왜구(倭寇)의 침입이 잦아 지방군을 강화하였다. 지방에 진의 방어를 위해 진수군(鎭戍軍)을 두었으며, 해안 경비를 위해 선군(船軍)을 재건하였다. 그리고 5도에 전임(傳任)의 도절제사를 두어 징발과 군적관리 등 지방군을 관장하였다(민현구, 1983)

군인전을 지급받던 군인은 무사집단으로 변질되며 사병화(私兵化)되어 간다. 한편, 고려 말에 익군(翼軍)이 출현하게 되는데, 이들은 농민 출신의 상비군이다. 고려 말의 병권은 실제로 장수 개개인에게 맡겨져 있었다(민현구, 1983).

(3) 조선시대의 군사조직

조선시대는 이성계가 1392년 조선을 개국하여 대한제국이 설립된 1897년까지를 다룬다. 시대 구분은 편의상 임진왜란을 기준으로 조선 전기와 조선 후기로 구분하였으며, 중앙군 조직, 지방군 조직, 그리고 군령 및 군정에 대하여 살펴보았다.

(가) 조선 전기의 군사조직

1) 중앙의 군사조직

조선초기의 중앙군은 고려시대의 2군 6위 제도를 답습하였으나, 10위(衛)로 개편하였나. 이는 의흥 삼군부 소속 10사(司)로, 세조대 다시 5위로 개편되어 조선 전기의 중앙군의 전형이 된다. 5위는 중앙군을 중위(中衛), 전위(前衛), 후위(後衛), 좌위(左衛) 그리고 우위(右衛)로 나누는 편제로, 이는 평시 5위 군제가 전시 5군 체제로 전환되기 쉽다.

『경국대전』에 따르면 5위 소속 병종은 갑사. 별시위, 친군위, 파적위, 장용위, 팽배, 대졸, 정병, 충순위, 속진위, 충의위, 충찬위, 보충내가 있다(민현구, 1983: 163). 이들 병종은 시험여부, 신분차이, 근무차이 등이 있었는데, 대부분의 병사는 중앙군으로 교대 근무하면서 근무가 없을 때에는 지방군의 역할을 하였다.53)

5위[54]에서 군 계급은 장군(將軍)-교위(校尉)-부위(副尉)로 구분하였고, 부대편성은 졸(卒) → 오(伍) → 대(隊) → 여(旅)로 편성되었으며, 졸 1명, 오 5명, 대 25명, 여 125명으로 편성되었다. 그리고 지휘관은 오장(伍長), 대정(隊正), 여수(旅帥)라 불렀다.

2) 지방의 군사조직

조선의 지방군은 지상군인 육군(육수군)과 수군(水軍)인 기선군(騎船軍)으로 구분되었다. 고려 말부터 왜군의 침입에 대비하기 위해 수군에 두었는데, 수군은 중앙군의 절반 가량은 5만여 명에 달했다.

조선에서는 지방행정구획이 8도가 되면서 군사제도도 이에 따른다. 각 도에는 관찰사 아래 도절제사를 두어 군사업무를 총괄하게 하였고, 관찰사가 소재하는 감영(監營)과는 별도로 병영(兵營)을 설치하였으며, 자체 직할병력이 있었다.

조선 초기의 군익도(軍翼道)체제[55]는 세조 3년(1457년) 진관체제(鎭管體制)[56]와 제승방략(制勝方略)체제[57]로 바뀐다. 전국 주요 군사지역이나 요새지에 진을 설치하고(예 : 수원진, 강화진, 양주진 등), 이를 거점화하며 작전의 독자성을 부여하였으며, 첨절제사(僉節制使)가 지휘하였다. 병영과 진에 상주하는 병사를 영·진군(營·鎭軍)이라 하였는데, 이들은 마병이었다. 후일 정병(正兵)과 합속(合屬)한다. 지방군으로서는 영진군 외에 수성군(守城

53) 갑사부터 대졸까지는 시험에 의해 선발하며, 정병부터 보충대는 무(無)시험으로 선발된다. 병종별 임무를 보면, 갑사와 별사위는 위병(衛兵), 친군위는 친병(親兵), 파적위는 보군(步軍), 장용위는 노군(奴軍), 팽배는 역군(役軍), 대졸은 사령군(司令軍)이었다. 또한 병종은 신분이나 지위에 따라 선발되는 데, 양반(兩班) 출신은 갑사(甲士), 별시위, 친군위, 충순위, 족친위, 충의위, 충찬위에, 양인(良人) 출신은 파적위와 정병에, 양인 상층 출신은 갑사에, 천인(賤人) 출신은 장용위와 보충대에 소속하였다. 이들은 4개월, 6개월, 1년씩 나누어 근무하였으며, 그것도 2번부터 8번까지 교대하였다. 족친위와 충의위 소속 군사는 교대근무하지 않는 상비군이었다.

54) 5위의 부대편성은 진법원칙에 따라 5위, 5부, 4통으로 편성되었다. 그리고 이들 부대를 지휘하는 지휘관은 위장(衛將), 부장(部將), 통장(統將)으로 부르며, 5위를 통솔하는 지휘관은 대장(大將)이다(민현구, 1983: 167).

55) 조선 초기 북방지역에는 군익도(軍翼道)를 편성하여 운영하였다. 일개 도를 좌익(左翼), 우익(右翼), 중익(中翼)의 3개 지역으로 구분하고, 이들을 하나의 군사단위로 묶어 방어하는 군사제도이며, 여기에 속한 병사가 익군(翼軍)이다. 이로 인해 전국의 모든 조직이 군사지역으로 편성된다.

56) 전국이 진관체제로 편성되기는 했지만, 모든 지역에 무장된 군사가 상주하지는 않았다. 다만, 특수지역에 군사가 상주하였는데 이들을 유방군(留防軍)이라 불렀다(민현구, 1983).

57) 적군의 침입이 있으면 지방군을 먼저 소집시키고, 중앙에서 순변사, 방어사, 조방장, 도원수 등의 지휘관을 파견하는 지휘체제이다(노영구, 2015).

軍)이 있었다. 그리고 비상시에 대비하여 지방 수령이 관할하는 잡색군(雜色軍)이 운영되었다(민현구, 1983).

수군은 조선 초기 기선군이라 칭하였으며, 전국 연안에 분포되었으나, 주로 경상도와 전라도에 집중 배치되었다. 지휘관은 각도의 수영(水營)에 수군도절제사(水軍都節制使, 후일 수사(水使)), 예하 만호(萬戶), 천호(千戶) 등으로 편성되었다.

3) 군령 및 군정기관

조선 건국 초에는 고려의 3군도총제부(三軍都摠制府)를 모체로 하여 의흥삼군부(義興三軍府)를 설치하였다. 의흥삼군부는 강력한 군령기관으로 중앙군과 10사를 지휘·감독했다. 태종 때 병조(兵曹)가 확장되었고, 3군진무소(三軍鎭撫所)가 설치되었으며 두 기관 간에 군령체계가 양립되었다. 3군진무소는 5위도총부(五衛都摠府)로 개편되었다. 병조는 군정권을 5위도총부는 군령권을 행사하였다(민현구, 1983).

(나) 조선 후기의 군사조직

임진왜란 직후부터 17세기 초반에 걸쳐 새로운 군사제도와 지방군 제도가 모색되었다. 인조 초 이괄의 난[58]과 정묘호란을 계기로 여러 중앙군영이 창설되었고, 병자호란을 거치면서 중앙군이 국방체제의 중심이 되었다. 17세기 말 청의 제국체계가 완성되고, 동아시아 정세가 안정기에 접어들면서 조선은 과도한 군비를 조정하고 중앙5군영과 지방군이 병존하는 체제로 변화되었다. 18세기 후반에 이르러서 국방체제는 군사적인 의미가 줄어들고, 정치경제적인 의미가 더 중시되었다(노영구, 2015).

1) 중앙의 군사조직

조선 후기 중앙군의 군사조직은 5군영제로 대표된다. 5군영은 총융청(摠戎廳), 어영청(御營廳), 수어청(守禦廳), 금위영(禁衛營) 및 훈련도감(訓鍊都監)으로 구성되었다. 총융청은

58) 이괄의 난(李适一亂)은 1624년(인조 2년)에 이괄이 조선 왕가 송실 흥안군 이제를 선립하며 일으킨 빈란이다. 인조반정의 논공행상에 불만을 품은 이괄은 반란을 일으키려 한다는 무고를 당하자 난을 일으켜 한양까지 함락시켰다. 조선대의 내부 반란으로서는 처음으로 왕을 도성으로부터 피난시킨 전무후무한 난이기도 하다. 이후 길마재 전투에서 패배하여 진압되었다.

경기도 지역의 군대로서 장서, 양주, 수원, 광주영에 속해있는 정군, 속오군, 별대마군으로 약 20,000명으로 편성되었으며, 7영 2부 체제를 이루었다.

어영청은 도성인 한양과 왕궁을 경비하는 군대로서 총 병력은 인조 17년에 약 7,000명, 효종 때는 약 21,000명이었다. 도성에 상주하는 병력은 1,000명이었다.

수어청은 정묘호란 후 남한산성을 강화하기 위하여 창설하였다. 산성에 상주하는 장수와 병이 성을 지켰다. 초기 군사규모는 12,000명이었다.

금위영은 궁성의 수비를 맡는 신설부대였다. 규모는 정군 14,000명, 자보 14,000명, 그리고 보인 64,000명이었다.

훈련도감은 무사의 훈련과 한양의 경비를 맡았던 군대이며, 급료를 지급 받았다. 인조 때에는 규모가 총 5,000명에 달했고, 마군(馬軍) 5초(哨)[59]와 보군 30초(哨) 규모였다(이태진, 1985).

한편, 숙종 대 말에는 군영편제를 통일하고, 도성 3군문체제(三軍門體制) 성립한다. 3군문체제란 도성의 중앙군을 훈련도감과 어영청 및 금위영으로 나누어 관장한다는 것이다. 그리고 어영청과 금위영은 편제에 있어 5부(部) 25사(司) 제도를 적용하며, 각각 85,000명으로 편성되었다.

정조 대에 장용영 내·외영체제가 신설되었으나, 19세기 세도정치 이후 금위영, 어영청의 번상제(番上制)를 폐지하고 도성상주병제(都城常駐兵制)로 복구된다.(이태진, 1995)

고종 대(1881년)에 5군영은 무위영과 장어영으로 개편되고, 신식군대인 별기군을 창설했고, 중앙에는 친위대, 지방에는 진위대를 두었으나, 1907년 일제의 강요에 의해 군대는 해산되었다.

2) 지방의 군사조직

조선 후기의 지방군은 속오군(束伍軍)이다. 1596년 말에는 진관체제의 속오군이 완성된다. 속오군은 속오법(束伍法)에 따라 양반에서부터 노비 등 천인으로 조직되었는데, 평상시에는 생업에 종사하나 유사시에 동원하는 군대이다. 향촌에서 초병하였으며, 동원훈련이 가능하였다. 대략적으로 1대가 11명, 3대가 1기, 3기가 1초, 3초가 1사, 5사가 1영(약

59) 1초의 경우 약 100명으로 구성.

2,500명)으로 편성되었다. 이들은 진관을 중심으로 각 촌의 사정에 따라 편성되어 정유재란 때 실전에 참가하였다.

조선 후기에는 지방군보다 중앙군의 숫자가 많아진다. 그것은 어영청과 금위영이 왕궁 및 도성의 수비에서 전국 규모로 확장한 데 기인한다. 즉, 어영청의 어영군과 금위영의 전국 단위 군영으로 변화하였다.

숙종 30년 양역변통(良役變通)을 통해 중앙 군영의 규모가 축소되고 지방군이 정비된다. 지방에는 황해도의 별승군과 장서군, 평안도의 정초군, 충청도의 자모군 등 정예병종이 창설된다. 병자호란에서 청에 패배한 조선은 군사력을 증강할 수 없었다. 지방에는 전임영장제(專任營將制)가 폐지되고 수령이 영장을 겸하는 겸임영장제(兼任營將制)가 도입되었다(노영구, 2015).

3) 군령 및 군정기관

임진왜란 시에는 전쟁지도부로 도체찰사부(都體察使府)를 설치하여 운영하였는데, 유성룡을 총사령관인 도체찰사(都體察使)와 지역사령관인 3도(道) 도체찰사로 임명하였다.

조선 후기의 경우, 평시에는 5위도총부가 군령권을 병조가 군정권을 행사하였다. 임진왜란 이후 비변사(備邊司)의 군국기무(軍國機務) 기능이 확대되었다.

(4) 대한제국과 일제 강점기 임시정부의 군사조직

(가) 대한제국의 군사조직

대한제국은 1897년부터 1910년 8월 29일까지 한국의 독립 전제왕정국가였다. 대한제국은 조선시대에 이어 약 13년 간 존속하였다. 조선이 왕의 국가에서 황제국가로 승격한 셈이다. 1899년 제정한「대한국국제(大韓國國制)」에 따르면, 황제가 국내 육·해군을 직접 통수하며, 1899년에는 군부와는 별도로 원수부(元帥府)를 설치하여 직접 서울과 지방의 군사를 지휘하였다. 그리고 원수부 내에 육군헌병대를 설치하였다.

1901년 18,000여 명이던 군대규모는 1905년 당시 전국에 7,000여명에 불과하였다. 한국 군대는 일본과 러시아에 의해 해산과 감소를 반복했으며, 그들의 임무는 치안확보,

황실보호, 그리고 국경수비 등이었다. 일본군이 한국을 점령하기 위해서 징병제를 사용할 때, 대한제국은 용병제를 사용하였다. 결국 동북아시아의 질서 재편에 따라 군사적 자위력의 부재로 대한제국은 몰락했다(장석홍 2007).

일본군은 서울을 점령하고 1904년 한일의정서를 강제로 체결하였으며, 2개 사단병력을 한국주차군(韓國駐箚軍)으로 상주 주둔시켰으며 군사경찰훈령을 제정하고 치안권을 박탈했다. 1910년 8월 22일 한일합방조약에 의해 대한제국은 멸망했다.

(나) 일제 강점기 임시정부의 군사조직

일제의 식민통치는 1910년부터 일본이 연합군에게 무조건 항복을 선언하던 1945년 8월 15일까지 계속되었다. 이 기간 중에 중국의 상하이(上海)에 임시정부가 설치되어 운영되었으나, 국정 및 군사체제는 매우 취약하였다. 하지만, 많은 독립군[60]들이 국외에서 활동하였다.

1919년 상하이에서 통합임시정부가 수립된 이후 독립전쟁을 위한 군사제도를 정비하였다. 1919년 군무부령 제1호로 '대한민국육군임시관제(大韓民國陸軍臨時官制)'를 제정하여 참모본부, 총사령부, 지방본부로 연결되는 지휘체제를 확립하였다.

1920년에는 '대한민국육군임시관구제(大韓民國陸軍臨時官區制)'를 제정하여 서간도군구, 북간도군구, 강동군구로 구분하였다. 관구별로 북로군사령부, 동로군사령부, 그리고 대한광복군사령부를 설치하여 운영하였다(윤대영, 2006).

그런데 모든 독립군이 임시정부와 밀접한 관계를 가진 것은 아니었다. 상해임시정부는 대한광복군사령부를 두었고, 직할부대로서 서로군정서와 신흥무관학교(新興武官學校)가 있었는데, 후자는 독립군 양성소였다.

60) 3.1운동 이후 1920년 삼둔자 전투와 봉오동 전투, 청산리 전투 등에서는 독립군 연합부대가참전하여 승리한 바 있다. 독립군은 대한독립군(홍범도), 군무도독부군(최진동), 국민회군(안무), 북로정서군(김좌진), 서로정서군 등으로 간도와 연해주의 그 지역 한인자치단체와 긴밀히 연락하면서 자생적으로 조직되었으며, 독립군을 양성하였다.

5. 한국군 지휘구조

(1) 지휘구조 의의

(가) 지휘구조 관련 주요 개념

조직구조의 한 면을 보여주는 군(軍)의 지휘구조(指揮構造, command structure)란 국방부 및 합동참모본부로부터 전투부대에 이르기까지 형성되어진 지휘관계[61] 구조를 말한다. 지휘구조는 보통 상부구조와 하부구조로 구분한다. 상부지휘구조는 정책을 결정하고 전략을 수립하며 군사력 건설을 담당하는 각 군 본부 이상의 구조를 말하고, 하부지휘구조는 각 군 본부 내의 부대 간 관계를 설정하는 구조를 말한다.

지휘구조는 수직적인 조직구조의 분화를 나타내는 것으로 주로 군대나 경찰과 같은 대규모 집단에서 많이 활용하고 있다. 이것은 명령의 계통을 보여주며, 이에 따라 상관 혹은 상급기관의 명령에 대해 부하 또는 하급기관은 이에 복종한다. 이를 '권위의 계서제(위계제, hierarchy of authority)'라고 표현하기도 한다.

계서제(階序制)란 역할체제의 일종이다. 상관과 부하의 역할이 위에서 아래로 이어지는 계층에 따라 차례대로 배열된다. 계서제는 권한이 차등적으로 배분되는 계층화된 구조라 할 수 있다. 고전적인 조직구조 모형이 제시하는 계서제는 일원적이고 집권적인 피라미드형 계선구조이다. 이것은 의사전달의 골격을 유지시키며 조직구성원의 상향적 진출에 사다리와 같은 구실을 한다(오석홍, 2014: 371-372).

지휘구조를 형성하고 운영하는 과정에서는 '명령통일(命令統一)의 원리'와 '통솔범위(統率範圍)의 원리[62]'가 강조되고 있다. 명령통일의 원리(principle of unification of command)[63]는 조직구성원들은 한 사람의 상관으로부터만 명령을 받아야 한다는 원리이며, 통솔범위의 원리(principle of span of control)는 상관의 능률적인 감독을 보장하기 위해 그(혹은 그녀)가 통제하는 대상의 범위를 적정하게 제한해야 한다는 원리이다.

---

61) 부여된 임무달성을 위하여 부대를 지휘통솔하는 권한의 정도를 합법적으로 규정한 것. 지휘관계는 작전수행상의 지휘관계(작전지휘, 작전통제, 전술통제, 지원)과 편제상의 지휘관계(예속, 배속)이 있다.

62) 여기서 원리란 원칙과 같은 의미이다.

63) 지휘통일의 원리(칙)와 일맥상통.

군대조직에서는 상하 간의 수직적 관계가 매우 발달되어 있을 뿐만 아니라 통솔범위원리 역시 잘 적용되고 있는데, 한 사람의 상관 아래 3~4명의 부하, 하나의 상급제대 아래 보통 3~4개의 하급제대로 편성되어 있는 것은 이를 보여주는 예이다.

지휘구조를 설명하는 데는 군정과 군령의 개념이 매우 유용하다. 군정(軍政)이란, 국방목표의 달성을 위해 군사력을 건설, 유지, 관리하는 양병 기능으로서 국방정책의 수립, 국방관계법령의 제정, 개정 및 시행, 자원의 획득배분과 관리, 작전지원을 의미한다. 군령(軍令)이란 국방목표 달성을 위해 군사력을 운용하는 용병기능으로서 군사전략 기획, 군사력 건설에 대한 소요 제기 및 작전계획의 수립과 작전부대에 대한 작전지휘 및 운용 등을 의미한다(공군본부, 2011). 이런 군정과 군령의 개념은 한국, 일본, 대만 등 동양권 문화에서 사용하고 있으며, 미국에서는 작전지원(operational support)과 작전지휘(operational command)라는 유사개념이 사용되고 있다.

상부지휘구조(上部指揮構造)를 결정하는 요인에 대해서는 다양한 견해가 있는데, 현재까지 연구결과를 보면, 문화적 경직성 여부는 상부지휘구조에 영향을 주며, 정치적으로 문민통제를 강조하는 나라 또는 과거에 군대에 의해 헌정이 중단된 경험이 있는 국가의 경우 합동군제[64]나 3군병립제[65]를 채택하여 운영하는 경향이 있고, 공산권 국가는 통합군제를 채택하여 운영하는 경향이 있다. 군종별 기능이 분화될수록 합동군제에 영향을 미치고, 경제적 환경은 상부구조에 거의 영향을 미치지 않는다(우종범 외, 2013).

(나) 지휘관계와 부대구조

지휘관계에 따라 부대는 건제부대, 예속부대, 배속부대, 지원부대, 작전지휘부대, 그리고 작전통제부대로 구분할 수 있다.

건제부대(建制部隊) 상급부대 예하에 기본제대로서 고정 편성된 부대로 지휘·통제는 기본적으로 상급부대 지휘관이 행사하며, 이러한 건제관계는 편제표에 의해 규정되어지고 일반명령에 의해 변경된다.

예속부대(隷屬部隊)는 특정한 상급부대에 비교적 영구적으로 소속되는 부대로서, 예속되

64) 군정은 각 군 참모총장이 수행하고, 군령은 단일 지휘관이 통합 수행하는 제도. 현재 한국군제도.
65) 3군 참모총장이 각 군의 군정, 군령을 통합수행하는 제도.

어진 상급부대에 의하여 지휘·감독을 받으며, 예속관계는 일반명령에 의해 지정된다.

배속부대(配屬部隊)는 예속관계가 아닌 타 부대에 일시적으로 소속되는 부대로서 피배속부대 지휘관(배속부대를 받은 지휘관)이 배속부대를 지휘하며, 보급·행정·교육 및 작전에 대하여 책임을 진다.

지원부대(支援部隊)는 예속 또는 피(被)배속부대의 지휘 하에 타 부대 지원임무를 수행하는 부대로서, 지원하는 부대는 피지원부대의 지원요청에 응하여야 한다.

작전지휘부대(作戰指揮部隊)는 작전지휘를 받는 부대의 임무수행에 필요한명령과 지시를 하는 부대로서, 지휘권한은 작전지휘는 받는 부대의 구성, 과업부여, 목표지정, 작전에 소요되는 자원판단 및 기획을 작성하는 권한이 포함된다. 작전지휘는 작전통제보다 포괄적인 개념이다.

작전통제부대(作戰統制部隊)는 작전통제를 받는 부대에 대한 특정 임무나 과업에 대하여 제한적으로 권한을 위임받아 작전을 통제하는 부대로서, 통제권한은 작전통제를 받는 부대의 구성, 수행할 임무 및 과업, 작전통제기간, 그리고 활동지역(작전지역) 등을 결정하는 권한이 포함된다. 작전통제는 작전지휘보다 제한된 개념이다.

(2) 상부지휘구조의 유형

군대구조는 여러 가지로 분류할 수 있는데, 군종 중심의 분류방법이 가장 대표적이며, 이외에도 지휘체계중심의 분류, 그리고 병종 중심의 분류가 있다.

(가) 군종(軍種) 중심의 분류

군종중심의 분류는 단일군제와 3군제로 구분할 수 있고, 3군제는 다시 3군 병립제, 합동군제, 통합군제로 분류할 수 있다(김열수, 2011; 조영갑, 2006).

3군 병립제(竝立制)에서는 국방부 장관이 군령과 군정을 통할(통제)하고, 3군 참모총장이 각 군의 군정과 군령을 통합하여 수행한다. 육군, 해군, 공군 등 3군이 각 군 본부와 참모총장을 두고 실제적으로 존재한다. 합동참모회의 기구는 존재할 수 있으나, 합동참모회의의 의장(合參議長)은 자문적 기능만을 수행한다. 이 제도에서는 각 군의 전문성은 보장되나 합동성을 기대하기는 어렵다. 이 제도를 운영하는 국가로는 인도, 파키스탄, 브라질 그리고 '818계획(1990년)' 이전의 한국을 들 수 있다.

합동군제(合同軍制)에서는 국방부 장관이 군정과 군령을 통할하고, 3군제의 기반 위에 3군의 노력을 통합하기 위하여 합동참모본부를 설치한다. 군정은 각 군 참모총장이 수행하고, 군령은 단일지휘관(예: 합동참모의장 또는 합동참모총장)이 통합하여 수행한다. 이 제도는 각 군의 전문성이 보장되는 가운데 합동성을 강화한다. 이 제도를 운영하고 있는 나라는 미국, 영국, 프랑스, 스페인, 이탈리아, 일본, 인도네시아, 남아프리카공화국, 그리고 한국 등이다.

통합군제(統合軍制)에서는 국방부 장관이 군정과 군령을 통할하고, 단일지휘관(예: 국방참모총장 또는 총사령관)이 군정권과 군령권을 수행한다. 3군은 존재하며 각 군의 사령부를 운영하고, 각 군 사령관이 존재한다. 각 군의 작전부대를 단일 지휘관이 통합 지휘한다. 이 제도는 군사력의 통합운영과 신속한 의사결정이 가능하나 일인에게 권한이 집중되는 단점이 있다. 이 제도를 운영하고 있는 나라는 중국, 북한, 러시아, 터키, 이집트, 이스라엘, 사우디아라비아, 아랍에미리트, 싱가포르, 말레이시아, 필리핀, 미얀마, 호주, 스위스, 폴란드, 그리고 대만 등이다.

단일군제(單一軍制)에서는 국방부 장관이 군정과 군령을 통할하고, 육군, 해군, 공군의 3군 구분 없이 임무에 따라 부대를 구분하며, 단일 지휘관으로 국군참모총장(혹은 총사령관)은 각 군부대를 대상으로 군정과 군령권을 모두 행사한다. 단일군제는 스위스 등이 채택하고 있다.

기타 멕시코는 국방부와 해군보로 구분하여 국방부는 육군과 공군을 그리고 해군부는 해군과 해군제독위원회를 각각 관장한다.

(나) 지휘체계 중심의 분류

합동참모회의의장의 지휘체계(指揮體系)를 중심으로 비통제형 합참의장제, 통제형 합참의장제, 합동형 합참의장제, 그리고 단일참모총장제로 구분할 수 있다. 비통제형 합참의장제는 합참의장이 국방부 장관에 대하여 군령보좌기능만 수행하는 유형이다. 통제형 합참의장제는 합참의장이 군령에 대하여 국방부 장관을 보좌하며, 국방부 장관으로부터 군령권을 위임받아 예하작전부대를 지휘한다. 합동형 합참의장제는 군령권의 위임은 물론 작전 관련 군정권 일부를 합참의장에게 부여하는 형태이다. 단일참모총장제는 국방부 장관이 단일참모총장을 통하여 군정권과 군령권을 행사한다.

(다) 병종 중심의 분류

병종(兵種)중심의 분류는 기능군 사령관형, 통합군 사령관형, 그리고 단일군형으로 구분할 수 있다(이선호, 1984). 기능군 사령관형은 국방부 장관이 지역·기능군 사령관을 직접 지휘하며, 지상군은 수개의 지역 및 기능군으로 분할 편성할 수 있다. 통합군 사령관형은 국방부 장관이 통합군 사령관을 통하여 지역·기능군 사령관을 지휘한다. 단일군형은 단일참모총장을 통하여 작전부대를 지휘한다.

(3) 한국군의 상부지휘구조와 하부지휘구조

(가) 한국군 상부지휘구조

1) 1990년 이전 한국군 상부지휘구조

가) 창군기의 군대 지휘구조

1948년 대한민국이 현대국가로서 모습을 갖춘 후 1948년 7월 17일「정부조직법」에 의해 국방부는 정부의 한 부서로서 공식적으로 발족하였다. 이어 1948년 11월 30일「국군조직법」을 공포하고 국군은 육군과 해군으로 탄생하였다. 1949년 5월 9일 기구간소화 방침에 따라 국방참모총장제도와 연합참모회의제도가 폐지되었고, 각 군의 총참모장 명칭이 참모총장으로 개칭되었다. 1949년 4월 15일 해병대가 창설되었고(해군 소속), 10월 1일 공군이 육군으로부터 분리되어 창군하면서 육군, 해군, 공군의 3군 병립제를 유지하게 되었다.

이 시기의 군대 지휘구조의 특징은 다음과 같다. 1948년 말에는 대통령-국방부 장관-총참모장-육군/해군참모총장으로 이어지는 계선구조를 보여주고 있다. 또한 육군과 해군의 용병작전과 훈련에 관한 중요 사항을 심의하기 위해 연합참모회의를 신설하였으나 1949년 5월 폐지하였다.

나) 6.25 전쟁기의 군대 지휘구조

6.25전쟁이 발발하면서 평시 군사지휘구조는 전시 지휘구조로 바뀌게 된다. 1950년 6월 30일 정일권 장군을 육·해·공군 총사령관 겸 육군참모총장으로 임명함으로써 잠정적인 통합참모총장형 제체로 전환하였다. 1950년 7월 7일 UN군사령부 창설을 결의하고 UN군에 대한 군사지휘 권한을 미국에 위임하였으며, 1950년 7월 14일 한국군의 작전지휘권을 UN군에게 이양하였다.

다) 전후 정비기의 지휘구조

1953년 7월 27일 6.25전쟁 종전과 더불어 3군 병립제로 환원하였다. 국방부 장관 소속 하에 임시 합동참모본부를 설치하였다가 다음 해에 폐지하고, 대통령 직속으로 연합참모본부를 설치하여 운영하였으며, 1961년에 국방부 장관 직속으로 전환하였다.

이 기간에 각 군에 작전사령부를 신설하였다. 1953년 9월 10일 해군에서는 한국함대를 창설하였고, 육군에서는 1953년 12월에 제1야전군사령부를, 1954년 10월에 제2야전군사령부를 신설하였다. 공군에서는 1961년 7월 1일 공군작전사령부를 신설하였다.

라) 군 구조 발전기의 지휘구조

1963년 5월 20일 「국군조직법」을 전면 개정하여 국방부에 합동참모본부와 합동참모의장을 신설하였다. 1970년부터 1985년까지 군 구조 개선과 관련하여 4회에 결쳐 통합군제 연구가 실시되었으나, 실현되지는 못하였다. 1989년 10월 24일 '한국형 군제'라 하는 국방참모총장제를 채택하였다. 그런데 국회심의과정에서 국방참모총장이라는 명칭이 합동참모의장으로 일부 바뀌었으며, 1990년 10월 1일부 시행되었다.

이 시기의 특징은 국방부 장관이 군정권과 군령권을 통할하되, 각 군 총장을 통하여 행사하고, 합참의장은 군령계선에서 제외되어 장관에 대한 군령 보좌기능만 수행하는 것이었다.

2) 1990년 이후 한국군 상부지휘구조

1990년 10월 1일 「국군조직법」 개정(소위 818 군 구조 개편)에 따라 합동군제를 시행하게 되었다. 특징을 보면, 지휘계통은 대통령으로부터 국방부 장관에 이르고, 국방부 장관은 각 군 본부 및 국방부 예하부대를 통하여 국방행정을 수행하며, 합동참모본부를 통하여 작전지휘를 한다. 각 군 본부의 작전지휘권을 삭제하고 이를 합동참모본부에 집중시킨다, 각 군 참모총장은 작전지휘를 제외한 모든 지휘권(인사, 교육, 군수지원 등에 관한 권한과 책임)을 행사한다.

합동군제를 채택한 이유에 대해서는 합참의장을 군령 계선상에 위치시켜 3군 통합전력 발휘와 작전의 즉응성(卽應性, readiness)을 보장하며, 대통령과 국방부 장관이 군사경험이 없는 문민출신일 경우에도 전문적이고 양질의 보좌를 제공할 수 있도록 군령 참모기능을 수행한다.

또한 합참의장에게 모든 권한이 집중되는 것을 방지하면서, 각 군의 전문성과 특성을 유지하기 위하여 각 군 참모총장을 존속시켜 군령 분야에 참여를 보장한다. 군정분야 업무가 방대하고 복잡하므로 각 군 참모총장이 이를 전담한다. 한미연합체제의 성공적인 수행을 보장하고 작전통제권의 이양에 대비하는 것 등이 이에 해당한다.

3) 한국군 하부지휘구조

한국군의 하부구조는 대체로 각 군별로 이루어지고 있다. 육군은 육군본부-지작사령부(구 야전군사령부)-군단-사단 또는 여단-연대-대대-중대로 이어진다. 해군은 해군본부-작전사령부-전단-전대 함정으로 이어진다. 공군은 공군본부-작전사령부-비행단-비행대대로 이어진다. 해병대는 해병대사령부-사단-여단-대대-중대로 이어진다.[66]

66) 민진, 『한국의 군사조직』(서울 : 도서출판 대영문화사, 2017), p.137.

6. 군대 조직 문화

(1) 군대조직 문화의 의의

(가) 군대 조직문화의 의의

군대문화는 군대조직의 변화를 이해하는 데 초석이다. 군대문화가 군대조직의 효과성을 높이는 데 결정적인 영향을 미치기 때문이다. 따라서 군대조직문화는 군대조직을 연구하는 데 군 구조와 더불어 중요한 비중을 차지하고 있다. 그런데 군대문화는 군사문화(軍事文化)가 아니라는 점에는 대부분 동의하고 있다(홍두승, 1993). 그리고 군대조직문화를 개선하거나 개혁하여 선진 군대가 되어야 한다는 주장은 많이 있다.[67]

군대문화(軍隊文化, military culture) 또는 군대조직문화에 대한 관심은 민간사회와는 구분되는 군대사회의 조직문화가 있다는 데서 출발한다. 장교직에 대한 개선된 선발, 교육 그리고 진급 등이 다른 직종과 구분되게 하였다.

그렇다면 무엇이 군대문화나 군대조직문화인가? 조직문화에 대한 연구는 다양하나 그 특성에 대해서는 아직 명확하게 제시되고 있지 않다. 군대문화를 전사(warrior)의 문화로 보거나, 육군조직문화를 군대조직문화로 보기도 하며, 개별 군종(예: 육군, 해군, 공군, 해병대)의 조직문화를 군대문화로 가정하고 논의하기도 하여, 군대조직문화의 본질에 대한 오해도 있고 이를 정확하게 이해하기도 힘들다.

군대의 조직문화는 조직분위기가 같은 용어인가? 아니면 다른 용어인가? 이들은 서로 구분되지 않고 사용되기도 한다. 군대의 조직문화(organizational culture)는 군대조직에서 일을 수행하는 것에 초점을 두는 데 반해, 군대의 조직분위기(organizational climate)는 군대조직에서 조직구성원들이 조직에 대해서 느끼는 것이 초점을 둔다(Don & Graves, 2000). 분위기(雰圍氣)[68]는 상황을 가리키며, 조직구성원들의 생각, 느낌, 그

67) 민진, 『한국의 군사조직』(서울 : 도서출판 대영문화사, 2017), p.299.

68) 이러한 의미로 '눈치'가 있는데, 이는 다른 사람의 기분이나 또는 어떤 주어진 상황을 때에 맞게 빨리 알아차리는 능력, 또는 그에 대한 눈빛을 의미한다. 유사한 일본어인 손타쿠(忖度 · 촌탁)는 윗사람이 구체적으로 지시하지 않아도 눈치껏 알아서 하는 행동을 말한다. 일본인들이라면 평소 체득하고 있는 처세법이다. 영국 파이낸셜타임스가 "모든 일본인들이 손타쿠를 본능적으로 알고 있다"고 지적했을 정도다.

리고 형태와 관련된다. 이에 반해 문화(文化)는 진화된 맥락(상황이 뿌리박은 범위 내에서)을 가리키므로 역사에 뿌리를 두며, 집단적으로 갖고 있어 직접적인 조작 시도에 저항하기 쉽다(Denison, 1996; Mearns & Flin, 1999).

이처럼 조직문화는 조직분위기와 개념적으로 구분되지만, 실제 조사과정에서는 이들을 함께 또는 혼용해서 사용하고 있다. 따라서 조직분위기를 조직문화로 오해해서는 안 되지만, 실용적 편의를 위해서는 함께 사용하는 것이 좋다.

(나) 군대 조직문화의 정의

조직문화는 조직관리의 중요한 대상 중의 하나이다. 마찬가지로 군대조직문화는 군대조직을 관리하는 데 있어서 중요한 대상 중의 하나이다. 군대조직문화를 이해하려고 할 때 군대조직문화를 어떻게 정의하는가가 그 출발점이다. 그리고 그것은 문화의 개념 정의에 관한 각각의 시각에 따라 달라진다.

문화는 넓은 의미에서 총체론적 접근과 좁은 의미의 관념론적 접근으로 분류할 수 있다(민진, 2014: 230). 총체론적 접근에서의 문화는 사회를 구성하는 인간생활의 양식과 모습을 나타내는 경우이다. 의복문화, 주거문화, 그리고 음식문화 등이 그것들인데 예술과 밀접한 관련이 있다. 한편, 관념론적 접근에서 문화는 사회구성원들이 공통적으로 가지고 있는 의식구조, 가치관 그리고 태도의 전체를 의미한다.

군대조직문화를 이해하는 데는 좁은 의미의 관념론적 접근 방법은 분석력이 높으나, 조직문화의 많은 면을 포괄하기가 어렵다. 그런데 넓은 의미의 문화를 나타내는 총체적인 접근방법은 포괄적이어서 군대조직문화의 다양한 측면을 설명하는 데 있어서 더욱 적절하다고 본다.

조직문화(組織文化)는 조직 구성인 사이에 공유되고 있는 일련의 가치, 규범, 지도하는 신념, 그리고 이해들이며 이들은 조직의 신규 진입자들에게 가르쳐진다(Daft, 2007: 239). 한편, 군대문화는 군대의 전통과 관습을 포함하여 군대조직 내에서 구성원들에게 의해 생성, 발전되어 온 모든 형태의 상징체계를 의미한다(최재덕, 2007: 84).

군대조직문화는 군대라는 조직사회의 문화적 측면을 의미하는 것으로서 군대사회의 소속 구성원들이 공유하는 의식구조, 가치관과 태도의 전체는 물론이고, 군대사회의 생활양식과 상징체계를 의미한다. 따라서 이러한 군대조직문화의 개념적 정의에서 다음과 같은 특성을 도출할 수 있다.

첫째, 군대조직문화는 군대라는 조직사회를 단위로 한다. 보통 한 국가에는 하나의 군대가 있을 뿐이다. 다만, 그것을 군종별로 육군 · 해군 · 공군 · 해병대로 구분하고, 병고로 구분하며, 그리고 단위기관이나 부대로 구분하여 업무를 수행한다.

군대의 규모가 클 때 특정 국가의 군대사회에서 발견되는 문화를 군대문화라고 한다면, 개별조직이나 기관, 그리고 군종별로 군대조직문화를 구분할 수 있다. 예컨대 육군문화, 해군문화, 공군문화, 해병대문화, 군 교육기관 문화 등이 그것이다. 따라서 군대문화는 군대사회 전체의 문화를 의미하는 데 반해, 군대조직문화는 특정 조직의 문화를 의미한다. 또한 군대조직의 계층별 · 신분별 · 소속별 · 분야별 문화의 특성[69]을 나타낸다.

둘째, 군대조직문화는 군대 조직구성원이 공유(公有)하는 것으로 군대 구성원 전체가 공통적으로 공유하는 지배적인 가치관을 의미한다. 조직문화가 조직구성원들이 공유하는 의식구조, 가치관, 태도의 전체이어야 하므로, 군대 조직구성원이 갖는 가치관[70]에서부터 잠재적이며 무의식적인 세계까지를 포함한다.

공식적으로 주장하는 가치관과 실제로 생활화된 가치관이 다르다면, 전자는 군대조직문화로서의 의미가 상실된다. 또한 군대 구성원들이 조직문화를 공유하려면 학습과정[71]에서 이를 전달하고 계승하여야 한다.

셋째, 군대조직문화는 군대사회의 생활양식(生活樣式)과 상징체계(象徵體系)를 의미한다. 군대예절과 의식, 군대복장, 군대에서의 인공조형물과 각종 상징, 그리고 군인과 군무원의 생활문화양식들은 다른 조직사회의 그것들과 차이가 있는 경우가 많다. 이러한 생활양식들은 그들의 가치관이나 의식구조에서 비롯되는 경우도 있고 오랜 학습과정을 통해서 전

69) 해병대 조직 문화의 경우, 신분별, 소속별 문화보다는 해병대라는 하나의 조직 문화에 더 순응하는 경향이 크다. 이는 해병대가 타군에 비해 소속감이 강하다고 볼 있는 하나의 특성이다.

70) 육군의 5대 가치관으로는 충성, 용기, 책임, 존중, 창의가 있으며, 해병대 3대 가치관으로는 충성, 명예, 도전이 있다.

71) 각 군별 양성(신병, 부사관후보생, 장교후보생, 부사관 학교, 사관학교 등) 및 보수교육과정(각 군별 병과학교, 각 군 대학 등) 에서 이를 실시하고 있다.

승되는 경우도 있다. 그리고 이런 면들은 외국의 군대조직[72]에서 배우기도 한다.

군대조직문화는 비교적 장기간 계속되는 것이므로 단기적으로 볼 수 있는 군대조직의 문화적 현상들은 제외하여야 한다. 다만, 조직분위기나 조직풍토 등은 그것이 장기적으로 계속될 때 조직문화로 탈바꿈할 수 있다.

(2) 군대조직 문화의 기능, 형성 및 변화와 가시성

(가) 군대 조직문화의 기능

조직문화는 구성원의 행동기준이 되고, 구성원의 일체감을 증진하며, 구성원의 행동을 통제하는 기제로서 작용을 하고 조직의 안정성을 가져다주는 긍정적인 측면이 있지만, 변화에 저항하고, 다양성에 대한 장애요인이 되며, 부문별 조직문화는 전체 조직의 통합에 장애요인이 되기도 한다(Robbins, 2003: 528; 민진, 2014: 236-238). 군대조직문화도 이러한 점에서는 예외가 아니다.

군대조직문화는 조직목표 달성과 임무완수에 기여할 수도 있지만, 때로는 역기능로 작용하기도 한다. 군대조직문화의 유형이나 내용에 따라서 조직효과성에 영향을 준다. 그런데 조직문화에 대한 연구에서 연구자들에 따라 다른 결과들이 제시되고 있다.

카메론과 퀸(Cameron & Quinn, 1999)은 조직효과성을 분석하기 위해 조직문화를 경쟁가치모형에 따라 조직문화모형을 제시한 바 있다. 그들은 집단문화(인간관계 모형), 발전문화(개방체계 모형), 위계문화(내부과정문화), 그리고 합리모형(합리적 목표 모형)이다. 김현철의 연구(2008)에서는 집단문화와 합리문화가 조직효과성에 긍정적인 영향을 미치지만, 위계문화는 부정적이거나 영향을 미치지 않는다고 하였으며, 김재홍의 연구(2010)에서는 위계문화가 임부완수에 긍정적인 영향을 미친다고 하였다.

군대조직은 전투력[73] 발휘와 유지라는 목표를 달성하고, 주어진 임무를 달성해야 한다. 그런데 장기적으로 공유하고 있는 조직문화가 군대조직의 목표와 임무의 달성에 긍정적으

---

72) 대표적인 경우가 선진 외국에 유학한 장교들이 사군에 복귀하여 이를 적용하고자 하는 것이다.

73) 전장에서 부대가 전투를 수행하여 군사적 목표를 달성해 나가는 능력. 전투의 3요소(시간, 공간, 전투력) 중의 하나이며, 병력, 무기, 장비, 물자, 부대조직 등의 유형 전투력과 리더십, 군기, 사기, 전투기술 등 무형전투력으로 구성됨.

로 기여하기도 하지만, 부정적으로 기여하여, 즉, 이를 해칠수도 있다. 따라서 군대조직의 지휘관과 관리자는 조직의 군대조직문화가 군대조직의 목표를 달성하는 데 기여할 수 있도록 관리해야 한다.

(나) 군대 조직문화의 형성과 변화

조직문화를 결정하는 요인으로는 조직구성원의 구성과 변동, 조직의 유형과 사업의 유형, 조직문화의 역사, 국가의 일반문화, 그리고 창업자와 최고관리자를 들 수 있다(민진, 2014: 243-248). 군대조직문화의 형성에 주는 요소 역시 일반적 조직문화의 결정 및 형성요인과 유사하며, 다만 그것의 대상 조직이 군대조직이라는 데서 약간의 특성이 추가된다.

군대조직문화를 형성하는 데는 첫째, 군대문화는 군대의 구성원인 현역(이병에서 대장까지)과 군무원의 구성에 의존[74]한다. 기존의 장병이 조직문화의 형성에 크게 기여한다면 신세대(新世代)[75] 장병 및 군무원의 충원은 조직문화의 변동을 야기한다. 징병제인가 모병제[76]인가는 병의 태도에 영향을 주어 조직문화의 형성과 변동에 큰 영향을 준다.

둘째, 군대조직은 군대조직의 종류, 예컨대 육군, 해군, 공군, 해병대 등 군종별 형태에 따라 조직문화가 달라진다. 즉, 군대조직 내에 조직문화의 다양성을 내포하고 있다.

셋째, 군대문화는 당대(같은 시대) 국가의 일반문화의 영향을 받는다. 이는 나라에 따라, 역사, 문화, 전통에 따라 군대문화의 내용이 달라질 수 있음을 의미한다.

넷째, 군대문화는 군대 창설 초기의 설립자[77]나 지휘관, 그리고 계속적으로 부임하는 지휘관에 의해 영향을 받는다.

다섯째, 군대부문에서 타국과의 교류와 지배관계가 군대문화에 영향을 준다. 즉, 한국군

---

74) 해병대의 경우 예비역들의 해병대 문화 및 전통과 관련하여 간섭이 있는 바, 이는 긍정 및 부정효과를 가져올 수 있으므로, 신중하게 처리해야 한다고 본다.

75) 신세대 이외에 밀레니얼 세대. MZ세대 등이 있음.

76) 모병제(募兵制, Volunteer military)는 강제 징병하지 않고, 본인의 지원에 의한 직업 군인들을 모병하여 군대를 유지하는 병역 제도를 말한다. 이와 반대되는 제도는 징병제이다.

77) 한국의 경우 육군은 일본군, 독립군, 만주군(팔로군) 등의 영향을, 해군은 해양사상과 기독교의 영향을, 공군은 육군 항공대의 영향을, 해병대는 미해병대의 영향을 받았다고 볼 수 있다.

의 경우 군대문화의 창설 시 일본군 군대문화의 잔재와 6.25전쟁 이후 미국군의 군대문화 유입으로 영향을 받았다.

군대조직문화는 상당히 오랜기간 계속되지만, 군대사회의 환경이 변화하면 이에 적응하면서 군대조직문화 역시 변동한다. 군대의 임무와 기능이 바뀌며, 군대구성원과 지휘관이 바뀌며, 국가문화도 변화한다.

군대조직의 구성요소들이 정합하지 않으면, 즉, 서로 어울리지 않으면, 군대조직의 효과성(임무달성이나 목표달성)을 높이기는 어렵다. 따라서 군대조직의 관리자들은 조직문화의 변동에 대해 중·장기적인 계획을 작성하고 관리해야 한다.

(다) 군대문화의 차원으로서의 가시적 수준과 비가시적 수준

조직문화를 공유하고 있는 문화와 이의 표현수단으로 구성된다고 할 때, 이를 인식의 수준에 따라 구분하면 두 가지 혹은 세 가지 수준으록 구분된다. 그중에서 다프트(Richard L. Daft)는 조직문화의 수준을 가시적 수준과 비가시적 수준으로 구분하였다(Daft, 2007: 239; Daft, 2000: 80-87).

자기적 수준은 표면에서 볼 수 있는 것으로 의복, 건물의 설계물, 상징, 슬로건, 의식 등의 인공조형물을 의미한다. 비가시적 수준의 조직문화는 조직구성원이 갖고 있는 가치, 공유하는 이해관계로 표현되는 가치, 그리고 강조되는 가정이나 신념으로 나뉜다고 할 수 있다. 그런데 이러한 가시적인 표현 속에서 비가시적인 조직문화의 가치, 믿음, 신념들을 창출해낼 수 있다. 가시적인 조직문화를 어떻게 해석하는 것에 따라 조직문화의 내용은 달리진다.

군대문화 역시 의복, 상징, 의식 등 가시적 수준의 문화와 가치나 신념 등의 비가시적 수준의 문화를 모두 갖고 있다.[78]

78) 민진, 『한국의 군사조직』(서울 : 도서출판 대영문화사, 2017), p.304.

(3) 국간 간 군대문화의 차이와 한국의 군대문화

(가) 각 국 군대문화의 차이

각 국가별 군대문화의 차이가 있는가? 엄밀하게 조사된 것은 거의 없으나 각 국가별 문화의 차이와 정부조직이나 기업조직문화의 차이에서 유추할 수 있다.

조직문화는 특정국가의 일반문화, 즉 국민문화에 의하여 영향을 받는다. 따라서 군대조직은 그것이 놓여있는 소속 국가에 따라 문화의 차이를 보인다. 한국, 일본, 중국, 미국, 프랑스, 독일, 이스라엘 등의 군대는 각국의 문화적 전통이 스며들어 있다.

군대문화는 군대와 사회와의 관계에 따라서 다소 영향을 받는다. 민군관계는 군대문화에 영향을 주며, 헌팅턴(Samuel P. Huntington)의 The Soldiers and The State (1957)에서 부분적으로 이 문제를 다루고 있다.

미국, 영국 등 서구 유럽국가의 군대는 공사(公私)의 구분이 비교적 명확하나 한국, 중국, 일본 등 동아시아권 국가의 군대조직에는 그것이 애매하다. 한국에서는 부분적으로 군대조직에서의 상하관계가 가족(부인)들의 상하관계에까지 영향을 미친다.

전체주의 국가와 민주주의 국가 간에는 군대조직문화가 차이가 있다. 전체주의 국가 혹은 권위주의 국가의 군대에서는 상하 간 위계(hierachy)질서가 매우 엄격하나 민주주의 국가에서는 그것이 다소 느슨하다.

서구 국가 간에도 군대문화는 차이가 있다. 미국 군대와 캐나다 군대는 북아메리카, 민주주의 국가, 자본주의 국가라는 공통점 때문에 양국의 군대문화 사이에 유사점이 많으나 병 충원제도의 차이, 전쟁의 경험 유무, 병력규모 등에서 차이가 커 군대조직문화에도 차이가 보인다. 예컨대, 미국 군대조직은 세계적 전투에 참여한 경험이 많으나, 캐나다 군대는 국제평화유지군 경험이 많아서 양국의 군대문화는 차이가 있다(English, 2004).

군에 관련된 제도가 군대문화에 영향을 준다. 각국이 채택하고 있는 병 충원의 방법이 모병제인가 징병제인가가 군대문화에 영향을 준다. 징병제 국가의 군대문화는 모병제 국가의 군대문화보다 충성심, 애국심이 더 높으며, 개인지향적 특성이 낮다.

군대조직 구성원의 분포는 군대조직문화에 영향을 준다. 다민족 국가와 단일민족 국가의 군대조직문화는 차이가 크다. 이스라엘, 대한민국 등 단일민족 국가에서는 군대조직에서 민족을 위한다는 명제가 강조된다. 남성과 여성의 분포 비율 역시 군대조직문화에 영향을 준다. 여군의 비율이 높을수록 군대조직의 남성성은 줄어든다.

국가의 전쟁경험은 군대문화에 영향을 준다. 베트남전 이후 군대조직에 있어서 가장 중요한 것이 가치라는 것을 인식하고 이를 야전교범에 교리화시켰다. 즉, 1993년 미국 육군의 『작전(Operations)[79]』에는 강력한 법 존중, 인간의 존엄성, 그리고 개인의 권리 등을 존중하는 우수한 자질의 군대를 요구한다고 명시하였다.

독일은 1800년대 초 전투[80]에서 나폴레옹의 프랑스에 대패한 이후 '국민의 학교'를 내세웠고, 제2차세계대전 이후에는 '제복입은 시민'을 내세우면서 조직문화의 변혁을 도모했다(조승옥, 2000).

(나) 한국의 군대조직 문화

1) 한국 군대조직문화의 형성

한국군의 군대문화는 창군 70년의 역사 뿐만 아니라 대륙을 지배해오던 고구려인의 상무기상과 신라 화랑도의 임전무퇴정신, 그리고 초개와 같이 자신을 희생(犧牲)한 의병(義兵)들의 끈질긴 투쟁 정신과 독립운동에서 보여준 민족정신 등 10,000년의 유구한 역사를 가꾸어온 역사적 전통과 해방 이후 건설된 대한민국 국군의 전통 속에서 형성되고 발전되어 왔다.

대한민국 국군으로의 창군 이래 6.25전쟁과 남북 간 군사적 대치, 베트남전 참전, 걸프전 참전, 민주세대의 장병 입대 등은 한국 군대의 조직문화를 형성하고 변화하게 한 주요 요인들이다.

79) 일부에서는 이를 '작전요무령'으로 번역하고 있으나, 이는 일본의 군사용어를 따온 것이며, 일본의 경우 사단급 이하의 전투방침을 '요무령'으로, 방면군과 군 이상 단위의 고급제대의 경우 '통수강령'으로 구분하고 있다. 그러므로 적절한 의미를 전달하기 위해서는 작전이라는 번역이 타당하다고 봄.

80) 나폴레옹 전쟁(1803-1815)은 프랑스 제1제국 및 그 동맹국과 영국이 재정 및 군사적으로 주도하는 연합군 사이에서 벌어지는 일련의 전쟁이다. 전쟁은 프랑스 혁명과 그 여파로 일어난 프랑스 혁명 전쟁 당시 해결되지 못한 문제들이 원인이 되어 발발했다. 전쟁은 크게 5개 항목으로 분류되는데, 1805년의 제3차 대프랑스 동맹, 1806년부터 1807년까지의 제4차 대프랑스 동맹, 1809년의 제5차 대프랑스 동맹, 1813년의 제6차 대프랑스 동맹, 그리고 1815년의 제7차 대프랑스 동맹으로 구성되어 있다.

특히, 일본제국주의 시대 일본군의 군대문화[81]는 대한민국 국군을 창설할 때 초기 조직문화에 크게 영향을 미쳤다.

2) 한국 군대조직문화의 실태

한국사회는 오랜 농경 사회를 거친 후 1960년대 이후 급격한 공업화를 겪었고, 2000년 이후에는 지식정보사회로 진입하였다. 정치적으로는 1990년을 기점으로 권위주의 시대에서 민주주의 사회로 진입하면서 국민의식구조와 가치가 많이 변화하고 있는 동태적인 사회로서 국민문화의 변화를 경험하고 있으므로, 군대조직의 문화 역시 국민문화의 하위문화로서 영향을 받을 수 밖에 없다.

그동안 한국군대의 조직문화는 다양하게 논의되어 왔지만 군대조직문화의 일반적 특성인 계급주의적 요소, 집단주의적 요소, 그리고 남성중심적 문화 등이 강조되어 왔으며, 여기에 한국 사회의 역사적 전통에서 야기된 온정적 · 인간적 연대성이 추가되었다.

3) 한국 군대조직문화의 발전과 변동전망

한국사회가 지식정보사회, 민주사회, 자본주의 사회의 성숙단계로 진입하면서, 국민문화는 물론, 군대문화도 영향을 받고 있다. 또한 한미동맹으로 인한 미국의 군대문화[82]가 한국군의 군대문화에 영향을 주고 있다.

즉, 군대조직이 갖고 있는 집단주의적 조직문화는 개인주의적 문화에 의해 위협을 받고 있으며, 권위주의적 계급의식도 조금씩 부인되는 등 변화를 겪고 있다. 과거에 규범적으로 존중받던 조직문화와 새로이 대두되는 문화 간에 충돌이 발생하며, 전투력 향상과 같은 군대조직의 목표를 달성하기 위한 수단으로서 조직문화의 건강(전)성이 요구되고 있다.

그렇다면 앞으로의 군대문화는 어떻게 변화해야 할 것인가? 대한민국의 군대는 자본주의 국가, 민주주의 국가, 정보화사회의 첨단 국가로서 국가문화가 형성되어 있지만, 북한은 폐쇄주의 국가, 전체주의 국가, 공산주의 국가로서 국가문화가 형성되어 있어, 단일 민

---

81) 일본제국주의 시대 일본군의 군대문화는 인간존엄성의 경시, 개인의 권리와 복지의 소홀, 계급과 서열을 중시하는 권위주의, 강압에 의한 지휘통솔, 외형과 형식의 강조, 특권의식, 정신력의 강조, 그리고 민주군대상 정립의 장애 등이다(조승옥, 2000).

82) 미국의 군대문화는 일본과 달리 인간존엄성 존중, 합리주의, 업무와 능률중심주의, 세계최강군대로서의 자부심, 민주주의 수호자, 평등의식 등을 들고 있다.

족이지만, 너무나 다른 국가문화를 갖고 있으므로, 남북한의 군대문화 역시 커다란 차이가 존재하는 바, 이러한 이질성을 극복하고 바람직한 방향으로 나아가고자 하는 노력이 대두될 것으로 보인다.

(4) 한국군의 가시적 군대문화

(가) 가시적 군대문화

가시적(可視的) 차원의 조직문화는 인간의 오감(五感)을 통해서 식별이 가능한 것으로 조직문화를 나타내는 것들이다. 가시적 차원의 문화는 상징적 문화라고 할 수 있다. 군 조직의 가시적 문화는 비가시적 문화와 함께 군대 조직문화의 중요한 축이 되고 있다.

상징적(象徵的) 문화는 군대조직에 있어서 언어적 형태, 행위적 형태, 그리고 물질적 형태로 구분할 수 있다(민지.김민석, 2012). 언어적 형태로는 영웅의 이야기와 군가가 있고, 행위적 형태로는 의례와 의식, 관례와 관행을 들 수 있으며, 물질적 형태로는 부대 마크와 군복 및 부착물 등을 들 수 있다.

이러한 군대조직의 가시적 수준의 문화는 조직구성원의 의식과 행동에 영향을 미친다. 규정된 복장과 행동 양식을 통해 구성원들은 정돈되고 통일된 방식으로 행동하게 된다. 가시적 수준의 문화는 조직 구성원을 한 방향으로 이끄는 가장 용이한 방법으로 활용될 수 있으며, 이를 통해 행동의 통일성과 방향성을 확보할 수 있다.

또한 일정한 의식 행사를 통해 조직 구성원으로서 가져야 할 자세, 즉, 충성심이나 단결, 동료의식, 군기를 느끼고 가지게 되는 것으로 이들은 군대조직의 임무를 달성하는 데 반드시 필요한 요소라 할 수 있다.[83)]

(나) 물질적 형태

1) 군인의 제복 및 부착물

군인의 제복(制服), 즉 군복(軍服)에는 이를 입고 있는 사람에게 공식적으로 부여된 인력

83) 민진, 『한국의 군사조직』(서울 : 도서출판 대영문화사, 2017), p.308.

의 유형, 계급, 자격기준 등을 외부적으로 명백하게 한다. 군복, 계급장, 그리고 부착물을 통해 그의 소속 군, 부대, 신분, 경력, 그리고 임무[84] 등을 개략적으로 알 수 있게 한다. 군복의 구성품은 세부적인 색상과 디자인은 군별로 다르지만, 그 복제체계와 기능은 동일하다. 군복의 구성에는 군모, 제복, 군화, 표지장(계급장, 모표, 휘장, 부대표지, 명찰), 복식품(단추, 요대, 지휘봉, 예식용 띠) 등이 있으며, 각각 기본 군복과 특수군본으로 나뉜다(민진 · 김민석, 2012: 49).

군인의 제복은 소속감을 갖게 하며 타인과 구분하게 한다. 또한 제복을 입음으로써 군인으로서 바른 자세와 규율을 지켜야 하는 것을 자각하게 한다. 제복은 군대의 규율과 통일성, 그리고 군인정신을 강조한다. 군인의 신분이지만, 사복을 입었을 때보다 제대를 하고 예비군복을 입을 때 행동이 현역 때처럼 엄격하지 못한 것은 이러한 복장의 효과를 반증하는 것이다. 또한 군복에 부착된 계급장은 군대가 철저한 계급사회임을 표방하는 것이며, 스스로 위계질서의 틀 속에 가두는 효과가 있다.

한편, 군대복장의 디자인이나 색상은 일반시민의 복장과는 다르다. 해병대는 팔각모와 디지털 전투복, 세무 군화를 착용한다. 이는 의복면에서 다른 군종과 차별화되어 있는 해병대의 문화이다. 해병대는 상륙돌격형 머리, 빨간색 명찰을 갖고 있다. 또한 해군 수병의 나팔바지, 육군 장성의 요대 및 지휘봉, 공군 조종사의 원피스 형태의 조종복 등을 들 수 있다.

2) 군대의 건축물, 설계물 및 마크

군대의 참호, 막사(병사), 건축물은 군대 특성을 반영하여 설계한다. 즉, 야전에서는 유사시 이동이 편리하게 건축물을 설계하는 것이 특징이다. 군내 내 각종 상징물은 순국선열 등의 업적을 본받고, 그들의 가치관과 행동방식을 따를 수 있도록 한다. 이들은 디자인이나 색상이 일반 건축물과는 다르다. 예컨대 과거 해병대의 건물은 단층 막사식의 건물들이 해병대 부대 안의 부지에 넓게 깔려있다. 이들은 밖에서 보기에도 단순히 블록을 쌓아 그 위에 슬레이트 지붕만 얹어놓은 듯한 설계물로서 다른 군조직의 건물과는 차이가

84) 병과표시 또는 특수부대(육군 특전사, 해군 UDT/SEAL), 조종사(해군, 공군, 육군항공)해병대의 경우 일반 보병부대와는 다른 복장을 착용하므로 이를 통해 알 수 있다.

있다.

한편, 인공설계물(人工設計物)로는 해군사관학교의 교훈탑, 이인호 소령의 동상(월남전시 적의 수류탄을 몸을 던져 막아냄으로써 산화) 등을 들 수 있다.

각급 부대는 그 부대 특성에 맞는 부대 심벌마크(상징)을 갖고 있다. 각 군의 심벌마크를 보면, 해당 부대조직의 환경을 나타내고 있는 데, 육군은 호랑이, 별, 오뚜기 등을, 해군은 돌고래. 해양과 함정 등을, 공군은 별과 항공기 등을, 해병대는 용, 독수리 등이 들어가 있다. 또한 각 군이나 부대는 의인화된 동물이나 사람을 마스코트로 활용한다.[85)]

(다) 행위적 형태

1) 의례와 의식

의식은 특정한 사건을 만드는 의식적인 행위로 청중의 이익을 위하여 행해진다. 정기적인 혹은 부정기적인 행사나 의례(儀禮, rite)와 의식(儀式, ceremony)(예: 지휘관 교대식, 부대창립기념식, 표창장 수여식, 국기게양식, 전쟁기념과 의장행사 등)은 군대만 다지는 가시적인 문화의 특징을 잘 나타내 준다. 절도 있으며, 통일되고, 우렁찬 구호 등 특징적 예를 갖는 군대의 행사는 비가시적 수준인 군대 구성원들의 의식을 군대조직이 요구하는 형태로 사회화시키는 문화적 규범이다.

군대조직에서 시행되고 있는 의례와 의식으로는 통과의례, 고양의례, 갱신의례, 통합의례 등을 들 수 있다. 통과의례는 신병 입소식, 머리깍기 등 군 구성원으로 유입되어 적응하는 것을 나타낸다. 고양의례는 군 조직의 구성원으로서 자부심을 북돋는 의식으로 공적 표창과 훈장 수여, 군 부대 위문방문 행사, 파병부대 환송식 등이다. 갱신의례는 군대조직에서 매너리즘에 빠지기 쉽기 때문에 이를 극복하는 수단으로 '보안의 날 행사', '지원관리의 날 행사' 등을 들 수 있다. 통합의례는 구성원 간의 단결심을 높이기 위한 것으로 전투체육의 날 행사, 세족식 등을 들 수 있다(민진 · 김민석, 2012: 49).

공군은 년 1회 보라매 공중사격대회를 실시하고, 시상식을 공군회관에서 시행함으로써 공군의 우수성을 국민들에게 알린다. 또한 6월이 되면 곳곳에서 호국영령비 참배, 6.25기

85) 민진, 『한국의 군사조직』(서울 : 도서출판 대영문화사, 2017), p.310.

념 단체행군(구보), 주먹밥 먹기 행사 등을 통하여 군인으로서 자신이 신분을 다시 한 번 생각하게 하고, 해야 할 일을 인식토록 한다.

해군의 관함식은 수십 척의 함정이 위용을 뽐내며 바다에서 대열을 이루어 항해하는 것으로, 이는 단지 눈요기로만 의미를 갖는 것은 아니다. 이것을 본 국민들은 우리나라 해군의 전투력을 믿고 국방에 대해서 안심하고 생업에 전념할 수 있는 것이다.

2) 관례와 관습

관례와 관행은 반복적이며 표준화된 행동의 단순한 조합이다. 관례와 관행의 대표적인 예로 군대의 경례를 들 수 있다. 군대에서는 하급자가 상급자를 만났을 때 거수경례[86]를 한다. 소속 국가가 다르더라도 군인들은 거수경례를 한다. 일반 사회에서도 경찰에서는 거수경례를 하는데, 이는 군대에서 비롯된 것으로 보인다. 거수경례를 함으로써 상관에 대한 복종을 다짐하고 군대조직의 질서를 유지하고자 하는 마음을 갖게 된다.

군대조직에서는 서열에 따른 배치를 중요시한다. 부대가 정렬하거나 이동할 때 선임자의 위치는 가장 오른쪽이다. 군대에서 회의 및 행사 시 좌석배치는 매우 엄격하다. 서열과 계급, 위계의식이 강조된다는 반증이다.

해군은 함정에서 '길 차렷[87]'하는 관습이 있으며, 해병대는 숙영시 연대장 이하 장병이 함께 병식(兵食)을 한다. 공군은 기상변화에 대하여, 그리고 해군은 파도에 대한 점검에 관심이 매우 크다(민진 · 김민석, 2012: 44-46).

한편, 기본적인 가정과 신념은 잠재의식적으로 조직 구성원의 의사결정을 인도한다. 우리 군은 징병제이기 때문에 병사들은 게으르고 타성에 젖어있고, 자발적이지 않다는 의식에 젖어있다. 이 때문에 군 간부들은 어떤 임무를 수행할 때, 병사들의 자발성에 거의 기대하지 않고 지휘감독을 강화하며, 자기의무를 다하지 않는 병사들에 대해서는 휴가제한이나 영창[88]과 같은 신상필벌의 문화가 발달되어 있다.

---

86) 거수경례 유래의 경우 로마시대 상대방에게 해를 입힐 의도가 없음을 나타내는 표시, 중대 사도의 투구를 잡는 행위 등에서 유래되었다는 설이 있으며, 한국군(대한제국군)은 일본군으로부터 전수.

87) 함정과 같은 좁은 공간에서 상급자와 만났을 경우, 한 편으로 비켜서 있는 행위.

88) 군 영창제도가 124년만에 역사속으로 사라졌다. 국방부는 2020년 7월 28일 "영창을 군기교육으로 대체하고 감봉, 견책 등을 도입하는 개정 군인사법이 8월 5일부터 시행된다"고 밝혔다.
영창제도는 병사를 15일 이내 기간동안 구금 장소에 감금하는 징계처분으로, 신체의 자유에 대한 영장주의

(라) 언어적 형태

1) 군대언어

군대사회에서 언어는 구성원 간의 소통을 위한 필수적 수단이다. 군대사회에서 언어생활은 일반 사회와 다소 구분된다.

부대 내에서는 '충성', '필승', '단결'과 같은 용어가 경례구호로서 활용되고 있는데, 이것은 전투를 주 임무로 하는 군대의 특성을 반영한 것이다. 한편, 군대의 어투는 '~다', '~까'와 같은 표현이 많이 사용된다. 이는 군대조직의 절도 있음과 딱딱함을 보여주는 말투로서 일반 사회에서 사용하기에는 다소 어색하다는 평가를 받기도 하지만, 2016년 송중기 주연의〈태양의 후예〉[89]라는 TV 드라마가 방영된 후에는 이 말투를 보방하려는 모습도 보였다.

2) 군가

군대에서 부르는 노래 노래인 군가(軍歌)는 일반 음악과 많이 다르다. 군대에서 특정부대의 단결과 사기를 앙양시키기 위한 방법으로는 여러 가지가 있겠지만 고대로부터 노래만큼 일반적이고 효과적인 방법은 없다. 따라서 군대에서의 노래, 즉 군가가 대두되게 된 것이다. 군가는 기본적으로 애국심을 고취시키고 사기를 진작시키며 전의를 고양하고 부대의 단결을 도모하기 위하여 만들어진 노래인 만큼 군가에는 군인정신, 부대혼, 부대임무, 부대목표에 대한 내용이 들어있다.[90]

육군의 44개 사단가에 나타난 주요 어휘를 보면(()는 사단 숫자) 조국(32), 용사(26), 겨

위반 등 위헌성 논란이 있었다. 이번에 개정된 군인사법은 영창의 위헌성 논란을 해소하고 장병 인권보장을 위해 영창제도를 폐지하고 군기교육으로 대체하는 등 병 징계 종류를 강등, 군기교육, 감봉, 견책 등으로 다양화하는 내용을 담고 있다. 또한, 이번 개정으로 징계종류를 다양화함으로써 비행행위별 세분화 된 징계벌목 부여가 가능하게 됐다.

89) 〈태양의 후예〉는 2016년 2월 24일부터 2016년 4월 14일까지 방영된 KBS 공사 창립 43주년이자 한국방송 89주년을 기념하는 특별기획 드라마. 낯선 땅 극한의 환경 속에서 사랑과 성공을 꿈꾸는 젊은 군인과 의사들을 통해 삶의 가치를 담아낸 블록버스터급 휴먼 멜로 드라마로 유럽의 발칸 반도에 위치한 가상 국가 우르크를 배경으로 전쟁과 질병으로 얼룩진 기상 이변 속에서 낯선 땅에 파병된 군인과 의사들을 통해 극한 상황 속에서도 사랑하고 연애하는 사람들의 전우애와 동기애를 담은 작품으로, 현역 군인과 군필자들에게 큰 호평을 얻었다.

90) 민진, 『한국의 군사조직』(서울 : 도서출판 대영문화사, 2017), p.312.

레(26), 지키다(25), 승리(20), 피(20), 뭉치다(19), 통일(18), 싸우다(16), 정기(16) 등이다(박재권, 2010). 여기에서 볼 수 있듯이 사단가 등 군가에는 국가와 조국, 겨레와 통일, 승리, 용사, 피 등으로 되어있다.

3) 영웅 이야기

군대에서는 영웅(英雄)들의 이야기가 있다. 각종 영웅담 성공사례 등을 홍보하고 내세워 조직구성원들이 조직에 대한 자긍심을 갖게 하고 그들을 역할모델로 한다. 우리나라에는 임진왜란 때 승전을 이끈 이순신 장군이 가장 많이 알려져 있으며, 군인들은 물론 국민들도 존경하고 있다. 이외에도 해상왕 장보고, 김유신 장군, 계백 장군, 강감찬 장군, 권율 장군, 김좌진 장군 등이 있다. 6.25 전쟁의 경우 백선엽 대장이 영웅으로 추앙을 받고 있다.

최근에는 이인호 소령, 강재구 소령, 정재훈 소령, 임혁순 대위, 그리고 한준호 준위 등이 군사관련 인물(영웅)로 존경을 받고 있다. 그런데 이들 중·하위직 군인들은 죽음으로써 영웅이 되었다. 한편, 미국의 전쟁영웅으로는 독립전쟁시의 조지 워싱턴(George Washington), 걸프전에서의 노먼 슈워츠코프(H. Norman Schwarzkopf Jr)[91] 등이 있다.

4) 슬로건

슬로건(slogan)은 조직의 핵심 가치를 요약하여 표현하는 것으로 구절이나 문장으로, 정비부서에서는 '닦고, 조이고, 기름치다', 해군에서는 '대양해군', 그리고 공군에서는 '대한민국을 지키는 가장 높은 힘', 해병대는 '한번 해병은 영원한 해병,' '인간개조 용광로' 등이 있다. 이러한 슬로건은 지속적으로 교육하고 쉽게 접근할 수 있게 해준다.

---

91) 미국의 포털사이트 msn.com에서는 2011년 미국을 대표하는 전쟁영웅 16명을 선정해서 발표했다. 이 중에는 독립전쟁의 조지 워싱턴과 너대니얼 그린, 멕시코 전쟁의 필립 커니, 남북전쟁의 조지 커스터, 로버트 리, 율리시즈 그랜트, 피에르 보우리가드, 제2차세계대전의 드와이트 아이젠하워, 더글러스 맥아더, 조지 패튼, 오디 머피, 6.25전쟁의 윌리엄 딘, 김영옥, 베트남전 의 존 메케인, 존 케리, 걸프전의 노먼 슈워츠코프 등이 있다.『조선일보』, 2011. 6.22.

(5) 한국군의 비가시적 군대문화

(가) 비가시적 군대문화

1) 비가시적 조직문화

비가시적 차원의 조직문화는 군대조직 구성원이 공유하는 의식구조, 가치관 그리고 태도의 전체를 일컫는다. 따라서 비가시적 차원의 군대조직문화는 구성원의 마음 깊숙이 의식 깊숙이 숨어있는 경우도 많고, 어느 정도 수면 아래에서 보일까 말까하는 경우도 있을 수 있다. 그런데 이들은 군대조직 구성원들의 의사결정 및 행동을 결정하는 데 지대한 영향을 미친다.92)

비가시적 차원의 군대조직문화의 특성을 나타내는 데는 연구자들의 주관이나 시각에 따라 다양하게 제시되고 있으며, 가장 많이 인용되고 있는 것은 퀸(Quinn, 1988: 48)의 경쟁가치 모형에 입각하여 관계지향성, 혁신지향성, 그리고 과업지향성으로 구분한 뒤 이에 따라 설문지를 작성하고 배포하여 그 정도를 측정한 후 분석하는 방법을 취하고 있는데, 상이한 조직 간의 조직문화 비교가 가능하다.

이 밖에 조직문화 유형으로 권력문화, 역할문화, 성취문화, 그리고 지원문화 분류(신철우, 1999: 261-291)와 개별 조직문화 특성으로 여성친화적 조직문화(이숙정.오재림, 2008: 7-40), 고객중심 조직문화(김귀영, 2009: 318-325)가 제시되고 있다.

한편, 군대조직과 유사한 조직인 경찰조직의 조직문화로는 경찰하위문화, 폐쇄적 단합문화, 패배주의, 냉소주의 등이 제시된 바 있다(최상일, 2006: 421-441).

2) 비가시적 조직문화의 구성요소

비가시적 군대(조직)문화의 세부 구성요소나 특성적 요소는 무엇인가? 이에 대한 구성요소나 특성에 대한 논의 역시 아직은 많이 부족하다. 스나이더(Snider, 1999)와 카포리오(Caforio, 2005)의 견해에 바탕을 두어, 홍두승(2006: 11 12)은 군기(discipline), 군 직업윤리(professional ethics), 의례행위(rituals), 그리고 단결력(espirit de corps, 단체

92) 민진, 『한국의 군사조직』(서울 : 도서출판 대영문화사, 2017), p.315.

정신)을 들고 있다. 그리고 한국의 군대문화에 대한 연구자들이 비가시적 특징들을 제시한 바 있다.[93)]

여기서 군대조직문화는 특정 군종에 해당한느 것이 아니며, 특정 국가의 군대조직에서만 발견되는 것이 아니어야 하고, 모든 국가의 군대조직에서 보편적으로 발견할 수 있는 조직문화여야 한다. 따라서 다음과 같은 분야를 나누어 군대문화를 제시한다.

군대조직문화는 국가관 등 가치관과 관련된 문화, 조직관리 분야의 문화, 전투 및 전장 분야의 문화, 조직환경 및 체제분야의 문화로 구분할 수 있다.

가치관과 관련된 문화는 국가관, 조직관, 집단관 그리고 개인관과 관련된 것으로 집단주의 문화를 들 수 있다. 조직관리 분야의 문화는 계서적 권위주의와 의식주의를 들 수 있다. 전투 및 전장 분야의 문화는 전투적 사고와 위험 및 위협인식을 들 수 있다. 조직환경 및 체제분야의 문화는 폐쇄주의와 문화적 정체성을 들 수 있다.

(나) 권위적 계서주의와 의식주의

1) 권위적 계서주의(權威的 階序主義)

군대에서는 구성원 간의 서열과 위계질서가 매우 명확하다. 계급에 따라 질서가 부여되며, 군번에 따라 순서가 결정된다. 이를 계서적(階序的) 권위주의 또는 위계중심주의라 한다. 군대조직에서는 조직 내 기관 간, 부서 간의 수평적 협력보다는 수직적 지시명령과 보고체제에 익숙해 있다. 부하는 상관의 명령에 절대적으로 복종해야 하는 상명하복의 문화가 지배적이다. 다수결에 의한 결정보다는 상관의 결심에 의존하며 이를 거부하기가 매우 힘들다.

계층은 장성단, 영관단, 위관단, 부사관단, 그리고 병사단 등으로 크게 구분되며, 이들 단(團)은 각각 세부적인 계급으로 나뉘어 있다. 이들 간에는 자격에서 차이가 있으며, 신

---

93) 장옥상(1995)은 권위주의, 보수주의, 순응주의, 폐쇄주의, 그리고 임무완수주의를 들고 있다. 김우태(2003)는 일반문화와 군대문화를 비교하면서 군대문화의 성악설의 인간관, 집단주의, 권위주의와 신분주의적 특징을 제시하였다. 박균열(2000)은 희생과 봉사정신, 권위주의, 단기성과주의를 제시하였다. 김오현(2006)은 관료주의와 경직성을 제시하였으며, 남기덕(2006)은 규율엄수와 효율성 중시를 제시하였다. 최재덕(2007)은 충성, 헌신, 집단성과 계급적 권위주의, 의식주의를 제시하였다. 그리고 민진(2008)은 군대조직문화의 요소로 관료주의적 특징과 집단주의적 특징을 제시하였다.

분 및 지위, 보수와 편익 등에서 큰 차이가 있다. 이러한 점은 군대의 의전에서 확인할 수 있는데, 각종 행사에서 계층, 계급, 그리고 서열에 따라 자리가 배치된다. 현역으로 근무할 때 뿐만 아니라 예비역이 되어서도 이러한 계층구분은 유효하며, 다른 계층들과는 잘 어울리지 않는다.94)

계급의 상위자는 지휘관을 독점하며, 지휘관을 중심으로 참모들이 보좌한다. 지휘관은 지휘권을 행사하면서 계층제의 정점에 서며, 그에게 권한과 책임이 집중된다. 지휘관은 차하위 지휘관에게 지휘권의 일부를 위임한다. 부지휘관은 드러나지 않게 지휘관을 보좌한다.

2) 의식주의

군대조직의 의식주의적(儀式主義的) 특징은 실용주의(實用主義)에 대한 개념으로 외형을 중시하고 형식 및 의례를 강조하는 태도를 말한다. 의식주의 또는 형식주의는 사회적 행동의 정당성을 명분, 전통, 관습에 둠으로써 내면보다는 외면, 실리보다는 외양, 혁신보다는 보수를 지향한다. 군대조직에서는 합법성을 중시한다. 의식주의는 전투 활동보다는 군사행정 영역에서 많이 드러난다. 군대조직에서는 각종 행사를 위한 의전내규가 잘 정비되어 있다.

(다) 폐쇄주의와 문화적 정체성

1) 폐쇄주의

군대조직에서는 대부분의 활동이 자기완결적(自己完結的)이다. 부대 안에서 의식주 등이 해결되어야 하며, 그곳이 곧 사회이다. 따라서 군대조직은 전체로는 하나의 사회이며, 그렇기 때문에 이를 군대사회라고 부른다. 군대사회는 다른 사회와는 구분되며, 개방적(開放的)이 아니라 어느 정도 폐쇄적(閉鎖的)이다. 군대사회에는 전투부대뿐만 아니라 교육기관, 병원, 군사법원과 군검찰, 병기제작소와 정비소, 기상관측소, 국방 TV 및 신문사, 체육부대, 군악대, 영현처리반, 식당, 매점 등 거의 모든 것이 갖추어져 있다.

군대조직에서는 유입되는 인력에 제한을 가한다. 특정한 군 계층에 외부인이 유입되기

94) 민진, 『한국의 군사조직』(서울 : 도서출판 대영문화사, 2017), p.317.

어렵고, 아무나 군인이 될 수 없으며, 사관학교나 학군사관 또는 학사사관제도를 통해서 장교인력을 충원한다. 민간인이 곧바로 영관급 장교나 장성이 될 수 없다. 다만, 군 경력이 있는 예비역을 군무원 등으로 신분을 전환하여 활용할 뿐이다.

또한 부대 내에 외부인의 출입을 엄격하게 통제하며, 군인의 활동 역시 엄격하게 제한된다. 마치 순혈주의를 강조하는 것 같다. 경쟁이 치열한 기업에서와 같이 군대에서는 정보에 대한 통제는 극심하다. 정보보안에 대한 관심은 지대하다.

군대에서는 스스로 모든 업무를 수행하려는 의식이 강하다. 따라서 다른 조직에 비해서 조직의 임무나 규모를 축소하기가 대단히 어렵다.

2) 문화적 정체성

문화적 정체성(文化的 政體性)은 군대조직이 다른 조직이나 사회와 구분되는 독특한 특성을 갖는 경향을 말한다. 여기서는 민군 가치관의 차이, 적용법규의 차이, 그리고 생활의 차이를 포함한다. 그런데 최근 우리나라에서는 민간사회와 군대사회 사이에 문화적·심리적 경계가 많이 없어져서 그들 간에 차이가 있지만, 문화적 차이가 적고 점점 그 격차가 좁아지고 있다(민진, 2011: 11-116).

(6) 한국군의 조직문화

(가) 육군 조직문화[95)]

육군(陸軍, 혹은 지상군, army)은 오랜 역사와 전통이 있으며, 대다수의 군인인 육군인 나라도 많다. 따라서 군대조직문화하고 하면 육군 조직문화를 의미하기도 한다(최재덕, 2018: 17).

육군 조직문화는 다양한 무기체계와 근무공간, 그리고 육지라고 하는 전장환경에서 비롯된다. 육군은 산악지대, 모래밭, 평지, 늪지대 등 다양한 토지 공간에서 전투를 수행한다. 적과 근접거리에서 싸워야 하는 특성 때문에 상대적으로 기계(機械)보다는 사람, 즉 장병(將兵)에 의존하는 바가 컸다. 따라서 육군조직문화는 장병에 대한 관리, 사람관리가

95) 민진, 『한국의 군사조직』(서울 : 도서출판 대영문화사, 2017), p.322.

중요하게 다루어진다. 기계중심주의보다는 사람중심주의가 강하다.

육군은 공간적 제약성을 크게 받는다. 군대 주둔지는 보호해야 할 곳이자 동시에 공격할 때 모(母) 기지96)이다. 즉, 공격과 함께 지역방어가 중요시 된다. 따라서 요새와 진지를 구축하는 데 많은 시간을 기울여왔다. 전체적으로 공간적 거리감이 낮다.

육군 조직문화에서는 역사적으로 전투에서의 승패가 장군들의 지략, 장수들의 용맹성에 크게 의존하므로 위대한 명장 예컨대, 을지문덕 장군, 패튼(George S. Patton Jr) 장군, 맥아더(Douglas MacArthur) 원수, 관우와 장비 등의 이름이 늘 회자된다. 지휘관 중심의 조직문화가 자연스럽게 배태된다.

한국 육군의 경우, 문화의 다양성을 보여준다. 즉, 병과별, 신분별, 근무지역별로 다양한 문화를 갖는다(최재덕, 2008: 218). 그것은 육군의 규모가 크고 구조가 매우 세분화되어 있기 때문이다. 육군 조직문화가 다양한 만큼 그것은 정체성이 부족할 수 있다.

(나) 해군 조직문화

해군(海軍, navy) 조직문화는 함정이라고 하는 독특한 무기체계와 근무공간, 그리고 바다라고 하는 작전환경에서 비롯된다. 해군의 작전환경은 자연적 요소, 기후적 요소에 민감하다. 바다와 태풍97)으로부터 안전항해를 하는 것은 전투를 수행하는 과정에서 매우 중요한 요소이다.

해군 조직문화에는 관습과 전통을 중시한다. 해군문화는 바다와 직결된 생활의 역사를 통해 독자적으로 발전시켜왔기 때문에 시간이 지나면서 형성된 만큼의 전통과 관습, 예절과 전문기술, 그리고 공동체 의식을 다 같이 중시한다. 인간은 대자연 앞에 왜소함을 느끼면 겸손해지고, 안전항해를 위해 과거의 방식, 절차, 그리고 경험을 신봉해야 했다. 안전항해를 위해 함상에서 거행되는 '적도제', '갑판의식' 등과 같은 독특한 의식이 있다(최재덕, 2007: 68-75). 그리고 약간은 미신적 요소가 포함되어 있다. 해군에서 여사관생도(女士官生徒)의 입학을 꺼려했던 것은 배에 여자를 태우는 것이 금기시되었던 관습에서 유래했다.

96) 집결지와 동일한 의미.

97) 태풍(태평양), 허리케인(카리브해), 윌리윌리(인도양)는 같은 열대성 저기압으로 인한 강력한 바람을 의미

해군의 복장은 만국 공통이라고 한다. 옷 소매의 계급장 부착[98]은 육군이나 공군과 다르다. 각국의 차이에도 불구하고 해군 간의 유대감이 더 크다고 할 수 있다. 육군과 공군, 해병대는 장성을 '장군(general)'이라고 부르나, 해군에서는 제독(admiral)'이라고 부른다. 이런 점은 해군과 타군의 차이를 강조하는 것으로 추론할 수 있다.

해군은 공군과 더불어 기술군(技術軍)이기 때문에 무기체계, 특히 함정에 대한 지식과 관심이 크다. 해군 무기체계에 대한 신뢰의존도가 매우 높다. 과학기술군(科學技術軍)으로서 해군은 과학적 사고를 하는 것이 자연적인 현상이며, 그로 인해 합리적인 행태를 보인다. 그에 따라 인간 관리는 다소 미흡한 편이다. 한편, 육군에 비해 기술 부사관들에 대한 비중이 높다.

해군 조직문화는 함장(艦長) 중심문화이다. 지휘관 중 함장은 한 배의 수장으로서 직접 작전을 지휘한다. 함 내에 부장(部長)[99]은 있으나, 그들은 부서장일 뿐이다. "우리는 한 배를 탔다"는 표현은 함장을 중심으로 한 해군의 강한 응집성을 보여주는 표현이다.

해군 조직문화는 그 역사가 육군만큼이나 장구하다. 해전이나 수전은 아주 오래 전부터 있어 왔기 때문에 수군이나 해군의 역사는 길다. 이에 대한 기록문화[100]도 발달되어 있다. 이순신 제독과 같은 해군의 명장 등은 해전사(海戰史)에 빛나는 영웅이다. 그리고 적국의 해군은 물론이고, 해적(海賊)과 싸우는 해군은 해군 조직문화의 독특성에 영향을 준다고 볼 수 있다.

(다) 공군 조직문화

공군(空軍, air force) 조직문화는 전투기나 수송기라고 하는 독특한 무기체계와 근무공간, 그리고 하늘이라고 하는 전장환경에서 비롯된다.

전투기(戰鬪機)는 주로 1~2인의 조종사(操縱士)에 의해서 조종된다. 공군의 꽃은 전투기 조종사이다. 공군조직에서 조종사를 우대하며, 그들이 중심이 되는 것을 발견할 수 있다.

---

98) 원거리 식별 용이.

99) 부함장(副艦長, 약칭 副長)과는 다른 직별의 부서장(部長)을 의미.

100) 최재덕(2008: 202)은 해군이 기록을 중시하는 문화라고 주장한다. 고대로부터 해전의 기록이 정확하게 전해지고 있는 것이 이를 증명하고 있다.

그들은 '빨간 마후라'를 목에 감는다. 조종사 1인당 양성비가 "00억이 든다"라고 하면서 조종사의 가치를 강조한다. 이로 인해 조종사의 비(非)조종사에 대한 우월감이나 강한 엘리트 의식이 존재하며, 비조종사의 상대적 열등감이 상존한다.

공군 조직문화는 시간의 의미에서 분초(分秒)를 다툰다. 해군이나 육군에 비해서 상대적으로 짧은 시간에 이동하고 폭격하기 때문에 신속성이 강조된다. 의사결정 시간의 단축이 미덕이다. 그런데 파괴력이 지나치게 크기 때문에 매우 신중함에 요구되는 이중성을 띤다.

또한 공군은 하늘과 우주라는 곳을 전투(지리적) 공간으로 하고 있기 때문에 전투적 시야가 육군이나 해군보다 넓다고 볼 수 있다. 공군이 '우주항공군(宇宙航空軍)'[101]을 강조하는 것은 공군에 대한 자긍심을 높이는 데 기여한다.

공군은 해군과 마찬가지로 기술군이기 때문에 무기체계, 특히 전투기에 대한 지식과 관심이 크다. 전투능력은 조종사의 기량뿐만 아니라 전투기의 능력에 달려있고, 전투기의 능력은 전투기가 장착하는 각종 무기체계의 성능이나 기술적 우수성이 의존한다. 따라서 타군, 특히 육군에 비해 과학기술에 대한 신뢰와 의존도가 매우 높다. 과학기술군(科學技術軍)으로서 공군은 과학적 사고를 하는 것은 자연적인 현상이며, 그로 인해 합리적인 행태를 보인다. 예컨대 1mm의 오차도 허용하지 않으려 한다.

공군 조직문화는 그 역사가 육군이나 해군에 비해 길지 않다. 1900년대 들어서야 비행기가 발명되었고, 공군이 탄생[102]한 것은 그 후의 일이기 때문이다.

(라) 해병대 조직문화

해병대(海兵隊, marine corps) 조직문화는 상륙작전이라는 독특한 전장환경, 그리고 해군적 요소와 육군적 요소를 병용하는 특성에서 비롯된다.

해병대는 적 해안으로 투사되고 나면 시위를 떠난 화살처럼 되돌아오거나 멈추어 설 수 없다. 이런 점이 해병대 구성원들에게 강인함과 필승의 신념을 요구한다.

---

101) 미국 우주군(United States Space Force, U.S. Space Force, USSF), 약칭 미국 우주군은 미국 공군우주사령부(AFSPC)를 모태로 하여 2019년 12월 20일에 창설된 독립군종이다.

102) 대부분의 국가의 경우 공군의 탄생은 육군항공대로부터 출발하였다. 미 공군 창설은 1947년으로 한국 공군보다 2년 빠르다.

짧은 해병대 역사 속[103]에서 전승을 이룬 경우도 많아서 이런 점들이 군대 조직문화로 수용하여 학습하게 한다. 한국군 최초 상륙작전에서 성공적으로 임무를 수행하여 적의 낙동강 교두보 진출을 무력화한 '귀신잡는 해병', 중부전선 도솔산 지구 전투 승리 후 얻은 '무적해병' 그리고 베트남 짜빈동 전투에서 한국 해병대가 승리를 거둔 후 얻은 '신하를 남긴 해병' 등은 타 군종보다 해병대의 용맹성을 보여주는 상징적 언어들이다.

해병대는 강한 정체성(正體性)이 있는 군종이다. 해병대는 많은 국가에서 운영하고 있지 않으나, 미국, 영국, 한국, 인도네시아 등 40여 개 국가에서 운영하고 있다. 또한 그 운영 규모도 대부분 소규모이기 때문에 미국, 한국을 제외하고는 독자적인 군종으로 인정을 받지 못하고 육군이나 해군의 일부로 운영하고 있다.

이런 점은 늘 해병대의 생존 문제와 직결되기 때문에 타군, 타병종과 다른 특수성을 나타내려는 경향이 강하다. 그래서 해병대의 복장은 팔각모와 빨간명찰, 상륙돌격형 머리, 자긍심 등의 조직문화를 보인다.

7. 합동성과 합동작전

(1) 합동성 의의

합동군은 병종이 육군, 해군, 공군 등으로 구분되어 발전되어온 국가들이 통합된 시너지효과(synergy, 上昇效果)[104]를 거두기 위해 활용하고 있는 군대조직의 한 형태이다. 합동군은 '합동성'이라는 개념에서 출발한다. 상승

(가) 합동성 정의

합동성(合同性, jointness)이라는 개념은 미국에서 사용한 후 주요 국가가 이를 받아들인 것으로 보인다.

103) 한국 해병대 창설일(1949년 4월)은 공군(1949년10월)보다 빠르다.

104) 전체적 효과에 기여하는 각 요소의 공동작용과 협동을 통해서 어떤 두 가지 이상의 요소가 복합적으로 작용하여 나타나는 효과. '승수효과', '상승효과'라고도 불리기도 함.

미국군과 한국군의 경우 합동성은 "2개 이상의 군이 공통의 목적으로 수행하는 활동, 작전, 조직"으로 정의하고 있으며, 영국국은 "한 나라에서 2개 군 이상이 참여하는 구성군을 통해서 수행하는 활동, 작전, 조직"으로 정의하고 있다.

한편, 한국의 경우「국방개혁에 관한 법률」(제3조)에서 합동성은 "전장에서 승리하기 위하여 지상·해상·공중 전력 등을 기능적으로 균형있게 발전시키고, 이를 효율적으로 통합 운용함으로써 승수효과를 달성할 수 있게 하는 능력이나 특성"으로 정의하고 있다.

미국군이나 영국군 그리고 한국군에서 사용하고 있는 합동성의 개념 정의가 비교적 간결하면서도 함축적이다. 따라서 합동성이란 "2개 이상의 군이 공통된 목적으로 수행하는 활동, 작전, 조직"으로 정의할 수 있다.

(나) 합동성의 특성

합동성의 개념 정의에는 구조적 측면에서 2개 이상의 구성군(構成軍)으로 조직화, 공통의 목적 공유, 그리고 내용으로서 활동, 작전, 조직을 개념적 특징으로 들 수 있다.

첫째, 합동성은 2개 이상의 군으로 구성된다. 여기서는 한 국가 내에서 병종이나 군종의 분류를 전제로 하여 군성된다는 점이다. 육군, 해군, 공군, 해병대, 기타 군종(예: 우주군, 해안경비대, 의무군, 전략로켓군 등)으로 구분되어 각 군별로 전문성을 확보하고, 이를 유지·발전시키기 위한 노력을 한다. 이들 군종 간에는 인사, 군수, 작전 등이 명확하게 구분되어 있어서 독자성을 갖는다. 구성군의 구성내용은 2개 군(軍), 3개 군, 그리고 4개 군 이상으로 조합이 가능하다. 군대와 준(準)군대가 혼합된 구성군도 있을 수 있다.

둘째, 합동군은 합동성을 요구하는 공통의 목적이 있다. 합동성은 2개 군종 이상이 함께 협력해야 할 이유와 목적이 있다. 1개 군종보다는 2개 군종 이상이 함께 활동, 작전 그리고 조직됨으로써 궁극적으로는 전투력을 강화하여 전체적으로 효과를 높이는 데 목적이 있다.

전투력 강황에는 직접적인 전투력 강화도 있지만 간접적인 전투지원 능력도 포함된다. 즉, 혼자보다는 둘 이상의 군종이 함께 협력할 때 시너지(synergy) 효과가 있는 경우, 단순한 산술적 합산 효과보다는 승수적 효과를 거둘 수 있거나, 적어도 2개 군종 이상이 각각 활동할 때에 비해 비효율을 감축할 수 있다면 합동성의 명분은 충족된다.

셋째, 합동성의 내용은 활동, 작전 그리고 조직을 포함한다. 합동성의 내용에는 두 개 이상의 군종 간의 모든 활동을 포함한다. 이러한 활동에는 작전 이외의 활동(예: 교육훈련, 복지, 대민행정 등)도 포함된다.

일반적으로 군대에서는 작전활동(operational activity)이 강도되어 왔고, 실제 합동성은 작전활동이 중심이다. 합동성은 조직으로 구체화되어질 때 완성도가 높아지고, 합동작전을 장기적 · 일상적으로 할 수 있게 된다. 합동성은 어떤 행위를 하든 독자적 기구나 집단 간의 협력과 팀 워크(team work)가 요구된다.

(2) 합동작전 수행요소와 합동작전 유형

(가) 합동작전 수행요소

합동성의 기본은 합동작전이다. 합동작전(合同作戰, Joint Operations)이란 육 · 해 · 공 · 해병대 중 2개 이상의 군, 합동부대 또는 필요시 편성되는 합동기동부대가 공동의 작전목적을 달성하기 위해 수행하는 군사활동(작전)을 말한다.

합동작전을 하려면 합동작전계획이 필요하다. 합동작전계획(合同作戰計劃, Joint Operation Plan)이란 예상되는 위협[105]에 대비하거나 예상하지 못한 위협에 대비하기 위한 군사력 운용계획이다. 이것은 합동참모본부의 작전계획뿐만 아니라 작전사, 합동부대, 각 군 본부, 기타 관련 기관의 지원계획을 모두 포함한다. 그리고 합동작전계획에 의거하여 합동훈련이 실시된다.

합동작전을 수행하기 위해서는 합동교리가 필요하다. 합동교리(合同教理, Joint Doctrine)란 2개 군 이상의 군사력 운용에 관한 기본원칙과 지침을 말하며, 군사기본교리[106], 합동기준교리[107], 그리고 합동운용교리[108]로 구성되어 있다.

105) 위협(threat)이란, '상대방에게 부정적인 결과를 가져오도록 하기 위한 의도적인 언행(言行)'을 말한다. 이러한 위협으로부터 행위 주체를 보호하는 것을 안보(security)라고 한다.
유사 용어로, 위험(danger)이란 '좋은 결과를 기대할 수 없는 순전히 초래될 손상'을 말한다. 이러한 위험으로부터 행위주체를 보호하는 것을 안전(safety)이라 한다.

106) 군사전략 개념을 구현하기 위하여 발전된 최상위 군사교리로서 합동기준교리와 합동운용교리 및 각 군 교리에 군사력 운용의 기본원칙과 지침을 제공한다.

107) 합동참모본부의 편성 및 기능을 고려하여 작성된 교리로서, 합동작전을 수행하는 제 요소들의 노력과 효과의 통합을 증진시키기 위한 기본 원칙과 지침을 제공한다.

108) 합동기준교리를 근거로 작전형태 또는 분야별로 분류한 교리로서, 합동작전 수행 및 지원의 구체적인 방법

(나) 합동작전 유형

합동작전의 범주는 국지도발[109], 잠재적 위협[110], 비군사적 위협[111]에 대비한 합동작전과 군사협력활동을 포함한다. 합동작전의 지역적 범위(작전지역)는 지상, 해상 그리고 공중을 포함한 입체적이 영역이 된다. 예를 들면, 합동공제공작전, 합동제해작전, 합동상륙작전, 그리고 합동후방지역 작전 등을 들 수 있다.

합동제공작전(合同制空作戰, Joint Counter Air Operations)[112]은 적의 공중위협 및 방공전력을 격파 또는 무력화시켜 요망 수준의 공중우세권을 획득 및 유지하기 위하여 실시하는 작전을 말한다.

이와 유사한 작전으로 해상의 우세권을 확보하기 위한 합동제해작전, 상륙작전을 위한 해군, 해병대 및 공군으로 편조되는 합동상륙작전을 들 수 있다. 합동후방지역작전은 후방지역에서 2개 군 이상이 협조하거나 단일지휘관에 의해 지휘되는 작전을 말한다.

합동특수작전(合同特殊作戰, Joint Special Operations)은 전·평시에 군사적, 정치적 또는 기타 목표를 달성하기 위하여 특별히 편성, 훈련 및 무장되는 특수작전부대 및 준군사부대가 상호 합동으로 수행하는 작전을 말한다.

합동공정작전(合同空挺作戰, Joint Airborn Operations)은 전투부대가 물자를 공군항공기로 이동하여 제한된 지상작전을 실시하는 활동이다. 합동민군작전(合同民軍作戰, Joint Civil Military Operations)은 전시 한반도 전구(戰區, theater)[113] 내 인도적 지원을 위해 합참 내에서 주관하는 작전을 말한다.

기타 사이버전(Cyber Warfare)에 대비하는 합동사이버작전이 있으며, 합동작전 이외에 합동작전을 지원하기 위한 합동군수지원 등의 활동이 있다.

과 절차를 제공한다

109) 적이 침투 또는 일정한 지역에서 특정 목적을 달성하기 위하여 대한민국 국민과 국가 영역에 가하는 일체의 위해행위.

110) 특정한 요인이나 국가 간의 정치·외교적인 역학관계의 변화에 따라 현재 또는 가까운 미래에 발생할 수 있는 위협.

111) 국가 및 비국가행위자가 군사력 이외의 수단으로 위협을 가하거나, 자연적 요인에 의하여 국가안보가 위태롭게 되는 것.

112) 영어식 표현은 합동대공작전으로 볼 수 있으나, 합참에서는 이를 확대하여 제공작전이라 칭하고 있음.

113) 단일의 군사전략목표 달성을 위해 지상, 해상, 공중 및 우주작전이 실시되는 지리적 영역. 필요시 전구 내에 전쟁전구 또는 각각의 주요 위협에 대한 작전전구를 설정할 수 있음.

제6장

민군관계

1. 민군관계의 개념
2. 직업주의와 군대
3. 우리나라 민군관계의 역사적 고찰

제6장 민군관계

1. 민군관계의 개념

(1) 민군관계 정의

현대의 군은 국가안보라는 군 본연의 임무 이외에 다양한 형태로 그 역할이 증대해 감에 따라 올바른 민군관계의 설정이 그 무엇보다 중요한 시대로 볼 수 있다.

민군관계의 정의는 좁은 의미의 정의와 넓은 의미의 정의로 구분할 수 있다.[1] 스미스(Louis Smith)는 "문관우위(文官優位)를 확보하기 위해서 필요한 조치를 강구하는 제 수단"이 민군관계의 초점이라고 하였고,[2] 스테인(Harold Stein)은 한 국가의 대외정책결정의 측면에 초점을 맞추어 논의하면서, 그러한 "정책결정과정에서 있어서 군사지도자와 민간정치가 사이에서 이루어지는 제반관계"를 민군관계라고 말하고 있다.[3]

그러나 이러한 견해는 군대에 부여된 공식적인 기능과 실제로 수행하는 역할이 대외적인 군사적 안전이라고 하는 제한된 기능에로 국한되는 것으로써, 제도적으로나 실제적으로 보장되는 사회에서만 통용될 수 있는 것이다.

왜냐하면 군대의 역할이 그렇게 제한된 기능에만 국한되지 않고, 좋은 의미에서든 나쁜 의미에서든 군대가 소속하고 있는 모체사회(母體社會, 일반사회)에 대하여 방대한 영향력을 행시히기나 아니면 정치무대에서 막강한 권력을 행사하는 현상을 이해하기에는 부족한 의미를 포함하고 있기 때문이다.

따라서 자노위치(Morris Janowitz)는 민군관계를 군국주의(Militarism)라는 용어로 이해하고, 이를 3가지 유형으로 분류하면서 민군관계를 설명하고 있다. 첫째 유형은 계획된

1) 조영갑, 『韓國民軍關係論』(서울 : 도서출판 한원, 1993), p.31.

2) 서석순 역, Louis Smith, 『민주주의와 군사력』(서울 : 박문출판사, 1955).

3) Harold Stein, "Introduction", in S. P. Hunntington(ed), *American Civil-Military Relations,* (Bermingham: University of Alabama Press, 1963), p.23.

군국주의(designed militarism)로 한 사회내에서 군부가 상당한 지위를 차지하는 곳에서 일어나는 유형으로, 이는 군부가 의도적으로 민간정치과정에 관여하고, 확장적인 대외정책을 추구하는 것을 말한다. 둘째 유형은 반동적 군국주의(reactive militarism)로서 민간제도가 취약하거나 대내외 정책의 실패에 대한 반응으로서 군부가 정치에 관여하게 되는데, 후진국의 대부분이 이에 속한다. 셋째 유형은 예기치 않은 군국주의(unanticipated militarism)로서 선진국에서 흔히 논란되는 개리슨(garrison, 병영) 국가모델에 관련되는 유형이다. 이는 군부세력이 그리 강하지 않았기 때문에 군부통제의 전통이 결여되어 있는 사회에서 전쟁에 관련되는 과학기술의 발전이나 인접 국가 간에 갈등으로 인하여 국민생활의 전 국면이 군사적인 영향으로 변화됨에도 불구하고 민간지도자들이 이에 적절하게 대처하지 못해서 나타날 수 있는 형태라는 것이다.

이러한 자노위치의 주장은 스테인의 경우보다는 포괄적인 의미로 사용하고 있으나 결국은 민군관계를 군부와 민간정치인의 관계로 보는 좁의 의미의 정의인 것이다.[4)]

다음은 넓은 의미의 민군관계 정의로서 헌팅턴(S. P. Huntington)과 반드론(Jacques Van Doorn) 교수의 이론을 들 수 있다.

헌팅턴 교수는 민군관계를 “어떤 사회에서나 몇 개의 상호의존적 요소로 구성된 체계”로 보아야 한다는 것으로서, 그 체계의 중요한 구성요소로는 첫째, 정부에 있어 군사제도가 차지하는 공식적인 구조상의 지위, 둘째, 전체로서의 정치와 사회에 있어서 군사집단이 갖는 비공식적인 역할과 영향력, 셋째, 군부와 비군사집단이 갖는 이데올로기의 본질 등 세 가지이다. 즉, 헌팅턴 교수는 민군관계를 군주가 갖는 권위, 영향력 그리고 이데올로기 사이에 존재하는 복합적 균형관계로 보고 있다. 그리고 그러한 균형관계의 실제가 바로 민군관계의 구체적인 내용을 이루고 있다는 것이다.[5)]

이렇게 볼 때 헌팅턴 교수의 정의는 스테인이나 자노위츠의 정의보다 넓은 의미를 담고 있으나, 권력과 이데올로기의 측면만 강조함으로써 군대가 모체사회(母體社會)의 비정치적인 다양한 조직들과 집단들이 뚜렷하게 부각되지 않고 있고, 또한 상호작용의 관계를

4) Morris Janowitz, *The Military in the Political Development of New Nations*(Chicago: Chicago University Press, 1964), p.17.

5) S. P. Huntington, *The Soldier and the State*,(Cambridge: Harvard University Press, 1957), p.57.

세부적으로 포함시키지 못하고 있다.

한편, 하나의 사회제도로서 군대가 갖는 이러한 복합적 관계를 보다 종합적 차원으로 분석하고 있는 학자라 반드론(Jacques Van Doorn) 교수이다.[6]

반드론 교수는 민군관계를 첫째, 군과 국가의 관계로 정부조직상 군사제도가 차지하는 구조상의 공식적 지위, 둘째, 군과 국민의 관계로서 정치 · 경제 · 사회 · 문화의 제 부문에서 이루어지는 군대집단과 민간부문 간의 상호작용 상태 및 내용, 셋째, 군 장교단과 민간엘리트의 관계로서 국가사회 구조 내에서 민 · 군 엘리트 간에 이루어지는 역할 분담 및 상호 경쟁과 갈등의 양상, 넷째, 군부와 민간 이익집단과의 관계라는 네 가지 차원의 비정치적인 국면에 많은 비중을 두고 아주 넓은 의미로 정의하고 있다.

이상에서 알아본 바와 같이 민군관계의 내용은 복잡하며, 그리 단순한 것이 아님을 알 수 있다. 그러나 여러 학자들의 주장을 종합하여 볼 때, 좁은 의미의 민군관계는 군부엘리트와 민간정치 엘리트 간의 권력관계로 정의할 수 있다.

하지만 이러한 정의는 대부분이 서구적 환경에서 민군관계의 문제를 제기하는 지역주의적 입장을 벗어나지 못한 채 민군 이분법적(二分法的) 시각에서 군에 대한 자유주의적 견제의식을 갖고 정의한 것으로서 민군 간의 상호작용관계를 파악하기는 곤란하다.

이는 현대의 민군관계는 서구 선진국 만의 문제는 아니기 때문에 각국의 역사와 전통 그리고 그 국가의 정치 · 경제 · 사회 · 문화 등의 현실적인 상황을 이해할 필요가 있고, 현대 국가의 안보기능은 민과 군이 공유해야 될 시대적 상황으로 변화했기 때문이다.

따라서 민군관계의 개념과 분석의 틀은 민군 간의 이분법적 가치의 분쟁적 구조의 대립형태가 아니라 국가안전보장과 관련된 문제영역의 평가에서 정립하는 것이 훨씬 현실적이고 바람직한 것이 된다.

왜냐하면 국가안전보장은 단순한 군비증강으로부터 정치 · 경제 · 군사 · 교육 · 문화와 올바른 사회생활에까지 이미 침투되어 있으며, 현대사회에 있어서 복잡한 군가안보의 결정과 대비태세의 정립은 군 기획[7]의 산물임과 동시에 과학과 기술에 관한 민간인의 전문지

6) Jacques Van Doorn, "Armed Forces and Society : Patterns and Trends", in Van Doorn(ed), *Armed Forces and Society*(The Haque: Mouton, 1968), pp.39-54.

7) 국방(국가안보)에 대한 군의 다양한 대비 기획(계획)

식과 국가자원의 배분에 관한 민간인 결정의 산물이기 때문이다.

오늘날 미국에서도 민군관계를 정치와 군사와의 관계뿐만 아니라 경제 및 사회와 문화를 군사와의 관계로까지 확대 해석하고 있다. 즉, 군사외교 및 법제는 정치에 포함시키고 있을 뿐만 아니라 국방예산, 군수산업 등의 경제문제, 더 나아가서 인종문제, 환경 · 마약 등의 사회문제, 그리고 교육 · 연구 · 보도 등의 문화문제를 군사문제와 관련하여 다루고 있다.

따라서 미국에서는 민군관계를 한층 더 넓은 의미의 국민사회 전반과 군사와의 관계로 해석하고 있음을 알 수 있다.[8]

이상과 같이 여러 학자들의 주장을 종합하여 볼 때 넓은 의미의 민군관계 정의는 군부엘리트와 민간정치 엘리트 간의 정치권력 관계뿐만 아니라 경제 · 사회 · 문화 · 심리 · 과학기술 · 안보교육 및 자연환경문제 등과 군사의 복합적 관계가 되는 것이며, 이는 곧 군사집단과 민간인 집단 간의 힘의 갈등과 대립의 이분법적 관계가 아니라 상호 이해와 상호 보완적 역할로 국가안전보장에 기여하는 종합적이고, 순환적인 형태로 정의할 수 있다.

그러므로 군은 이제 한 사회 내에서 경계되어야 할 이질적인 존재가 아니고, 민과 군이 융화되어 국가발전에 기여할 수 있는 하나의 요소가 된 것이다.

(2) 민군관계 유형

(가) 헌팅턴의 분류

1) 주관적 민간 우위의 통제

주관적 민간우위(主觀的 民間優位)의 통제란 군대(부) 권력[9]을 최소한으로 축소시키고 민간 권력은 상대적으로 극대화시킴으로써 민간우위를 달성할 수 있다는 것이다. 그러나 민간집단의 많은 수요와 다양한 성격, 그리고 여러 집단 간의 상충되는 이익 등으로 인하여 민간인들이 하나의 집단으로서 대군부(大軍部)에 대한 권력을 극대화 시킨다는 것은 불

8) Stephen E. Ambrose & Barber, The Military and American Society(New York : The Free Press, 1972), p.246.

9) 군 자체 무장력, 군부 엘리트, 이에 동조하는 민간엘리트의 영향력으로 이해 할 수 있음.

가능한 일이 된다.

따라서 민간권력을 극대화시킨다는 것은 항상 어떤 특정한 민간집단들의 권력을 확대시킨다는 것을 의미하고 있는데, 헌팅턴은 이러한 주관적 민간우위의 통제를 다시 세 가지로 구분하고 있다. 첫째, 정부에 의한 민간우위의 통제이다. 17세기와 18세기에 있어서 영국의 군대는 일반적으로 군주의 통제 하에 있었고, 민간우위라는 구호는 군주에 대한 의회집단의 상대적 권력을 증대시키는 방편으로 채택되었다.

하지만, 국왕도 그들과 같은 민간인이었으므로 의회집단이 실제로 요구한 것은 일반적인 민간인들의 우위가 아니라 의회의 대(對) 군부통제를 최대한으로 하려고 했던 것인데, 이것은 국왕의 권력을 축소시키기 위해서 의회가 군부통제를 추구했던 것이다.

오늘날 미국에서도 의회와 대통령 간에 이와 비슷한 경쟁이 벌어지고 있는데, 행정부의 수반인 대통령은 대통령에 의한 통제를 민간통제로 보고 있으나, 의회는 의회대로 민간우위를 의회에 의한 군부통제로 보고 있다.

따라서 행정부에서는 의회가 군부를 통제하기가 너무 크고 엉성한 조직이라고 말하고 있으며, 입법부에서는 군부보좌관들에 둘러싸여 있기 쉬운 대통령보다는 의회가 국민에 더욱 가까운 편에서 통제할 수 있다는 주장으로서 각종 군사문제에 대하여 관여하고 있다. 이는 민간인(대통령과 의회)과 군부 간의 권력분립 보다는 행정부와 입법부 간의 권력확대에 보다 근본적인 관심이 되는 것이다.[10)]

둘째, 사회계급에 의한 민간우위의 통제이다. 18세기와 19세기에 이르러서는 서구의 귀족계급과 부르주아계급이 서로 군부를 통제하려고 경쟁하였는데, 이 구 계급은 각각 자기계급의 이익과 민간 우위를 동일시하고 있었다.

당시 군부 내에서는 일반적으로 귀족계급이 지배하고 있었기 때문에 진보적인 부르주아집단들은 귀족에 의한 통제를 민간우위가 아닌 군부우위로 간주하고 민간우위의 구호를 최대로 내세웠는데, 이것은 군부를 두 계급 간에 누가 지배할 것이냐의 싸움에 불과한 것이었다.

셋째, 입법행태를 통한 민간우위의 통제이다. 이는 문민우위의 원칙을 헌법상에 명시함

10) 조영갑, 『韓國民軍關係論』(서울 : 도서출판 한원, 1993), p.39.

으로써 문민우위를 보장할 수 있다는 것이다. 따라서 문민우위는 민주주의 정부이고, 군부우위는 절대주의 정부나 전체주의 정부와 동일시하는 것이다.

이들의 주장은 정책결정이 민주주의 국가에서는 설득과 노력으로 이루어지고 있는데 반해, 절대주의 국가에서는 힘과 강제로 이루어지고 있는데, 폭력의 도구를 장악하고 있는 군대의 권력은 민주주의에서 보다 전체주의 사회에서 더 효과적이 힘을 발휘하리라는 것이나 이러한 주장은 반드시 옳은 것만은 아님을 알 수 있다.

왜냐하면 현실에 있어서 민주주의 국가에서도 군대가 민간우위를 저해하고 있는가 하면, 오늘날 선진민주주의 정부는 정당한 절차와 정치를 통해서 막강한 정치권력을 획득하고 행사할 수 있기 때문이다.

한편, 전체주의 정권 아래에서도 장교단을 상호경쟁적인 여러 단위로 분할시켜 놓는다거나, 나치(NAZI)[11] 치하의 친위대나 구소련의 비밀경찰처럼 당의 군대 혹은 특수부대를 창설하거나 군의 위계조직 내에 정치장교 등과 같은 수법으로 독립된 명령체계[12]를 침투시킴으로써 군대의 폭력이 축소되는 경우가 얼마든지 있는 것이다.

테러, 음모, 감시 등이 전체주의 사회에서의 통치방법이라면, 이런 것들은 동시에 그러한 국가에서 민간집단이 군대를 통제하는 수단이기도 한 것이며, 또한 무자비하게 쓰기만 하면 제2차세계대전 중의 독일에서와 같이 군대의 정치권력을 완전히 제거할 수도 있는 것이다. 따라서 주관적 민간우위는 어느 특정 헌법형태의 전유물이라고 말할 수 없다.

2) 객관적 민간우위의 통제

객관적 민간우위(客觀的 民間優位)의 통제란 군직업주의를 극대화시킴으로서 군부를 통제할 수 있다는 주장이다. 즉, 객관적 문민우위는 장교단의 구성원들에게 전문직업인의 태도와 직업장교에 맞는 행동방식이 조정될 수 있게끔 자율성을 인정함으로써 군대가 군대 이외의 문제에는 신경을 쓰지 않게 만들어 정치적으로 중립을 지키게 하는 것이다.

예컨대 객관적 문민우위는 군을 군대화함으로써 그리고 군을 국가안보의 도구 만으로 기능하도록 하기 위해서는 군대의 직업주의적 성격을 고양시키고, 이를 위한 군대의 독자

11) 히틀러를 당수로 한 독일의 파시스트 당. Nazism , the common name in English for National Socialism, German: Nationalsozialismus.

12) 기존 군 지휘체계를 따르지 않는 별도의 지휘체계.

적인 영역을 인정함으로써 군대가 정치적으로 중립적인 요소로 남게 한다는 것이다.

반면에 주관적 민간통제는 독립적인 군대의 영역을 부정할 뿐만 아니라 군사적 안전의 필요성과 민간통제가 기본적으로 갈등관계에 놓여 있음을 전제로 하고 있다.[13] 이러한 주관적 민간통제는 의회나 행정기관 등의 특정한 통제체제, 특정한 사회계급, 특정한 헌법형태의 힘을 극대화시킴으로써 군대 권력을 약화시키는 데 주안을 두고 있다.

하지만 역사적으로 보면 갈등관계에 놓여있는 민간적 권위들이 서로 군대를 자기세력강화에 이용함으로써 주관적 민간통제 유형은 오히려 군대가 정치에 관여할 기회를 부여한다고 보고 있다.

따라서 주관적 민간우위에는 여러 가지 형태가 존재할 수 있지만, 객관적 민간우위는 단 한가지 형태 밖에 있을 수 없는 것이다.

결국 헌팅턴은 군대의 정치관여를 막는 가장 이상적인 방법은 객관적 민간통제를 확립하는 것인데, 이것은 전문직업주의가 확립된 곳에서만 가능한 것인 만큼 문제는 자연히 군전문직업주의(軍專門職業主意)를 확립시킬 수 있는 조건이 무엇인가로 귀결된다. 따라서 군전문직업주의의 극대화는 군대의 권력과 사회의 이데올로기 사이에 적절한 균형이 유지될 때 이상적인 형태로 실현될 수 있다고 보는 것이다.

민군관계는 기본적으로 긴장관계인데, 그러한 긴장이 폭발되지 않게 하기 위해서는 군대의 권력, 즉 독자적인 영역을 어느정도 보장해 주어 군대가 직업주의의 원칙을 고수할 수 있게 될 때 가장 바람직한 민군관계가 조성된다는 것이다.

결국 헌팅턴의 민군관계는 군의 전문직업주의화로 정치로부터 분리시키고 군인들은 전문직업적 가치의 내재화를 통해서 민간통제에 공헌할 것이라는 것이다. 그러나 헌팅턴의 이러한 견해가 많은 현대국가에서 경험적으로 증명되고 있지만 전문직업화된 군대들이 정치적 영향력을 증내시키고 있거나 또는 군사정부를 세우고 있는 제3세계 국가들에는 부적당한 이론으로 지적되고 있다.

따라서 이러한 헌팅턴의 이론에 대하여 자노위치(Morris Janowitz)는 군인들은 정부의 입법 · 사법 · 행정 관계에 의해서 부과된 강력한 외적 통제뿐만 아니라 군인과 민간인 사

13) S. P. Huntington, *The Soldier and the State*,(Cambridge: Harvard University Press, 1957), pp.80-84.

이의 상호의존적 연계의 발전에 의해서 민간통제는 이루어질 수 있다고 주장하면서, 군대는 사회에 통제되고 국제관계를 이해하여 무력의 계획된 사용에 관심을 가진 정치적으로 민감한 전문직업장교가 민간통제에 더 바람직하다는 견해이다.[14)]

또한 애브라함슨(Bengt Abrahamsson)도 헌팅턴의 견해에 반박하면서 민간통제는 군대의 자율성 확장에 의존할 수 없고, 오히려 그 자율성을 제한하는 데 노력해야 한다고 주장하면서 주관적 민간통제와 객관적 민간통제를 다 같이 사용해야 한다고 주장했다.[15)]

왜냐하면 객관적 통제는 부분적이고 불충분하기 때문에 민간통제는 주관적 통제방법을 개발하도록 노력해야 하는데, 이것은 전체사회의 사회적이고 정치적인 정책결정 과정과 일치하는 일련의 가치와 규범을 군인들이 수용할 수 있도록 해야 한다는 것이다.

(나) 노드링거의 분류

1) 전통형 모델

노드링거(Eric A. Nordlinger)는 군부에 대한 민간 통제유형을 전통형 모델(Traditional Model), 자유주의형 모델(Liberal Model), 침투형 모델(Penetration Model)로 구분하였다.[16)]

전통형 모델은 헌팅턴(S. P. Huntigton)이 분류하고 있는 귀족계급에 의한 주관적 민간우위의 통제유형으로서 17~18세기에 유럽의 정대 왕정치하에 가장 전형적으로 나타났던 군부에 대한 민간통제 모델이라고 할 수 있다.

이 모델은 민간엘리트와 군부엘리트의 귀족출신의 계급적 배경의 일치 및 중복, 세계관적 동질성 등으로 인해서 민간우위의 전통이 유지될 수 있었던 근대초기의 유럽사회를 모델화한 것으로서, 오늘날 민간 엘리트간 사회적 출신배경이 현저히 다른 현대사회에는 적용되기가 힘들 것으로 볼 수 있다.

---

14) Morris Janowitz, *The Professonal Soldiers*(New York: Free Press, 1960), p.18.

15) Bengt Abrahamsson, *Military Professionalism and Political Power*(Beverly Hills: Sage, 1972), pp.150-160.

16) Eric A. Nordlinger, Soldies in Politics: *Military Coups and Governments*(Englewood Cliffs, J. Prentice Hall, 1977), pp.10-18.

2) 자유주의형 모델

자유주의형 모델은 군부의 탈정치화(脫政治化)를 추구함으로써 이루어지는 통제유형으로 군부는 대외적 위협으로부터 국가를 방위하는 역할에 한정되고, 그 외의 사회, 경제, 정치 집단 간의 갈등은 선적으로 민간정치인들의 일이 되어야 함을 전제로 하는 민간통제 모델이다.

노드링거는 자유주의형 모델의 민간통제를 단적으로 다음과 같이 기술하고 있다. 즉, "군인들은 국가안보 이외의 모든 부분에 개입하지 않아야 할뿐만 아니라, 국가안보문제에 있어서도 군부는 정부에 조언하는 역할로 그쳐야하며, 또한 이 둘의 견해가 다를 때에는 민간지도자의 선택을 따라야 한다"는 것이다.

3) 침투형 모델

침투형 모델은 공산주의 국가와 전체주의 국가에서 보편화되어 있는 민간통제 유형으로서 민간통치자들이 정치 이데올로기와 정치적 인사를 통해 군부에 침투하여 군부의 충성과 복종을 획득함으로써 이루어지는 민간통제 유형이다.

노드링거에 의하면 침투모형은 개인적 독재체제나 고도로 중앙집권화된 일당체제와 같이 단일한 권력의 중심이 존재하는 곳에서만 실행이 가능하다. 그것은 경쟁적 정당체계 하에서처럼 권력의 다원성이 존재하는 곳에서나 권력분립체제가 수립되어 있는 곳에서는 적용될 수 없는 모델로 평가할 수 있다.

따라서 아주 특이한 상황이 아닌 한, 침투형 모델의 확립은 그 자체가 민군관계에 매우 나쁜 영향을 미치게 된다. 왜냐하면 민간인에 의한 군부 침투의 시도는 자칫 군부의 정치 행동화를 유발함으로써 민간통제 보다는 오히려 군부의 정치개입을 훨씬 쉽게 초래할 수 있기 때문이다.

(다) 자노위치의 분류

1) 선진국가형 모델

자노위치(Morris Janowitz)는 헌팅턴과 관점을 달리해서 신생국의 정치발전과 군부의 정치관여의 성격을 중심으로 하여 민군관계를 파악하고 있다.

선진국가형 모델에는 귀족적 봉건적 모델, 민주주의적 모델, 전체주의적 모델로 구분할 수 있다.[17)]

귀족봉건적 모델은 전적으로 서구에 산업주의가 발생되기 이전의 유형으로서 민군관계의 특징은 군부나 민간엘리트들이 동일한 사회적 귀족출신의 배경을 갖고 있었기 때문에 사회적으로나 기능적으로 양자가 잘 통합되어 있다는 것이다. 따라서 군대에 대한 민간권위의 정치적 통제도 마찰없이 잘 이루어지게 되는 것이다.[18)]

민주주의적 모델은 민군엘리트간이 기능적으로 분명히 분화되어 있고 민간권위가 공식적인 기구나 규칙을 통하여 군대를 통제하고 있다. 이러한 점은 바로 군대가 자신의 권력을 행사하고 있는 데 있어, 한계를 지어주는 조건이 되고 있으며, 군대는 다른 사회의 집단들처럼 국가에 의해서 고용되고 있는 전문이익집단과 같은 기능을 수행하는 것이다.[19)]

전체주의적 모델은 대중적 권위주의 정당을 기반으로 하는 비교적 하층계급 출신의 혁명적 엘리트들이 중심이 되어, 군부엘리트들을 통제한다는 점에서 민주주의적 유형과 구별된다.

여기에서 군대통제의 중요한 방법으로는 비밀경찰, 당 요원의 군 간부화, 장교선발 제도 등으로 이루어지며, 무엇보다도 당이 자신의 직할조직(독일의 SS[20)], 구소련의 KGB[21)], 북한의 정치장교 등)을 보유하는 방법이 있다.

2) 신생국가형 모델

신생국가형 모델에는 권위주의적 개인의 통제모델, 권위주의적 대중정당의 통제 모델, 민주주의적 경쟁 및 반경쟁체제 모델, 민군연합체제 모델, 군사과두체제 모델로 구분할 수

17) Morris Janowitz, *The Military in the Political Development of New Nations*(The University of Chicago Press, 1964), pp.6-10.

18) 이 유형은 노드링거의 전통형 모델과 유사.

19) 이 유형은 노드링거의 자유주의형 모델과 유사.

20) 친위대(親衛隊, 독일어: Schutzstaffel; SS 슈츠슈타펠; 에스에스)는 나치 독일에 존재했던 준군사조직(나치 친위대)이다. 무장친위대 역시 슈츠슈타펠 소속이다.

21) 국가보안위원회(國家保安委員會, 러시아어: Комите́т госуда́рственной безопа́сности, КГБ 까미쪳 가수다르스트벤노이 비자빠스노스찌, 영어: KGB)는 1954년 3월 13일부터 1991년 11월 6일까지 존속했던 소비에트 연방의 정보 기관이다. 냉전 시기에는 세계에서 가장 영향력이 큰 정보기관 중 하나였다.

있다.

권위주의적 개인의 통제모델은 근대화 과정초기에 놓여 있는 신생국에서 흔히 나타나는 것으로 군대가 개인적인 독재 하에서 그 세력 확대를 억제 당하고 있는 상태를 말한다.

권위주의적 대중정당의 통제 모델은 권위주의적 개인이 역할을 단일 대중정당이 담당하게 되는 경우인데, 이는 대중정당의 영향력 안에 있는 민간경찰과 사회제도가 바로 군에 대한 억제 세력의 역할을 하고 있는 것을 말한다.

민주주의적 경쟁 및 반경쟁체제 모델은 자노위치가 언급한 여러 가지 선진국가적 모델 가운데 민주주의 유형과 동일한 것으로 제시한 것이다. 즉, 정치권력이 행사는 오직 다당제 및 선거제도에 의해서만 이루어지고 군부에 대한 정치 엘리트의 통제는 군부의 기능과 군부에 대한 권력행사의 조건을 규정하고 있는 공식적 기구와 규제에 의해서만 이루어지는 유형을 말하는 데, 이와 유사하게 몇몇의 신생국가에서 나타나는 것이 민주주의적 반경쟁체제인 것이다.

이와 같은 국가에서는 민간 행정부 수반이 강력한 리더십으로 정치권력을 행사한 식민지의 군대전통으로 인하여 강력한 자제의식을 갖고 있는 것이다. 이들 국가의 특징은 행정부 수반이 정치권력을 장악하고 있으면서 어느 정도의 정치적 경쟁을 허용함으로써 단일 대중정당과 권력추구 집단이 존재하면서 경쟁하는 유형을 말한다.

민군연합체제 모델은 군대가 민간정당이나 다른 관료제적 정치집단을 지지하는 적극적인 정치집단으로서의 역할을 담당하게 되는 경우를 말한다. 즉, 민간인 정부의 권력 장악은 오로지 군부의 지지하에서만 가능하게 되는 경우를 말한다.

따라서 군대는 경쟁적 정치집단 사이에서 공식 또는 비공식적인 심판관의 역할을 담당하는 경우로 이런 경우에 군은 광범위한 정치개입을 하게 된다.

군사과두체제 모델은 민군연합체제에서 한 단계 더 발전하여 일단 군대가 지배적 세력으로 등장하게 되면 민간인의 정치활동은 제한되거나 억압당하게 되는 형태이다.

그러므로 선진국가형에서 민주적 유형과 신생국가형에서 민주주의적 경쟁 및 반경쟁체제 유형은 각 국가나 사회가 추구하는 바람직한 민군관계 유형이라고 볼 수 있다.

(다) 일반적으로 사용되는 기본적 유형

1) 군부통치형 모델(Praetorianism Model)

프레토리아니즘(Praetorianism)이란 안드레스키(Stanislav. Andreski)가 정의하고 있듯이 관습적 또는 합법적으로 인정되는 헌법적 절차에 따르지 않고, 반란이나 쿠데타를 통해서 이루어지는 군부통치 혹은 집정관에 의한 통치라고 할 수 있다.[22]이 프레토리아니즘이란 용어는 유사한 의미로 사용되는 전제정치(Caesarism)이라는 용어와 마찬가지로 로마제국에서 유래된 말이다.

로마제국의 시조인 아우구스투스(Augustus)[23]는 황실근위대(Praetorian Guard, 皇室近衛隊)를 설치하여 운용하였는데, 이 황실근위대가 후에는 정치무대이 전면에 나서서 마음에 들지않는 황제를 교체하거나, 혹은 직접적으로 국가를 통치하는 세력으로 등장하였던 것이다.[24]

프레토리아니즘은 특정한 정치체제보다는 특정한 사회적 상황에 그 발생기반을 두고 있는데, 프레토리아니즘이 지배하는 사회는 대체로 극히 부유한 소수와 빈곤한 다수가 공존하는 사회를 배경으로 발생되는 정치적 불안은 군대가 불법적으로 정치에 간섭할 수 있는 좋은 기회를 제공하게 되는 것이다.

이러한 프레토리아니즘이 지배하게 되는 대다수 국가는 거의 대부분이 제2차세계대전 후인 1950년대와 1960년대를 거치면서 식민지 통치에서 독립한 신생국, 즉 제3세계 국가들로서 정치발전론자들이 말하는 정당성, 참여, 분배 등의 위기에 직면해 있는 아시아, 아프리카 그리고 라틴아메리카 국가들이 전형적인 예이다.[25]

---

22) Stanislav. Andreski, Military Organization and Society, 2nd ed(Berkeley: University of California Press, 1968), p.60: F.J. Watkins, *Praetorianism in Encyclopedia of Social Science*, 1934 Vol Ⅻ, pp.305-307.

23) 임페라토르 카이사르 디비 필리우스 아우구스투스(Imperator Caesar divi filius Augustus, BCE 63년 9월 23일 ~ CE 14년 8월 19일)는 로마 제국의 초대 황제(재위 기원전 27년 ~ 서기 14년)이다.

24) 이는 역사적 사건으로서 CE 193년 원로원에 의해 정당한 절차를 밟아 제위에 오른 페르티낙스(Pertinax Pubulius Helvins) 황제의 엄격한 규율에 불만을 품은 황실 근위대가 그를 암살하고 제위(帝位)를 공매에 붙여 율리아누스(Julianus Didiuw Serrus)에게 제위를 매각한 데서 유래되었다.

25) L.W. Pye, J.S. Coleman et al, Crisis and Sequences in Political Development(Princeton: Princeton University Press, 1971)

따라서 프레토리아니즘은 군인(부)을 정치에 관심을 갖게 하고 반응하게 함으로써 군대로 하여금 전투력을 배양하지 못하게 하거나 또는 전쟁을 못하는 정치군인으로 만드는 것이다.

2) 병영국가형 모델(Garrison State Model)

개리슨 국가란 병영국가(兵營國家) 또는 요새국가(要塞國家)를 뜻하는 것으로서 라스웰(H.D. Lasswell)이 제2차세계대전 직전의 일본사회를 분석하면서 제시한 모델이다. 이는 국민들의 사고방식을 전쟁에의 대비로 이끌어 나감으로써 전쟁의 주역인 군대에 의해 국가적 생활의 전반이 통제되는 그러한 사태를 의미한다.[26]

이 모델은 세계 정치무대가 폭력관리 전문가의 지배로 지향되는 것을 말하는 것이다. 그러나 병영 또는 요새라는 말이 상당히 군사적인 뜻을 나타내고 있는데, 라스웰에 의하면 이는 단순히 군사적인 것뿐만 아니라 대내적인 폭력을 관장하는 경찰조직(警察組織)도 그 속에 포함시킴으로써 병영경찰국가(garrison police state)라고 하는 것이 더 정확한 표현이라고 볼 수 있다.

병영국가형 모델은 1937년 중일전쟁[27]의 요인을 분석하는 데 있어 일본사회를 묘사하는 데 사용한 개념이었다. 그러나 라스웰의 기본적인 착상은 단순히 일본사회만을 묘사하는데 그치는 것이 아니라 1917년 구소련체제(舊蘇聯體制)의 공산혁명(共産革命)을 배경으로 하는데, 이는 공산혁명의 이념과 그에 대항하는 반공 이념사이의 항구적인 갈등관계와 병영국가형 모델의 출현과는 불가분한 것으로 보았던 것이다.

따라서 반공이념(反共理念)에 대해 저항하는 구소련체제와 이 체제와 대응하는 자유진영체제 간의 지속적인 갈등관계는 전쟁상태를 낳게 되는 것이고, 또 여기에 관계되는 양 진영은 모두가 병영경찰국가(garrison police state)를 유지할 수 없게 된다는 세계사적 진

---

26) Harold D. Lasswell, The Garrison State and Specialist on Violence, America Journal of Sociology, (January, 1981), pp.455-468.

27) 중일 전쟁(中日戰爭)은 1937년 7월 7일 일본의 중국 대륙 침략으로 시작되어 1945년 제2차 세계 대전이 끝날 때까지 계속된 중화민국과 일본 제국 사이의 대규모 전쟁이다. 중화인민공화국에서는 중국 항일 전쟁(중국어 간체자: 中国抗日战争, 정체자: 中國抗日戰爭, 병음: Zhōngguó Kàngrì Zhànzhēng), 일본에서는 일중 전쟁(일본어: 日中戦争)혹은 지나 사변, 서구권에서는 제2차 중일 전쟁(Second Sino-Japanese War)이라고 부른다.

망 위에서 라스웰의 논의가 전개되는 것이다.

그러면 세계정치상의 항구적인 대립관계는 어떻게 국내정치에 있어서 병영국가 체제를 성립하게 하는가? 병영국가 모델은 제2차세계대전 전후의 독일, 일본 그리고 오늘날의 전체주의와 잘 조화되는 것이지만, 반드시 그렇지만은 아니라는 것이다. 즉, 서구 민주주의 국가의 선진 산업사회가 병영국가가 될 가능성이 있는데, 라스웰은 미국이 세계의 경찰관 역할을 수행하는데서 온 부산물로 나타날 수 있으며, 그 요인을 다음과 같이 설명하고 있다.

미국사회에서 병영국가를 경계하는 이유는 전통적 민주주의의 이론에 입각한 문민우위사상과 청교도주의적인 국가건설의 정신과 어울려 오늘날 미국이 세계이 경찰관 역할을 수행하는데서 오는 부산물이라고 볼 수 있다는 것이다.

또한 이러한 병영국가에 대한 경계심을 조성시킨 요인을 고찰해 본다면, 첫째, 냉전이 가져온 결과로서 미국은 세계의 경찰관으로서 막중한 군사부담을 지게 됨에 따라 이에 대한 반전론자(反戰論者)들의 반발을 초래하게 되었고, 둘째, 많은 군사지도자들이 외교전문가, 산업경영자, 과학자, 노동자 및 교육자와 밀접하게 일하게 됨으로써 군·학·산업경영자의 집단이 형성되어 권력엘리트로 등장하며 군·산복합체(military-industrial complex)가 된 것을 비판하는 것이며, 셋째, 국회의 국방예산통제에 있어서 난점이 있다는 것이다.[28]

이와 같은 이유로 인해서 자노위츠는 군대에 대한 경계심이 커지게 되었고, 또한 군인과 민간인 간의 차이를 파괴하는 현재의 경향은 쌍방 간에 새로운 형태의 적의(敵意)를 창조할 위험과 예기치 않는 군국주의(軍國主義)를 탄생시킬 위험이 있다고 하는 것이다.[29]

하지만 이상의 설명에서 나타난 병영국가는 군사독재와는 본질적으로 다른 것으로 선진 민주주의 정치체제에서 나타날 수 있는 문민우위의 역화현상인데, 군대가 전례없이 많은 정치적 권력을 휘두르는 민군관계의 새로운 형태인 것이다.

라스웰이 제시하고 있는 병영국가를 단순한 군사적 독재로서의 프레토리아니즘(praetorianism)과 같은 개념으로 볼 수 있는가 하는 점은 충분히 논란의 대상이 되겠지

28) Bert Cochran, The War System: An Analysis of the Necessity for Political Reason(New York: The Free Press, 1965), p.157.

29) Morris Janowitz, *The Military in the Political Development of New Nations*(The University of Chicago Press, 1964), p.125.

만, 프레토리아니즘은 주로 개발도상국가에서 흔히 나타나는 모델이라는 점에서 충분히 대비될 수 있는 개념이라고 볼 수 있다.

3) 민방위국가형 모델

라포퍼트(David. D. Rapopart)가 제시한 민방위국가형(민방위국가형)의 특성은 그 국가에 있어서 군대의 의미 자체에 대한 기본적인 가정 및 다른 모델과 차이가 있다.30)

즉, 군부통치 및 병영국가 유형에 있어서는 민간적 가치와 군사적 가치가 기본적으로 양립할 수 없는 대비되는 것으로 이해되는데 반해, 민방위국가형의 경우에는 비군사적 가치와 군사적 가치 사이에 있어서는 어떤 특별한 간격이 있는 것이 아니다. 왜냐하면 민방위국가형에 있어서는 그 기본 발상 자체가 훌륭한 시민은 곧 훌륭한 군인이고, 또 훌륭한 군인은 곧 훌륭한 시민이라고 인식되고 있기 때문이다.

따라서 많은 역사적 사례에서 볼 수 있듯이 군대교육은 훌륭한 민주시민의 덕성을 함양하는 방법으로 이용되기도 한다.

이 모델은 결국 민군관계에서 일반 정치생활과 군사적 활동 사이에 큰 구별을 두지 않음으로써 내외 정치상에 커다란 이점을 지니고 있다. 우선 대내적인 면에서 볼 때 거의 모든 주민이 군대조직에 참여하고 있기 때문에 어떤 특권을 갖는 전사 계층의 출현이 억제됨으로써 민간권위에 대조되는 군사적 특권조직의 권위가 존재하기가 어렵다는 것이다.

다음으로 대외적인 면에서는 높은 수준의 군사능력을 발휘할 수 있게 되는데, 그것은 고대 도시국가형의 그리스 그리고 오늘날의 스위스와 이스라엘 등 비교적 작은 규모의 나라들이 된다.

이렇게 볼 때 민방위형은 소규모 국가에서만 가능한 것으로 볼 수 있게 되는데, 그 이유는 이 체제가 거의 완벽에 가까운 동원율을 가질 수 있고, 또 우수한 기술적인 우월성을 지닐 수 있으면서도 높은 결속도를 내포하고 있기 때문이다. 그러나 이 모델은 비교적 민주적 특성을 내포한다는 점에서 낮은 수준의 복종도가 유지되는 약점도 아울러 지니고 있다.

---

30) 조영갑, 『韓國民軍關係論』(서울 : 도서출판 한원, 1993), p.61.

4) 선진민주국가형 모델(Democratic State Model)

선진민주국가형(先進民主國家型)은 헌팅턴(S.P. Huntington)의 민간우위의 통제, 노드링거(Eric A. Nodlinger)의 자유주의 유형, 자노위츠(Morris Janowitz)의 민주주의 유형, 그리고 민주주의적 경쟁 및 반경쟁체제 유형 등이 같은 의미로 사용되고 있다.

따라서 선진민주국가형은 군대가 국가의 대외적 안전이라는 명백하고 한정된 임무만을 맡고 군 본연의 기능만을 수행함으로써 군직업주의 제도가 발전된 미국, 영국 등 서구 선진국가에서 대부분 찾아볼 수 있는 것이다. 그리고 관념상으로는 서구국가는 물론 다른 대부분의 국가들이 이러한 유형을 지향하고 있다.

직업주의적 군대를 이러한 민주국가체계의 전형으로 본다면 이 민주국가형은 자유민주주의를 기본으로 하고 자본주의적 질서를 바탕으로 하는 현대국가의 발전과 바로 불가분의 관계를 맺고 있다고 볼 수 있다.

이러한 유형을 택하고 있는 국가의 군대는 대외적 안전이라는 기능 만을 맡고 있는데, 만일 사실상의 무력을 독점하고 있는 군대조직이 다른 민간조직과의 적절한 힘의 균형이 파괴되는 경우에는 국내정치의 안정이 파되된다고 볼 수 있다.

따라서 민주국가형 민군관계가 유지된다는 것은 곧 민간정치 권위와 군대 간의 힘의 균형이 유지된다는 것을 의미한다. 즉, 무력을 독점하고 있는 군대가 그러한 균형을 파괴하지 않고 제한된 기능만을 맡고 있을 수 있게 만드는 주요한 요인은 바로 군대의 정치적 역할에 대한 일반적인 저항의지, 다시 말하면 정당한 헌법절차에 의한 정치과정에 대한 강력한 신념이 있다고 볼 수 있다.

(3) 민군관계의 역사적 기원

(가) 민군관계 대두 배경

인류의 역사를 통하여 볼 때 인간은 개인적 차원에서부터 정치적 집단의 차원에 이르기까지 협력의 극으로부터 분쟁의 극에 이르는 전체적 행위영역 속에서 생존하고 있다.

동서고금을 통하여 이 지구상에 지속하여 온 전쟁의 현상은 평화의 반대 또는 장애현

상으로서 인상생활의 사회적, 정치적 조직과 끊을 수 없는 관계를 이루고 있다.31)

따라서 군대는 밖으로는 국가를 방위하고 안으로는 치안을 확보하여 국가적 통합을 이룩하기 위한 국가 권력의 최종적인 의존수단으로서 역할을 하고 있기 때문에 모든 국가는 어떠한 형태이든 간에 군사력을 보유할 수 밖에 없었다.

하지만 군사력은 대내외의 안전보장을 확보해야 하는 기능을 가짐과 동시에 그 본질 자체가 조직된 폭력이기 때문에 그같은 기능을 역이용하게 됨으로써 국민의 복지, 자유, 그리고 생명마저도 위태롭게 할 수 있고, 또 그러한 역사가 반복되기도 하였다.

그렇기 때문에 군사력의 필요성을 인정하면서도 그 군사력이 자기목적화되어 국민생활을 근본적으로 위협하지 못하도록 하기 위하여 이것을 어떻게 통제할 것인가 하는 과제로서 민군관계가 대두되게 되었다.

즉, "지키는 자를 누가 지킬 것인가?"라는 고전적 명제가 말해 주듯이 군의 정치관여는 역사적으로 어떤 시기나 장소에서도 논란이 되어온 문제인 것이다.

(나) 민군관계 역사

고대 중국에 있어서도 변방의 외침을 방지하기 위하여 대규모의 병력을 보유하는 곳에서나 혹은 무인을 경시(輕視)하는 곳에서는 무인(武人)들에 의한 난을 겪는 악순환이 있었던 것이다.

이러한 문제는 동양에서 보다 더 잦은 전쟁을 치루었던 서양에서 더욱 그러했는데, 오늘날 군의 정치권력 장악의 대명사가 되고 있는 프레토리아니즘(praetorism)의 기원인 로마제국의 근위대(Praetorian Guard)는 군에 의한 정치간섭의 선형적인 사례가 된다.

따라서 고대국가에서부터 나폴레옹 시대까지는 힘을 가진 한 사람에 의하여 정치와 군사가 이루어졌던 것으로 볼 수 있다.

예컨대, 19세기 초에 있어서와 같이 군사과학이 전문화되기 이전에는 동일한 인간이 정치와 군사를 동시에 행사하였는데, 나폴레옹(Napoleon. Bonaparte, 1769~1821)은 상군으로 황제가 됨으로써 정치와 군사를 통합하여 권력을 행사하였던 절정의 시대였다고

31) 조영갑, 『韓國民軍關係論』(서울 : 도서출판 한원, 1993), p.20.

할 수 있다.

현대적 민군관계의 역사적 기원은 어디에서 찾아볼 수 있을 것인가? 이러한 역사에 기원에 대하여 파이너 교수(S.N. Finer) 교수는 ① 군직업주의의 등장 ② 민족주의의 등장 ③ 인민주권 개념의 등장 ④ 모반군(謀叛軍, 반란군)의 등장 ⑤ 식민통치로부터 해방된 신생국의 등장 등 5가지 역사적 요인을 들고 있다.[32]

이러한 5가지 역사적 요인의 등장으로 인하여 비로소 현대적 민군관계라는 양상이 나타났다고 할 때 그 구체적 시기는 프러시아의 독일통일 과정에서 있었던 비스마르크(Otto Von Bismark) 수상과 몰트케(Helmuth Von Moltke) 장군의 관계에서 찾아볼 수 있다.[33]

독일군대의 정식 창설은 독일의 통일이후 였으나 그 기원은 그 이전으로 거슬러 올라간다. 즉, 17세기초만 해도 독일은 다른 서구제국들에 비해 농업을 주로하는 후진국으로 100개의 독립된 봉건국가의 자치도시로 분열되어 있었다. 그중에서 프러시아만이 가장 월등한 위치에 오를 수 있었던 것은 프리드리히 빌헬름(Friederich Wilhelm) 대선제후(제후 중 최상위 직위)[34], 프리드리히 빌헬름 1세와 2세의 군대창설과 운영에 있었다.

특히, 독일이 통일을 앞두고 프러시아 군대가 급진적인 발전을 한 것은 1860년대로써 이때의 수상은 비스마르크, 육군상은 론(Albrecht Von Roon) 장군이었으며, 참모총장은 몰트케 장군 이었다. 이들 세 사람이 보오전쟁[35]과 보불전쟁[36]을 수행하면서 행한 업적

32) S. N. Finer, The Man on Horseback(New York: Praeger, 1962), pp,205-208.

33) S.P. Huntington, The Soldier and The State : *The Theory and Politics of Civil Military Relations*(Cambridge: Harvard University Press, 1962)

34) 프리드리히 빌헬름(Frederick William, 독일어: Friedrich Wilhelm, 1620년-1688년)는 독일의 귀족으로 브란덴부르크의 선제후 겸 프로이센의 공작이었다. 대선제후 프리드리히 빌헬름이라고도 부른다.

35) 프로이센-오스트리아 전쟁(독일어: Preuβisch-Österreichischer Krieg, Deutscher Krieg) 또는 7주 전쟁(Seven Weeks' War)은 소 독일주의로 통일을 추구하던 프로이센과 대 독일주의를 지향하던 오스트리아의 합스부르크 왕조 간에 독일 연방 내의 주도권을 둘러싸고 벌인 전쟁이다. 이 전쟁에서 프로이센이 승리함으로써 독일은 프로이센 중심의 소 독일주의로 통일을 하게 된다. 한자문화권 국가에선 보오전쟁(普墺戰爭)라고도 한다

36) 프로이센-프랑스 전쟁(독일어: Deutsch-Französischer Krieg, 프랑스어: Guerre franco -allemande de 1870)은 프로이센-오스트리아 전쟁에서 오스트리아 제국을 패배시킨 오토 폰 비스마르크가 독일 통일의 마지막 걸림돌인 프랑스를 제거하여 독일 통일을 마무리하고자 했던 목적으로 일으킨 프랑스 제2제국과 프로이센 왕국간의 전쟁이다.

은 당시의 황제 프리드리히 빌헬름1세가 이들 세 사람을 불러 놓고 말한 내용에서 찾아 볼 수 있다.

"You, war minister von Roon, have sharpened the sword: you, General von Moltke, have used it ; and you, Count Bismark, have the conduct of policy, brought Prussia her Zenith"

즉, 비스마르크 수상에게는 정치외교를 담당하게 하고, 육군상 론에게는 칼을 갈 책임을 부여하면서, 몰트케 참모총장에게는 군사작전을 지도하게 하였다.

이때 프러시아는 독일을 통일하기 위해서는 오스트리아 및 프랑스와의 통일전쟁을 수행할 수 밖에 없었다. 왜냐하면 오스트리아는 비독일인 지역을 많이 보유하고 있었을 뿐만 아니라, 지난날 독일황제 집안인 합스부르크가가 군림하는 국가이고, 독일연방에 있어서 의장국(議長國)으로서 제일국가으 지위에 있었는데, 프러시아와 오스트리아는 어느 쪽이 독일통일의 헤게모니를 장악하느냐가 조만간 결판이 나야만 했으며, 프러시아는 힘에 의한 프러시아 중심의 통일독일을 이룩해야 하겠다는 목적이 있었기 때문이다.

또한 이때 독일통일을 완성하기 위해서도 프랑스를 공격해여 하는 필요성이 증대되었다. 왜냐하면 나폴레옹 3세가 통치하는 프랑스는 독일이 강력한 통일국가가 되는 것을 원하지 않았기 때문에, 독일연방의 분열상태가 계속 되도록 사사건건 간섭하면서 음모를 획책하여 왔기 때문이다.

한편, 프랑스 황제인 나폴레옹 3세의 대독일 기본전략은 프러시아와 오스트리아를 대립하게 하여 어부지리를 취하는 것이었다. 이러한 상황 하에서 비스마르크의 주요과제는 프랑스를 오스트리아로부터 격리시키는 일이었고, 그렇지 않으면 적어도 프러시아와 오스트리아 간의 전쟁에서 중립적인 입장을 취하도록 하는 일이었다.

따라서 1865년 비스마르크는 프랑스의 휴양지인 비아릿츠로 나폴레옹 3세를 방문했다. 이때의 회담내용이 상세하게 알려져 있지 않으나 비스마르크는 프랑스가 호의적 중립을 유지하여 준다면, 라인강 좌안지역(左岸地域)의 일부를 프랑스에 할양(割讓)하겠다고 유혹했다.

한편, 프랑스의 나폴레옹 3세는 독일의 2대 웅도(雄都)[37]인 프러시아와 오스트리아가 싸운다는 것은 독일의 힘을 약화시키는 결과가 됨으로써 크게 환영할 일이었다. 더욱이 그는 전쟁이 일어나면 오스트리아 측이 군사적으로 우세할 것이라고 생각했다.

따라서 나폴레옹 3세는 비스마르크에게 호의적 중립의 제안을 약속하였다. 이 비아릿츠 회담의 진상은 어찌되었든 간에 비스마르크가 나폴레옹 3세 를 방문하였다는 사실이 오스트리아로 하여금 프랑스에 대한 심리적 불신과 불안을 갖게 하였다는 것은 명백한 사실이었다.

이제 비스마르크가 볼 때는 대내외적으로 오스트리아와의 군사적 대결을 위한 제 조건이 무르익고 있었으며, 전쟁이 개시되면, 신속하게 진격하게 될 군사적인 준비는 참모총장인 몰트케 장군이 빈틈없이 준비하고 있었다.

프러시아는 오스트리아와 관계가 악화되어 감에 따라 몰트케는 비스마르크의 정치외교 전략에 따라 오스트리아와의 전쟁을 통한 독일통일의 정치·군사적 목적을 달성하기 위하여 1866년 6월 6일 오스트리아를 공격하였다.

보오전쟁이 발발했을 때, 유럽제국 등은 오스트리아의 승리를 예측했다. 왜냐하면 오스트리아는 프리드리히 대왕조차 이기지 못한 상대였으며, 나폴레옹 1세에게 몇 번이나 격파되면서도 끝내 최후의 승리를 얻은 국가였기 때문이다.

나폴레옹 3세도 오스트리아의 승전을 믿고, 전쟁이 장기화되면 교묘히 개입하여 어부지리를 얻으려 하였다.

하지만 실제로 전쟁이 시작되자 아무도 예상하지 못한 일이 벌어졌는데, 파죽지세(破竹之勢)로 오스트리아를 무찌른 프러시아군이 전쟁개시 7주만에 비엔나 외곽 60km 지점까지 진격하게 되자, 프러시아 참모본부는 이러한 군사적 승리를 철저하게 이용하기 위하여 비엔나 입성을 주장하였다. 그러나 비스마르크 수상은 군부의 견해에 반대하였으며, 이때 군부는 비엔나를 눈앞에 두고 창을 거둔다는 것은 납득할 수 없다고 강력히 비난하였다. 당시의 이러한 상황을 보이엔 시종무관(侍從武官)이 다음과 같이 기록하였다.

"도나우 강안에 내일이라도 당도할 수 있다. 강을 건너는 것이 쉬울지 어려울지는 운에 달렸

37) 웅장한 도시, 여기서는 프러시아와 오스트리아 연방(공국)을 의미.

다. 그러나 우리는 충분한 자신을 갖고 쉽게 도달할 수 있다고 생각한다. 만일 정치 외교관들이 침대에 우글거리는 빈대같이 모든 명예로운 전쟁에 개입하여 우리들의 경기를 형편없게 만들어버리지 않는 한 1주일간의 여유만 있다면 모든 것을 해치워 버릴 것이다."

국왕도 군부의 이러한 의도와 같은 생각에 사로잡혀 있었다. 그러나 비스마르크 수상은 오스트리아와의 전쟁은 독일통일에 최대 장애가 되는 나폴레옹 3세[38]의 프랑스에 대한 전쟁의 전주곡으로 생각했던 것이다.

왜냐하면 앞으로 반드시 벌어질 프랑스와의 전쟁에서 승리하기 위해서는 다시 오스트리아의 우호적 중립과 도움이 절대로 필요했기 때문이었으며, 지금은 그 은혜를 팔 때라고 판단했기 때문이다.

따라서 비스마르크 수상은 패전전야(敗戰前夜)의 오스트리아에게 무할양(無割讓), 무배상(無賠償)의 명예로운 강화를 제의함으로써 앞날에 대비했던 것이다. 이때 군사지도자들은 발을 구르며 수상에게 항변했으나, 비스마르크는 그의 외교정책 그대로 밀고 나갔으며, 몰트케 장군은 그 정책에 따랐던 것이다.

그 결과로 비스마르크 수상은 후일의 보불전쟁에서 오스트리아의 지원을 받아 전쟁을 승리로 끝낼 수 있었고, 또한 독일이라는 지명 위에 존재한 40개의 독립주권 국가군이 프러시아의 군사력에 굴복하게 함으로서 통일독일을 이룩할 수 있었다.

예컨대 비스마르크 수상은 1862년 9월 20일 하원(下院)에서 실시했던 "독일이 프러시아에 주목하고 있는 것은 자유주의가 아니라 마하트(힘, 力)이다, 현재의 큰 문제는 언론과 다수결 - 이것이 1848년 3월 혁명의 일대 착오였다 -에 의해서가 아니라, 철(鐵)과 혈(血)에 의해서만이 해결된다"라고 말한 철혈연설(鐵血演說)에서처럼 대외문제를 다개하는데는 후일의 역사까지 염두에 두고 정치외교전략을 전개하여 나간 반면에, 몰트케는 클라우제비츠가 말한 것처럼 전쟁은 정치에 있어서 다른 수단이고, 정치에 종속한다는 자세였기 때문에 정치적 야심을 갖지 않고 끝까지 군사전략가로서 이른바 직업군인으로서 생애를 일관했다.

---

38) 나폴레옹 3세 또는 샤를 루이 나폴레옹 보나파르트(프랑스어: Charles Louis Napoléon Bonaparte, 1808년 4월 20일 ~ 1873년 1월 9일)는 최초의 프랑스 대통령이자 프랑스 제2제국의 유일한 황제이다. 프랑스의 마지막 세습군주이기도 하다.

따라서 그는 육군상(陸軍相) 론(Albrecht Von Roon)과 같은 정치군인과는 달랐다. 그런가 하면 비스마르크처럼 대외문제를 정치적으로나 외교적으로 다루려고 하지 않았고, 오직 군사전략적 측면에서 보았기 때문에 민간 정치지도자와 때때로 간극이 생기고 대립하기도 했다. 그러나 이러한 견해의 차이나 의견대립은 문민정치가인 비스마르크 수상의 정치외교 논리와 군부의 군사이론의 내재에서 온 차이라고 볼 수 있다.

이와 같은 정치와 군사의 기능을 확연히 구별하는 독일군대의 탁월한 군직업주의(Military Professionalism)는 제도적, 윤리적 측면에서 확립되어 있었고, 또한 이것은 클라우제비츠(Karl Von Clausewitz)의 제자였으며, 독일제국의 2대 군사지도자인 몰트케[39]와 슐리펜[40]에 의하여 더욱 발전되었다.

이러한 직업주의적 가치관이 얼마나 투철했던가 하는 것은 민간통제와 국가정책에 있어서의 전쟁의 역할이라는 2대 문제에 관한 장교들의 관점(의식)에서 엿볼 수 있는 것이다. 전쟁은 정치의 도구로써 군인은 정치가의 하위동료라는 것이 독일장교단에게는 당연한 철칙이었다.

즉, 대부분의 장교들보다 더 정치지향적이라고 할 수 있었던 베른하르디(Von Bernhardi) 장군 조차도 이 기본정신에 충실했었고, 몰트케와 슐리펜 장군은 모두 정치의 영역과 군사의 영역을 구분하는데 노력하였으며, 동시에 긴밀한 관계에 있는 것임을 인식하고 있었다.

따라서 몰트케는 슐리펜보다 정치적 식견이 더 많은 편이었지만, 정치적 야심은 없었으며, 엄격하게 군대의 견해를 제시할 뿐이었다. 그의 지침이 되는 이상(理想)은 비정치적 군대의 이상 바로 그것이었기 때문에 그는 "작전 중에 있는 군사지도자는 군사적 승리를 자기 목전의 목표로 삼아야 한다. 자기의 승리와 패배로 정치가가 무엇을 하던 그것은 군사지도자가 상관할 바가 아니다. 그것은 정치가의 소임인 것이다"라고 주장하기도 하였다.

또한 슐리펜은 몰트케보다 더 정치를 기피했으며, 자신과 참모본부는 엄격히 군사적인 일에만 몰두하도록 함으로써 정치와 군사의 기능을 확연하게 하였다.

이와 같은 독일군대의 탁월한 군직업주의는 프랑스와 영국에 영향을 미쳤으며, 미국은

39) 1857년부터 1883년까지의 독일군 참모총장.

40) 1891년부터 1905년까지의 독일군 참모총장.

영국을 본받아서 자국의 군사제도를 발전시킴으로써 현대적인 민군관계를 정착시킬 수 있었던 것이다.

결론적으로 민군관계의 근대사의 기점은 통일독일을 건설하는 과정에서 비스마르크 수상은 정치외교를 하고, 몰트케 참모총장은 군사를 지도하는 분리된 역할을 담당한데서 비롯된 것이라고 말할 수 있다.

즉, 정치지도자인 비스마르크 수상은 독일통일을 위한 국제관계 및 국내문제 그리고 전쟁지도의 대원칙 아래 화전(和戰)의 결정, 전역확대 여부 등 정치외교 전략에만 몰두한 반면에 군사지도자인 몰트케 장군은 군사전략을 구상하고, 전투를 지휘하였지만 비스마르크 수상의 정치외교 전략에 순응하여 독일 통일에 기여할 수 있었다.

따라서 헌팅턴 교수는 1862년부터 비스마르크가 수상에 취임하여 1890년 사임할 때까지의 프러시아의 통일독일을 객관적 문민통제(客觀的 文民統制)와 군직업주의(軍職業主意)의 양자가 확립되고 유지된 규범적 시대로 규정하고 있다.

2. 직업주의와 군대

(1) 군대발전과 군 직업주의

(가) 군대발전과정 의의

군대의 기원은 전쟁사 측면에서 보면, 인류가 집단을 이루어 조직 속에서 살아온 그리스 시대로부터 말하고 있지만, 그 이전에 군대가 존재했고, 전쟁이 있었다는 것은 명확한 사실이다.[41]

군대 발전과정을 보면 프레스톤(Richard A. Preston)은 전쟁양상의 변천에 따라 ① 고대전쟁(classical warfare) ② 봉건전쟁(feudal warfare[42]) ③ 제한전쟁(limited warfare)

41) 조영갑, 『韓國民軍關係論』(서울 : 도서출판 한원, 1993), p.205.

42) war는 전쟁으로 번역되며, '정치적 목적을 달성하기 위해 사회적으로 승인된 폭력'을 의미하며, warfare는 전쟁 또는 전으로 번역되며, '적과의 무력 충돌의 구조 또는 양상'을 의미한다. 일반적으로 전쟁(war)의 수행형태로 warfare를 사용하나 혼용하여 사용하는 경우가 많음. 전쟁은 6.25전쟁, 베트남 전쟁 등으로 사용하고, warfare는 비정규전, 화학전, 게릴라전 등의 경우에 사용함.

④ 총력전쟁(total warfare) ⑤ 냉전(cold warfare)으로 구분하여 전쟁양상과 군대발전 과정을 연계시켜 말하고 있다.43)

퀸시 라이트(Quincy Wright)는 ① 화기응용 시대(adaption of fire arms, 1450~1640) ② 군직업화시대(professionalization of armies, 1648~1789) ③ 자본주의 전쟁시대(capitalization of war, 1789~1914) ④ 전체주의 전쟁시대(totalitarianization of war, 1914~1942) 등으로 구분하고 있다.44)

그리고 전쟁을 전문적으로 수행하고 있는 군대조직의 발전과정을 캐스텔런(Georges Castellan)은 군대의 성격변화에 초점을 두고 ① 고대의 군대 ②중세의 군대 ③ 군주제의 군대 ④ 국민군대 ⑤ 직업군대로 구분하였고, 바그츠(Alfred Vagts)는 상비군(常備軍)의 발전단계를 ① 상비적 용병제 ② 상비적 왕군 ③ 상비적 국민군으로 구분하고 있다.

이와 같이 학자들에 따라서 군대의 발전과정을 다르게 구분하고 있음을 알 수 있다. 그러나 군대의 발전과정을 직업으로서의 군대로 구분하여 보면, ① 용병군대 ② 상비군대 ③ 국민군대 ④ 현대 직업군대로 구분이 가능하다.

(나) 용병 군대

역사적으로 볼 때 서구사회에서 군대가 직업으로서 전문화가 되어가는 과정은 14세기에 시작된 국가의 통합과정으로부터 18세기의 산업혁명의 영향과 밀접한 관계가 있다.

왜냐하면 국가의 중앙집권화와 산업혁명의 발전은 공업이나 상업을 전국적인 규모로 확대하여 국내에서 인력의 이동을 촉진시키고, 토지 소유에 기초를 둔 봉건사회는 붕괴되고, 유통경제 및 사회가 출현하면서 민간인 직업들은 18세기 초에 전문화기 이룩되었으며, 군대는 직업전문화의 태동을 가져오는 계기가 되었다가 19세기 초에는 직업장교단이 서구국가에 있어서 존재하게 되었기 때문이다.45)

서구에 있어서 18세기 이전의 국왕들은 작은 영토(領土)와 부(富)를 축적하고 자신의 권력을 보호하기 위하여 소규모의 기사단에게 봉급을 주어서 군대를 유지시켜 왔다. 그러나

43) Richard A. Preston, co-ed, *Men in Arms*(New York, 1959), pp.16-23.
44) Quincy Wright, A Study of War(Chicago: Chicago University Press, 1964), pp.65-69.
45) 백낙서, 『軍隊와 社會』(서울: 법문사, 1974), pp.24-26.

국왕의 정치적 · 경제적인 힘이 강화되고 민중과 국왕 사이에 존재하는 이익의 격차가 증대하게 되자, 일부 도시와 시민, 그리고 스위스에서는 농민들이 민병군(民兵軍)을 조직하여 기사단(騎士團)에 대항하거나 반란을 일으키기도 하였다.

따라서 각 국가의 국왕들은 무장한 민중이 군사적 자질을 가지게 되어 그들을 압박하고 있는 사회악(社會惡)에 대해 대항하여 봉기할 지도 모른다는 국왕들의 공포심은 기사단을 쇠퇴시키고 용병군대(傭兵軍隊)를 발전시키는 계기가 되었다.

즉, 14세기에 스위스, 이탈리아, 독일 등의 국가에서는 국왕을 대신하여 전투를 수행해 주는 용병집단(傭兵集團)이 출현하게 되었고, 그 용병장교들은 전투를 계약하여 수행해 왔는데, 용병군대는 장교나 병사의 출신지가 유럽 각국에 걸쳐져 있었기 때문에 한 국가의 국왕에게만 충성을 다짐한 것은 아니었다.

용병장교(傭兵將校)는 일종의 전쟁 청부인으로서 일정 수의 병사들을 거느리고 국왕과 계약을 체결하고 급료를 지급받아 그것을 부하들에게 분배했다. 따라서 용병군대는 전쟁이 끝나면 다른 국왕 밑으로 전쟁을 구하여 이동해 갔으며, 또 어떤 때는 전쟁 중에 충분한 보수를 받게 될 것 같지 않으면 전선에서 이탈하거나 더 보수가 좋은 국왕에게 붙는 자도 있었다.[46]

또 하나의 용병 군대의 특징은 군대가 풍요로운 토지를 골라 기생하게 되었고, 군대가 주둔하면 그곳 주민에게 숙식을 제공토록 강요하였으며, 약탈은 적 뿐만 아니라 일반 주민들에 대해서도 행하여졌다.

또한 당시의 군대는 수입을 유출하는 것이 아니라, 오히려 노예, 전리품과 공물의 취득을 통해서 지배자의 부를 증대시켜 주는 경제적 도구의 역할도 하였다. 따라서 용병군대에서는 책임성, 전문성 그리고 단체성의 기초가 되는 충성심, 고유성 및 희생정신과 같은 직업상의 공통 윤리가 존재하지 않았기 때문에 이때의 장교들은 일종의 사업가였지, 현대적 의미의 직업군인은 아니었다고 볼 수 있다.

용병군대는 중세를 주름잡던 기사들이 쇠퇴하게 되자 새로이 등장하게 된 것이 이탈리아의 곤도티에리(Condottieri)가 되는데, 이것이 최초의 용병제도가 된 것이다. 그리고 영국

46) 조영갑, 『韓國民軍關係論』, p.207.

에서는 프랑스와의 백년전쟁 중에 자유보병중대(Free Companies)란 용병을 보유하였다.

그러나 용병군대는 군대가 가져야 할 충성심과 책임감 그리고 희생정신 등이 결여되어 있었기 때문에 결정적인 전쟁을 회피하고, 장기간의 무승부 전쟁(無勝負 戰爭)을 수행하였으며, 전상자는 극소수였다.

따라서 르네상스[47] 시기의 마키아벨리(Niccolo Machiavelli)[48]는 콘도티에리 용병군대를 "전쟁을 해도 사망자는 소수 밖에 없고 돈을 많이 받는 측이 승리하며, 용병부대 간의 전투에는 토너먼트(tournament) 정신마저 있었으며, 새로운 전술의 창조보다는 쇼맨십(showmanship)을 더욱 강조하는 면이 있으므로 용병군은 국민군(國民軍)으로 편성하고 새로운 전술을 개발해야 한다고 주장하였다."

이와 같은 용병군대의 장교와 전사제도는 봉건제도가 붕괴된 후로부터 17세기 후반에 이르기까지 유럽에서 지배적인 군사조직 유형이었으며, 용병제도는 이탈리아에서 가장 발달되었는데, 베니스(베네치아), 밀라노, 플로렌스 등 무역으로 부를 축적할 수 있었던 무역도시(trading republics)들은 쌓아 놓은 부를 지키기 위해 군대를 보유하는 것이 필요했는데, 이들 도시들은 경쟁적으로 용병을 양성했던 것이다.

이러한 용병으로서 특히 인기가 높았던 것은 영국인과 스위스인들이었는데, 오늘날에도 바티칸(Vatican) 공화국의 스위스인 용병(의장대)은 바로 이 중세기적 자유보병중대인이었던 용병의 역사를 지니고 지금도 남아있는 것이다.

따라서 영어에 남아있는 군사용어 이탈리아어에서 유래한 것이 많은데, 1494년에 이탈리아를 침략했던 프랑스는 당시 이탈리아어인 보병(Infantry), 기병(Cavalry), 대령(Colonel), 대대(Battalion), 연대(Regiment)라는 말을 수입했으며, 그 후에는 이러한 용어들이 전 세계로 전파되었던 것이다.[49]

그 후 이러한 용병제도도 30년 전쟁(1618~1648)과 더불어 막을 내리고 상비군제도

47) 르네상스(이탈리아어: Rinascimento , 프랑스어: Renaissance, 영어: Renaissance) 또는 문예 부흥(文藝復興), 학예 부흥(學藝復興)은 유럽 문명사에서 14세기부터 16세기 사이 일어난 문예 부흥 또는 문화 혁신 운동을 말한다.

48) 니콜로 마키아벨리(이탈리아어: Niccolò Machiavelli, 1469년 5월 3일 ~ 1527년 6월 21일)는 르네상스 시대의 이탈리아 사상가, 정치철학자이다. 그는 레오나르도 다 빈치와 함께 르네상스인의 전형으로 알려져 있다.

49) 양희완 편저, 『軍隊文化의 뿌리』(서울: 을지서적, 1988), pp.10-12.

(상비군제도)가 나타나게 되었으나, 용병제도의 잔재는 거의 직업주의가 시작될 무렵까지 남아 있었다.

(다) 상비 군대

상비군이라는 용병집단에 대신하여 귀족 출신의 아마추어 군대의 등장은 영구적으로 영토를 보호하고 지배권을 확보하기 위해 유럽 각 국의 군주들이 항구적인 군대(상비군)의 필요성을 절감했기 때문이다. 또한 이 시기의 국왕들은 중상주의정책(重商主義政策)을 통해서 획득한 부를 가지고 상비군을 둘 수 있었다.

즉, 용병군은 전쟁이 행해지는 봄에서 가을까지만 고용되고, 전쟁이 없는 겨울철이나 평화시에는 해산되었으나, 상비군은 항구적으로 존재하게 되었다. 또한 용병군의 출신지가 유럽 각 지역의 장교 및 병사로 구성되어 국왕에 대한 충성심, 책임성, 규율성, 동질성이 희박했으나, 상비군은 자국민만으로 구성되어 충성심, 규율성, 동질성 및 희생정신과 같은 직업상의 공통 윤리가 어느 정도 존재하기 시작하였다.

따라서 상비군의 장교는 국왕이 자신의 의사를 강요할 수 있었던 귀족 출신의 자제들에 국한하여 선발하였고, 병사들은 지원병으로 입대하여 8~12년이란 장기간을 복무하게 되었다.[50]

최초의 상비군은 백년전쟁이 끝나가던 1445년에 프랑스의 찰스(Charles) 7세가 상비군 중대를 창설함으로써 탄생하였는데, 이 상비군은 백년전쟁의 종결과 동시에 용병군대를 해산시키기 위한 군사제도였던 것이다.

즉, 프랑스에서 1세기에 걸친 전쟁이 종결되었으나, 많은 용병들은 실향과 실직을 하게 됨에 따라 군대해산을 거부하고, 약탈에 의해 그들의 생존을 유지하려고 함으로써 이러한 군대의 무장을 해제하고 해산시키기 위하여 당시의 부유한 상인이었던 쟈크 쾨에르(Jacques Coeur)가 찰스 7세에게 자금을 제공하여 소수 정예부대인 15개 중대 1만 4천 명을 상비군화하여 불안요소를 제거하려 했던 것이다.[51]

이와 같이 초기의 상비군은 갑옷을 입은 기병(armored horseman), 공병(foot

50) Robert G. Albion, Introductionto Military History(New York, 1929), pp.98-100.

51) Alfred Vagts, *A History of Militarism*(New York: Meridian, 1959), p.46.

archers), 창병(halberdiers)들로 구성되어 발전된 모습으로 나타났는데, 이 부대들은 14세기 이탈리아 용병인 콘도티에르, 스위스의 용병, 그리고 영국의 용병이었던 자유보병중대를 본떠 조직한 것으로서 이 당시에 창병으로 조직된 스코틀랜드의 근위대 그리고 독일의 보병과 기병이 정예부대였다.

그리하여 정예 상비군은 16세기 말엽에 스페인, 프랑스, 네덜란드 등에서 조직되었으며, 17세기에는 스웨덴, 영국, 프러시아 등에서 조직하여 운용하게 되었다.

초기의 상비군은 국왕의 직속이라기보다는 청부적인 용병장교에 직속하는 상비용병군(常備傭兵軍)이었으며, 국왕과의 관계는 고용관계였고, 국왕은 이들에게 금전을 지불하였기 때문에 개혁의 여지를 안고 있었다.

이러한 개혁은 루이 13세 시대의 리슐리외(Richelieu)[52] 재상에 의해서 이루어졌는데, 그는 1628년에 자국민으로 이루어진 12개의 연대를 3만명으로 창설하여 평시에도 해체하지 않고 필요시 중대 수와 중대 내의 병사 수만을 조정함으로써 군지휘 체계의 통일을 이룩하였으며, 루이 14세 시대에 와서는 상비군의 규모는 증대되어 15만 8천명에 이르게 되었고, 상비왕군(常備王軍)으로서 국왕에 직속하게 되었다.

이렇게 발전되어 온 프랑스 군은 1762년에 용병적 성격이 완전히 배제된 정규상비군(正規常備軍)이 되었다.[53]

따라서 상비군은 용병장교가 거느리는 군대가 아니기 때문에 연대장은 자기 연대의 소유주로서의 자격이 상실되고, 국왕으로부터 자신의 급료만을 지급받는 장교로 전환되었다.

그리고 국왕이 모병과 병력유지를 직접 책임을 지게 됨으로써 국왕이 통제할 수 있는 조직적이고 규율적인 군대, 그리고 단체성을 지니고 전시 및 평시에도 유지하게 되었으나,

52) 아르망 장 뒤플레시 드 리슐리외 드 프롱사크 추기공작(프랑스어: Armand Jean du Plessis, cardinal-duc de Richelieu et de Fronsac, 1585년 9월 9일 - 1642년 12월 4일)는 프랑스의 정치가이자 귀족이며, 로마 가톨릭의 추기경이다. 1624년부터 사망할 때까지 루이 13세의 재상을 맡았다. 대뒤마의 소설『삼총사』에서 악당 추기경으로 나와 악당으로 유명해졌다. 그러나 리슐리외는 당시 프랑스의 중앙집권을 추진하였고, 그 과정에서 저항하는 지방 귀족들을 제거했다. 리슐리외의 정치적 행보는 분명 위그노와 지방 귀족들을 탄압했던 것은 사실이나 이는 중앙집권과정에서 필연적으로 수반된 일이었다. 그의 이런 행보는 악당으로 비춰질 수 있으나 소설 삼총사에서 보여주듯이 강단있는 사람이었다. 리슐리외의 정치적 업적은 이후 등장하는 루이 14세에서 빛을 발한다.

53) John A. Lynn, *"The Growth of French Army during the Seventeenth Century"*, in *Armed Forces & Society*, Vol.6. No 4, Summer, 1980, pp.569-576.

장교의 계급은 여전히 매매가 가능했고, 출신성분에 따라서 임명되었기 때문에 12세 혹은 15세의 소년들이 연대장이 되는 경우도 허다했으며, 군대의 구성은 아마추어적인 귀족장교와 지원병 및 고용 외인부대로 구성되었다. 그러나 각국의 국민들은 전쟁의 장기 지속으로 점차 애국심이 싹틀 수 밖에 없었다.

즉, 소로킨(P.A. Sorokin)에 의하면 프랑스는 1501년에서 1700년에 이르는 약 200년간에 전쟁참가 횟수 44회, 전쟁연수 185년에 달했고, 같은 기간에 영국은 전쟁참가 횟수 40회, 전쟁연수 152년으로 분석했다.54)

한편, 라이트는 16세기 및 17세기의 200년 간 프랑스의 전투 횟수는 126회, 전쟁 연수는 106년, 영국은 전투 횟수 61회, 전쟁 연수는 98년이었으며, 18세기 및 19세기의 200년 동안 프랑스의 전투 횟수는 923회, 전쟁 연수는 86년, 영국의 전투 횟수는 265회, 전쟁 연수는 109년이나 된다고 분석했다.55)

이와 같이 만성적인 우적관계(友敵關係)의 선상에서 민족통일국가(民族統一國家)건설을 위한 노력은 특정한 조국관념, 애국심, 민족의식을 싹트게 하였으며, 이로 인해서 전쟁은 왕조전쟁(王朝戰爭)으로부터 점차 국민전쟁(國民戰爭)으로 성격이 전환되었다.

따라서 상비군의 발전은 절대왕정(絶對王政)의 권력기반으로서 화폐의 공급이 가능한 범위에서 왕조(王朝)의 안전을 위해 상비군의 숫자를 증가시키고 상비군의 성격도 상비용병(常備傭兵)으로부터 점차 상비왕군(常備王軍)으로 변화시키면서 마침내는 국가적인 상비군을 만들었다.

이러한 상비용병대는 중세의 사회와 문화의 전반이 붕괴되는 과정을 이룬 역사 상에 새로이 등장한 자본주의의 영향을 받게 되었다.

즉, 도시인구의 증가, 화폐경제의 확산 및 국가재원의 확대에 따른 군주세력기반이 확장됨으로써 군주가 봉건적 기사계급에 의존하지 않고 직접 마련한 재원으로써 군대를 운용하게 되면서 상비용병군의 성격을 띠게 되었다. 영국과 프랑스 간에 1세기 이상이나 지속된 백년전쟁(1337~1453년)은 상비용병군의 성립계기가 되었다.56)

54) Potrim A. Sorokin, *Social and Cultural Dynamics, Vol. III*(New York, 1937), pp.549-560.
55) Quincy Wright, A Study of War(Chicago, 1964), war와 battle을 구분하지 않음
56) Richard A. Preston, et al, *Men in Arms*(New York: Praeger, 1955), p.89.

이러한 상비용병군대는 기본적으로 상비용병대장의 지휘를 받는 상비용병부대에 불과해 부패, 무질서한 조직, 불규칙한 급료 지급, 거친 훈련과 변덕스러운 기율 등의 문제점이 나타나게 되었다.

이와 같은 문제점을 해결하기 위해 루이 14세가 군제개혁(軍制改革)을 단행하여 군대는 왕에 직속하는 확고한 기관으로 성립되었다. 따라서 국왕은 평화시나 전쟁시에 항상 군대를 완전히 장악할 수 있는 왕군의 성격을 가진 상비왕군(常備王軍)으로 발전하게 되었으며[57], 또한 화기의 발전과 전술의 변화가 상비군으로서의 변화를 촉구한 하나의 계기가 되었다.

이러한 변화과정을 거치면서 17세기에 발생한 30년 전쟁시 스웨덴의 구스타부스 아돌프스(Gustavus Adolphus) 군대에 의해 완전에 가까운 근대적인 군대로서의 상비군대사 확립되었으며, 이러한 상비군대는 국민군(國民軍)의 모체가 되었다.[58]

(라) 국민군대

18세기를 전후한 상비군은 당시의 정치적·사회적 구조에 의해 제한된 정세에서는 가능했고, 또한 효과적이었다.

왜냐하면 상비군 시기의 전쟁이 왕조적 성격(王朝的 性格)을 띤 한 군주권과 다른 군주권이 싸움이었기 때문에 군대의 충성도 군주에 대한 충성으로 제한된 것이었기 때문이다.

따라서 이 상비군 제도에 대한 많은 비판이 있었는데, 특히 볼테르(Voltaire)[59]는 국가의 방위가 가장 빈곤한 자들로 충원되었다고 비웃었으며, 루소(Rousseau)[60]는 그 당시의 엄격한 사회계급구조를 비판하고, 이 계급구조가 불합리한 군대에 반영되었다고 비난하면서, 국가는 비상시에 군대를 동원하여 싸우고 위기가 끝나면 해체해야 한다고 하였다.

57) Richard A. Preston, et al, *Men in Arms,* p.113.

58) Alfred Vagts, *A History of Militarism*(New York: Meridian, 1959), Chapter 3,4.

59) 프랑수아마리 아루에(프랑스어: François-Marie Arouet [fʁɑ̃swa maʁi aʁwɛ])는 필명인 볼테르(프랑스어: Voltaire [vɔltɛːʁ] , 1694년 11월 21일 ~ 1778년 5월 30일)로 널리 알려진 프랑스의 계몽주의 작가이다. 『샤를 12세의 역사』, 『루이 14세의 시대』, 『각 국민의 풍습 · 정신론』, 『캉디드』 등이 대표작이다.

60) 장 자크 루소(Jean-Jacques Rousseau, 1712년 6월 28일 ~ 1778년 7월 2일)는 스위스 제네바 공화국에서 태어난 프랑스의 사회계약론자이자 직접민주주의자, 공화주의자, 계몽주의 철학자이다.

이러한 환경 속에서 이제 전쟁은 국민의 관심사가 되었고, 국민전체의 총력전을 낳았던 프랑스 대혁명은 정치사뿐만 아니라 군대사에 끼친 영향도 컸다. 예를들면 루이 16세의 경우 의회에 대항하는 데 있어서 상비군 성격을 가진 왕군(王軍)을 이용했기 때문에 왕정(王政)을 폐지시키고 정권을 장악하려던 평민계급도 왕군에 대항할 국민군을 조직하였던 것이다.

국민군대의 발전은 프랑스대혁명[61]으로 인한 나폴레옹 체제에 대항하기 위하여 다른 유럽 국가들의 항쟁의식에서 나온 민족주의 사상이 전 유럽에 전파된 것과 마찬가지로 국민군대의 발전도 나폴레옹의 혁명방위군(革命防衛軍)으로부터 시작하여 점차 전 유럽으로 확산된 것이다.

따라서 국민군은 부르주아계급[62]에서 모집되었고, 이들의 총검은 혁명의 승리를 가져옴에 따라 상비왕군의 요직에 근무했었던 귀족출신 장교들은 반혁명세력이라는 이유로써 상비왕군은 해체되고, 1791년 전쟁발발의 풍문이 돌 때 편성된 나폴레옹 혁명군에서부터 나폴레옹(Napoleon Bonapatre) 장군이 프랑스의 황제가 된 후에도 계속 실시되었던 국민개병제도(國民皆兵制度)로 더욱 발전되었다.

즉, 1793년 8월 23일에 프랑스의 국민의회는 집단적인 징병제도(徵兵制度)를 실현하기 위해서 강제동원제(强制動員制)의 법령을 선언하였다.

"앞으로 적이 공화국 영토에서 축출될 때까지 모든 프랑스인은 복무하기 위하여 강제동원된다. 청년들은 전장에 나갈 것이며, 기혼자들은 무기를 만들고 식량을 운반할 것이며, 부녀자들은 천막과 옷을 만들며 병원에서 일할 것이다. 어린아이들은 낡은 마포를 풀어 군수품 제조를 도울 것이며, 노인들은 공공장소에 나가 전사들의 용기를 고무하고, 군주에 대한 증오심을 선동해서 공화국의 통일을 권고할 것이다."라고 선언하였다."

61) 프랑스 혁명(프랑스어: Révolution française [ʁevɔlysjɔ̃ fʁɑ̃sɛːz], 영어: French Revolution, 1789년 5월 5일 ~ 1799년 11월 9일)은 프랑스에서 일어난 시민 혁명이다. 프랑스 혁명은 엄밀히 말해 1830년 7월 혁명과 1848년 2월 혁명도 함께 일컫는 말이지만, 대개는 1789년의 혁명만을 가리킨다.

62) 부르주아지(프랑스어: bourgeoisie는 원래 성 안 사람이란 뜻이었으나 마르크스주의 이후 현대에는 유산시민(有産市民), 자본가 계급을 뜻한다. 형용사형은 부르주아(프랑스어: bourgeois)

이 선언은 의무적 병역을 훨씬 넘어선 무장국민의 총동원으로서 근대적 의미의 국민군이 되었다.63)

이와 같이 프랑스 대혁명은 근대 국민국가를 형성하는 데 전환기가 되었으며, 이러한 국민국가의 기본정신은 왕이나 또는 어떤 특정계급이 국가의 주인이 아니라, 국민이 바로 국가의 주인이 되었다.

따라서 군대도 왕의 개인적 사병이나 특정계급의 독점물이 아니라, 국민전체가 참가하는 집단이어야 한다는 사상이 전개되었다.

이러한 사상 아래서 최초의 국민군대는 프랑스 혁명기간 후에 강제 동원령과 일반 징집제를 포함한 법령이 선포(1793년)됨으로써 성립되었다.64)이러한 국민군대는 귀족장교, 지원병 또는 용병으로 구성되는 왕군이 아니라 같은 민족이 동일한 권리와 의무를 가지고 참여는 군대였다.

민족주의의 이데올로기를 기반으로 하는 국민전(國民戰)이 단순히 군주와 군주 간의 투쟁이 아닌, 국민과 국민 간의 투쟁 양상을 띠게 됨에 따라 근대국가는 군사 국가의 성격을 갖게 되었으며, 국민군은 엄격한 훈련 및 기율보다는 이데올로기적이고, 애국적인 정열이 중요시 되었다.

또한 혁명의 성격이 귀족을 타도하고, 하층 계급의 이익을 옹호하였기 때문에 서민 출신이 거의 군을 독점하였다. 아울러 군사적 요인과 사회적 요인이 결부되었기 때문에 군사제도도 장교충원제도65), 참모제도, 교육제도, 국민개병제도 면에서 획기적인 변화를 가져왔다.

특히, 프랑스 혁명이 낳은 또 하나의 군사적 산물은 국민개병제도(國民皆兵制度)라는 징병제도였다. 혁명 초기에는 시민들의 혁명적 정열과 애국심으로 국민군대를 조직할 수 있었으나, 그 후의 전쟁이 장기화됨에 따라 재정과 인적소요는 자발적 열의나 애국심만으로는 충분하지 못했기 때문에 1788년 프랑스는 시민 중에 20세에서 25세에 달하는 청년들

63) Richard A. Preston, et al, *Men in Arms*(New York: Praeger, 1955), p.176.

64) R.W. Philips, *The Armies of the First French Republic*(London: Oxford University Press, 1926), pp.197-198.

65) 장교 모집 또는 획득을 의미.

에게 병역의무를 부과하여 징집을 실시하였는데, 1814년에 나폴레옹은 261만 3천명을 징병제에 의하여 동원할 수 있었다.66)

프랑스 대혁명은 밑으로부터의 혁명이었기에 정치, 사회 구조의 전반에 걸친 구조적 변화를 가져왔으며, 또한 군대도 사회의 모든 계층에서 충원되었고, 귀족과 농민 간의 차이도 소멸되었다.

다른 한편으로는 국민주의 이데올로기로 무장된 프랑스군의 강력한 세력에 놀란 유럽제국들은 이데올로기 그 자체에서 오는 군 사기(士氣)의 제 문제 보다는 오히려 군사동원능력에 관심이 집중됨으로써 각국은 혁명과 그 자체에 의존하지 않고서 나폴레옹의 혁명군대가 보여준 동원능력과 효율성을 어떻게 이룩하느냐 하는 문제를 안게 되었다.

따라서 전통적으로 보수적인 영국은 막강한 경제능력에 의존하려고 하였고, 러시아는 종교에 대한 대중의 원시적인 헌신을 이용하려고 하였다. 어떠한 국가도 사회혁명을 유발할지도 모르는 국민개병제도에 대하여 엄두를 내지 못하였으나, 프러시아는 나폴레옹의 배상문제나 다른 억압정책에 실망하여 민족주의적인 각성을 통하여 프랑스와 같은 국민군대를 성취하고자 하였다.67)

그리하여 프러시아의 샤른호스트(Scharnhorst68)), 그나이제나우(Gneisenau)69) 등의 군제개혁자들은 민족주의적 정열이 강력한 군대를 만들 수 있고, 또한 민족주의는 어느 정도의 정치적·사회적 평등을 전제로 해야 한다는 의식하에 1870년부터 사회개혁이라는 수단을 통해서 군사적 승리를 성취한다는 목표로 군제개혁을 단행했다.70)

이러한 군제개혁은 새로이 발표한 장교 임용령을 통하여 군대조직의 핵심인 장교 임용제도를 채택함으로써 현대 군대조직의 모체가 된 현대전문직업군대로 발전하게 되었다.71)

---

66) 조영갑, 『韓國民軍關係論』(서울 : 도서출판 한원, 1993), p.216.

67) Alfred Vagts, *A History of Militarism*(New York: Meridian, 1959), pp.129-143.

68) 프로이센의 군인. 풀네임은 게르하르트 요한 다피트 폰 샤른호르스트(Gerhard Johann David von Scharnhorst). 1755년 11월 12일 ~ 1813년 6월 28일. 나폴레옹 시대의 프로이센 출신 군사전략가. 이름은 샤른호르스트라고도 하고 샤른호스트라고도 하는데, 바이에른 지방 발음으로는 샤른호르스트가 맞고, 좀 더 일반적인 독일어로는 샤른호스트가 맞다.

69) 그나이세나우(Gneisenau) 아우구스드 나이트하르트 본 그나이세나우(1760 - 1831) . 나폴레옹 전쟁때의 프로이센 육군원수.

70) Alfred Vagts, *A History of Militarism*, p.131.

71) Prussian General Staff, *Die Reorganization der Preußischen Armee nach dem Tilsiter*

(마) 현대 직업군대

인류가 오래전부터 전쟁 기술은 발전시켜 놓았지만 군인직업은 근대사회가 만들어낸 역사적인 산물이 되었다.

왜냐하면 민간인 직업들은 중세 말에 나타나서 산업혁명과 더불어 18세기 초에 이르러 고도로 발전된 형태를 갖추게 되었으나, 장교라는 직업은 19세기의 가장 독특한 제도의 창조물 주의 하나이기 때문이다.

장교들은 일반인들과 구별될 만큼 독특한 테크닉을 습득하기 시작한 것은 나폴레옹 전쟁 전쟁에 이르러서이며, 이때에 비로소 그러한 테크닉에 내재한 여러 가지 기준, 가치 및 조직적 특성 등이 발전되기 시작했다.

물론 자율적 직업집단으로서의 장교단은 점진적이며, 불규칙하게 형성된 것이기 때문에 현대 장교단이 형성된 정확한 날짜는 말할 수 없지만, 이러한 직업장교단이 1800년 이전에는 존재하지 않았으며, 1890년에는 직업장교단이 거의 모든 국가에서 존재하고 있었다는 두 가지 사실만은 정확하다고 볼 수 있다.

현대적 의미의 군 직업주의화의 선구자적 역할은 프러시아 정부의 1807년 8월 6일 군 직업주의 기본요강을 명백하게 설정하여 선포된 장교 임용령에 관한 포고령에서 찾아볼 수 있다.

장교 임용령에 필요한 유자격은 평화시에는 교육과 전문적 지식이며, 전시에는 뛰어난 용기와 훌륭한 지각력이어야 한다.

따라서 전국의 어느 누구라도 이러한 자질을 구비한 자는 군대의 최고직을 차지할 자격이 있는 것이다. 과거 군대의 모든 계급적 특권은 철폐되며, 모든 사람은 신분에 구애됨이 없이 평등한 의무와 평등한 권리를 갖는다.[72]

즉, 샤른호스트(Scharnhorst), 그나이제나우(Gneisenau) 등과 프러시아의 군사위원회의 위대한 여러 가지 개혁조치는 1806년 나폴레옹과의 전쟁에서 패배하고 체결한 굴욕적

Frieden(Berlin, 1857),2, Bd, pp.366-369; S. P. Huntington, The Soldiers and the State(Cambridge: Harvard University Press, 1957),pp.30-31.

72) S. P. Huntington, *The Soldier and the State*, pp.30-31.

인 틸지트 조약(Treat of Tilsit, 1807.7.7.~9)의 충격이 가져온 민족주의적 각성에서 시작되었는데, 이것은 서구에 있어서 군인직업의 진정한 시작을 의미하는 것이었다.

당시의 국가마다 서구의 문화형성에 제 나름대로의 독특한 공헌을 하였는데, 프러시아가 기여한 공헌 중의 하나는 직업군인제도를 맨 처음 시작했다는 것이다.

1875년에 이르러 유럽의 모든 제국들이 군직업주의의 기본적인 요소들만 겨우 갖춘 형편이었을 때, 프러시아에서는 이러한 기본적인 요소들이 제대로 체계가 잡힌 완전한 제도로 발전되어 있었던 것이다.[73)]

장교가 되기 위해 반드시 받아야 할 일반교육과 특수교육, 시험제도, 고급과정의 제 군사교육제도, 실력과 업적에 의한 승진, 정교하고 효율적인 참모제도, 단체의식과 책임감, 전문분야의 한계에 대한 인식 등의 모든 점에 있어서 프러시아는 놀랄만큼 발달되어 있었다.

더구나 군인이라는 이 새로운 전문직업에 대한 이론적 근거를 세우는 데 공헌한 바 있는 클라우제비츠(Clausewitz)도 프러시아인이었다. 프러시아가 선두를 달릴 수 있었던 요인들로는 경쟁적인 민족주의, 민주주의적인 이상과 제도의 출현, 합법적 권위의 존재, 군대에 호의적인 사회환경 등이 있었기 때문이다.[74)]

첫째, 정치적으로는 경쟁적인 민족주의로 국민국가의 성장을 들 수 있다. 유럽지역에서는 국가 간의 경쟁적인 민족주의의 갈등으로 인하여 모든 국가들은 제각기 군사적 안보만을 전담하는 전문직업집단이 필요하게 되었는데, 이는 전쟁에 있어서 군사적 패배로 인한 국가 존망의 문제를 해결하기 위해서는 모든 국가들이 직업주의를 택하게 된 직접적인 원인이 되었던 것이다.

즉, 프러시아는 1806년 나폴레옹과의 전쟁에서 패배한 이후 직업장교단을 창립하기 시작했고, 1848년에는 덴마크와의 전쟁에서 굴욕을 당한 뒤, 직업화를 더욱 확립할 수 있었다. 프랑스에서는 1815년에 시작하여 1870년에, 영국은 1856년에 시작하여 1870년 이후에 군직업주의를 더욱 발전시킬 수 있었다.

이와 같이 프러시아가 군직업주의화에 앞장 설 수 있었던 것은 경쟁적인 민족주의로

73) 한용원, 『軍事發展論』(서울: 박영사, 1969), pp.38-40.

74) 조영갑, 『韓國民軍關係論』(서울 : 도서출판 한원, 1993), p.220.

인한 국민국가의 건설을 위해서 절실히 필요했기 때문이다.

둘째, 민주주의적인 이상과 제도의 출현이다. 민주주의는 근본적으로 정치제도에 관한 이념체계가 되는데, 이것은 군사제도에 까지 영향을 미쳐 민주주의에 상응하는 제도를 만드는 데 작용한 것이다. 그리하여 권위주의적 이상은 민주주의적 이상으로 대치되어야 하고, 장교단은 민주화되어야 하며, 장교들은 귀족출신에서가 아니라 일반시민들에 의해서 선발되어야 한다는 것이다.

이와 같이 민주주의의 이상과 제도의 출현은 무엇보다고 사회구조의 전반을 귀족적인 것으로부터 민주적인 것으로 대치하려는 기운을 태동하였으며, 이로 인해 군대의 장교단은 18세기의 귀족적 성격으로부터 19세기 비귀족적 성격으로 대치되었다.

즉, 군대의 전문직업화[75]는 절대군주 시대의 끝남과 더불어 급속히 발전하게 되는 것은 국민국가의 탄생이 그 바탕을 제공했기 때문이다.

셋째, 산업혁명의 영향으로 기술의 전문화가 요구되었다. 산업혁명은 과학기술의 발달, 산업주의의 대두, 인구성장, 도시화 등의 발전을 가져왔고, 또 이러한 상황은 기능적 전문화와 노동분화를 가져왔다.

따라서 군대도 산업혁명 이전에는 전투를 할 때에 모든 군인들이 동일한 단순기능을 수행하는 창과 칼을 가지로 적과 대항하였다.[76] 그러나 이제는 군대의 규모가 커지고 전쟁의 수행방법이 복잡해지고, 무기체계가 발달함에 따라 각 분야에서 주어진 목표를 달성할 수 있도록 계획 및 조정하고 지휘통제할 수 있는 전문지식과 기술을 갖춘 전문가가 필요하게 되었다.

산업혁명에 의한 통신수단과 교통기관이 발달, 특히 철도의 발달은 병참업무(兵站業務)에 일대 혁신을 가져오게 하였는데, 이는 ① 신속히 진출한 전투부대에 계속적이고 적시

75) 당시 장교로 임관되는 조건으로는 시험에 합격하고, 필요한 교육을 받도록 했다. 특히, 프러시아의 경우 장교로 임관되는 유일한 조건은 평시에는 교육과 전문지식이 습득에 두고, 전시에는 탁월한 용기와 판단력에 두어야 한다고 제창되고, 1810년에 사관학교가 창립되었다. 여기서 보병 및 기갑은 3년 간 그리고 포병과 공병은 4~5년간 전문지식을 습득하였다. John Withrop Hacket, *The Profession of Arms*(The Times Publishing Company Limited, 1962), p.265.

76) 화약의 발명과 소총의 등장으로 이를 사용하는 전쟁양상이 일부 나타나기도 했지만 주 전투수단은 창과 칼이었다고 볼 수 있다. 일본 전국시대의 경우, 조(소)총이 많이 사용되었으며, 임진왜란의 경우 조총과 화승총, 현자총통 등이 사용되었으나, 주 전투는 창과 칼(또는 활)을 이용한 전투로 볼 수 있다.

적인 대량의 보급이 가능해 졌고, ② 대부대를 신속하게 원거리에 수송할 수 있어 적시적인 전투력의 집중과 분산을 가능하게 하였으며, ③ 전장에서의 부양가족을 제거하고 신속한 전투력을 회복하기 위한 사상자의 후송이나 새로운 병사의 보충이 가능하게 했다. 이와 같은 병참이 복잡한 업무를 효과적으로 수행하기 위해서는 전문지식과 기능이 필요했던 것이다.

따라서 프러시아에서는 전략 및 전술, 부대운용과 병참에 관한 전문지식을 연구하는 기관이 필요하게 되었으며, 그 기관은 육군대학(陸軍大學)[77]이었으며, 실제로 활동한 최상급의 조직은 프러시아 참모본부(參謀本部)였다.

넷째, 합법적 권위가 존재하여 군대를 통제할 필요성을 증대시켰다. 직업군인은 국가에 대한 봉사를 이상으로 삼고 있는데, 실제로는 국가의 권위를 구현하고 있는 것으로 인정된 어떤 단일 기관에 충성하게 되어 있다.

만일 제(諸) 권위가 상호 경쟁상태에 있거나, 어느 권위가 진정한 권위냐 하는 사상 간의 경쟁상태가 존재하게 되면, 직업주의를 확립하는 것이 아주 불가능하다고는 할 수 없더라도 성취하게 되기는 힘들 것이다.

헌법상의 이데올로기나 정부에 대한 충성심에 있어서 갈등이 생기게 되면, 이는 장교단을 분열시키고, 군사적인 고려사항과 군사적인 가치에 정치적인 가치를 첨가시키게 된다. 그리고 정부의 입장에서 볼 때는 장교의 정치적 충성심이 전문적인 실력보다 더 중요하게 되어 버린다.

군대에 대한 단일한 권위체(權威體)의 필요성 때문에 계층 간의 갈등이 직업주의를 자극시킬 수 있는 범위가 한정된다. 장교단에 대하여 각각 어떤 권위를 주장하는 경쟁적인 두 계급이 국가의 헌법구조에 대하여 근본적으로 다른 견해를 갖게 된다면, 직업주의의 발달에 도움이 되기보다는 오히려 방해가 될 것이다. 계층 간의 갈등은 두 계층이 군대에 대한 특정 정부기관의 권위를 수락한 경우에 한하여 직업주의에 이바지하게 되는 것이다.[78]

77) 1810년 베를린에 창설된 육군대학은 장교교육 강화의 대표적인 사례가 되는 데, 이 육군대학 입학은 시험에 합격해야만 했으며, 수험자격으로는 정원 40명으로서 5년간의 군무경험과 시휘관이 추천을 필요로 헸다. 당시의 이수과목으로서 필수과목은 전술학, 군대역사, 군사과학, 축성학, 군사정치학, 포술학, 참모근무 및 군사법제 같은 군사전문과목 이외에도 행정학, 경제학, 수학 및 지리학과 같은 일반과목도 포함되었다. John Withrop Hacket, *The Profession of Arms*, pp.30-35.

따라서 직업주의의 확립을 위해서는 당파 싸움과 정치적 갈등은 군대 그 자체로부터 한 단계 멀리하고 정부의 어떤 인정된 공식제도를 통하여 군대에 정치적 영향력을 미칠 수 있는 통로를 마련해야 된다. 이를 위해서는 최소한의 어떤 헌법적 합의의 존재가 군직업주의에는 필수적이다.

다섯째, 군대에 호의적인 사회환경이 군전문직업화를 촉진시켰다. 프러시아는 앞에서 언급한 진급이나 교육에서 장교들의 지성이나 창조성의 강조에 더하여 국민과 군대의 일체화가 추구되었기 때문에 양성된 장교단은 통찰력과 창조력이 풍부한 집단으로 성장할 수 있었다.

국민에게 자유와 평등과 사유재산 등의 권리를 부여하고, 그 대신에 징병제도의 부담을 국민에게 감수시킴과 동시에 군대 내부에 있어서도 과거에 존재했던 계급 상의 차별을 모두 폐지하고, 모든 인간이 출신에 관계없이 평등한 권리와 의무가 있음을 제정했는데, 이와 같은 프러시아에서의 군대의 역사는 군대와 국민의 일체감을 가질 수 있는 호의적인 사회적 환경이 군전문직업화를 촉진시켰음을 알 수 있다.

고대 그리스 시대부터 중세 시대에 말을 타고 칼과 활을 갖고 전쟁을 하던 기사도 시대는 귀족의 자제들로 아마추어적인 성격의 장교들이었으나, 프러시아에서 군전문직업화가 촉집되었다.

한국도 신라 시대의 화랑도가 귀족 자제들이었고, 고려 및 조선 시대의 양반은 문반과 무반으로 오늘날의 장교 임관에 해당되는 무반에는 양반(귀족)이어야 했다. 이러한 관념은 해방 후에도 남아 국군 창설 당시에도 장교는 양반 출신이어야 한다는 주장이 있어 논란을 벌인 일이 있으나, 이러한 시대는 군전문직업주의가 발달되지 못한 시기였다.

그 후 한국군도 미국 군사제도에 따라 창군이 되면서 군전문직업주의가 발전하기 시작했다.

결국 현대적 의미의 군전문직업주의는 프러시아에 의해 이상형이 정해져, 나폴레옹과 보불전쟁을 치루면서 거의 유럽 전역에 전파되었으며, 특히 근대에 와서는 산업주의에 의한 과학기술의 발달과 민주주의 사상의 발전에 크게 영향을 받아 오늘날의 전문직업주의 집단으로 발전되어 온 것이다.

---

78) 조영갑, 『韓國民軍關係論』(서울 : 도서출판 한원, 1993), p.228.

(2) 전문직업주의 개념

(가) 직업주의의 개념

현대의 장교단은 직업주의적인 전문집단이며, 전문직 종사자라는 제 특성을 갖춘 기능집단으로서의 역할을 하고 있다. 물론 고대시대부터 전쟁과 이를 수행하는 군인은 존재했지만, 전문직으로서의 군은 역시 근대사회의 산물이라고 할 수 있다.

군의 전문직업화는 근대사회이 발전과 함께 귀족이나 어떤 특수 계층을 대표하기 보다는 국민군대로서의 위치를 갖게 됨으로써 이루어진 것이다.79)

전문직업의 개념을 정의함에 있어서 두 가지 접근방법이 있는데, 하나는 그 직업이 이상적인 전문직으로 서구의 역사에서 볼 때, 의사직이나 볍률직 그리고 성직자처럼 하나의 특별한 수명의식을 가짐으로써 전문직업이라 할 수 있는데, 이와 같은 전문직업군인은 프랑스 혁명 이후에 나타난 국민군대(Nation in Arms)의 출현과 더불어 시작되었다.

다른 하나는 그 직업이 전문직업의 일반적인 요구조건을 만족시키느냐에 따라 판단하는 것이다. 즉, 전문직업인의 요구조건을 전문지식과 기술성(Expertise), 책임성(Responsibility) 그리고 단체성(Corporate) 등을 들기도 하고, 특수한 작업이나 서비스를 수행할 수 있는 특수한 고유의 능력, 광범위한 사회적 서비스, 금전적 이득이 직업의 일차적 동기가 아니라 서비스를 목적으로 하는 것이라고 말하기도 한다. 또는 그 직업의 구성원들에게 요구하는 윤리적 책임이나 의무라는 직업윤리가 있느냐 없느냐에 따라 한 직업을 전문직업인지 아닌지를 구분하는 주장들이 있다.

그러면 전문직업이란 어떠한 개념으로 정의하고 있는가를 알아보면 다음과 같다.80)

직업주의를 뜻하는 영어의 "Profession"은 원래 라틴어의 "Professionem"에서 파생된 말로 "공적인 선언"을 의미하는 것이라고 되어 있으며, 사전적 의미를 보면 전문직업(專門職業)이란 "어떤 분야의 학문에 대하여 공적으로 선언된 지식을 종사자의 업무를 처리하는데 그 지식에 기초한 다른 학문영역에 활용하는 학문"이라고 말하고 있다.

또한 전문직업 연구의 전문가인 모셔(Frederik C. Mosher) 교수는 전문직업을 "비교

79) 오신환, 『社會의 構造와 變動』(서울: 박영사, 1974), p111.
80) 조승옥, "전문직업주의와 직업윤리", 군사연구특집 제3집(육군사관학교 화랑대연구소, 1990), pp.3-5.

적 젊은 나이에 고도의 전문적 교육을 받은 후 일생동안 경력으로서 종사하는 직업분야" 라고 정의를 내리고 있으며, 이러한 모셔 교수보다 더욱 일반적인 견해로서 치크(Neil H. Cheek)는 먼저 전문직업에는 다양한 개념이 있음을 전제하고, 일상적 용어로 쓰는 직업(Occupation)과 동의어로 사용하고 있다.

한편, 리버만(Myron Liberman)은 "전문직업은 특수하고 명확한 사회적 봉사활동이다"라는 전제 하에 ① 전문직업은 봉사활동을 수행함에 있어 지적기술을 필요로 하며, ② 장기적 교육훈련이 요구되고, ③ 개인뿐만 아니라 전체에 자율성을 행사할 수 있어야 하며, ④ 자율성 범위 내에서 책임을 져야 하며, ⑤ 자신의 수입보다 봉사활동에 중점을 두어야 하며, ⑥ 종합적이고 자치적으로 자기 향상을 위해 노력해야 하고, ⑦ 윤리강령이 존재하여야 한다"고 주장하고 있다.[81)]

그린우드(Ernest Greenwood)는 이념형으로서의 전문직의 특성을 고려하여 ① 체계적 이론에 근거한 기술, ② 직업적 전문성과 기능적으로 한정된 권위, ③ 특정 서비스의 독접적 공급에 대한 지역사회로부터의 인가, ④ 도덕적 행위를 강요하고, 권력 및 특권의 남용을 방지하기 위한 윤리강령, ⑤ 가치와 규범 및 상징으로 구성되는 전문직 문화라고 말하고 있는데, 이는 전문직업성을 서비스 지향성 중심으로 신성화한다는 비판을 받고 있다.[82)]

바버(Walter F. Barber)는 전문직에 대한 개념을 전문직 행태(professional behavior)의 특이성을 중심으로 해서 제시하고 있는 데, ① 고도의 체계적 지식, ② 공동체 이익정향, ③ 행태의 고도의 자율통제, ④ 금전, 명예 등의 보상체계라고 말하고 있다.[83)]

이러한 견해들을 종합해 보면, 전문직업(專門職業)이란 "장기간의 교육과 훈련을 통하여 습득한 지식과 기술을 제도적으로 보장된 일정기준에 따라 자기변화(自己變化) 하에 공공(公共)에 봉사하도록 공적(公的)으로 선언된 직업분야"로 정의할 수 있다.

(나) 군전문직업의 특성

헌팅턴에 의하면 군 장교직은 직업주의의 중요한 기준에 부합된다고 보고 있다. 그는

81) 김암산, 『國家發展과 軍의 役割』(서울 : 한국국방연구원, 1987), pp.28-34.
82) Ernest Greenwood, *Attributes of Profession: Social Work, Vol.2, No 3, July*, 1957.
83) Walter F. Barber, *Organizing the Future*(The University of Alabama Press, 1983), pp.8-15.

어느 직업이든 의사나 법률가도 전문직의 이상적 특성을 모두 갖추지는 못했다고 보고, 오히려 장교직이 의사나 법률가 직업보다도 더 이상적인 전문직으로서의 기본적 특성을 갖추고 있다고 주장하면서, 독특한 직업으로서의 전문직업에는 전문성(expertise), 책임성(responsibility), 단체성(corporateness)이라는 세 가지 특성을 들고 있으며, 현대의 장교단은 이러한 전문직업적 성격을 갖추고 있다고 보았다.

1) 전문기술성

전문직업인이란 한 중요한 분야에서 전문화된 지식과 기술을 가진 전문가여야 하는데, 이 전문직업인의 전문성은 단시일에 습득되는 것이 아니라 장기간의 교육과 경험을 통해서만 이루어질 수 있고, 이렇게 갖추어진 전문기술은 전문직업인과 비전문직업인을 구분하고 전문직업인들 간의 상대적 실력을 측정할 수 있는 객관적 기준이 되고 있다.

따라서 장교는 라스웰(Harold Lasswell)이 얘기한 대로 폭력의 관리(management of violence)라는 기술을 지니는 전문가로 존재하여 오고 있다. 즉 효과적인 폭력관리의 기술을 습득하기 위하여 장교들은 병력과 장비를 조직하고 훈련하며, 군사력을 효율적으로 운용하기 위하여 인사, 정보, 작전, 군수의 관리 및 기획 업무의 숙달, 군대 운용의 지휘통솔(指揮統率), 통제 및 감독, 그리고 전술적, 작전적, 전략적 사용에 대한 전문기술은 다른 민간 전문기술자들과 구분하는 특징이 되는 것이다.

예를 들면 전문가들이 각자의 독득한 기술체계에 따라 특정한 기술분야로서 구분되어 있듯이 군대도 육군 · 해군 · 공군 · 해병대 · 우주군으로 크게 나누어져서 다양한 기능과 기술을 수행하고 있음을 알 수 있다.

즉, 의사라는 직업 내에는 심장전문의, 내과전문의, 안과전문의 등이 있는 것과 마찬가지로 군인 직업 내에도 지상에서의 폭력, 해상에서의 폭력, 공중에서의 폭력, 우주에서의 폭력 등을 관리하는 독특한 군사전문가들이 있는 것이다.[84]

따라서 폭력이 사용되고 있는 상황과 사용되고 있는 폭력의 형태는 군인 직업 내에서의 전문 분야를 결정하는 기초가 되는 것이며, 군장교의 특유한 기술이라는 것은 폭력의 관리이지 폭력 그 자체는 아닌 것이다.

---

84) 조영갑, 『韓國民軍關係論』(서울 : 도서출판 한원, 1993), p.237.

오늘날 군장교들의 전문성에 대한 개념은 국제적 환경과 국내적 환경요소가 조직화 및 복잡화되고, 또한 급격한 전장환경의 변화를 겪고 있는 상황에서 종래의 단순한 폭력의 관리자라는 개념을 넘어서 전쟁 억제자 혹은 평화유지자, 그리고 전투역할의 수행을 위한 군사자원의 관리자나 운용자로 그 역할이 확대되어 가고 있다.[85)]

2) 책임성

전문직업인은 사회적 기능에서 필수적인 업무를 담당함으로써 사회에 봉사와 책임을 갖고 있는 사람들인 것이다.

사회적 책임은 전문직업인을 단순한 지적 기술만을 소유한 다른 전문가와 구별짓게 되는데, 만약에 전문직업인이 사회적 책임을 받아들이지 않으면, 전문직업의 활동을 하지 못하세 된다.

즉, 의사가 반사회적인 목적으로 자신의 의술을 사용할 때 그는 이미 전문직업인으로서의 의사가 아닌 것이며, 봉사의 책임과 자신의 기술에 대한 헌신이 있을 때만이 전문직업인으로서 가치를 갖는 것이다.

따라서 전문직업인의 금전적 보수는 우선적인 폭표가 될 수 없고 부분적으로만, 공개시장의 흥정에 의해 결정되고, 실제에 있어서는 주로 전문직업인의 관습과 법에 의해 규제되고 있다.

그러므로 전문직업인은 도덕체계의 단위가 되고, 이상적 제 가치를 전제로 한 지침이 되는데, 이러한 전문직업인의 행동지침은 전문교육을 통하여 숙달되는 불문율(不文律)이 될 수도 있고, 또한 성문화(成文化)되어 직업윤리(職業倫理)의 법전이 될 수 있다.[86)]

이와 같은 책임성은 군인들도 동일하게 적용된다. 즉, 군대에서 장교의 책임은 그의 고객이라 할 수 있는 사회의 군사적 안전을 확보하는 것인데, 이는 군사적 안보상태의 확립을 위해서 사회는 군사전문기술의 사용과 직접적이고 지속적인 이해관계를 가지고 있기 때문이다.

만일 장교가 자신의 전문기술을 어떤 개인적 이익을 위하여 분별없이 사용한다면, 사회

85) Walter F. Barber, *Organiizing the Future*(The University of Alabama Press, 1983), p.8015.
86) S. P. Huntington, *The Soldier and the State*, pp.7-18.

는 완전히 파괴될 수 있기 때문에 모든 전문직업이 어느 정도 국가의 통제를 받게 되는데, 군인이라는 직업은 국가에 의하여 완전히 독점되고 있음은 이와 같은 중대성에 비추어 당연한 결과로 받아들여지고 있다.87)

장교의 직업적 책임성은 금전적 보수(金錢的 報酬)만을 일차적으로 바라면서 근무하고 있지 않다는 사실이며, 서구사회에서 장교직의 금전적 보상은 다른 전문직에 비해서 좋지 않다는 것이 이를 증명하고 있다.

장교라는 직업은 보상이 좋은 곳을 찾아 옮겨 다니는 용병도 아니고 잠정적인 시민군(市民軍)과도 다르다. 왜냐하면 시민군이란 순간적인 애국심이나 의무감에 움직여서 단기적으로 복부하게 되고, 또한 자신을 폭력관리의 업무에 숙달하려는 항구적인 욕망이 결여되어 있기 때문이다.

현대적 군전문직업인으로서 장교의 복무 동기는 직업적 기술에 대하여 연마하고자 하는 열망이며, 이러한 자신의 기술적 지식을 인간적 상황 하에서 사회의 안녕과 복지를 위해서 사용하고자 하는 사회적 책임감을 갖게 하는데, 국가에 대한 그 책임은 구체적인 행동지침을 필요로 한다.

따라서 군대조직 내에서의 장교의 행동은 여러 가지 행동준칙과 관습 그리고 전승되어 오는 군인정신 및 전통 등의 복잡한 규범에 의해 규제되고 있고, 군대조직 외에서의 사회적 행위는 국가라는 사회의 정치적 대리인에 의해 승인된 목적만을 위해 그 전문기술을 사용해야 한다고 규제하고 있다.

그러므로 장교들의 일차적 책임은 고객인 국가의 안보분야에 대한 책임이며, 장교가 고객에게 할 수 있는 것은 자신의 전문기술 분야 내에서 필요한 것이 무엇인가를 설명해 주고, 그러한 필요사항을 충족하기 위해서는 어떻게 할 것인가를 조언하며, 고객인 국가가 자신의 결정88)을 내렸을 때에는 국가가 바라는 목표를 달성할 수 있도록 임무를 수행해야 한다.

이와 같이 군전문직업인으로서의 장교의 책임과 기술은 다른 사회의 전문직업인과 확연한 구별을 해 주는 요소이다.

87) 폭력(暴力, 武力)의 비정상적인 사용의 예로 테러 행위를 들 수 있다.

88) 전쟁 또는 국가의 안위가 달린 협상 등

3) 단체성

전문직업인은 유기적인 단위의 감정을 갖고 보통사람들과는 다른 직업의식을 갖게 된다. 이러한 집단의식(集團意識)과 단체성(團體性)은 전문지식을 습득하는 데 소요되는 장기간의 교육훈련과 숙달과정(熟達過程) 그리고 업무 수행에 있어서 공동유대 및 자신들의 고유의 사회적 책임 등에서 나온다. 이는 전문직업인의 조직에서 전문직업의 자격을 규정하고, 사회의 책임을 명백히 하며, 그 실제에 있어서 그 책임이 준수되도록 강요하고 있다.

따라서 전문직업인의 조직은 통상 협회와 같은 결사체로 되거나 관료조직을 형성하여 전문직업인의 단체의식(團體意識)과 단체행동(團體行動)을 하고, 고도의 노동분야와 책임분화를 이루어서 그 성원들은 사회전체에 집합적으로 봉사하게 된다.

관료조직체로서의 전문직업단체는 직업적 책임의식과 사회 내에서 그 전문직업의 바람직한 역할 등을 하도록 하는 경향이 있다. 따라서 군대의 단체성도 같은 성격을 갖게 되는데, 장교들은 조직화된 단일 의식을 공유하며, 그들 스스로 일반인들과는 다른 집단으로 인식하고 있다.

이와 같은 단체의식은 군대의 고유기능 수행을 위하여 필요한 교육훈련과 규율 그리고 공통의 유대 속에서 관계된 작업과정을 통하여 형성된다.

이러한 단체의식은 국가에 대한 봉사정신, 의무감 그리고 책임의식 등으로 나타나게 되는 것이며, 또한 이를 통하여 군대와 집단적 이익을 국가이익과 동일시하게 된다.[89]

일반적으로 군대는 사회의 다른 어떠한 집단보다도 철저히 조직화[90]되어 있으며 관료제화 되어 있다.

즉, 장교단에 있어서 임관은 의사의 면허에 해당하는 것으로서 장교단의 가입은 반드시 일정한 수준의 교육과 훈련을 필수적인 조건으로 하고 있으며, 장교직은 중간 위치로의 가입(진입)은 특별한 경우를 제외하고는 있을 수 없으며, 최하위 계급으로 만이 가입이 허용된다.[91]

---

89) 김암산, 『國家發展과 軍의 役割』(서울 : 한국국방연구원, 1987), p.38.

90) 군대 이외이 철저한 조직 집단으로는 카톨릭교(교도), 구세군 등을 들 수 있다.

91) 최하위 계급은 소위이니, 공식적으로 특별한 자격을 갖춘 군의관, 법무장교들은 중위 또는 대위로 임관을 할 수 있다. 하지만, 이들의 경우 군 최고위층이 되는 것은 현실적으로 불가능하다.

또한 군 전문직은 국가안보라는 기능적 요인을 수행함으로써 직업적 제도를 발생시키고 있고, 그 외의 비전문적인 문제를 가지로 사회의 다른 부분과 접촉하는 일은 드문데, 이와 같은 성격은 장교집단을 상당한 정도로 배타적 집단의 성격을 띠도록 만드는 요인이 되어, 군을 독자적인 사회단위로 만들고 있다.

이와 같이 장교직의 집단적 성격은 다른 전문직업 단체에 비하여 현저하게 계급의 단계질서가 우선하는 관료적인 집단으로서 그 집단가치의 달성과 관련된 목표에 대해서는 무제한적인 봉사화 희생까지도 요구하고, 약속하는 집단이라는 점에서 다른 전문직과는 비교가 될 수 없을 정도로 응집력과 단체 행동이 강한 전문집단으로 볼 수 있다.

한편, 장교단에 지휘를 받는 사병[92]들은 군대라는 관료조직의 일부이긴 하지만 직업군인이라는 전문직업체의 일부라고는 할 수 없다, 왜냐하면 병사(兵士)들은 폭력을 적용(application of violence)하는데 있어서 수단으로서 전문가이지, 폭력관리의 전분가는 아닌 것이며, 이들이 맡은 직무는 단순한 기능적의 업무 수행이지, 천직으로서의 전문직업은 아니며, 대부분의 병사들에게는 장교에서와 같은 지적 기술이나 직업적 책임감이 결여되어 있다고 보고 있다.

결국 군전문직업의 특성은 ① 시간적 차원에서 장기적이고 지속적인 직업이며, ② 고도로 조직화되어 위계화된 구조를 가진 직업이고, ③ 전문지식과 기술을 요하는 직업으로서 교육과 경험에 있어서 그 폭과 깊이가 군직업만큼 표준화되어 있고, 공시화되어 있는 직업은 상대적으로 많지 않으며, ④ 군전문직업은 소명의식을 전제로 한 책임감으로 요구함으로써 전문직업인의 활동과 일을 규범적으로 통제하고 규제하는 직업윤리의식을 강조하고 있음을 알 수 있다.

92) 사병에는 부사관, 병이 있는데, 여기서 말하는 사병은 병을 의미한다.

(3) 전문직업주의 유형과 군 직업인식의 변화

(가) 구직업주의와 신직업주의

1) 구직업주의(舊職業主義)

헌팅턴 교수는 군인은 폭력을 관리하는 전문성과 군사적 안전을 요구하고 사회의 요청에 부응하는 사회적 책임성, 그리고 군대는 다른 사회집단들 보다 조직의 성격과 관료제적 성격이 강할 뿐만 아니라 그 집단 내에서 참여는 일정한 수준의 교육과 훈련을 필수조건으로 한다는 단체성을 보유한 장교단이 민간 우위의 원칙을 무너뜨리지 않고, 정치적 중립을 지키면서 민간지도자의 정치적 통치를 인정하고 군대는 오로지 대외적 안보에만 전념하는 구직업주의를 주장했다.[93]

즉, 구직업주의는 정치적으로 무관심하고, 중립적인 상태를 의미한다. 군인은 그 전문적 지식과 기능을 군사적 영역에 한정하여야 하며, 정치에 관여해서는 안된다고 하는 주장은 군대의 내부와 일반사회에서도 존재한다.

이런 측면에서 군인이 정치에 관여해서는 안된다는 이유를 살펴보면 다음과 같다.

첫째, 폭력 관리의 복잡성과 그 습득의 곤란성에 있다. 군인에게는 자국이나 적국의 전략 및 전술에 관한 연구, 전쟁사(戰爭史)에서 교훈을 도출하는 일과 응용, 그리고 부대 교육훈련 등 해야 할 중요한 업무가 계속적으로 있으며, 전투에 필요한 지식과 기능이 복잡하고, 이해 및 숙달에 소요되는 시간은 군인의 전 경력 중의 대략 1/3이 교육훈련에 해당되는 사실로 미루어보아 쉽게 이해할 수 있다.

만약에 군인의 관심이 정치 영역에 미친다면 군 본연의 책무를 희생하게 되기 때문에 군인이 전문적인 지식과 기능은 군전문 분화(分化) 법칙에 따라 발전되어야 한다는 것이다.

그렇다고 해서 구직업주의적인 군인[94]이 정치, 경제, 사회, 역사, 심리, 종교, 철학, 자연과학과 같은 일반적 문화에 관한 광범위한 소양을 필요로 하지 않는다고 주장하는 것은 아니다.

---

93) S. P. Huntington, *The Soldier and the State*, pp.80-124.

94) 여기서 의미하는 군인은 장교단을 의미.

현대 국제사회가 자국과 자민족 위주로 이익과 갈등이 더욱 더 복잡화 · 다양화 되어가고 있고, 또한 현대전쟁의 양상이 변화됨에 따라 일반적 문화는 군사적 지식과 더불어 더욱 밀접히 결부되어야만 하는데, 이는 군인의 시야가 전통적인 영역인 군사적인 영역에만 한정된다면 전쟁과 평화의 목표를 달성하는 데 미덥지 않을 것이며, 전투능력은 일반문화에 관한 연마를 통해 개발될 수 있기 때문이다. 그리고 무기체계, 병참지원체계, 지휘통제체계의 발달과 그것을 사용하는 기술은 자연과학의 발달에 군인이 얼마만큼 따라갈 수 있는가에 달려있다.

또한 지휘관이 자신의 의도대로 부대를 단결시켜 운용하기 위해서는 인간의 태도, 동기, 행동에 대한 깊은 이해도 필요하다.

따라서 군인은 전투를 모든 일의 기준으로 삼아서 다른 분야의 지식을 습득하여 전투에 승리할 수 있도록 사용하여야 하는데, 구직업주의적 성향을 지닌 장교들의 입장에서 보면, 정치에 관심을 갖고 행동화한다는 것은 시간과 노력의 낭비가 되고, 군대를 적과 싸워서 이길 수 없는 부대로 만들게 된다.[95]

둘째, 군인의 군사적 전문영역에 있어서의 폭력관리는 국가의 존망에 사활적인 중요성을 갖게 되었다고는 하나, 군인이 사회적 및 정치적 문제에 관하여 최소한의 지식만을 가졌다고 하여 국가가 단시간에 패망하지는 않을 것이다. 그러나 군인이 전투에 필요한 지식과 기술을 갖추지 못하고 전투를 수행한다면 그 국가는 독립을 유지하기가 곤란할 것이다.

이는 맥아더 장군이 1964년 미 육군사관학교(웨스트 포인트)에서 행한 연설에 잘 나타나 있다.

"여러분의 사명 만큼은 불변한 것이어야 하고, 변해서도 안되는 것이다. 그것은 싸움에서 승리하는 것이다. 프로페셔널한 군인으로서 상자 여러분 경력에 있어서 기타의 것이 있다면 그것은 모두 이 사명과 비교할 때 한낱 덧붙인 것에 불과하다. ……

여러분은 싸우기 위해서 훈련된 사람들이며, 그 직업은 군인, 즉, 싸우려는 의지를 가져야하며, 전쟁에서 승리에 대신하는 것은 아무것도 없으며, 여러분이 지면 국가가 멸망하게 된다. …… 이러한 사실을 확실하게 분별해야 한다."[96]

---

95) John E. Ralph, "Military Officers and Politics 3", in John F. Relchart & Steven R. Sturm, *American Defense Policy*, Fifth Edition(Baltimore: The Johns Hopkins University Press, 1982, p.769.

즉, 군인은 국가안보를 책임지고 있는 전문집단으로서 사명을 다한는 것을 최상의 임무로 알고 수행해야 하는데, 자기의 일이 아닌 것에 관심을 가져 군 본연의 임무를 망각해서는 안된다고 경고하고 있다. 왜냐하면 국가의 존망처럼 중요한 일은 없기 때문이다.

셋째, 군인은 정치에 관련된 것을 꺼리거나 혹은 정치의 속성이 군인의 체질에는 맞지 않는다는 것이다.

정치가 국가의 목표를 결정하기 때문에 군인에게 있어서 목표의 결정은 주요 관심사가 될 수 없다. 군인의 임무는 국가로부터 부여된 목표를 달성하기 위해 합리적이고 실행가능한 수단을 발견하여 그것을 실행하는 데 있다.97)

따라서 리지웨이(Mattew B. Ridgway)는 그의 저서 『군인』에서 정치가와 군인과의 관계를 다음과 같이 말하고 있다.

정치가는 군인에 대하여 "이것이 우리의 국가정책이다. 이것이야 말로 우리가 달성하고자 하는 일이다. 이를 위하여 필요한 군사적 수단은 무엇인가?"라고 요구한다. 군인은 다음과 같이 정치가에게 답한다. "이 정책을 실행하기 위해서는 이 만큼의 병력, 화력, 함정 및 항공기를 필요로 합니다"라고. 이것이 군인과 정치가의 당연한 관계이다. 나는 프로페셔널한 군인은 결코 목표, 즉 정치적 요소를 고려해서는 안된다고 말하고 싶다.

만일 정치가의 달성하려는 목표가 비용이 많이 소요되는 것일 지라도 그것은 군인이 관여할 바가 아니다. 설령 그 비용이 정치가가 생각한 것보다 훨씬 많이 소요되는 것이거나, 국가에 있어서 경제적으로 견디기 힘들 것이라도 역시 마찬가지다.98)

군인이 정치를 멀리하려는 까닭은 정치가 각종 이익의 대립을 전제로 하고 있기 때문에 군인은 개인이나 단체가 각자의 이익을 내세워 대립하고 있는 정치의 세계를 보면 체질적으로 이를 회피하려고 하기 때문이다.

왜냐하면 군대는 계급사회이며, 단결성의 유지를 중요시하기 때문에 복종과 희생정신을

96) Dougla MacArthur, Reminiscence(New York: MaGraw Hill Book Company, 1964), p.425.
97) Lt, Col. William E. Simons, Military Professionals as a Policy Advisers(Air University Review Vol. 20, No. 3, March-April, 1967), p.7.
98) General Mattew B. Ridgway, Soldier: *The Memoirs of Mattew B. Ridgway*(New Work: Haper & Brother, 1956), pp.271-272.

가장 미덕으로 생각하게 되는데, 이와 같은 이익의 추구 때문에 대립하는 정치의 세계를 보면 이를 분열되어 있는 것으로 해석하여 혐오감을 갖게 하며, 이러한 대립과 갈등이 군대에 영향을 미치게 되고, 국가안보에 영향을 미치게 될 것을 우려하게 된다.[99]

군인은 또한 흥정이나 타협과 같은 정치적 해결책을 싫어하지만, 정치는 각종 이익의 대립을 전제로 하고 있기 때문에 타협이아 흥정에 의해 이를 해결하려고 한다.

일반적으로 군인은 국방에 대하여 생각하기를 국방이란 개인이나 단체의 이익을 초월한 초당파적인 것이라고 생각함에 따라 군사문제는 국민의 총의에 의거 해결되어야지, 타협이나 흥정에 의존해서는 안된다고 생각하고 있다. 그렇기 때문에 국방은 국가의 숭고한 목표이며, 군인이라는 직업은 성직이라고 확신하는 것이다.

넷째, 군인이 정치에 관여하게 되면, 정치는 비틀어지게 된다는 것이다. 군인에게는 군인의 독특한 정신구조 속에 군인정신이라는 것이 존재하고 있는 데, 이 군인정신은 민주사회의 가치 및 신조에 대립된 것[100]이라고 하는 것이다. 그러므로 이러한 정신구조를 지닌 군인이 정치에 접근하면 민주정치는 붕괴되고, 군사독재정치나 군국주의가 탄생한다는 것이다.

따라서 헌팅턴은 군인의 역할을 군사적 영역에만 한정하면 문민우위(Civilian Control)가 강화된다고 하였다. 즉, 군인을 폭력의 관리에 전념시키면 군인은 더욱 더 정치를 불필요한 영역, 군인으로서 다루기 힘든 영역, 그리고 혐오스러운 영역이라고 생각하게 되어 정치에 개입하려는 생각을 갖지 않게 되는데, 이를 위하여 객관적 문민우위(客觀的 文民優位)를 주장하였던 것이다.

이와 같은 전통적인 군전문직업주의는 군인의 전문지식과 기능은 폭력의 관리, 즉, 전장에서 승리를 쟁취하기 위한 부대운용을 하는 것으로써 군인은 정치적 문제에 관심을 갖거나 관계되어서는 안 된다는 인식을 가지고 있기 때문에 미국에서는 군인이 정치의 논쟁을 회피하거나 기권하는 일도 있었다.

---

99) Nordlinger, Soldiers in Politics: *Military Coup & Governments*(Prentice-Hall, Inc, Englewood Cliffs, 1977), pp.56-57.

100) 여기에 대해서는 다양한 의견이 있을 수 있다. 군인 정신이 민주사회의 가치 및 신조와 대립된다고 한다면, 군인이 민주주의를 지키기 위해 목숨을 바친다는 것은 말이 되지 않기 때문이다. 이는 군인의 경우 군사목적에 충실해야 함을 강조한 것으로 보아야 한다.

2) 신직업주의(新職業主義)

헌팅턴 교수가 주장하고 있는 정치와 군사의 분리는 현실적으로 가능한 것인가? 왜 개발도상국가들은 군사혁명 혹은 군사쿠데타[101]가 일어나고 있고, 그러한 위협 속에 직면하고 있는 것인가?

이러한 의문에 대하여 스테판(Alfred Stepan)은 헌팅턴의 직업화의 명제로서 군부가 외국군대에 대항하는 재래전을 위해 직업적 기술을 개발한다는 가정에 그 뿌리를 두고 있는 구직업주의(Old Professionalism)와 구별되는 신직업주의(New Professionalism)를 제시함으로써 신직업주의가 국가안보와 국가발전을 동일시하는 대내전의 강령들을 개발하고 군부의 국가통치에 이념적 바탕을 제공하고 있다고 보았다.[102]

신직업주의는 아시아, 아프리카, 라틴아메리카에서 군부가 자신의 소명을 이러한 대내적 안보에 대한 위협을 극복하는 것으로 규정하게 된 데에는, 쿠바의 카스트로(Fidel Castro)[103]의 게릴라부대에 의한 정규군의 패배와 파괴에서 온 충격이 큰 역할을 하였다.

특히, 군부가 고도로 직업화된 브라질과 페루에서는 국가의 대내안보와 군부 자체의 안전에 대한 위협의식이 대내 안보에 대한 그들의 접근법을 직업화에 집중하도록 유도했다.

군사기관들은 혁명적 저항을 고무하는 사회적·정치적 문제들을 연구하고 반란적 소요를 진압하거나 방지하기 위한 강령과 훈련 방법을 고안해 내기 시작했다. 그 결과 이러한 고도로 직업화된 군부엘리트들은 정치문제데 점점 더 큰 관심을 보이게 되었다.

따라서 여기에는 두 가지의 과정이 진행되어 갔다. 국내소요와 안보에 대한 지대한 관심 때문에 라틴아메리카의 많은 군사제도들이 제도적 직업화와 발전을 촉구했고, 미국의 원조를 끌어들이는 데 노력했다.

그 결과 주어진 정치환경 속에서 미국 군사원조계획 입안자들과 라틴아메리카 군사지도

---

101) 대부분의 군사쿠데타의 경우 1950년대부터 1970년대까지 발생하였으며, 2000년 이후에는 터키와 리비아 등의 경우가 이에 해당된다.

102) Alfred Stephan, *Authoritarian Brazil: Origina, Policies and Future*(New Haven: Yale University Press, 1973), pp.276-278.

103) 피델 알레한드로 카스트로 루스(스페인어: Fidel Alejandro Castro Ruz (audio), 영어: Fidel Castro, 러시아어: Фиде́ль Алекса́ндро Ка́стро Рус, 문화어: 피델 까스뜨로 루쓰, 1926년 8월 13일 ~ 2016년 11월 25일)는 쿠바의 인권 변호사, 노동운동가, 군인이자 공산주의 혁명가이다. 라틴아메리카의 혁명 지도자로서 1959년부터 1976년까지 쿠바의 총리를 지내고, 1976년부터는 국가평의회 의장을 지내다가 2008년 2월에 동생 라울 카스트로에게 의장직을 물려주며 2선으로 물러났다.

자들은 이제 직업적 군사전문기술이 보다 광범위한 영역에 걸쳐서 필요한 것으로 믿게 되었다. 기능적 전문화를 증대시키는 대신, 군부는 이제 사회, 정치, 경제 문제의 모든 영역을 포괄하는 국내 안보문제에 대한 전문기술을 획득하도록 장교들을 훈련시키기 시작했다.

이를 위해 새로운 군사교육기관들이 설립되어 신직업주의 개발의 중심지가 되었는데, 그중 가장 중요한 기관은 최고국방대학(Escola Superio de Guerra[104], ESG). 이 학교는 1949년에 설립되었는데, 여기에는 1948년부터 1960년까지 브라질에 주재한 미군사자문기관이 핵심역할을 하였다.

설립 당시 이 학교는 자신의 사명을 "민간인 및 군인들로 하여금 국가안보정책의 입안, 발전, 계획, 집행에 관한 행정 및 자문 능력을 증진시키는 것"으로 규정하였다.

최고국방대학에서 개발된 국가안보의 신직업주의가 구직업주의와 크게 다르다는 사실은 이 학교의 7개 단과대학의 구성을 볼 때 명백해 진다. 즉, ① 정치문제, ② 심리·사회문제, ③ 경제문제, ④ 군사문제, ⑤ 병참 및 동원문제, ⑥ 정보 및 대정보문제, ⑦ 강령 및 조정문제 등을 연구하고 해결해야 했던 것이다.

신직업주의에 내재한 흥미로운 내용 중의 하나는 그것이 민간인들과의 관계에서 찾을 수 있는데, 1950년대 브라질에서는 민간인이 이 학교 프로그램의 주요 참가자가 되었다.

브라질 군부는 브라질의 상황을 구직업주의에서 다룰 수 있는 범위를 벗어나는 것으로 파악했고, 최고국방대학은 국가발전과 안보의 모든 국면에 관심을 기울이게 되었기 때문에 교육, 산업, 대중매체, 그리고 은행 등 각 분야의 민간인들을 올바른 국가안보의 시각으로 사회화(社會化)시켜야 한다고 생각했던 것이다.[105]

그 결과 1966년 당시 최고국방대학에서 배출한 민간인들은 브라질의 정치와 경제의 수많은 분야에 걸쳐 있었다. 그때까지의 졸업생 중에는 599명이 군장교였으며, 224명은 사기업(私企業) 및 상업계 출신이었고, 97명은 분권화된 정부기관 요원이었고, 39명은 연방의회 의원, 23명은 연방 혹은 주 판사들, 그리고 107명은 교수·경제학자·저술가·의사·카톨릭성직자 등 다양한 전문직업인들이었다.

이러한 연구를 통해 스테판은 라틴아메리카 각 국의 군부엘리트들이 정치적 중립이라는 전통주의적인 인식을 깨고 정치에 참여하는 현상을 분석하면서 구직업주의(舊職業主義)에

---

104) 영어식 표현으로는 the Superiority School of War.

105) 조영갑, 『韓國民軍關係論』(서울 : 도서출판 한원, 1993), p.256.

대한 신직업주의(新職業主義)를 주장했는데, 이는 군부내의 제도적, 직업적 가치변화가 군부엘리트들의 정치의식 변화를 가져오고, 궁극적으로는 그들에 의한 국가권력의 장악을 유발한다는 군사제도적 분석의 중요성을 제시했다.106)

즉, 군부의 직업화 개념은 정치적 중립성을 갖고 대외적인 국가안보만을 강조한 군대의 전통주의적 성격을 지닌 것이 구직업주의인데 반하여, 신직업주의는 고도로 정치화된 장교들이 정치, 경제, 사회 문제의 모든 영역을 포괄하는 국내안보문제와 국가발전이라는 문제에 직접적인 역할을 담당하는 것을 말한다. 이를 정리하면 다음의 〈도표 6-1〉 구직업주의와 신직업주의 비교와 같다.

이와 같은 신직업주의는 1950년대와 1960년대 초에 인도차이나, 알제리 및 쿠바 등에서 일어난 정부군에 대한 혁명전략의 승리는 선진국 모두에서 군으로 하여금 국내혁명전을 수행하거나 방지할 수 있는 군사·정치적 전략의 개발에 관심을 기울이게 만들었다.

즉, 정치에 대한 군부의 관심과 연구는 이제 무제한으로 진전되어 신직업주의적인 군부엘리트들을 고도로 정치화시킴으로써 국내안보와 국가발전에 관하여 군부역할 증대를 거의 자동적으로 유발하게 된 것이다.

구 분	구직업주의(舊職業主義)	신직업주의(新職業主義)
군부의 역할	대외적 안보	대내적 안보 및 국가발전
정부에 대한 민간인의 태도	민간인에 의한 정부 정당성 인정	사회계층들에 대한 정부 정당성에의 도전
필요한 군사기술	정치적 기술과 양립할 수 없는 고도의 전문기술	고도로 상호 연결된 정치 및 군사기술
군부직업활동 범위	제한적	무제한적
직업적 사회화 영향	군부의 정치적 중립화	군부의 정치화
민군관계에의 영향	군부의 정치적 중립과 민간통제에 기여	군사적·정치적 경영주의와 역할증대에 기여

〈도표 6-1〉 구직업주의와 신직업주의 비교

〈출처 : Alfred Stephan, *The New Professionalism of Interal Warfare and Miltary Role Expansion*, Abaham Lowenthal ed, *Armies and Politics in Latin America*(New Workk: Holmes & Meier Pub. Inc, 1976), p.248.

106) Alfred Stephan, *Authoritarian Brazil: Origina, Policies and Future*(New Haven: Yale University Press, 1973), pp.105-116.

특히, 대내외적인 국가안보문제를 해결하기 위하여 미국의 중앙정보부(CIA)와 같은 국가정보부[107]를 신설하게 되며, 또 정보부 요원은 모든 정부부서에 파견되어 정부의 모든 정책결정에 국가안보문제가 충분히 고려되도록 하는 역할을 하게 만들었다.

이와 같이 신직업주의에서 군은 더 이상 정치에 방관자적인 존재가 아니기 때문에 군부가 적극적인 개입의사만 가지면 직접 정치권력을 획득할 수 있는 혁명이나 쿠데타를 계획하고 정치적 압력단체로서 역할을 증대할 수 있게 된 것이다.

특히, 선진국과 달리 불안한 국제적, 국내적 환경과 군 조직의 특성 그리고 군의 역할 인식의 변화에 따른 신직업주의의 수용은 개발도상국가의 군부가 정치에 개입할 수 있는 논거로 작용했다고 볼 수 있다.

(나) 천직(天職, Calling)주의와 일반직업주의(Occupation)

1) 천직주의[108]

천직주의(天職主義)는 어떤 목적을 위하여 개인적 이익을 초월하는 가치와 목적성을 추구하기 위하여 관련 규범을 정당화하는 조직과 제도로서 사회에서 최고의 선으로 여겨지는 것을 지향하는 규범적 가치의 맥락에서 정당화되는 것이다.[109]

이는 선택한 직업에 대한 신념에서 나오는 긍정적 가치와 직무수행에 있어서의 사회적이고 도덕적인 책임감이 포함된 적극적 의미의 희생과 봉사태도가 담겨져 있기 때문에 사회로부터 존경과 칭송을 받게 된다.

따라서 천직주의에서는 자기희생과 맡은 임무에 대한 철저한 헌신을 요구하며, 개인의 이익추구에 의한 명성보다는 사회로부터의 존경에 더 큰 비중을 두고 있으며, 비현금성의 온정적 보상체계가 발달하게 된다. 그래서 그들은 일반사회인들과 분리된 사람으로 생각하게 되고, 또 다른 사람들도 그렇게 생각한다.

---

107) 한국의 경우, 중앙정보부(현 국가정보원).

108) 소명주의라고 불리기도 함.

109) Charles C. Moskos Jr, "The Military: Calling, Professioner, Occupation?", in Franklin D. Margiotta(ed), The Changing World of the American Military(Boulder, Colorado: Westview Press, 1978), pp.139-203.

따라서 천직의식을 가진 사람들은 자신의 불만과 문제를 해결하기 위해 결사체를 조직하려고 하기 보다는 자신을 돌보아 주는 제도의 온정주의(溫情主義)인 은전제도(恩典制度)를 신뢰하게 되는데, 군대에서도 전통적으로 이와 같은 천직의식을 강조하여 왔다.

예를 들면, 일반사회 직업에 종사하는 사람들이 급여와 노동조건에 의해 동기가 부여되는 데 반해, 군인은 의무, 명예, 충성심 같은 규범적 가치에 의해 동기가 부여된다.

실제로 대부분의 국가에서는 군인의 급여는 민간 기업에 비하여 상당히 떨어지고, 거주지역이 지정되어 24시간 근문태세가 요구된다. 그리고 빈번한 근무지 이동은 본인은 물론, 그 가족에게도 많은 희생을 강요하게 되나, 근무조건의 개선을 위한 협상이나 데모를 하지 못하게 되어있고, 특히, 전투가 개시되면 생명의 위험마저도 돌보지 않게 되는 등 근무조건이 독특하여 특별한 소명의식이 없이는 일반적으로 감당하기 힘든 직업주의라고 할 수 있다.

그럼에도 불구하고 군인은 급여 및 기술의 숙달과 같은 시장성 가치 이상으로 규범적 가치를 중시하기 때문에 일생의 직업으로 군대를 선택하고, 그 가운데서 삶의 보람을 찾게 되는데, 이것이 군대의 천직의식을 낳게 되는 배경이 된 거이다.

이런 관점에서 직업군인의 처우문제를 접근해 보면, 국가에서 이들의 생애를 어떠한 형태로든 보상[110]하여야 할 것이다.

2) 일반직업주의

일반직업주의(一般職業主義)는 자유경쟁의 시장구조 및 가치의 원리로 파악되고 있는데, 이는 급여와 노동조건에 의해 고용자는 동기를 찾게 되고, 능력에 비례하여 보수를 지급받도록 되어 있기 때문이다.

따라서 현대의 산업사회 혹은 정보화 사회에서 고용자는 작업조건과 보수결정에 발언권이 있어서 사용자에게 요구하게 되고, 이러한 권리는 계약의무 이행과 균형을 이루게 된다.

이러한 일반주의에서는 고용된 각 개인들의 이익 및 관심 추구가 조직 집단의 목적이나 추구하는 가치보다 우선시 되기 때문에 개인들은 노동조합에 참여하여 자신들의 이익을 위해 제반 활동을 하게 된다.

---

110) 주택제공, 학자금 지원, 퇴직금, 연금, 각종 수당 지급 등이 이에 되며, 대부분의 국가에서 이를 실행하고 있다.

일반직업주의는 기본적으로 자유경쟁의 시장 개념에 근거하여 노동의 공급과 수요에 의하여 관리하는 관점으로 기술수준이 동일한 집단은 처우가 보장되어야 하는 하는 원칙을 적용하여야 한다는 것이다.

따라서 시장의 원리에 의해 노동의 가치가 정하여 지고, 이러한 가치는 물질적으로 충분히 보상되어야 필요한 인력의 확보 및 유지가 가능하다. 또한 그 인력들은 조직집단의 목적이나 추구하는 가치보다는 그들 개개인의 이익에 우선하며, 적정한 수준의 보수나 근무조건을 확보하기 위하여 그 관리층과 협상하거나 결정하는 데 참여한다.

이러한 관점에서 직업군인을 관리한다면, 우수한 자질의 군인력을 획득하기가 어렵게 되고, 또한 전역하고자 할 것이므로 일반사회의 보상체계에 비하여 뒤떨어지지 않도록 해 주어야 할 것이다.

한국의 경우에도 공군에서 비행기 조종사나 항공정비 기술자들의 희망전역이 증가하여 문제가 되는 현상은 군에서는 그들에게 충분한 보상이 되지 못하고 있기 때문이다.

이와 같이 모스코스(Charles C. Moscos)의 전문직업 유형을 전문직업주의, 천직주의, 일반직업주의로 구분하고 있으나, 군 전문직업은 군 조직의 특성 속에 어느 정도는 공통적으로 지니고 있으며, 육군, 해군, 공군, 해병대는 각 군종의 고유한 성격이 반영되어 나타나고 있다.

한편, 모스코스는 오늘날의 군전문직업주의는 여러 가지 환경변화로 인하여 전문직업주의의 한계노정(the limits of professionalism), 천직의식의 쇠퇴(the decline of calling), 그리고 일반직업화 경향의 증대(the ascendary of the occupation)라는 현상이 나타나고 있다고 보았다.[111)]

모스코스는 일반직업과 천직성향이 강한 군직업을 동일시하는 경향이 증대되어 천직의식이 약화되고 있다고 말하면서 천직주의와 일반직업주의를 비교했다. 두 직업의식의 차이는 다음의 〈도표 6-2〉 천직주의와 일반직업주의의 비교와 같다.

---

111) Charles C. Moskos Jr, "The Military: Calling, Professioner, Occupation?", in Franklin D. Margiotta(ed), The Changing World of the American Military, p.202.

구 분	천직주의	일반직업주의
의식의 가치	규범적 가치	시장경제 가치
사회적 존경	복무 개념에 따른 존경	보상 수준에 따른 지위
역할 수행	확산적 : 일반론자	구체적 : 전문가
집단의 관계	군내 수직적	군외부 집단과 수평적
획득 유인	성격적 자질 : 인생관	높은 보수 : 기술적 훈련
보상의 근거	계급 서열	기술 수준과 능력
보상 형태	온정주의(비현금주의)	금전주의
법률 체계	군법의 적용	민법의 적용
주거	일과 주거가 인접	일과 주거가 분리
퇴직 후 지위	전역 군인의 특혜	없음

〈도표 6-2〉 천직주의와 일반직업주의의 비교

〈출처 : Charles C. Moskos, *Institutional/Occupational Trends in Armed Forces: An Update*, Armed Forces〉

군인이 지금까지 천직으로 여겼던 군직업을 일반직업과 동일시하거나 또는 변화화되려고 하는 데, 그 이유는 다음과 같다.

첫째, 군인에게 필요한 기능이 민간의 기능과 유사해 졌다는 것이다. 현대과학전쟁 양상에 따른 군사과학기술의 발전에 의하여 현대군대는 과학기술에 대한 고도의 지식을 지닌 전문직업군인이 되어야 하고, 너 나아가서는 근대적인 경영관리 및 의사결정에 관란 훈련을 받은 장교를 필요로 하게 되었다.

따라서 현대군대는 전통적인 군인정신, 의무감, 희생정신 및 애국심 등 규범적 가치의 정도보다는 과학기술이나 경영관리 기술의 정도에 의해 평가되는 군인이 군대의 주류를 차지하게 됨으로써 군인에게 필요한 기능이 민간의 기능과 유사해 지고 있다.

둘째, 전쟁의 위험이 사회 전반으로 확산되었다. 현대무기체계의 발달은 파괴력을 증대시키고 있고, 또한 명중률이 증가함에 따라 전쟁에 의한 생명의 위험이 전선에서 작전을 수행하는 군인들뿐만 아니라 일반시민들에게도 같은 영향을 미치게 되었다.

그러므로 전쟁에서 생명마저도 돌아보지 않는다는 군인의 책무는 확실히 고유한 것이기는 하지만. 특별히 내세워 강조해야 할 것으로는 생각할 수 없게 되었다.

셋째, 군대가 민간사회와 비교하여 부족함이 없는 고용조건에 의해 인재를 확보하는 정책을 시행한다는 것이다. 군대의 급여는 민간인에 비해 낮지만 이러한 경제적 불리점은 군인에 대한 교육비 지원, 관사, 면세매점, 의료시설의 제공 등과 같은 특별한 혜택(惠澤)에 의해 상쇄되어 왔는데, 이와 같은 혜택이 군대는 민간 기업과는 다른 단체로 보는 군인의 의식을 양성해 왔다.112)

그러나 군인들에게만 베풀어져 왔던 혜택이 다른 공무원 집단이나 민간기업에서도 보다 개선된 방법으로 시행되고 있으며, 특히 미국에서는 1973년에 군대가 지원병제도로 바뀌면서 정부는 지금까지의 은전제도(恩典制度)보다는 급여(給與)에 의해 인재를 확보하는 정책으로 전환하게 됨에 따라 군대는 다른 공무원 및 민간기업집단과 경쟁하는 위치에 있게 되었다.

즉, 미국정부는 군대를 민간기업과 같은 수준으로 만들어 군대를 매력있는 직장으로 만들려고 하였는데, 이와 같은 군대에서의 근무조건과 민간기업에서의 고용조건을 유사하게 하는 정책은 군인들로 하여금 군대를 민간조직으로 생각하는 경향을 낳게 하였다.

군인이 군대를 보통의 직업과 같다고 생각함으로써 천직의식이 약화되고 있다고 우려하게 되었으며, 일반직업과 천직의식은 상호 대립하기 때문에 동시에 유지할 수 없다고 보았는데, 그 이유는 급여나 노동조건으로 입대하여 군대 생활을 하는 군인에게는 의무, 명예, 국가의 중요성이 이해되지 않는다는 것이다.113)

특히, 모스코스는 비전투병과의 장교들이 군대를 일반직업으로 간주하고 있는 반면에 전투부대의 장교들은 천직의식이 강하다고 말하고 있다. 왜냐하면 군대에 민간기술의 도입은 필연적으로 군인의 전통적인 가치관(價値觀) 및 무인정신(武人精神)과 같은 것을 상실시켜 버린다고 보고 있기 때문이다.

---

112) David R. Segal, John D. Blair, Joseph J. Lengermana, Richard C. Tomson, "Institutional and Occupational Values in the U.S. Military", *in Changing U.S. Military Manpower Realities* (Edited by Franklin D. Margiotta, James Brown, & Michael J. Collins(West View Press, Boulder, 1983), p.109.

113) U.S. Congress, Senate, Subcommittee on Manpower & Personnel of the Armed Services Committee(February 10, 1977)에서의 David C. Jones 공군참모총장의 증언, *An All Volunteer Force for the United States?*, AEI Defense Review No5, p.16.

고도의 과학기술 및 경영관리를 구사하는 군인과 충성심이 강하고 자기 희생정신을 지닌 군인과는 양립되지 않는다는 것이다.114)

넷째, 군인들은 군대에서의 일반직업의식이 군대 내에 노동조합을 결성시키게 된다는 것이다. 즉, 군대를 보통 직업으로 보는 군인은 급여 및 노동조건의 개선을 요구하게 될 것이며, 또 그들의 주장을 실현시키기 위해서는 노동조합과 같은 조직이 군대 내에 생기게 될 것인데, 이와 같은 조합의 결성과 활동이 군의 전투능력을 저하시키게 된다는 것이다.

1983년 시걸(David Segal)의 연구 자료에 의하면 미 육군장교의 62%가 군대를 일반직업과 같다고 보는 군인일지라도 전투에서는 정병(精兵, 정예병사)이 될 수 있다고 대답했으며, 반대로 정병이 될 수 없다고 대답한 군인은 38%였다.

이는 대부분의 미국 군인들이 천직의식과 일반 직업의식을 상호 대립적인 개념으로 받아들이지 않고 있으며, 천직의식과 일반 직업의식의 양자를 함께 가지려는 실용주의적인 태도를 지니고 있음을 보여준다.

군대에서의 조합결성에 대한 군인의 자세도 군 직업관을 이해하는 데 중요한 열쇠가 되는 데, 유럽 각국에서는 군내 내에 조합이 이미 결성되어 있지만, 미국에서는 국방부의 조합화에 반대하는 입장을 명확히 하고 있으며, 의회에서는 군대 내에서의 조합결성을 금지하는 법률을 제정했다.

결국 현대사회에서 군의 전문직업주의는 일반적으로 사회와 군대가 발전할수록 정치적으로나 경제적, 사회적 그리고 기술적으로 군의 새로운 위상을 위하여 강력하게 요구되고 있으며, 개인보다 국가나 조직에 대한 충성과 희생이 강조되는 군의 천직주의적 성향은 현대에 이르러 시장경제(市場經濟)와 가치원리(價値原理)로 대치되는 일반직업주의적 성향으로 변화되어 가고 있음을 알 수 있다.

---

114) Michael J. Stahl, Charles W. McNichol., T. Roger Manley, An Empirical Examination of the Moskos Institution-Occupation Model(Armed Forces & Society, Vol.6, No.2, Winter 1980), p.258.

3. 우리나라 민군관계의 역사적 고찰

우리나라의 역사 속에 군부(軍部)통치의 시대는 있었던 것인가? 만약 한반도의 과거 속에 무인(武人) 정치의 시대가 있었다면 과연 어느 시대에, 누구에 의해서, 어떻게 이루어졌으며, 또 그것이 오늘날 우리에게 주는 영향은 무엇이 될 것인가를 생각해 본다면 아주 흥미 있는 일이 될 것이다.

따라서 여기에서는 시대 구분을 고대사회의 고구려 - 중세사회의 고려 - 근대사회의 조선 - 현대 한국의 민군관계를 개략적으로 설명하였다.[115)]

(1) 고대사회와 고구려의 무단정치

한반도 지역에서 성장한 정치세력 가운데 초기국가를 형성하는데 성공한 국가는 고구려, 백제, 신라였다. 따라서 이 삼국(三國)들은 정복에 의해서 확보된 넓은 영토를 통치하기 위하여 왕권을 중심으로 정비된 중앙집권적 통치조직(中央集權的 統治組織)의 편성을 필요로 하게 되어 관료제(官僚制)가 마련됨으로써 초기 국가의 완성을 보게 되었다.

그 중에서도 고구려는 상무정신(尙武精神)에 의한 진취적 기상과 패기에 넘치는 공세기질을 통하여 정복사업을 가장 활발히 하고, 국가체제를 정비하여 고대국가로서의 모습을 갖추게 된 것은 1세기 후반인 태조왕(53~146) 때였으며, 소수림왕때에 이르러 국가적 토대를 더욱 견고히 하였고, 광개토대왕·장수왕 대에 이르러 만주와 한반도에 걸친 광대한 영토를 차지하는 일대 제국을 형성하여 그 전성기를 맞이하였다.

그러나 당 태종[116)]이 즉위하면서, 세계제국(世界帝國)을 건설하려는 야망으로 당은 주위의 여러 나라를 침략하고 고구려에도 압력을 가했다. 이에 불안을 느낀 고구려는 북쪽 부여성(扶餘城)에서 남쪽 비사성(碑沙城)에 이르는 국경선에 천리장성을 쌓았는데, 이때 축조

115) 조영갑, 『韓國民軍關係論』(서울 : 도서출판 한원, 1993), pp.299-311

116) 당 태종 이세민(唐 太宗 李世民, 599년 1월 23일 ~ 649년 7월 10일)은 중국 당나라의 제2대 황제이며, 당 고조 이연의 두 번째 아들이다. 이름인 '세민'의 본래 뜻은 제세안민(濟世安民), 즉 세상을 구하고 백성을 편안하게 한다는 뜻이다. 그는 실제로 뛰어난 장군이자 정치가, 전략가, 예술가이기도 했으며, 중국 역대 대황제 가운데 최고 성군으로 불리며, 전 세계에서 몇 안 되는 뛰어난 군주로 평가받는다. 종종 청나라의 강희제와 비교하기도 한다. 그가 다스린 시기를 정관의 치라고 일컫는다.

의 책임을 맡고 있던 막리지[117] 연개소문(莫離支 淵蓋蘇文, ?~665)은 부족장인 태조(太祖)의 아들로 태어나 15세에 아버지의 직책을 이어받아 막리지가 되었으며, 628년(영류왕 11년)에는 왕명으로 장성을 쌓으니, 남녀가 모두 동원되어 국민의 고통이 심하였으며, 특히, 성격이 호방하고 안하무인이어서 여러 신하들이 그를 죽이고자 임금과 밀의한 것을 알고 642년(보장왕 1년)에 군사쿠데타를 일으켰다.

당시 조정에서는 천리장성의 무용론(無用論)과 군사쿠데타를 일으킬 음모를 하고 있다고 비방하면서 연개소문을 죽이려 획책함에 따라 그는 군대를 이끌고 평양성에 쳐들어가 영류왕과 자기를 반대한 대신들을 죽이고 보장왕을 세우는 동시에 스스로 대막리지(大莫離支)[118]가 되어 무단 독재정치(獨裁政治)를 실시하였던 것이다.[119]

그는 실권을 장악한 후 강력한 정치·경제정책과 국방정책을 펼쳐서 신라와 당에 강경히 대응함으로써 중국의 통일제국인 당 태종의 17만 대군을 안시성[120]의 혈전에서 60여 일 간의 공방전으로 격퇴한 후에도 4차례나 침입을 막는데 성공하였는데, 이것은 백제와 신라의 존립까지도 구원한 계기가 되었다.

그리고 643년(보장왕 2년) 당나라에 사신을 파견하여 도교(道敎)의 도사 8명과 도덕경(道德經)을 들여오는 등 문화적인 면에서도 치적을 남겼다.

이를 통해 볼 때, 한반도의 고대국가 발전과정에서 고구려의 연개소문에 의한 무단정치(Military Government)는 중국과의 싸움에서 민족보위의 의미를 지녔다고 말할 수 있다.

하지만, 고구려는 나당연합군의 침입을 막아내는 데는 성공하였으나, 거듭되는 국력소모와 연개소문의 무단 독재정치에 대한 국민의 불평이 높아졌다.[121]

이후 665년 연개소문이 죽고 그의 맏아들 남생(男生)이 막리지가 되었으나, 동생 남건

117) 막리지(莫離支)는 고구려의 관직이며, 오늘날의 수상에 해당하는 최고위직 태대형이다.

118) 대막리지는 막리지보다 더 상위직으로, 형식상 왕과 비슷한 권력이며 실질적으론 왕의 모든 업무를 대리총괄한다. 고구려 말기 쿠데타를 일으켜 독재정권을 수립한 연개소문이 스스로 만들어 오른 자리이다. 연개소문은 이 관직을 자신의 가문에서 대를 이어 세습되도록 하게 함으로써 계속적으로 권력을 유지하려고 하였다.

119) 이기백, 『한국사 신론』(서울 : 일조각, 1988), pp.54-64.

120) 당시의 성주는 양만춘. 안시성 전투(安市城 戰鬪 , 645년, 보장왕 4년)는 고구려-당 전쟁 중에 당나라 태종이 지휘하는 군대가 대규모로 고구려를 침공하여 3개월 가량 안시성을 포위하고 공격했으나 끈질긴 항전으로 이를 물리치고 고구려가 승리한 싸움이다. 제1차 고구려-당 전쟁의 일부이다.

121) 변태섭, 『한국사통론』(서울 : 삼영사, 1988), pp.87-89.

(男建), 남산(男産)과의 세력 다툼으로 남생이 당나라로 도망가서 구원을 청하니, 당나라는 이세적으로 하여금 나당연합군(羅唐聯合軍)을 편성하여 공격함으로써 고구려는 보장왕 27년(668년)에 멸망하고 말았다.

(2) 중세사회와 고려의 무신정권

고려는 성종[122]때 집권체제가 확립되어 국가기반의 안정을 이루었다. 이때부터 고려의 정치제도와 사회구조가 정비되기 시작해서 현종[123]을 거쳐 문종[124] 때에 이르러서는 최종적인 완성을 보게 되었다.

하지만, 고려의 귀족사회의 전성기인 문종 이후 의종[125] 대에 이르는 귀족정치(貴族政治)의 전개는 귀족사회의 내부에 모순이 표출되기 시작하였는데, 그 구체적인 사건이 인종(1122~1146년)[126]때 일어난 이자겸의 난[127]과 묘청의 난[128]으로 이것은 귀족정치의 몰

122) 성종(成宗, 961년 1월 15일 (960년 음력 12월 26일) ~ 997년 11월 29일(음력 10월 27일))은 고려 제6대 국왕(재위: 981년 ~ 997년)이다. 경종 사후 어린 조카 송을 대신하여 제위를 계승하였다. 재위 중 국자감을 정비하여 관학을 발전시키고 새로운 인재를 양성했고, 지방에는 경학박사와 의학박사를 파견하고 향학을 설치하여 유학교육을 실시하였다.

123) 고려 8대왕 현종(이름 순)은 역대 고려 왕 중 가장 파란만장한 일생을 살았으며, 위기를 겪을 때마다 지혜와 슬기, 배짱과 용기, 검약과 실천으로 이겨내고 오히려 기회로 삼아 고려를 반석 위에 올려놓았다.

124) 문종 (文宗, 1019년 12월 29일 (음력 12월 1일) ~ 1083년 9월 2일 (음력 7월 18일)은 고려 제11대 국왕 (재위 1046년 ~ 1083년)이다.

125) 의종(毅宗, 1127년 5월 23일 (음력 4월 11일) ~ 1173년 11월 7일 (음력 10월 1일))은 고려 제18대 국왕(재위: 1146년 ~ 1170년)이다. 휘는 현(晛), 자는 일승(日升), 묘호는 의종(毅宗), 시호는 강과장효대왕(剛果莊孝大王), 능호는 희릉(禧陵)이다. 인종과 공예태후 임씨(恭睿太后 任氏)의 맏아들이다. 내시와 환관들과 어울려 유흥과 오락에 깊이 빠지고, 측근들을 중용하다가, 측근 내시의 한사람인 김돈중이 무관들을 업신여겨 무신정변의 원인을 제공하였다. 정변으로 축출된 뒤 이의방이 보낸 이의민에 의해 살해당했다.

126) 인종(仁宗, 1109년 10월 29일(음력 10월 4일) ~ 1146년 4월 10일(음력 2월 28일))은 고려 제17대 국왕(재위: 1122년 ~ 1146년)이다. 휘는 해(楷), 자는 인표(仁表), 묘호는 인종(仁宗), 시호는 극안공효대왕(克安恭孝大王), 능호는 장릉(長陵). 예종과 순덕왕후 이씨(順德王后 李氏)의 맏아들이다.

127) 이자겸의 난은 척준경(拓俊京)과 그의 군사적 배경이 연계되었기 때문에 이 · 척(李拓)의 난이라고도 한다. 예종과 인종에게 자신의 딸을 왕후로 들이며 막강한 권력을 휘두르던 이자겸을 인종이 자신의 측근세력을 종용하여 제거하려 하자 이자겸이 척준경의 군사력을 동원하여 난을 일으켰다. 그는 왕궁을 침범하여 국왕파 신료들을 제거한 다음 왕을 유폐시키며 정치를 독단하였다. 그러나 인종은 척준경을 이자겸과 갈라서게 해야 된다는 최사전의 계략을 수용하여 사태를 수습하였다. 얼마 안 있어 이자겸은 척준경의 군사들에게 포박되어 유배되었으며 인주이씨의 발호는 막을 내리게 되었다.

128) 묘청의 난(妙淸-亂, 1135년 1월 19일(음력 1월 4일) ~ 1136년)은 고려 인종 때 승려 묘청 등이 금국정벌론과 서경 천도론이 개경 귀족들의 방해로 무산되자 서경(西京) 에서 국호를 대위(大爲), 연호를 천개(天開),

락의 단적인 사건으로 무신 난(武臣 亂)의 발생과 무신정권의 성립을 가져오게 하였다.

즉, 무신들의 쿠데타는 첫째, 문벌귀족들이 정치적 권력을 독점하고, 기성 문벌귀족과 지방출신 신진관료(新進官僚)들 사이에 권력다툼이 치열하는 등 내부사회의 모순이 있었다.

둘째, 양반체제(兩班體制)를 만들어 문반과 무반은 일원적으로 편성하고, 법제적으로 동등하게 대우하도록 되어있으나, 무신 정중부(鄭仲夫, 1106~1176년)에게 문신 김돈중(金敦中)이 촛불로 수염을 태운 일이 있는 등 실제에 있어서는 숭문천무정책(崇文賤武政策)에 따라 무반(武班)에 대한 차별이 심하였다.

예를 들면, 왕이 주연을 베풀때 마다 문신과 같이 즐기고, 무신들은 그 경비만을 맡아 왔으며, 어느 때는 끼니를 굶고 밤을 세울 때도 있었던 반면에, 문반직(文班職)에 있는 귀족은 정치권력을 차지하고, 심지어는 군대를 지휘통솔하는 병마권(兵馬權, 兵權)까지 장악하여 무반은 다만, 문신 귀족정권을 보호하는 호위병의 지위로 떨어져 있었던 것이다.

이러한 차별에도 불구하고, 무산들은 양반이라는 법제적 지위를 근거로 하고, 거란(契丹)·여진(女眞)과의 전쟁을 통해 현실적인 세력을 축적해 나갔던 것이다.[129)]

셋째, 고려의 군인들은 일반 농민층으로부터 충원되었는데, 문신귀족들에 의하여 농민들의 토지는 물론, 자신들에게 지급된 군인전(軍人田)마저 빼앗기게 되고, 군인들의 처지가 자기들의 직접상관인 무신들의 불평과 결합되어 귀족정치 타도에 동원되는 동기로 작용했던 것이다.[130)]

이와 같은 상황은 마침내 의종이 문신들과 함께 보현원(普賢院)에 놀러갔을 때, 늙은 장수 이소응이 문신 한뇌에게 뺨을 맞자, 이때에 호위하던 무신 정중부·이의방·이고 등이 이미 계획했었던 쿠테타를 일으켜 문신들을 살해하고, 의종을 폐한 후 왕의 동생인 명종[131)]을 옹립하였던 것이다.

이리하여 무신들은 스스로 정부의 요직을 차지하고, 정권을 잡아 무신정권(武臣政權)을

군호(軍號)를 천견충의군(天遣忠義軍)이라 하여 대위국(大爲國)을 선언하고 일으킨 반란이다.

129) 변태섭, 『한국사통론』(서울 : 삼영사, 1988), pp.212-213.

130) 이기백, 『高麗 軍班制下의 軍人』(서울 : 일조각, 1968), pp.119-121.

131) 명종(明宗, 1131년 11월 8일 (음력 10월 17일) ~ 1202년 12월 3일 (음력 11월 17일)은 고려 제19대 국왕(재위: 1170년 ~ 1197년)이다. 휘는 호(晧), 자는 지단(之旦), 묘호는 명종(明宗), 시호는 황명광효대왕(皇明光孝大王), 능호는 지릉(智陵)이다. 인종과 공예태후 임씨(共睿太后 任氏)의 셋째 아들이며 의종의 동생이다.

수립하였던 것이다.[132)]

고려 의종 24년(1170년) 정중부 등이 일으킨 무신 쿠데타에 의하여 수립된 무신정권은 원종[133)] 11년(1270년) 임연(林衍) 부자가 몰락할 때까지 100년간 계속되었다. 이 동안 무신들은 초월적인 권력을 행사했으며, 무신집정은 중방(重房)을 중심으로 해서 정치를 운용하였다.

이후 종래 문신세력들의 반항이 일어나고, 이와 맥락을 같이 하는 승려들의 반항이 발생하였으며, 무신들 상호 간에도 치열한 권력다툼이 전개되었다.

즉, 정중부는 이의방과 이고를 제거하고 단독으로 정권을 차지하였으나, 그도 살해되어 마침내 1196년(명종 26년)에 최충헌이 집권함으로써 이러한 혼란을 수습하였다. 최충헌은 과단성 있는 전제정치로 무신정권을 안정을 다짐으로써 최우·최항·최선에 이르는 4대 62년간 최씨 정권이 계속되었다. 이에 따라 최씨 정권기에는 전과 달리 일반 무신들의 옹호가 필요없게 되어 오히려 무신과 중방을 억압하고 문신을 보호하는 역현상이 일어나게 되었다.

최충헌은 그의 독재정권을 유지하는 데 조금이라도 방해가 되는 무신은 제거하고 중방무신(重房武臣)들의 권위를 무시하였다. 반면에 무신정권에 위험이 없는 무력한 문인들을 등용하여 그들의 행정적인 능력을 이용하였으니, 당대의 문인 이규보[134)]가 발탁된 것도 이때의 일이었다.

당시의 이규보는 고종 19년에 문과에 급제하여 전주목사(全州牧使) 등을 거쳤으며, 최충헌에 의해 발탁된 이후에는 집현전 대학사(集賢殿 大學士)가 되었고, 몽골군이 침입했을

132) 변태섭, 『한국사통론』, p.214.

133) 원종(元宗, 1219년 4월 5일 (음력 3월 19일) 1274년 7월 23일 (음력 6월 18일)은 고려 제24대 국왕(재위. 1259년~1274년)이다. 초명은 전(倎), 나중에 식(植)으로 개명하였고, 휘는 정(禎), 자는 일신(日新), 묘호는 원종(元宗), 시호는 순효대왕(順孝大王)이고, 원나라에서 내린 시호는 충경왕(忠敬王), 능호는 소릉(韶陵)이다. 고종과 안혜태후 유씨의 맏아들이다. 비는 김약선(金若先)의 딸인 정순왕후(靜順王后)이고, 후비는 경창궁주 유씨(慶昌宮主 柳氏) 이다.

134) 이규보(李奎報, 1169년 1월 15일(음력 1168년 12월 16일) ~ 1241년 10월 8일(음력 9월 2일))는 고려의 문신이다. 본관은 황려(黃驪). 초명은 이인저(李仁氐), 자는 춘경(春卿), 호는 백운거사(白雲居士)·백운산인(白雲山人)이며, 시호는 문순(文順)이다.
고려 무인 집권기 최씨정권에 순종하며 활동한 문인 중의 한사람이다. 이규보가 남긴 시와 문장은 고려시대 문학을 이해하는데 중요한 자료가 되고 있다.

때에는 진정표(陳情表)를 써서 이를 격퇴시켰던 명문장가(名文章家)였다.

고종 45년(1258년) 최선이 제거되고, 김준·임연 등에 의하여 무신정권이 계속되었으나, 신분해방을 위한 농민과 공사노비의 봉기, 그리고 권력을 쟁취하기 위한 지배계급의 갈등은 자체의 권력기반을 약화시켰고, 또 당시 몽골은 항쟁의 주동자인 무신정권을 무너뜨리려 하였다.

그 이유는 최씨가 집권하면서 개경(開京)의 야경(夜警)과 순위(巡衛)를 위하여 조직한 야별초(夜別抄)[135]라는 특수부대가 다시 좌·우의 두 개의 별초로 개편 되었고, 몽골군에 포로로 끌려갔던 자가 탈출하여 귀국한 자들을 모아서 신의군(神義軍)이라는 부대를 편성하여 삼별초(三別抄)라고 부르게 되었는데, 이들은 무신정권의 핵심 병력으로서 강화도에서 몽골군에 대항한 주력부대가 되었다.

따라서 고려 왕실이 강화도에서 나오던 해(1270년)에 강화도를 수비하던 삼별초군에 대하여 몽골 및 고려 왕실은 해산 명령을 내렸으나, 그들은 해산하지 않았으며, 이들이 주축이 되어 시작된 진도, 거제도, 제주로 등에서 4년에 걸친, 고려의 대몽골 항쟁은 민군합동(民軍合同)의 국토수호 투지를 발휘하였다.

한편, 고려의 국왕은 무인정치로 인하여 약화된 왕권을 회복하기 위하여 몽골과 결합함으로써 100년 간의 무신정치도 막을 내리게 되었다.

따라서 한반도에서 고려시대 무신정권의 성립과 지배는 한반도 중세사회의 대표적인 군부정권의 사례로 볼 수 있다.

(3) 근대사회와 조선의 군사혁명

고려는 원종11년에 무신정권이 붕괴되고, 왕정(王政)이 복구됨으로써 커다란 전환을 맞게 되었다.

몽골 세력의 옹호로 왕권은 회복되었지만, 그 대신 몽골의 간섭을 받게 되었으며, 삼별초의 난을 몽골의 도움으로 진압한 후부터는 더욱더 본격화되었다. 고려가 몽골에 굴복한

135) 야별초(夜別抄)는 고려 최씨무신정권 때에 최우가 세운 도적진압을 주요 업무로 하는 방범대이다. 이 조직은 후에 다른 조직과 통합을 거듭하며 삼별초의 전신이 된다.

후 최초로 받은 시련은 일본정벌에 동원된 일이었다.

한편, 조정에서는 중국에서 원나라가 쇠망하고, 명나라가 크게 번창하자 외교정책을 둘러싼 대립이 나타나게 되었다. 이때 친명파(親明派)가 공민왕을 정점으로 신진사대부로 구성되었는데 반하여, 친원파(親元派)는 이전부터 원과 연결되어 있었던 권문세족들이 주류를 이루고 있었다.

이러한 친원과 친명의 대립 속에서 공민왕이 반대파에 의해 시해되고, 중립파인 이인임의 추대로 우왕이 1374년에 즉위하자, 고려는 원과 명에 양 다리를 걸치는 양면외교(兩面外交)를 추구하였다.

즉, 이인임 등은 우왕이 즉위하자, 곧 명에 사신을 보내어 왕의 승계 승인을 요청하는 한편, 원에 대해서도 사신을 파견하여 국교를 회복하였던 것이다.

이런 가운데 친원과 친명 양 세력의 대립 관계에 커다란 변화를 초래한 사건이 일어났으니, 그것은 바로 명의 철령위(鐵嶺衛) 설치 문제였다. 그렇지 않아도 명은 고려가 원나라와 통하는 것을 힐책하고 무리한 공물을 요구하며 고려사신을 유배하는 등 고압적인 태도를 취하여 고려 조정을 분개하게 하였는데, 명이 만주에서 원나라의 세력을 완전히 몰아내고, 고려와 국경을 서로 접하게 되자 고려 동북면인 철령 이북의 땅을 회수하여 이곳에 철령위를 설치하겠다는 것이었다.

이미 원의 쌍성총관부(쌍성총관부)를 무력으로 몰아내고, 옛땅을 되찾았던 고려로서는 절대로 받아들일 수 없는 통고였다. 이 통고를 받고 최영 장군은 분개하여 요동정벌을 꾀하게 이르렀으며, 우왕도 이에 동조하였다.136)

요동정벌 계획은 곧 실행으로 옮겨져 팔도병을 징발하고 우왕 14년 4월 공요출사(功遼出師)의 명을 내렸던 것이다. 최영은 팔도도독(八道都督)으로서 우왕과 더불어 서경에 머물고 조민수를 좌군도통사(左軍都統使), 이성계를 우군도통사(右軍都統使)로 삼아 10만 병력으로 출정을 강행했다.

처음부터 요동정벌을 반대하던 이성계 장군은 정벌군이 압록강 하류의 위화도에 이르자 진군을 멈추고 좌군도통사 조민수와 상의하여 ① 요동까지는 많은 강을 건너야 하는데,

---

136) 조영갑, 『韓國民軍關係論』(서울 : 도서출판 한원, 1993), p.308.

장마철이라 군량의 운반이 곤란하며, ② 습기로 활이 풀려 싸움을 할 수 없고, ③ 소국은 대국을 섬기는 것이 나라를 보호하는 길이니, 요동정벌은 불가능하다고 상소로서 회군을 청하였다. 그러나 평양에 있던 최영과 우왕이 이를 허락하지 않자 이성계는 5월 20일 회군을 결행하여 군대를 국내로 돌이켰다.

이에 우왕과 최영은 급히 개경으로 돌아와 노예와 시정의 무리를 모집하고, 각처에서 병사를 징집하여 항전을 하였으나, 동년 6월에 개경은 함락되어 최영은 유배되고, 우왕은 강화로 축출되어 정치적 실권을 잃게 됨에 따라 이성계는 조선을 건국하는 결정적인 계기를 마련할 수 있었다.

하지만 이성계 일파가 새 왕조를 세우기 위해서는 사대부 내부의 또 다른 반대를 극복하지 않으면 안되었다. 이때의 사대부는 대략 두 파로 갈라져 있었는데, 하나는 고려왕조의 적폐를 점진적으로 개혁하려는 온건파이고, 다른 하나는 왕조 자체를 바꾸려는 혁명파였다. 이장 · 정몽주 등이 온건파였고, 조준 · 정도전 등이 혁명파였다.

이러한 대립 가운데 군사권을 장악한 이성계가 공양왕을 옹립하고, 전제개혁을 단행하여 실권까지 장악함에 따라 혁명파가 우세하게 되었다.

이들은 유력한 반대자인 정몽주를 죽인 후 우왕과 창왕을 정권을 잡기 위한 하나의 수단으로써 신돈(辛旽)의 자손이라 하여 결국 폐위시키고, 살해한 후에 공양왕을 즉위케 하고, 전제개혁을 단행하여 구세력의 경제적인 기반을 박탈함으로써 정치 · 경제 · 군사의 모든 실권을 장악하였으며, 마침내는 공양왕을 축출하고, 1392년 조선의 왕이 되어 중앙집권화정책(中央集權化政策)을 수행하여 나갔다.

이성계의 군사혁명은 이방원, 조준, 정도전 등이 밀의(密議)하고, 고려 고관의 합의기관이고, 최고 정무기관(政務機關)이었던 도평의사사(都評議使司)의 공식적인 의결을 거치는 형식을 밟아서 공양왕의 양이와 이성계의 즉위가 이루어졌던 것이다.

이성계는 즉위 하자마자 종래의 군제를 개편하고, 의흥친군위(義興親軍衛)를 설치하였는데, 이 기구는 국왕의 친위병 조직을서 중앙군 병력의 핵심을 이루었다.

다음 해에 의흥친군위를 다시 의흥삼군부(義興三軍府)로 확대, 개편함으로써 군무(軍務)를 장악하게 하고, 군사권의 통제를 강화하여 병권의 중앙집권을 이룩하였는데, 이것은 건국초의 불안한 정정(政情) 속에서 발생할지도 모르는 반란에 대비하기 위해서였다.

이러한 일련의 시책과 함께 새 왕조의 개국을 주도한 자신의 지지세력들을 원종(原從)·회군(回軍)·개국공신(開國功臣) 등에 책봉하여 토지와 노비를 분배하여 줌으로써 신왕조의 충실한 신하가 되게 하고, 왕권을 강화시켜 나갔다.

이성계는 건국이념을 사대주의(事大主義)·배불숭유(排佛崇儒)·농본주의(農本主義)로 삼아 조선 5백년 동안의 근본정책이 되게 했고, 관제의 정비, 병제(兵制)와 전제(田制)의 재조정, 사례(四禮)의 제정 등 정치·경제·군사·사회·교육의 여러 방면에 걸쳐 초기 국가의 기틀을 다졌다.

따라서 한반도의 근대사회에서 이성계의 군사혁명은 고려로부터 조선으로의 새로운 정권을 창출하였는데, 그 전환은 왕조의 교체에 그친 것이 아니라 정치·경제·군사·사회·문화·사상 등 모든 면에 걸쳐 커다란 변화를 초래함으로써 한반도가 고려의 중세사회에서 조선의 근대사회로의 탈바꿈을 이룩하는 토대로 작용했다.[137]

이성계의 궁정혁명의 특징은 권력의 이동이 오로지 궁정내부의 지배적 세력들 사이에서의 음모로서만 단행되었던 것인데, 이는 한반도 고대국가들의 민군관계에서도 이와 같은 맥락에서 군사쿠데타가 일어났고, 군부정치가 이루어졌음을 알 수 있다.

(4) 한국의 민군관계

(가) 군부주도 정치기 : 1961~1987년

1961년 군사쿠데타가 일어나 정당과 사회단체를 해산하고 입법, 행정, 사법을 장악한 '국가재건최고회의'를 구성하면서 군사정부가 탄생했다. 이후 박정희 사망으로 끝나는 듯했던 군사정부는 '12.12'[138]를 통해 군대 권력을 장악한 전두환 소장이 1980년 5월 국회 및 정당을 해산시키고 국가보위비상대책위원회(국보위)를 구성하면서 계속된다. 국보위가 실권을 장악하자 국보위 상임위원장이 1980년 8월 간접선거를 통해 대통령으로 취임하면

137) 변태섭, 『한국사통론』, pp.236-260.

138) '12.12'는 "통수권자인 대통령이 명령한 것도 아니고, 국방부장관, 군 참모총장 등 누구의 명령이나 동의도 받지 않은 상태에서 일부 군인들이 주관적 판단에 따라 임의로 상급자를 연행하고 병력을 출동시킨 행위(1987년 11월 2일 노태우 후보에 대한 관훈클럽토론회에서 중앙일보 금창대 편집국장대리가 한 발언)"이다. 이에 대해 홍두승은 우발적 쿠데타로 규정하고 있다.

서 1987년까지 집권한다.139)

당시의 군사정부는 민간인 통치 형식을 취하였다. 군사정권이 이어졌다고 하지만, 1961년에서 1963년까지 2년을 제외하고는 군인이 정치전면에 나서지는 않았다. 현역군인이 정치 전면에 나서지 않은 것은 '현역군인의 정치활동 금지'140)에 대한 국민의 공감대가 형성되어 있었기 때문이다.

당시 군의 정치개입은 제도로서의 군대가 정치에 개입했다기 보다는 군대 내 특정 파당이 정치에 개입했다고 볼 수 있다. 그리고 이들 정권을 장악한 군대 내 특정 파당은 다른 파당이 정치에 개입할까 두려워했고, 따라서 군대를 정치적으로 통제하는 데 강화된 노력을 기울였다.141)

하지만 정치에 대한 군의 영향력은 매우 강했다. 군사정부에서 군부의 정치적 영향력을 보여주는 대표적인 지표가 고위직에 임명된 군 출신 비율이다. 군인 출신들이 행정부 차관급 이상에 기용된 사례는 이승만 정부 39명, 박정희 정부 139명, 전두환 정부 76명으로 나타난다.142) 이러한 사실로 볼 때 군부가 직·간접적인 방법으로 주도적인 정치적 행위를 했음을 보여준다.

(나) 민주적 민군관계 모색기 : 1987~1992년

1987년 6월 민주화 항쟁을 통해 민주화가 이루어졌지만, 다시 군 출신 노태우 후보가 대통령으로 당선되어 1992년 2월까지 집권하였다. 노태우 대통령은 전두환 정부시기의 민군관계 골격을 그대로 유지하고자 하였고, 대내 안보에 대해서도 군대가 책임을 져야 한다는 인식도 유지하고 있었다.

하지만 민주화 이후 민군관계가 변화되어야 한다는 논의가 사회전체를 퍼지게 된다. 그

---

139) 김병조, "한국과 일본의 민군관계 비교연구", 『2020 안보연구시리즈 제6권 제1호 외교·안보와 북한』(논산 : 국방대학교 안전보장문제연구소, 2020), p.248.

140) 제헌헌법 제69조

141) 대표적인 군대 내 특정 파당은 '하나회'였으며, 이들은 수도권 방위부대의 강화, 군 정보기관을 통한 지휘관 동태파악, 개인적으로 신뢰할 만한 인물을 중심으로 한 군내 사조직의 활성화, 그리고 이들에 대한 핵심적인 군 보직 부여 등을 통해 군대 전체를 간접적으로 통제하는 방식을 취하였다.

142) 양성철, 『한국정부론 : 역대 정권의 고위직 행정 엘리트 연구 1948~1993』(서울 : 박영사, 1994).

리하여 헌법 개정과정에서 여야 합의로 '군의 정치적 중립' 조항이 헌법에 추가된다. 민주화 이후 개정된 1987년 헌법 제5조 2항에 보면 "국군은 국가의 안전보장과 국토방위의 신성한 임무를 수행함을 그 사명으로 하며, 그 정치적 중립성을 준수한다."고 명시되어 있다.

이러한 변화에도 불구하고 '군의 정치적 중립성'은 실현되지 않았다고 평가받고 있다. 당시의 분위기는 군사쿠데타 같은 극단적인 군의 정치개입만 발생하지 않으면 민주적 민군관계가 유지되는 것이고, 문민통제의 '문민'이란 현역군인만 아니면 된다는 인식이 있었다. '군인도 전역하면 민간인'으로 보는 관점은 '문민' 개념을 형식적으로 파악한 것으로 민주적 민군관계에 대해서는 기본적인 이해가 부족했음을 보여준다.[143]

결과적으로 민주화가 바로 민주적 민군관계로 이어지지는 못했지만, 정치, 시민사회, 군대 모두 민군관계가 변해야 한다는 인식은 공유하였고, 민주적 민군관계로 변화하지는 못했지만, 민주적 민군관계를 지향하였다.

(다) 군의 정치개입 억제기 : 1993~2002년

1992년 12월 대통령 선거에서 김영삼 후보가 당선되었다. 김영삼 후보는 전임 노태우 대통령과 같은 당 소속이었으나, 대통령으로 당선되면서 노태우 정부와 차별화를 강조한다. 핵심은 군 출신이 아니라 순수 민간인이라는 점이었다. 그리고 자신의 정부를 '문민정부(civil government)'라고 불렀다.

정부 명칭에서도 알 수 있듯이, 김영삼 정부는 그동안의 군사정부를 혐오하였고, 사회 전반에 걸쳐 있는 군의 강한 영향력을 부정적으로 평가하였다. '문민'정부는 '문민통제' 개념과 밀접하게 연계되어 있었다.

김영삼 정부가 문민통제를 확보하는 방안으로 시행한 정책은 크게 세 가지였다.

첫째, '하나회'가 갖고 있던 군내 영향력을 소멸시켰다. 김영삼 정부는 군의 정치개입이 군내 사조직인 '하나회'가 존재하기 때문에 발생했다고 보았으며, 이들을 해체하는데 성공했다.

---

143) 김병조, "한국과 일본의 민군관계 비교연구", 『2020 안보연구시리즈 제6권 제1호 외교·안보와 북한』(논산 : 국방대학교 안전보장문제연구소, 2020), p.253.

둘째, 1974년부터 당시까지 실시되고 있던 전력증강 사업인 '율곡사업'과 관련된 군 비리를 처벌하였다. 율곡사업은 군사무기, 장비를 구매하는 사업으로 매년 국방예산의 30~40%가 들어가는 대규모 사업이었다. 김영삼 정부는 율곡사업에 대한 감사를 실시하여 뇌물을 제공한 민간인은 물론, 뇌물을 받은 전직 국방장관, 해군 및 공군참모총장 등을 구속하였다. 이를 계기로 국방정책이나 군대 운영에 있어서 군인에게 의사결정권을 맡기는 것에는 한계가 있다는 인식을 확산시켰다.

셋째, '역사바로 세우기'를 통한 군의 정치개입에 대한 재평가를 통해 성공한 쿠데타도 처벌받을 수 있다는 전례를 만들었다. 1961년 발생한 5.16에 대해서는 혁명이라는 평가도 있었지만, 이를 쿠데타로 규정했다. 또한 1993년 5월 13일 "분명히 말하거니와 오늘의 정부는 광주민주화운동의 연장선 위에 서 있는 민주정부"라고 선언했다.[144)]

1997년 12월 대통령선거로 김대중 정부가 시작되었다. 김대중 정부는 정치적으로 민군관계에 큰 영향을 주는 새로운 정책은 추진하지 않았다. 이는 김영상 정부에서 실시한 군의 탈정치화로 인해, 군 내부에서 민주적 민군관계를 저해하는 요인이 사라졌다고 보았기 때문이다.

이 시기의 시민사회는 처음에는 군을 두려워하였으나, 김영상 정부의 탈정치화 과정, 군 고위층의 비리연루, 매우 광범위한 병역비리 등을 보면서 두려움의 대상이기보다는 개혁의 대상으로 군을 보았으며, 더 이상 군대를 성역으로 보지 않았다.

(라) 민군협치 모색기 : 2003~현재

이 시기 정치는 군의 정치개입을 억제하려고 노력하고 있으며, 국회에 의한 군의 감독도 충실하게 하는 방향을 발전하고 있다. 민주적 민군관계에서 문민통제란 대통령 그리고 장관에 의한 군 통제는 물론이고, 의회에 의한 군 통제가 있어야 한다.

정부도 민주적 민군관계에 대한 통제는 정부에 의한 통제만이 아니라 의회에 의한 통제가 함께 이루어져야 함을 인식해야 한다. 정부만이 군대를 통제하는 유일한 집단이라고

144) 김병조, "한국과 일본의 민군관계 비교연구", 『2020 안보연구시리즈 제6권 제1호 외교·안보와 북한』 (논산 : 국방대학교 안전보장문제연구소, 2020), p.256.

생각한다면 군은 정부가 원하는 행동을 하게 되고, 결국 정치적 중립성을 해치는 방향으로 나갈 수도 있기 때문이다.[145]

이 시기 시민사회의 병영생활에 대한 높은 관심, 그리고 국방운영에 대한 비판적 인식은 한국의 민군관계가 민주적 민군관계로 발전하는 데, 긍정적인 요인으로 작용할 것이다.

이상의 역사적 사실들이 말해주고 있듯이 한반도에 있었던 군부 정치는 고구려의 연개소문에 의한 무단정치(武斷政治) - 고려의 정중부·최충헌으로 이어지는 무신정권(武臣政權) - 조선건국과 이성계의 군사혁명(軍事革命) - 해방직후 남북의 분할점령과 미군정(美軍政) - 5.16 쿠데타 이후 군부 주도 정치기, 민주적 민군관계 모색기, 군의 정치개입 억제기, 민군관계 협치 모색기에 도달했다고 볼 수 있으며, 이러한 과정을 통해 바람직한 민군관계가 설정될 것이다.

---

145) 김병조, "한국과 일본의 민군관계 비교연구", 『2020 안보연구시리즈 제6권 제1호 외교·안보와 북한』 (논산 : 국방대학교 안전보장문제연구소, 2020), p.267.

제7장

역사자료학

1. 역사자료학
2. 역사자료 비판
3. 역사자료 가치의 등급
4. 역사자료학 종합

제7장 역사자료학

1. 역사자료학[1)]

역사학은 경험과학이며, 경험적인 증거물을 기초로 하여 실증적으로 성립하는 학문이다. 역사 연구의 바탕이 되는 증거물이 곧 역사자료(이하 사료)이다. 사료(史料)는 역사적 자료의 준말로서 역사를 고찰하는 데 있어서 단서가 되는 모든 자료를 의미한다. 종이에 문자로 적어진 문헌이나, 고고학상의 유구(遺構)·유물·유적, 이미지 사료가 되는 회화, 사진, 구술 역사(oral history), 전승 등을 포함한다.

역사가가 역사를 연구·기술할 때에 이용하는 모든 것이 사료이다. 교차 검증, 유물 데이터 분석 등을 통해 각 나라마다 학계에 의해 그 객관성을 인정받은 1차 사료를 기반으로 한 공인된 사료가 있는데, 이를 공인 사료라고 한다. 자료

역사자료학(이하 사료학)이란, 사료 즉, 적어도 역사의 증거물로 쓰일 만한 것을 그것을 충분히 수집하는 방도를 강구하여 연구에 편리하도록 분류하여 정리하는 학문이다. 역사학은 그 대상이 복잡한 인간의 사회이기 때문에 그 증거로서 채용되는 사료도 또한 대단히 광범위하다. 특히, 근대 역사학이 진보되어 수직적으로 깊어졌고, 또한 수평적으로 넓어졌기 때문에 사료의 범위도 더욱 광범해졌다.

사료는 그것을 바탕으로 하여 역사의 연구대상인 인간 사회의 과거의 상태 및 그 변천을 고찰하는 근거가 되는 것이다. 따라서 그것은 과거로부터 계속하여 존재하는 것이다. 그런데 시간이라는 것은 많은 것을 망실(亡失)시켜 가는 성질이 있다. 그렇기 때문에 사료는 무슨 이유이든 시간의 망멸작용(亡滅作用)으로부터 면(면)한 것이며, 말하자면 우연적 존재이다.

사료의 범위는 무한하지만, 그 존재는 결코 완전한 것이 아니다. 한 가지 사항의 고찰

---

1) 제7장 사료학의 경우, 이종학, 『한국군사사 연구』, pp.31-45.의 주요 내용을 정리.

에 대해 필요하고도 충분한 사료의 존재란 오히려 드문 일이다. 역사학은 이러한 불완전한 자료에 의해 연구를 진행해야 한다. 이것은 역사적 성질을 가지는 다른 과학에 있어서도 마찬가지이다.

예를 들면, 고생물학처럼 화석의 하나, 뼈의 단편 등 많지 않은 재료에서 옛날 생물의 모습을 복원하는 것이다. 이러한 성질의 학문에서는 가능한 한 많은 풍부한 증거물건을 찾는다는 것이 연구를 진행하는 기초가 된다.

새로운 한 자료의 발견에 의해 구학설(舊學說)이 뒤집어지는 실례(實例)는 때때로 겪는 일이다. 이런 종류의 학문은 아무리 불완전할지라도 발견에 의해서 얻은 자료에 바탕을 두고 그것에 의해 입증된 한도 내에서의 진리를 인식하는 도리 외에는 없는 것이다. 따라서 자료를 찾는 일이 학문을 발전시키는 중요한 조건이다.

역사학의 자료는 그 종류가 대단히 많고, 다방면에 존재하고 있다. 무엇이 사료인가를 생각하고 그 소재(所載)[2]를 찾아 그것을 수집하여 정리하는 것이 아니면, 연구의 진보는 결코 바랄 수 없다. 사료학의 의의는 바로 여기에 있다. 근대 역사학의 진보는 첫째로 사료학의 발달에 기인했다고 볼 수 있다.

사료의 개념 속에 포함되는 자료는 대단히 많고, 또한 내용적으로 극히 복잡하다. 모든 문헌(文獻), 구비(口碑)[3], 전설(傳說)뿐만 아니라 비명(碑銘), 유물유적, 풍속습관 등 일반적으로 과거의 인간에 대한 현저한 사실에 설명을 줄 수 있는 것은 모두 사료에 포함된다.

이처럼 사료가 복잡하므로 그것을 정리하고, 그 성질을 살펴, 그것을 이용하기 편리하게 하기 위하여 사료의 분류가 시도된다.

사료의 분류는 여러 가지 기준에 의해 이루어진다. 예를 들면, 시간에 의한 분류, 장소에 의한 분류, 내용의 성질에 의한 분류(정치, 경제, 종교, 군사 등), 사료의 외적 성질에 의한 분류(문헌, 유물유적, 구비, 전설, 제도, 풍속, 습관 등)이다.

---

2) 소재는 소재(所載) 신문이나 잡지 따위에 기사가 실려있는 것이나, 소재 (素材)는 어떤 것을 만드는 데 기본이 되는 재료를 의미한다. 여기서는 전자를 의미.

3) 구비(口碑) 또는 구전(口傳:입으로 전하다)은 어떤 사회에서 역사나 문학작품, 법률 또는 지식 따위를 글을 문자를 쓰지 않고 대대로 전승하는 방법이다. 문자가 발명되기 전이나, 글의 혜택에서 소외된 계층에서 이루어진 전승법이다. 서양에는 호메로스의『일리아스』나『오디세이아』같은 서사시가 있고, 한국에는 판소리나 무가 등이 해당된다.

이러한 분류도 때로는 실제 상의 필요가 있고, 특히 사료를 수집하여 정리, 보존하는 경우에는 실용적 가치가 인정되지만, 방법론적으로는 이런 상식적 분류가 아니고, 더 내적으로 예리한 분류가 연구 작업의 필요에 바탕을 두고 세워지는 것이다.

독일의 역사학자인 베른하임(Ernst Bernheim)[4]에 의하면 사물의 직접적 결과로서 자연에 잔류하고 있는 것을 유물이라고 부르며, 어떤 사물을 인간의 인식이 한 번 파악하여 사람에게 전하기 위해 어떤 형으로 표현되어 있는 것을 전승(傳承) 혹은 보고(報告)라고 한다.

유물의 제1종인 잔류물은 단순한 협의의 유물로 낡은 해골, 선사시대의 발굴물, 언어, 풍속, 습관, 종교적 의식, 법률제도, 인간의 정신적, 육체적 숙련의 산물인 기술 · 학문 · 예술가구 · 무기 · 화폐 · 유물 등의 일체, 법정 · 의회 · 관청 등의 공문서 · 서예 · 신문 · 통계서 등의 사무적 성질의 문서 등이 그것이다.

제2종인 기념물은 그 사물에 관심을 가진 사람의 기억을 위해 그것을 보존하는 의지가 그 밑바탕에 있는 것으로 어느 종류의 공문서 · 비문, 기념 건물 등이 그것이다.

한편, 전승에는 ① 역사서, 지도 등의 형상적(形相的) 전승, ② 전설, 일화, 역사적 가요 등의 구두적(口頭的) 전승, ③ 역사적 비문, 연표, 계도(系圖)[5], 연대기, 각서, 전기(傳記), 각종의 역사기술(歷史記述) 등의 문헌적 전승이 있다.

이러한 역사적 자료인 유물은 침묵하고 있으며, 역사적 대상에 대해 아무런 보고나 진술을 하지 않는다. 연구자는 오성(五性)에 의해 그 속에 포함된 역사적 대상을 도출하여야 한다. 유물은 사료로서 절대적 완전성을 가지고 있다. 다만, 그것을 올바르게 해석하고 사용되기를 요구한다. 이에 반하여 진술은 사람의 오성에 의해 파악, 구성되어 언어문학 등

---

4) 베른하임(Ernst Bernheim, 1850-1942), 독일의 역사가. 함부르크에서 태어난 유대인이지만 기독교에 귀의하고 1883년부터 1920년까지 북부 독일의 그라이프스바르트 대학 교수. 「중세의 시대권과 그 정치 및 역사서술에 대한 영향」(1918) 등 저술이나,「독일제국 의회 조례집(條例集) 1400-1410」3권(1882-88) 등 사료편집으로 중세사에 대한 구체적인 연구 업적을 갖지만, 그의 이름이 일반에게 널리 알려지게 된 것은 주로 역사적 방법론에 대한 저술 때문이며, 그 주요한 것으로서는 「역사연구와 역사철학」(1880), 「역사학 방법교본」(1889), 「역사학 입문」(1905) 등이 있다. 니부르, 랑게, 드로이젠 등에 의하여 이룩된 19세기 독일 역사학의 뛰어난 업적을 배경으로 역사학 연구의 구체적 방법을 계통적으로 개괄한 의의는 높이 평가된다. 그러나 베른하임에 있어서는 이미 역사학의 이론(史觀)과 방법론의 통일이 상실되어 전자의 창조력 고갈로 후자의 면밀한 기술론(技術論)이 공허한 인상을 주고 있다는 점은 부정하기 어렵다.

5) 대대의 계통을 나타낸 도표. 대표적인 것으로 성계(姓系), 족보(族譜, 한 가문의 계보) 등이 있음.

에 표현된 것이며, 주관적 요구를 가진 오류 혹은 허구에 의한 변형의 존재가 예상되며, 그 증거력은 불완전하고 상대적이다.

베른하임은 전승, 보고와 유물 외에도 직접 관찰 및 회상 등의 종류를 만들고 있다. 이에 대해 휘더(Gerald Hüther)[6]는 직접의 지각(知覺)은 본격적인 사료가 아니기 때문에 사료는 모든 사람들이 인식할 수 있는 것에 반하여, 직접의 지각은 사건에 대해 극히 소수의 사람만의 인식 방법이 될 뿐이라고 했다. 그리고 그것은 타인에게 전해짐으로써 비로소 사료가 된다고 하였습니다.

역사의 연구자가 다행스럽게도 그 연구대상인 사항에 참가하거나 그것에 관계를 가졌을 때, 그 체험을 가지고 사료를 보충하고, 그 사항을 기술(記述)하는 때도 있다. 이런 경우 연구자의 체험 그 자체가 사료와 같은 작용을 하게 된다. 즉, 역사 인식의 기초적 소재로 활용되는 것이다.

최근 군사사의 영역에 있어서 새로운 기법을 사용하게 되었는데, 그것은 즉, 기록된 자료의 틈과 깨진 금을 메우기 위해 구술사(口述史, oral history, 관련증언 녹취, 기록 등)를 사용한다.

예를 들면, 제2차세계대전에 있어서 전략계획은 국방부에서 수립되었지만, 대통령이 결정에 의해 실제 행동으로 옮길 때, 대통령은 전화기로 사령부를 호출하여 지시를 했는데, 이때 아무런 기록도 남지 않았다. 이런 형적(形跡)은 백악관 부근에서 사라져 버렸다. 구술사는 때때로 이런 틈을 메울 수 있었다.[7]

근대 역사학의 발달은 사료의 신분야를 개척하여 그것을 조직적으로 수집하는 것이 그 기초였다. 우리나라에는 각 군 사관학교에 소규모의 군사박물관이 있지만, 국가적인 군사박물관과 군사고문서관(軍事古文書館)의 설립과 체계적인 연구가 무엇보다도 우선적으로 이루어져야 한다고 본다.

---

6) Gerald Hüther was born on February 15, 1951 in Emleben, Thuringia, Germany

7) Maruce Matlof, "The nature and scope of Military History", *Essays in Some Dimensions of Military History*, Vol. I , Carlisle Barracks, Pennsylvania, 1972, p.8.

2. 역사자료 비판

(1) 외적 비판

(가) 진실성 비판(眞實性 批判)

사료로서 제출된 것이 때때로 전부 혹은 일부가 진실한 것이 아니거나 혹은 종래로부터 승인되어 있지 않은 것이 있다. 즉, 연구법으로 위작(僞作), 착오 그리고 오인으로 불리는 것이 많으니, 주의해야 한다.

위작 혹은 착오가 전부가 아니고 부분적인 경우, 이것을 참입(改撰, 개찬)이라 한다. 전체로서는 진실하지만, 일부분 불순물이 혼입되어 있는 경우이다. 많은 사료, 특히 문서·기록 등에는 위작의 의지에서 참입이 행해지는 경우가 많다. 특히, 서직은 원본이 남는 경우가 드물며, 보통 여러 번 전사(轉寫)[8]를 거친 것이다. 이 전사를 할 때 참입이 생긴다.

진실성의 비판은 위작 혹은 착오의 유무를 밝히는 것이며, 위작에 대해 베른하임은 판정에 있어서 알아두어야 할 네가 사항을 제시하였다. 첫째, 문제에 오르는 사료의 표면적인 형태가 그 언어, 문학, 문체, 구성 형태에 있어서 그 사료가 자칭(自稱)하는 바, 또 우리가 우선 가정하는 성립의 시대와 장소에서 나타나는 여러 종류의 사료가 이미 진정한 것이라고 알려진 다른 것이 가지고 있는 행태와 일치되고 있는가를 살펴보아야 한다.

둘째, 이 사료의 내용이 기타 같은 시대와 같은 장소의 확실하고 진정한 사료에서 우리가 알고 있는 내용에 합치하는가?, 또 이 경우에 그 시대와 그 장소의 한 진정한 사료에 그를 기재하고 있는가?, 또는 그를 알고 있다고 생각하여야 할 여러 사실이 묵살되고 있지는 않은가?, 혹은 명백하게도 부지(不知)의 사실로 되고 있지는 않은가?, 다른 면으로 그 사료에서 가정되는 성립 시대에서도 알려지지 못한 여러 사업에 관한 지식이 문제의 사료에 포함되어 있는지를 살펴보아야 한다.

셋째, 사류의 형식(문자, 언어, 문체 등)과 내용이 그 사료가 소속되고 있다는 발전이 특성과 환경 전체에 적합하고 있는가?, 또는 그 사료가 이미 알고 있는 것과의 관련을 가

8) 붓이나 펜으로 이를 옮겨 적음.

짐에 있어서 내면적인 진실성을 가지고 있는가?, 또는 아무런 모순도 일으키지 않은가를 살펴보아야 한다.

넷째, 그 사료의 내면 또는 외면에 인공적·인조적 위작의 흔적이 있는지를 살펴보아야 한다.

(나) 내력 비판(來歷 批判)

내력이란 그 사료가 작성될 시기와 장소 및 인간관계를 가리키며, 이것을 음미하는 것이 내력비판이다. 근래의 사료에는 서적, 문서를 비롯하여 건축물, 기물(器物) 등에 이르기까지 그것이 명시되어 있어서 이런 비판이 불필요하지만, 옛 것의 고문서에는 이런 것이 기록되어 있는 것이 드물다.

일시(日時)를 밝히는 것은 다음 의미에 있어서 중요하다. 첫째, 사료를 사건추이의 순서대로 배열하여 비로소 그 일의 경과를 알 수 있다. 문화사적 연구나 군사사적 연구에 있어서도 사료의 시간적 관계[9]가 기초가 되어 그 방면의 발전과 경위를 알 수 있다.

둘째, 사료의 증거 가치는 그것과 역사적 대상과의 사이에 시간적 거리가 있으며, 그 관계가 불명하다면 그 가치를 판정하는 충분한 기준을 상실하게 된다. 사료의 장소적 관계에 있어서도 이와 거의 동일한 것이다. 또 진술적(陳述的) 사료에 대해서도 그 작자의 지위, 성격, 직업, 계통 등이 밝혀지면 그 사료의 가신성(可信性) 등을 판단하는 근거가 되어 그 진술을 적당하게 이용하기가 좋다.

(다) 본원성 비판(本原性 批判)

사료의 이용에 대해 특히 주의해야 할 것은 본원사료(本原史料)와 차용사료(借用史料)의 차별이다. 이것은 옛날에 있어서는 매우 소홀하게 다루어진 사항이지만, 근래에 와서 사료의 본원성 및 그것과 관련하는 종속성의 비판이 사료비판의 주제목(主題目)이 되었다.

9) 사료의 연대기적(시대순 혹은 시간순) 서술.

(2) 내적비판

외적 비판에 의하여 사료의 외적 성질 내지 가치, 즉, 진실성, 내력, 본원성이 결정되지만, 아직 그 가신성, 신빙성은 결정되지 않았다. 즉, 그것을 어느 정도 믿어도 좋은가, 어느 정도의 증거력을 가지고 있는지는 알지 못한다. 물론, 사료를 유물로서 다룰 때, 그것은 위작 혹은 착오가 아니면 충분한 가신성을 가진다. 그러기 때문에 유물은 가신성의 비판이 되지 않는다.

하지만, 사료가 진술(陳述)인 경우, 그 가신성을 구구하다. 실제로 같은 사실에 관한 증인의 직접 진술이 모순되는 경우가 적지 않다. 이런 경우, 한편이 바르다고 한다면, 다른 편은 오류 혹은 허위일 경우도 있다. 이 가신성의 음미가 내적 비판의 임무이다.

이 가신성의 음미에 대해 진술 내지 증언은 다음 두 가지 점에 있어서 평가되어야 한다. 첫째, 논리적 평가에서 증인은 진리를 말할 수 있었던가 하는 점이다. 둘째, 윤리적 평가에서 증인은 진리를 말할 의지가 있었던가 하는 점이다.

사료의 가신성은 논리적 그리고 윤리적으로 진실의 왜곡에 의하여 손상된다. 즉, 착오와 허위가 원인이 된다. 따라서 착오와 허위가 어떻게 일어나게 되는지를 알아야 한다. 이러한 착오는 다음과 같다.

첫째, 감각의 착오이다. 사람들이 사건을 인식할 때, 그것은 많은 감각적 인지가 기초가 되어 그것이 통일되는 것이다. 따라서 먼 감각적 인지에 착오가 있어서는 안 된다. 거기에는 그 사람이 생리적으로나 심리적으로 병적이 아닐 것, 또한 대상에 대해 거리가 적당할 것, 방해가 업을 것, 충분한 주의력이 집중되어야 할 것 등의 조건이 갖추어져야 한다. 이러한 조건을 갖추지 못할 경우 당연히 착오가 일어나게 된다.

둘째, 종합의 착오이다. 하나의 사건은 작은 여러 개의 각각적 사실의 종합이다. 사람의 오성이 이러한 여러 개의 요소를 논리적, 심리적으로 결합하는 것이다. 그 종합에 있어서 언제나 이전의 경험 내지는 재직에 바탕을 두고 유추를 하게 된다. 이때 주관적 요소가 수반된다는 것은 면할 수 없다. 더욱이 선입관, 감정 등이 작용할 때, 판단을 그르쳐 착오를 일으키게 된다.

셋째, 재현(再現)의 착오이다. 사람이 사건을 진술하는 데는 과거에 인지한 것은 기억에 의하여 재현해야 한다. 그런데 완전한 기억은 예외의 일이다. 따라서 전후의 잘못, 시간과 장소의 잘못이 일어나기 쉽다. 각서나 자서전 등에 오류를 발견하는 것은 그 예일 수 있다. 더욱이 시간이 멀어질수록 기억에 잘못이 생기기 쉽다. 여기에는 감정적 요소도 작용하여 경험적 사실에 과대미화(誇大美化) 등이 일어난다.

넷째, 표현의 착오이다. 진술은 언어적 형식에서 표현된다. 그런데 언어에는 불완전성이 있으며, 내용이 언제나 적절하게 표현된다고 말할 수는 없다. 그렇기 때문에 거기에 착오가 있게 마련이고, 또한 진술하는 참다운 내용이 그대로 타인에게 이해되지 않을 경우도 있는 것이다.

3. 역사자료 가치의 등급

가신성에 의해 사료의 가치를 판단하는 기준이 서게 된다. 사료에는 근본사료와 참고사료로 크게 2가지로 나눌 수 있으며, 이를 6등급으로 분류할 수 있다.

(1) Ⅰ등급 사료Ⅱ

사실(事實)의 발생 당시 같은 장소에서 해당 책임자가 직접 작성한 문서류로서 당해 책임자의 일기, 서적, 각서류(覺書類) 등을 말한다. 예를 들면 이순신의『난중일기』, 제2차세계대전 당시, 일본의 최고 전쟁지도(戰爭指導)의 전모를 알려주는 스기야마(杉山, 삼산)원수의『杉山메모』나 일본 해군 연합함대의 참모장이었던 우가키(宇垣, 우원) 중장의 일기인『戰藻錄』등이 여기에 속한다.

(2) Ⅱ등급 사료

사실(사건) 발생 당시 그곳에서 가장 가까운 시대, 가장 가까운 장소에서 담당 책임자가 자신이 작성한 보고, 일기, 유언, 각서, 추기류(追記類)10) 등을 말한다.

10) 본문에 덧붙여 기록.

(3) Ⅲ등급 사료

연대, 장소, 제작, 인물 등 모두가 당시 직접 관련된 인물이 아니고, 전술(前述)한 Ⅰ, Ⅱ등급 사료를 재료로 하여 작성한 전기(傳記), 가보(家寶), 각서류(覺書類)를 말한다.

(4) Ⅳ등급 사료

작자, 제작연대, 제작 장소가 확실하게 판명되지 않을 때 또 그 일부가 판명되어도 사본 등에 의하여 몇 번 전사(轉寫)되었고, 또 탈락되었던 사료이다. 이것은 건축물, 지리 및 서적 등에서 많이 발견할 수 있다. 요컨대 진정(眞正)의 부분과 그렇지 않은 부분이 혼재되어 그 진실성을 구별하기 어려운 사료이다.

(5) Ⅴ등급 사료

찬자(撰者) 또는 저자(著者)가 어떤 사료로서 또 어떤 방침으로서 조사 및 심사했는가가 불명(不明)한 것이다. 그리고 정치상, 경제상 혹은 그 밖에 무엇인가를 하기 위하였을 때, 일부의 생각에 치우치고 그로 말미암아 사실(史實) 재료의 취사 선택이 어느 정도 좌우되어 있는 종류의 사료이다.

(6) 등외 사료

Ⅰ등급부터 Ⅴ등급 까지의 사료 이외의 것 전부를 말하는 데, 모든 편찬물(編纂物), 서화(書畫), 소설, 시극(詩劇), 가극(歌劇), 역사영화, 유행가 등이다. 이러한 것은 한 시대의 사회, 사상 또는 특수사(特殊史)의 연구에 있어서 불가결한 증거물이 된다.

이상의 사료 구분은 어디까지나 편의적인 것이며, 반드시 전반에 걸쳐 적용되는 분류법의 기준이요, 동시에 가치판단의 기준이 되는 것은 아니다. 그리고 사료의 가신성의 비판에 있어서 시간, 장소 및 인간의 관계를 잘 고려하여 이것을 가치판단의 기준으로 한다면 보편적 방법이 될 수 있다.

4. 역사자료학 종합

(1) 사료의 해석

사료의 해석은 이미 사료의 수집 때 시작되며, 비판에 있어서 해석을 수반해야 비로소 가능하지만, 사료의 성질이 충분히 음미된 연후에야 충분한 해석이 주어진다. 사료는 올바른 해석에 의해 비로소 연구에 쓸모가 있다. 유물은 침묵하고 있으며, 그 자신이 직접 설명하지 않는다. 그것을 살리게 하는 것은 해석에 의해 가능한 것이다. 유물의 사료적 가치는 절대적이지만, 해석을 그르치게 되면 전연 엉뚱한 결론에 도달하고 만다. 유물이 증거가 되는 것은 다만 해석을 통해서이고, 유물에 있어서 해석은 최초이고 또한 최후의 조건이다.

문헌적 사료는 언어문자에 의해 표현되어 있으며, 그 언어문자를 해석하는 것은 출발점이다. 해석할 수 없는 문헌은 채굴되지 않은 광산과 같다. 많은 고대 문자의 해독이 고대사에 새로운 세계를 열어주었다는 것은 알려진 사실이다. 역사연구는 그 시대의 문헌을 해석하는 것이 깊을수록 유리한 무기를 가지는 것이 된다.

사료의 해석은 다만 언어의 의미뿐만 아니라, 역사적 대상의 설명자라는 의미에 있어서 해석되어야 한다. 그러기 위해서는 그 사료의 증명할 수 있는 사항에 관한 지식이 깊어야 한다. 그것은 언제나 그 배경이 되는 역사적 사실의 직시이며, 또한 때때로 각종 보조학문의 지식이다.

예를 들면, 고서(古書)의 내용은 극히 단편적이다. 그것을 적당히 해석하여 충분한 증명력을 발휘하게 하자면, 그 주위의 사정이 명료할 필요가 있으며, 그리하면 그 단편적 내용이 살아나게 된다.

(2) 사료의 결정

사료는 어떤 역사적 사상, 즉 사실을 증거로 내세우는 것이다. 예를 들면 어떤 형식을 갖춘 조약문의 존재는 그 조약을 체결한 결의사항의 증거가 되는 것이다. 그러나 많은 경우 한 사료만으로 한 사실을 결정하는 것은 불가능하며, 때로는 한 사실에 관한 사료가 대단히 불충분하여 발견된 모든 사료를 사용해야 하는 경우도 많다. 많은 사료의 진술은 일치하거나 모순이 된다.

(가) 사료의 증거가 일치하는 경우

사료들의 증거가 일치하는 경우는 다음의 세 가지 경우가 해당된다. 첫째, 유물과 유물의 일치이다. 유물은 침묵하고 있으며, 그것을 살려 증거로 사용하는 것은 해석이다. 그런데 해석은 주관적 요소가 있으며 오류에 빠지기 쉽다. 그렇기 때문에 유물의 일치에는 많은 수가 요구된다. 유물의 일치란 즉, 해석의 일치이며, 많은 유물에 대해 동일한 해석이 성립된다는 것을 의미한다. 극소수 유물의 일치로는 사실(史實)을 충분히 결정지을 수 없다.

둘째, 진술과 진술의 일치이다. 이 일치는 그러한 것이 아무런 친근관계를 가지지 않고 본원성(本原性)을 기지는 것이 조건이다. 친근관계가 없는 진술이 많이 일치할수록 그 힘은 강해진다.

셋째, 유물과 진술과의 일치이다. 어떤 사료의 가치가 낮고, 그 진술이 그것만으로는 의심스러울 경우, 유물이 그것을 확인하여 그 사실(史實)의 존재를 긍정하는 경우가 있다. 예를 들면 고대의 전설이 유물의 발견에 의해 믿을 수 있게 되는 경우[11]와 같다.

(나) 사료의 증거가 모순되는 경우

두 가지 이상 사료의 증거가 일치하지 않는 것은 실제의 연구에 있어서 언제나 마주치게 된다. 이 경우를 원칙적으로 다루기 위해 두 가지의 사료에 대해 말한다면, 한 편이 전연 불가능하거나 또는 가능성이 거의 없는 경우, 혹은 사료의 가신성에 있어서 한편은 충분하며, 다른 편은 의심스러울 때, 그 결정이 용이하다.

하지만, 어느 쪽이나 가신성이 충분하지 않고, 다만 그 정도에 차이가 있을 경우에는 가신성이 많은 편에 가능성, 개연성을 인정하는 정도 이상의 결정은 할 수 없다. 이처럼 사실에 대해서 많은 사료가 모순되어 있을 때, 그런 사료에서 세울 수 있는 사실(史實)을 결정의 형식으로 표시하면, ① 긍정, ② 개연, ③ 미결정, ④ 부정의 네 종류로 나눌 수

11) 트로이 유적의 경우, 전설로 존재하던 트로이 전쟁의 실체를 밝혀주는 열쇠가 되었다.

있다.

사료가 모순되어 있을 경우 여러 가지 주의할 사항이 있다. 즉, 표면상으로는 모순된 것처럼 보이나, 실은 상보(相補)하는 때가 있다. 예컨대, 갑(甲)은 한 사실을 증명하고, 을(乙)은 다른 것을 증명하는 경우, 그것은 모순된 것이 아니라 다 같이 진실이 될 수 있다.

사료의 모순은 실로 진리가 중간에 있다는 것을 표시하는 경우가 있다. 예컨대, 전쟁에 있어서 양편이 서로 승리를 보고하는 경우, 이것은 그 승패가 결정적이 아니라는 것을 의미하는 것과 같다.

(3) 역사적 연관의 구성

사료가 제공하는 사실(史實)은 단편적이며, 그대로는 아무런 연결이 없는 소재이다. 이것을 인과관계에 있어서 연결하고, 유기적이고 전반적인 경과발전의 형태로 구성하는 것이 여기서 말하는 역사적 관련의 구성이며, 종합작업의 중심이다. 그것은 사실 관련의 파악에 의하여 과거의 사적(史的) 발전을 사상 속에서 재현하는 것이다. 그런데 사실을 연결시키는 수단은 추리이지만, 그것은 엄밀히 과학적 추리가 되어야 한다.

랑케(Leopold von Ranke)[12]는 역사란 거울에 사물이 비치듯 객관적으로 논구(論究)되어야 한다고 주장했다. 역사를 객관적으로 논구한다는 태도는 역사적 관련의 구성문제와 관계가 있다. 엄격히 말한다면 인간의 인식에는 순 객관적인 것은 없다. 하물며 역사

12) 레오폴트 폰 랑케(독일어: Leopold von Ranke, 1795년 12월 21일 ~ 1886년 5월 23일)는 엄밀한 사료비판(史料批判)에 기초를 둔 근대 사학을 확립한 독일의 사학가이다.
개신교 목사 집안에서 태어난 랑케는 베를린 대학에 봉직, 『로마 교황사(教皇史)』, 『종교개혁 시대의 독일사』, 미완성인『세계사』 등 많은 저작을 남겼다. 그의 연구 대상은 정치사로서 문화사나 경제사에는 거의 관심이 없었다. 그의 역사관은 독일 관념철학에 관계되지만, 헤겔처럼 이념의 자기 발전 법칙을 부정하고 "모든 시대는 신(神)에 이어진다"고 하여, 어떤 시대도 각각 독특한 가치를 갖는다고 주장했다. 또 역사가는 "본래 그것이 어떻게 있었는가"를 알리는 것만을 의도해야 한다고 하여 객관주의를 지켰다.
그는 사실(事實)에 대한 순수한 사랑이 역사가의 기본적인 자질이라고 강조하였으며, 사실이 진정 어떠하였는가를 보여주기를 원할 뿐이라고 말하였다. 그가 믿는 역사 서술은 감정이나 가치 판단에 있어 주관성이 철저히 배제된 것이어야만 했으며 이것은 그의 신념인 동시에 확고한 실천 계율이었다. 그는 역사 사실은 사료 속에 원래 있었던 그대로 담겨져 있다고 보았다.
따라서 역사가의 임무는 비판적인 방법을 엄격히 적용하여 사료 속에 담겨진 순수한 사실을 발견해 내는 것이라고 확신하였다. 그래서 그는 "있었던 그대로 과거(wie es eigentlich gewesen)"를 밝혀내는 것이 역사가의 사명이라고 보았다. 그의 문하에서 인재가 배출되어 독일 사학의 전성기를 이루었다.

학처럼 가치의 의식을 그 인식의 밑바탕으로 하는 학문에 있어서는 도저히 주관적 요소를 씻어버릴 수 없다.

하지만, 랑케의 발언은 그 내용에 정당한 주장을 한다. 그것은 이해관계(利害關係), 호오(好惡)의 감정 등에 지배되지 않고, 모든 것에 공평한 태도를 취해야 한다는 소박한 표현이다. 역사학의 연구자가 가져야 하는 반성을 뜻한다고 볼 수 있다.

역사학의 대상은 인간적 사상이며, 따라서 자연을 대상으로 하는 자연과학의 경우와는 다르며, 또한 그것이 다루는 개인, 단체, 시대 등에 호오(好惡)의 감정을 가지는 것을 면할 수 없다. 더욱이 역사가는 현실의 정치적, 경제적, 사상적 생활에 있어서 실제적 관심이 있으며, 그것이 무의식적으로 연구 속에 개입할 위험이 있다. 객관적이라 함은 이 같은 경향을 벗어나서 냉정히 역사적 대상을 다룬다는 의미이다.

(4) 역사적 의식의 파악

각각의 역사적 사상은 유기적인 커다란 전체의 발전 가운데 그 일부이다. 그 일부가 전체의 발전에 대한 지위를 정하는 것이다. 즉, 전체의 인과적 관계에 있어서 어떠한 요소인가를 고찰하는 것이 역사적 의의의 파악이다.

각각의 연구 제목에 대하여 그 역사적 의의를 파악한다는 것은 역사 연구의 고찰이 되어야 한다. 실제의 연구에 있어서 어떤 제목에 대한 연구의 욕구를 일으키는 동기는 의식이든 무의식이든 그것에 관한 역사적 의의의 파악일 것이다.

역사는 과거에 대한 현대의 관심이다. 카(Edward Hallett Ted Carr) 교수는 "역사란 역사가와 사실 사이의 계속적인 상호작용의 과정이며, 또한 현재와 과거 사이의 끊임없는 대화이다."[13]라고 했다. 과거는 과거의 관점에서 이해하려고 노력하는 동시에 그것의 현대적 의의를 탐구하는 것이 역사가의 기본 임무인 것이다.

이러한 점에서 역사 연구에는 현대의 입장에서 언제나 새로운 역사적 의의의 파악이 시도되며, 새로운 문제가 제공된다. 특히, 역사 연구에 있어서 새로운 역사의 형태를 규정하는 것은 역사적 의의의 파악이며, 그것은 역사연구의 출발점인 동시에 도착점이다. 즉,

---

13) Edward H. Carr, *What is History?*(Middlesey England: Penguin Books, 1961), p.30.

역사적 의의의 파악은 직감적으로 역사 연구에 선행(先行)하며, 실증적으로 그 귀결이 되는 것이다.

우리들은 이러한 역사학의 연구방법을 이용하여 군사사에 대한 연구를 보다 활성화해야 할 것이다.

참고문헌

국문

o 구영록. 『한국의 국가이익』. 서울 : 법문사. 1995.

o 군사학연구회. 『군사학개론』. 서울 : 플래닛미디어. 2014.

__________. 『비교군사전략론』. 대전 : 충남대학교 출판문화원. 2014.

o 국방대학교. 『안보관계용어집』. 서울 : 국방대학교. 2005.

__________. 『전쟁시론』. 서울 : 국방대학원. 1988.

o 국방부. 『2018 국방백서』. 서울 : 국방부. 2018.

_____. 『2016 국방백서』. 서울 : 국방부. 2016.

o 국방부군사편찬연구소. 『근현대 한국군의 역사』. 서울 : 국방부군사편찬연구소.. 2019.

__________. 『국방정책변천사(1988~2003)』. 서울 : 국방부군사편찬연구소.. 2016.

__________. 『한국의 성곽공방전 연구』. 서울 : 국방부군사편찬연구소.. 2012.

o 김병조. “한국과 일본의 민군관계 비교연구”, 『2020 안보연구시리즈 제6권 제1호 외교 · 안보와 북한』. 논산 : 국방대학교 안전보장문제연구소. 2020.

o 김성우. 『세계전쟁사』. 인천 : 진영사. 2016.

o 김열수 · 김경구. 『한국안보(위협과 취약성의 딜레마)』. 서울 : 법문사. 2019.

o 김용현 · 이진호 · 고성진. 『군사학개론』. 인천 : 진영사. 2020.

o 김홍 편저. 『한국의 군제사』. 서울 : 학연문화사. 2001.

o 남보람. 『전쟁이론과 군사교리』. 파주: 지문당. 2011.

o 민진. 『한국의 군사조직』. 고양 : 대영문화사. 2017.

o 박보식. 『리더십』. 고양 : 대영문화사. 2019.

o 박철현 역, 노나카 이쿠지로 등. 『왜 일본제국은 실패하였는가?』. 인천 : 주영사. 2009.

o 백기인. 『한국 근대군사사상사 연구』. 서울 : 국방부 군사편찬연구소. 2012.

o 온창일 등. 『군사사상사』. 서울 : 황금알. 2014.

- 육군대학. 『동양의 군사사상』. 대전 : 육군대학. 2014.
- 육군사관학교. 『국가안보론』. 서울 : 박영사. 2002.
- 이간언 등. 『신편 군사학개론』. 서울 : 양서각. 2007.
- 이종학. 『한국군사사 연구』. 대전 : 충남대학교 출판부. 2010.
- 이종학 · 길병옥 편저. 『군사학 개론』. 대전 : 충남대학교 출판부. 2009.
- 이재 등. 『한민족전쟁사 총론』. 서울 : 교학연구사. 1999.
- 이재평 등. 『직업군인론』. 서울 : 도서출판 글로벌. 2020.

  ________. 『군사학개론』. 서울 : 도서출판 글로벌. 2011.
- 이재평 · 정채하 등. 『알기쉬운 군사사상』. 서울 : 도서출판 글로벌. 2016.
- 정해은. 『한국 전통병서의 이해』. 서울 : 국방부군사편찬연구소. 2004.
- 조영갑. 『전쟁사』. 서울 : 북코리아. 2015.

  ______. 『한국민군관계론』. 서울 : 도서출판 한원. 1994.
- 조행복 역. 조지 차일즈 콘 편. 『세계전쟁사 사전』. 서울 : 산처럼. 2014.
- 최병운 · 이춘식. 『군 리더십 히애』. 서울 : 국방대학교. 2009.
- 최용성. 『전쟁의 원칙과 승패』. 서울 : 양서각. 2013.

  ______. 『젊은이를 위한 전쟁의 이해』. 서울 : 양서각. 2005.
- 해군대학. 『군사전략개론』. 대전 : 해군대학. 2009.
- 허남성. 『전쟁과 문명』. 서울 : 플래닛 미디어. 2015.
- 허중권 역. 두피 저. 『세계군사사 사전』. 서울 : 학연문화사. 2009.
- 황성칠. 『군사전략론』. 파주 : 한국학술정보(주). 2013.

영문

- Alfred Stephan, *Authoritarian Brazil: Origina, Policies and Future,* New Haven: Yale University Press, 1973.
- Alfred Vagts, *A History of Militarism,* New York: Meridian Books, 1959.
- Andre Beaufre, *Strategy of Action,* New York : Frederick A. Praeger, 1963.

- Bengt Abrahamsson, *Military Professionalism and Political Power,* Beverly Hills: Sage, 1972.
- Bert Cochran, The War System: An Analysis of the Necessity for Political Reason, New York: The Free Press, 1965.
- B.H. Liddel Hart, *Strategy,* second revised edition, New York : Frederic A. Prager, 1968.
- Charles C. Moskos Jr, "The Military: Calling, Professioner, Occupation?", in Franklin D. Margiotta(ed), The Changing World of the American Military, Boulder, Colorado: Westview Press, 1978.
- Carl Von Clausewitz, On War, trans. O.J.Matthijs Jolles, New York : The Modern Library, 1943.
- Dictionary of Basic Military Terms(A Soviet View), Published under the auspices of the United States, Washington : U.S. Government printing office, 1976.
- David R. Segal, John D. Blair, Joseph J. Lengermana, Richard C. Tomson, "Institutional and Occupational Values in the U.S. Military", *in Changing U.S. Military Manpower Realities*(Edited by Franklin D. Margiotta, James Brown, & Michael J. Collins, West View Press, Boulder, 1983.
- Douglas MacArthur, Reminiscence, New York: MaGraw Hill Book Company, 1964.
- Ernest Greenwood, *Attributes of Profession: Social Work, Vol.2, No 3, July,* 1957.
- Eric A. Nordlinger, *Soldies in Politics: Military Coups and Governments,* Englewood Cliffs, J. Prentice Hall, 1977.
- General Mattew B. Ridgway, Soldier: *The Memoirs of Mattew B. Ridgway,* New Work: Haper & Brother, 1956.

- Harold D. Lasswell, The Garrison State and Specialist on Violence, America Journal of Sociology, January, 1981.
- Harold Stein, "Introduction", in S. P. Hunntington(ed), *American Civil-Military Relations,* Bermingham: University of Alabama Press, 1963.
- Jacques Van Doorn, "Armed Forces and Society : Patterns and Trends", in Van Doorn(ed), *Armed Forces and Society,* The Haque: Mouton, 1968.
- Jay M. Shafritz, *Words on War,* New York : Prentice Hall, 1990.
- J. C. Wylie, *Military Strategy : A General Theory of Power Control, Annapolis* : Naval Institute Press, 1989.
- John A. Lynn, *"The Growth of French Army during the Seventeenth Century", in Armed Forces & Society,* Vol.6. No 4, Summer, 1980,
- John E. Ralph, "Military Officers and Politics 3", in John F. Relchart & Steven R. Sturm, *American Defense Policy,* Fifth Edition, Baltimore: The Johns Hopkins University Press, 1982.
- L.W. Pye, J.S. Coleman et al, *Crisis and Sequences in Political Development,* Princeton: Princeton University Press, 1971.
- Lt, Col. William E. Simons, Military Professionals as a Policy Advisers, Air University Review Vol. 20, No. 3, March-April, 1967.
- Maruce Matlof, "The nature and scope of Military History", *Essays in Some Dimensions of Military History,* Vol. I, Carlisle Barracks, Pennsylvania, 1972.
- Michael J. Stahl, Charles W. McNichol., T. Roger Manley, An Empirical Examination of the Moskos Institution-Occupation Model, Armed Forces & Society, Vol.6, No.2, Winter 1980.
- Morris Janowitz, *The Military in the Political Development of New Nations,* Chicago: Chicago University Press, 1964.

  ______________, *The Professonal Soldiers,* New York: Free Press, 1960.

- Morton H. Halperin, *Comtemporary Military Strategy,* Boston : Little Brown and Company, 1967.
- Nordlinger, *Soldiers in Politics: Military Coup & Governments,* Prentice-Hall, Inc, Englewood Cliffs, 1977.
- Potrim A. Sorokin, *Social and Cultural Dynamics, Vol. III,* New York, 1937.
- Quincy Wright, A Study of War, Chicago: Chicago University Press, 1964.
- Richard A. Preston, co-ed, *Men in Arms,* New York, 1959.
- R.W. Phiips, T*he Armies of the First French Republic,* London: Oxford University Press, 1926.
- Robert G. Albion, *Introduction to Military History,* New York, 1929.
- S. N. Finer, The Man on Horseback, New York: Praeger, 1962.
- S. P. Hungton, *The Soldier and the State*, Cambridge: Harvard University Press, 1957.
- Stanislav. Andreski, Military Organization and Society, 2nd ed, Berkeley: University of California Press, 1968.
- Stephen E. Ambrose & Barber, The Military and American Society, New York : The Free Press, 1972.
- U.S. Congress, Senate, *Subcommittee on Manpower & Personnel of the Armed Services Committee*(February 10, 1977)에서의 David C. Jones 공군참모총장의 증언, An *All Volunteer Force for the United States?,* AEI Defense Review No5.
- V.D. Sokolovskii, ed., Soviet Military Strategy, trans. Herbert S.Dinerstein etal., Englewood Cliffs, New Jersey : Prentice-Hall, Inc, 1963
- Walter F. Barber, *Organizing the Future,* The University of Alabama Press, 1983.

저자 소개

안 운 호

해군사관학교 43기 졸업, 국제관계학 문학사(1989년)

국방대학교 졸업, 안보학 석사(1998년)

한남대학교 졸업, 정치학 박사(2007년)

해병대 소위 임관(1989년)

해병대 2사단 소대장(1989년)

해병대 1사단 중대장(1993년)

해병대 연평부대 작전과장(2001년)

해병대 2사단 대대장(2007년)

해병대사령부 기획과장(2010년)

해군대학 교관(2003년, 2012년)

합참대학 교수(2017년)

해병대 중령 전역(2020년)

한국세계지역학회 기획이사(2018년)

한국기업교육학회 이사(2020년)

현 : 단국대학교 초빙교수, 영남이공대학교 겸임교수, 대구과학대학교 안보교수